彭泽鲫
饲料营养与健康养殖技术

主　编：丁立云　陈文静　付辉云

副主编：肖　俊　徐金根　郑　尧　饶　毅

编　委：傅义龙　巫伟华　姚　远　张桂芳

　　　　邓勇辉　张燕萍　张　颂　章海鑫

　　　　贺凤兰　叶本祥　傅雪军　张爱芳

　　　　龙　凡　银旭红　徐先栋　贺　刚

　　　　钱　铖　史　业

U0259630

江西科学技术出版社

江西·南昌

图书在版编目（CIP）数据

彭泽鲫饲料营养与健康养殖技术 / 丁立云, 陈文静,
付辉云主编. -- 南昌 : 江西科学技术出版社, 2024.1
ISBN 978-7-5390-8806-8

Ⅰ.①彭… Ⅱ.①丁… ②陈… ③付… Ⅲ.①鲫—饲
料—营养学 ②鲫—淡水养殖 Ⅳ.①S963.16 ②S965.117

中国国家版本馆CIP数据核字(2023)第232490号

国际互联网(Internet)地址：
http://www.jxkjcbs.com
选题序号：ZK2023029
责任编辑：刘本福

彭泽鲫饲料营养与健康养殖技术

PENGZE JI SILIAO YINGYANG YU JIANKANG YANGZHI JISHU

丁立云　陈文静　付辉云　主编

出版发行	江西科学技术出版社
社址	江西省南昌市蓼洲街 2 号附 1 号
	邮编:330009　电话:(0791)86615241　86623461(传真)
印刷	南昌市红星印刷有限公司
经销	全国各地新华书店
开本	787mm×1092mm　1/16
字数	340千字
印张	18.5
版次	2024 年 1 月第 1 版
印次	2024 年 1 月第 1 次印刷
书号	ISBN 978-7-5390-8806-8
定价	88.00元

前言

　　健康养殖、绿色渔业是水产业发展的方向。饲料的选择在一定程度上决定了水产品的质量，饲料组成不仅影响水生动物的营养，而且会影响水生动物的免疫能力与抗病能力。彭泽鲫是江西省水产科学研究所和九江市水产科学研究所从野生彭泽鲫中，经过7年6代的精心筛选而选育出的优良鲫鱼品种，曾荣获农业部科技进步二等奖和江西省"星火计划"一等奖，是农业农村部重点推广的淡水养殖优良品种之一。在江西省的鲫鱼养殖品种中，彭泽鲫的养殖比例占70%左右，并且在其他大宗淡水鱼类品种的养殖利润呈逐年下降的趋势下，彭泽鲫的养殖利润还稳中有升，彭泽鲫的养殖规模也有逐年扩大的趋势。但是，针对彭泽鲫开展的饲料营养、病害防治、亲本培育和健康养殖技术的研究相对欠缺，影响了彭泽鲫养殖产业的发展。近年来，在江西省现代农业产业技术体系大宗淡水鱼营养与饲料岗（JXARS-03）、江西省重点研发计划"彭泽鲫饲料配方优化及高效环保饲料添加剂的研发应用（20181BBF60016）""彭泽鲫亲本营养调控及优质苗种繁培技术研究与示范（20203BBF63045）"、江西省农牧渔业科研计划"循环水系统下彭泽鲫投喂策略与补偿生长研究（2016123-

15）""彭泽鲫高效环保配合饲料的初步研究（201865-21）""益生菌作为饲料添加剂对彭泽鲫生长性能、生理生化指标以及养殖水质影响（202068-49）"等多个项目的支持下，科研团队成员系统地开展了彭泽鲫生物学特性、饲料营养、病害防治和新型健康养殖模式的研究，并编写了《彭泽鲫饲料营养与健康养殖技术》一书。全书共9章，第1章介绍了彭泽鲫生物学特性及产业现状；第2章介绍了彭泽鲫的饲料原料，包括蛋白质、脂肪、碳水化合物、矿物质、维生素等原料和原料成分表等；第3章介绍了彭泽鲫营养与饲料的研究，主要内容是团队开展的彭泽鲫对饲料中主要营养素粗蛋白质、粗脂肪、脂肪源和碳水化合物利用的研究；第4章介绍了彭泽鲫饲料加工工艺与投喂策略；第5章介绍了彭泽鲫亲鱼营养的研究，重点分析了饲料蛋白质、脂肪源、维生素C、维生素E和牛磺酸对彭泽鲫性腺发育的影响；第6章介绍了彭泽鲫性腺发育的分子生物学机制；第7章介绍了彭泽鲫苗种繁育技术，包括池塘自然繁殖技术、人工繁殖技术、工厂化规模繁殖技术及苗种培育技术；第8章介绍了彭泽鲫病害防治技术；第9章介绍了彭泽鲫高产高效养殖模式，尤其重点介绍了"轮捕轮放"和"一年两茬"高产高效养殖技术。

本书的编写参考了部分专家和学者的文章和书籍，在此向相关专家和学者表示感谢。由于时间匆忙，本书内容的广度和深度还有所欠缺，书中也可能存在错误和不当之处，敬请读者批评指正。

丁立云

2023 年 6 月

目录

1 彭泽鲫生物学特性及产业现状

1.1 彭泽鲫生物学特性

彭泽鲫是江西省水产科学研究所和九江市水产科学研究所自 1983 年起，从江西省通长江的湖泊丁家湖等天然水域采集的野生鲫鱼种群中，经 7 年 6 代精心选育的优良养殖鲫鱼品种。经选育后的彭泽鲫生产性能发生了明显改观，生长速度比选育前快 50%，比普通鲫鱼的生长速度快 249.8%，成为我国第一个直接从天然野生鲫鱼中选育出来的鲫鱼新品种。彭泽鲫具有性状稳定、生长速度快、个体大、抗逆性强、营养价值高等优良性状，深受市场欢迎。

1.1.1 形态特征

彭泽鲫背部呈深灰黑色，腹部灰白色，各鳍条呈青黑色，色素沉着较深，奇鳍颜色较偶鳍更深。彭泽鲫体形为纺锤形、侧扁。头短小，吻钝，口端位呈弧形，唇较厚，眼中等大，无须。腹鳍末端不达肛门，尾鳍中等长，分叉浅，上下叶末端尖。彭泽鲫背鳍和臀鳍为黑灰色，体侧色浅，体侧每个鳞片的边缘颜色稍深。雄性个体胸鳍较尖长，末端可达腹鳍基部；雌性个体胸鳍较圆钝，不达腹鳍基部。腹鳍起点的位置在背鳍起点略前处或两者相对，腹鳍末端不达肛门，尾鳍中等长，分叉浅。

1.1.2 生活习性

彭泽鲫为广温、杂食性的定居性鱼类，营底栖生活，喜在水质肥活嫩爽且水草繁茂的浅水区栖息和摄食，能终年正常摄食和生长。对水温的适应范围广，对水质变化及低溶氧等理化因子有很强的耐受能力。最佳生长水温为 20～30 ℃，在此温度范围

内，彭泽鲫摄食旺盛，生长速度最快。生长期在长江流域为4—11月，其中7—9月生长速度最快。

1.1.3 生长与繁殖

彭泽鲫食性十分广泛，属杂食性鱼类。其在鱼苗阶段以浮游动植物为食，在鱼种和成鱼阶段可摄食有机碎屑、人工饲料、水生植物碎片、水生昆虫等。在自然水域中，彭泽鲫以当年生长速度最快，体重可达128 g左右，第二年体重增长为上年增长速度的50%左右。在人工养殖条件下，北方地区当年可达200 g左右，南方地区可达250 g左右。

彭泽鲫1冬龄可达到性成熟，不仅能在河流、湖泊中产卵，而且也能在静水池塘中产卵。春季或夏季繁殖出的彭泽鲫，在当年秋末其性腺就能发育至第Ⅳ期。在自然条件下，彭泽鲫属多次产卵类型，繁殖季节为3—7月，春季水温上升到17 ℃即开始产卵繁殖，水温20～25 ℃繁殖活动最盛。受精卵在水温18～20 ℃时经过53 h左右即可孵化出鱼苗。鱼苗从孵化出来到平游所需时间大致与孵化时间相当。

1.1.4 养殖概况

彭泽鲫作为农业农村部向全国重点推广的淡水鱼品种之一，具有个体大、生长速度快、抗病性强、适应性强等优良性状，是我国三大主养鲫鱼品种中养殖历史最悠久、养殖区域最广泛、深受消费者青睐的鲫鱼品种。目前，鲫鱼是我国主要大宗淡水鱼之一，其产量仅次于草鱼、鲢鱼，位居第三。现在彭泽鲫在全国的养殖面积超过6.67万 hm²，其中主养面积3.33 hm²，养殖产值在100亿元左右。彭泽鲫不仅在江西已成为当家的养殖品种，而且对全国的水产养殖影响极大，其养殖区域遍布除台湾以外的全国各地，是目前我国水产养殖品种中推广范围最广的一个优良品种，也是我国淡水养殖品种中的主要出口品种之一，已出口至俄罗斯、韩国、日本和东南亚等地，产生了巨大的经济效益和社会效益。

1.2 彭泽鲫产业发展现状

自1983年进行人工选育繁殖以来，江西省一直将彭泽鲫作为特色农业"拳头"产品进行重点打造。1984年，"彭泽鲫鱼选育技术"项目先后得到江西省科学技术委员会和农牧渔业部立项。1990年，"彭泽鲫鱼选育技术"项目获农业部科技进步二等奖。20世纪90年代，彭泽鲫是农业部重点推广的淡水养殖品种，此后一直都是我国淡水鲫鱼养殖的一个重要品种。1994年，农业部批准由九江市水产科学研究所建立国家级彭泽鲫良种场，良种场于1998年建成，并获农业部验收通过。

1.2.1 彭泽鲫养殖现状

20世纪90年代中期至2010年期间，彭泽鲫的养殖在我国得到了很大的发展。据有关文献报道，2010年，全国主养彭泽鲫的养殖面积超6万hm²，彭泽鲫总产量突破60万t。彭泽鲫以其优良性状和养殖地区的广泛适应性，获得了全国养殖户和市场的好评，养殖面积几乎遍布全国的重点养殖区域，尤其是江西、北京、天津、辽宁的重点养殖区域，基本上养殖的鲫鱼品种都是彭泽鲫，彭泽鲫苗种来源也基本上是彭泽鲫良种场选育的良种。其间，在大批量出口韩国的带动下，彭泽鲫的价值得到了市场认可，彭泽鲫养殖水平也有了很大的提高。沈阳市周边地区养殖彭泽鲫成鱼每667 m²产量高的达2000 kg以上，平均水平也在每667 m²产量1500 kg，个体规格都在0.5 kg以上，冬片每667 m²产量也在1250 kg左右，大面积养殖彭泽鲫成鱼的饲料系数在1.3左右，苗种饲料系数在1.1左右。这些地区的民间养殖技术和饲料研究水平也达到了很高的水平。除上述地区外，全国各地养殖彭泽鲫也较为普遍，作为主养的主要区域有江西九江、南昌，以及四川、重庆、湖北、湖南、广东等地，主养彭泽鲫每667 m²产量为500～1250 kg。其他地区作为套养品种，一直以来，也获得了较好的经济效益，有些大水面套养当年的彭泽鲫夏花，当年年底个体就可以长到0.5 kg以上。但是，近10年来，全国各地养殖彭泽鲫的面积大为减少，养殖总产量也下滑严重。据不完全统计，目前全国主养彭泽鲫的养殖面积不足2万hm²。

1.2.2 制约彭泽鲫养殖产业发展的主要原因

1.2.2.1 彭泽鲫良种的覆盖率低

彭泽鲫是一个优质的选育品种，并不是部分养殖者想象的那样，每一批后代出来都可以作为彭泽鲫良种来繁殖和进行生产性养殖的，也不是出自产地的鲫鱼就是彭泽鲫。20世纪90年代，很多地区刚开始养殖的彭泽鲫是选育的子一代、子二代，养殖效果很好，取得了很好的经济效益。后来有些养殖户就用自繁苗种，或者购买别人没有条件和没有经过认真选育的鱼苗来养殖。目前，只有极少数养殖户到良种场重新引种，导致养殖户购买的彭泽鲫苗种质量越来越差，使得很多养殖户误以为

彭泽鲫的品质已经不再优良、养殖效果大不如前。另一个重要的原因是，作为彭泽鲫优质苗种的生产基地和供应单位，国家级和省级彭泽鲫良种场的彭泽鲫苗种产量普遍不足，加上运输到全国各地距离远、成本较高，同时受各地的需求时间和气候影响较大，使得各地很难及时得到优质的苗种，达不到预期的养殖效益，这也影响了养殖户的积极性。

1.2.2.2 彭泽鲫养殖技术和鱼病防治技术没有完全掌握

彭泽鲫是从野生鲫鱼中选育出来的品种，有其优势，但是也保留了野生鲫鱼的部分特性，因此跟其他鲫鱼品种的养殖技术也有所不同。例如：驯化彭泽鲫吃饲料时间就要适当长些才能达到效果，它的抢食效果也不如其他杂交鲫鱼；彭泽鲫有易繁殖的特点，春天会自行繁殖，养殖成鱼时，年底还有一定数量的冬片苗种，因此要注意考虑冬片的摄食；主养彭泽鲫不能套养体型较大、抢食较凶猛的鱼类，不然整体产量和规格就会受到影响。彭泽鲫耐低氧，抗病力强，不易出现大面积的缺氧和浮头死亡现象，但是在高密度养殖的环境里，生长速度过快的情况下，会诱发一些疾病，如孢子虫感染和出血病等。如有些地区的池塘，几十年来都是主养鲫鱼，清塘和消毒工作又做得不好，就更易感染病虫害。如果防病措施不规范，用药不及时、不对症，对整体产量和饲料系数就会造成很大的影响。因此，建议通过各种平台和途径，加强对养殖户的技术培训。

1.2.2.3 对彭泽鲫饲料营养要求的研究还不够

彭泽鲫的饲料营养研究工作，目前还处在起步阶段，有些研究所和饲料厂通过养殖试验，只是获得了一些初步的数据和摸索出了一些初步的规律，而从夏花、冬片到成鱼阶段，基本没有较为科学的配方数据，更谈不上针对彭泽鲫各个生长季节的营养需求的研究。我国的养殖区域广，从南到北，从东到西，气温差异大；水质类型多：有滩涂碱性半咸水区域，有北方地区的碱性水质，还有西北地区的沙土底质和南方地区的酸性水质，这些地区都有大片的彭泽鲫养殖场。各个地区对于彭泽鲫的饲料营养要求又不尽相同，很多养殖区使用杂交鲫鱼的配方，往往在养殖中达不到生产者的目标，因而转养其他品种。此外，彭泽鲫亲鱼营养研究更是一片空白，这直接导致亲鱼培育和后期的苗种质量受到严重影响。笔者在生产中摸索出了一些经验：养殖彭泽鲫尽量选用动物蛋白质含量高点的较高档次鲫鱼饲料（尤其是宜选用进口鱼粉）。东北地区还有用动物下脚料、海虹干等动物性营养物质取代鱼粉的做法，天津地区则利用本地丰富的枝角类（红虫），都取得了很好的养殖效果。在彭泽鲫亲鱼营养方面，笔者带领的科研团队也在进行攻关，后期将会有一系列相关科研成果与养殖户和相关技术人员共享。

1.2.2.4 养殖区域被压缩，养殖面积缩小

随着我国工业化和城市化的飞速发展，越来越多的养殖区域被占用，原本作为城市菜篮子工程的城郊养殖区域基本上被住房和工厂覆盖，作为重点养殖区的北京、天津、沈阳的郊区，大面积的养殖彭泽鲫的高产养殖水面被征用，养殖人员也被转产安置。彭泽鲫苗种全国重点生产基地的九江市郊区养殖水面，也只剩下原来的10%不到，原来可向全国提供20亿～30亿尾彭泽鲫夏花鱼苗，现在减少到2亿～3亿尾，而且养殖水面分散，技术工人转产，苗种市场监督也增加了难度。全国其他地区的情况也差不多。

1.2.2.5 自然灾害的因素

以彭泽鲫作为主养品种，养殖周期较长，而长江中游的养殖地区，生长季节必须经过一个雨季才能达到商品规格，高水位季节又不便集中捕捞，如果遇到恶劣天气引起水灾，就会造成很大的损失。因此，一般养殖户往往是主养其他家鱼品种，套养少量彭泽鲫，难以做到大规模主养彭泽鲫。

1.2.2.6 品牌宣传力度不够

彭泽鲫形似野鲫鱼，在鲫鱼原良种品系里，是最优质的鲫鱼品系之一，凭借其众多的优势得到了市场的认可，可食率较高（与同样重量的其他鲫鱼品种相比，彭泽鲫的废弃内容物较少），味道鲜美（鲫鱼汤是我国人民传统的滋补佳品）。由于没有树立品牌优势，彭泽鲫的养殖成本又稍高于其他的杂交鲫鱼，在市场上并没有形成优势，因而严重地影响了养殖户的积极性。

作为江西省著名的本地水产良种彭泽鲫，得到了全国较多养殖户的认可。目前，彭泽鲫已登记品牌，相关领导较为重视。但是，要形成一个较大规模的产业，还需政府和科研部门加大力度，一是制订完整的重点养殖区域发展计划，投入更多的资金和精力，使彭泽鲫的规模化养殖技术更加成熟；二是以优势企业为龙头，开发彭泽鲫的深加工产品，开发一系列彭泽鲫的名菜、名汤来用作宣传，让更多的消费者接受和认可彭泽鲫；三是对彭泽鲫垂钓和暂养基地进行挂牌，打造专门的彭泽鲫销售批发基地，均衡上市，逐步推动彭泽鲫进入良性的发展道路。

② 彭泽鲫的饲料原料

　　饲料既可以是单一原料，也可以是根据养殖动物的营养需要，把多种原料混合饲喂的配合饲料。相对于配合饲料而言，其原材料就叫饲料原料。彭泽鲫饲料原料的种类繁多，根据其来源可分为植物性原料、动物性原料、矿物性原料等天然饲料原料，以及人工合成的饲料原料；根据其含有的主要营养成分又可分为蛋白质原料、脂肪原料、碳水化合物原料、矿物质原料和维生素原料等。

2.1　蛋白质原料

　　蛋白质原料是水产饲料重要的组成部分，是影响水产配合饲料价格的主要原料。其主要包括动物性蛋白质原料和植物性蛋白质原料。

2.1.1　动物性蛋白质原料

　　动物性蛋白质原料包括水产品、畜禽产品的加工副产品等，是营养价值较高的一类蛋白质原料。其特点是蛋白质含量高、氨基酸组成良好。

2.1.1.1　鱼粉

　　鱼粉被认为是水产饲料中的黄金基准和理想的蛋白质来源。鱼粉的蛋白质含量很高，根据来源不同，其蛋白质含量为 60% ～ 75% 不等。同时，它具有消化率很高、氨基酸配比平衡、适口性高、不含抗营养因子，以及含有丰富的微量元素和高度不饱和脂肪酸等优点。鱼粉中还含有相当多的 B 族维生素，尤以维生素 B_{12}、维生素 B_2 最受关注，因为维生素 B_{12} 所有植物性饲料原料都缺乏。此外，其他 B 族维生素如生物素、烟酸含量也较多。鱼粉中还含有丰富的脂溶性维生素，如维生素 A、维生素 D、维生素 E。鱼粉还是良好的矿物质来源，其钙、磷的含量都很高。鱼粉的含硒量也很高，可达 2 mg/kg 以上。因此，在饲料中鱼粉配比较高时，可以不另外添加亚硒酸钠。此外，鱼粉中碘、锌、铁的含量也很高。

近几年，全球的鱼粉产量每年约为 500 亿 kg，产量波动幅度较大。其中，秘鲁为最大的鱼粉生产国，大概占全球总产量的 1/3，其鱼粉的主要生产原料是鳀鱼、沙丁鱼和鲭鱼。其次是智利，也以鳀鱼、沙丁鱼和鲭鱼为主要生产原料，但后二者使用量较少。其余的鱼粉生产大国如美国、挪威，则分别以鲱鱼、鳕鱼为原料制作鱼粉。

商业生产的鱼粉通常根据产地、原料种类、生产工艺及鱼粉颜色进行分类命名。

根据鱼粉加工厂的位置不同，可将鱼粉分为工船鱼粉和沿岸鱼粉。工船鱼粉是在远洋渔船上生产的鱼粉，一边捕捞一边生产，所以原料鱼非常新鲜，鱼粉的质量一般比较好。沿岸鱼粉的加工厂设在陆地上，渔获物在海上捕捞后经运输至陆地上才能加工成鱼粉，因此原料鱼的新鲜度往往不如工船鱼粉，鱼粉的质量较差。

根据原料鱼的种类不同，可将鱼粉分为鳕鱼粉、鲱鱼粉、沙丁鱼粉、鳀鱼粉等。一般来讲，以鳕鱼等冷水性鱼类为原料生产的鱼粉的质量较好。

根据鱼粉加工工艺的不同，可将鱼粉分为脱脂鱼粉和全脂鱼粉。脱脂鱼粉和全脂鱼粉生产工艺的不同之处在于生产过程中压榨脱脂与否。脱脂鱼粉的蛋白质含量高、脂肪含量低，不仅营养价值高而且不易在储存过程中发生脂肪氧化。全脂鱼粉在加工过程中未经压榨脱脂，因此其上述特点恰好与脱脂鱼粉相反。

根据原料鱼肌肉的颜色，可将鱼粉分为白鱼粉和红鱼粉。鳕鱼和鲽鱼等冷水性鱼类的肌红蛋白含量较少，经加工成鱼粉后呈淡黄色或灰白色，所以叫白鱼粉。鲱鱼、沙丁鱼、鳀鱼等暖水性鱼类的肌红蛋白含量较高，经加工成鱼粉后呈淡褐色或红褐色，所以叫红鱼粉。不论白鱼粉还是红鱼粉，只要它们的新鲜度好，在营养价值上并无很大的差别。

根据鱼粉生产的国别，可将鱼粉分为秘鲁鱼粉、智利鱼粉、国产鱼粉等。不仅不同国别的鱼粉总体质量存在着一些差别，而且同一国家出产的鱼粉由于生产厂家不同、批次不同，在质量上也有很大的差别。

2.1.1.2　肉粉与肉骨粉

肉粉、肉骨粉来源于畜禽屠宰场、肉品加工厂的下脚料，即为将可食部分除去后的残骨、内脏、碎肉等经适当加工而得到的产品。由于原料的不同，成品可为肉粉和肉骨粉。我国规定，如果产品中含骨量超过 10%，则为肉骨粉。美国将含磷量在 4.4% 以下者称为肉粉，在 4.4% 以上者则称为肉骨粉。

肉粉和肉骨粉是品质变异相当大的一类蛋白质原料，粗蛋白质含量为 45%～60%，粗脂肪含量为 8%～18%，粗灰分含量为 16%～40%。肉粉、肉骨粉中的结缔组织较多，其氨基酸组成以脯氨酸、羟脯氨酸和甘氨酸居多，因此氨基酸组成不佳。赖氨酸含量尚可，但蛋氨酸和色氨酸的含量偏低。由于肉骨粉中必需氨基酸如蛋氨酸、色氨酸含量低，因此在使用时，应注意与其他富含这两种氨基酸的蛋白质饲料搭配使用，以达到营养素平衡，提高肉骨粉的饲用价值。

2.1.1.3　血粉

畜、禽类屠宰后收集到的全血在经过低温喷雾干燥或破壁干燥后所得到的红色粉末称为全血粉，对全血进行血浆和血细胞的分离后再进行干燥可分别获得血浆粉和血球粉。血粉的粗蛋白质含量很高，可达 80%～90%，高于鱼粉和肉粉，但血粉中氨基酸组成不平衡。其氨基酸组成特点是：赖氨酸含量很高，为 7%～8%，比鱼粉的含量还高；亮氨酸含量也高，为 8% 左右。以相对含量而言，精氨酸的含量很低，故与花生仁饼粕、棉仁饼粕配比可改善氨基酸平衡。血粉最大的缺点是异亮氨酸含量很少，几乎为零。在配料时应特别注意满足异亮氨酸的需要。此外，血粉中蛋氨酸含量也较低，可以考虑和菜粕、葵花籽粕等原料配合使用，以弥补其蛋氨酸和异亮氨酸含量低这一缺陷。

血粉不像其他动物性蛋白质饲料那样含有丰富的维生素 B_{12} 和核黄素，其核黄素含量仅为 1.5 mg/kg，矿物质中钙、磷含量很低，但含有多种微量元素，如铁、铜、锌等，而且含铁量是所有饲料原料中最高的。

2.1.1.4　羽毛粉

羽毛粉是由各种家禽屠宰时产生的羽毛以及不适于作羽绒制品的原料加工成的动物性蛋白质饲料原料。羽毛粉蛋白质含量通常在 80% 以上，还含有微量 B 族维生素和某些生长因子。其氨基酸组成不平衡，甘氨酸、丝氨酸含量很高，分别达到 6.3% 和 9.3%；异亮氨酸含量也很高，可达 5.3%，适于与异亮氨酸含量不足的原料（如血粉）配伍；但是羽毛粉的赖氨酸和蛋氨酸含量不足，分别相当于鱼粉的 25% 和 35% 左右。羽毛粉的另一特点是胱氨酸含量高，尽管水解时遭到破坏，但仍含有 4% 左右，是所有饲料原料中含量最高者。羽毛具有难以降解的特点，常见的羽毛处理方法有高温高压水解法、酸碱处理法、酶解法和微生物发酵法。

2.1.1.5　昆虫蛋白源

昆虫是世界上种类最多的动物，根据调查，昆虫种类的总数为 1000 多万种。在肉食性和杂食性鱼类的幼鱼阶段，各种昆虫是鱼类食物的重要组成部分。大多数水环境中都有昆虫，在自然条件下，昆虫是鱼类营养中极有价值的蛋白质来源。

2.1.1.5.1 蚕蛹粉

蚕蛹是缫丝工业的副产品，也是一种动物性蛋白质饲料原料。新鲜的蚕蛹含水量和含脂量都很高，用于饲料原料时应将其干燥，然后粉碎制成蚕蛹粉或脱脂后制成蚕蛹粕。蚕蛹蛋白质含量约为60%，18种氨基酸含量均在1.5%以上，其中精氨酸含量稍低，含有较多球蛋白和清蛋白，较其他蛋白质更易于鱼类吸收。蚕蛹粉粗脂肪含量高达22%以上，其脂肪酸组成中亚油酸含量为36%～49%、亚麻酸含量为21%～35%。

2.1.1.5.2 黄粉虫

黄粉虫又称面包虫，为鞘翅目拟步行虫科粉甲虫属。黄粉虫适应能力极强，易于养殖，繁殖速度快，养殖成本低，富含蛋白质和各种矿物元素。黄粉虫的营养组成与其食物有必然联系。黄粉虫粉粗蛋白质含量为44.2%～53.5%，氨基酸组成较为平衡，但赖氨酸含量低于鱼粉；粗脂肪含量高达35%，亚油酸含量最高为42.65%，其次是油酸，含量为26.62%，单不饱和脂肪酸和多不饱和脂肪酸含量高达67.57%；黄粉虫体内甲壳素含量较高，可能会降低饲料营养物质的消化率，并且可能存在重金属、亚硝酸盐和真菌毒素等有害物质。

2.1.1.5.3 蝇蛆粉

蝇蛆粉是一种新型昆虫蛋白源，由家养活体蝇蛆加工研制而成。蝇蛆繁殖周期短，养殖技术简单且成本低。蝇蛆各生长阶段粗蛋白质含量为50%～65%，富含色氨酸、蛋氨酸、异亮氨酸和亮氨酸；粗脂肪含量为8%～20%，主要由多不饱和脂肪酸组成；富含维生素、矿物质、抗菌肽、凝集素和溶菌酶等生物活性物质，目前已经广泛应用于水产养殖业。但是蝇蛆生活环境差，可能携带大量病菌，易导致鱼类食物中毒，因此在人工养殖过程中需防止蝇蛆逃跑和对其生物安全性进行评估。

2.1.1.5.4 黑水虻幼虫粉

黑水虻为昆虫纲双翅目水虻科扁角水虻属，在全球热带和亚热带大部分地区均有分布。黑水虻幼虫能够利用工厂废物、动物粪便及食物残渣等转换成自身的营养物质，能够大大减轻环境污染，有助于水产养殖的可持续发展。黑水虻在自然界分布较为广泛，产量高，易养殖且转化效率极高，市场价格较鱼粉便宜50%以上。黑水虻幼虫粗蛋白质含量在40%以上，氨基酸组成与鱼粉相近；脂肪含量高于30%，幼虫不饱和脂肪酸含量较低（19%～37%），这是因为黑水虻特征性脂肪酸月桂酸含量较高（21.4%～49.3%）。研究发现，在黑水虻的食物中添加鱼的肝脏，能够使黑水虻幼虫

体内产生一定量的亚麻酸、二十碳五烯酸和二十二碳六烯酸，从而改善黑水虻幼虫体内脂肪酸组成不平衡的问题。

2.1.2　植物性蛋白质原料

植物性蛋白质饲料主要包括各种油料籽实提取油脂后的饼粕及某些谷物的加工副产品等。植物性蛋白质原料主要包括豆粕、棉仁饼粕、茶籽饼粕、花生仁饼粕、玉米蛋白粉、玉米 DDGS 等，因其具有来源广、价格低廉和产量高等优点而被广泛应用于水生动物饲料中。

2.1.2.1　豆粕及其相关产物

大豆提取大豆油后的副产品称为豆粕。根据浸提之后脱去溶剂温度及方式的不同，可以将豆粕分为高温豆粕及低温豆粕。相较于其他植物性蛋白质原料，大豆类原料蛋白质的氨基酸组成较为均衡，但豆粕中存在的抗营养因子是限制其在饲料领域应用的主要因素，可以将豆粕中的抗营养因子能否通过加热处理去除分为热敏性（如胰蛋白酶限制剂、抗维生素因子、致甲状腺肿素、脲酶和血球凝集素等）和热不敏性（如大豆抗原蛋白、植酸和非淀粉多糖等）两类。对于豆粕中热不敏性抗营养因子可以通过热乙醇处理、酶制剂处理及膨化加工处理等方式，将其影响减弱甚至消除。

大豆饼粕的赖氨酸含量在饼粕类饲料中最高，可达 2.4%～2.8%，是棉仁饼粕、菜籽饼粕、花生饼粕的 2 倍左右，赖氨酸与精氨酸含量的比例约为 1∶1.3。大豆饼粕的异亮氨酸含量高达 2.39%，也是饼粕类饲料中最多的，是与亮氨酸之间的比值最好的一种。此外，大豆饼粕的色氨酸和苏氨酸含量也较高，分别达到 0.85% 和 1.81%。大豆饼粕的缺点是蛋氨酸含量不足，略逊于菜籽饼粕和葵花籽仁饼粕，略高于棉仁饼粕和花生饼粕。因此，在使用大豆饼粕的饲料中，要注意与富含蛋氨酸的原料合理配比，这样才能满足水生动物对蛋氨酸的营养需求。

以豆粕作为原料，对豆粕进行酶解处理后得到的豆粕称为酶解豆粕，而对豆粕进行固体发酵处理后得到的豆粕称为发酵豆粕。发酵豆粕由于选取发酵原料、配合比例及发酵菌种的不同，质量存在较大差异，蛋白质含量也差异较大。有学者研究比较微生物发酵前后豆粕的营养成分变化，结果表明，发酵后的豆粕粗蛋白质等营养成分含量显著提高，同时豆粕中的胰蛋白酶抑制剂、脂肪氧化酶、大豆凝血素及致甲状腺肿素也得到了有效消除。

2.1.2.2　棉仁饼粕

棉仁饼粕是棉籽脱壳、脱油后的产品。棉籽加工成的饼粕中含棉籽壳多少是决定其可利用能量水平和蛋白质含量的主要影响因素。完全脱绒脱壳的棉仁所加工得到的棉仁粕粗蛋白质含量较高，甚至可达 55% 以上，一般棉粕的蛋白质含量为 40% 左右。棉仁饼粕的氨基酸组成特点是赖氨酸含量不足、精氨酸含量较高，赖氨酸含量：精氨酸含量在 1：2.7 以上。其赖氨酸含量在 1.3%～1.6%，远低于大豆饼粕；其精氨酸含量高达 3.6%～3.8%，在饼粕类饲料中居第二位。此外，棉仁饼粕的蛋氨酸含量也较低，约为 0.4%，仅为菜籽饼粕的 55% 左右。因此，在利用棉仁饼粕配制饲料时，要与含赖氨酸、蛋氨酸高的原料和含精氨酸低的原料搭配。例如，将棉仁饼粕与大豆饼粕和菜籽饼粕搭配使用，就有助于饲料的氨基酸平衡。

因棉仁饼粕中含有毒的游离棉酚，所以在饲料中的用量受到限制。棉酚在棉仁色素腺体内含量较多，呈黄褐色，某些种类的棉花棉籽的棉酚含量可达 2.4%。在脱油加工过程中，棉仁色素腺体内的棉酚一部分进入油内，一部分留在饼粕中。在加热过程中，游离棉酚大部分与蛋白质、氨基酸等结合，变成结合棉酚。结合棉酚对动物没有毒害，在消化道不会被吸收，随粪便排出体外，但这会使饼粕中赖氨酸的有效性大为降低。还有不等数量的棉酚以游离棉酚的形式存在于饼粕中。鱼的种类不同，对棉酚的敏感程度也不同，但是，高浓度的游离棉酚会抑制鱼类的生长，并会导致鱼类器官组织的损伤。

2.1.2.3 菜籽饼粕

菜籽饼粕是以油菜籽为原料提油后的副产品。菜籽饼的粗蛋白质含量为 36% 左右，菜籽粕为 38% 左右。菜籽饼粕的氨基酸的组成特点是：蛋氨酸含量较高，为 0.6% 左右，在饼粕类饲料中仅次于芝麻饼粕，名列第二；赖氨酸的含量为 1.30%～1.97%，次于大豆饼粕，名列第二。其另一个特点是精氨酸含量低，是饼粕类饲料中含精氨酸最低者，一般为 1.8% 左右，赖氨酸含量与精氨酸含量的比约为 1：1。而在大多饼粕类饲料中，都是精氨酸含量远远超过赖氨酸含量。因此采用菜籽饼粕与棉仁饼粕搭配，可以改善赖氨酸与精氨酸的比例关系。菜籽饼粕的碳水化合物多数是不易消化的多糖，其中含有 8% 的戊聚糖，粗纤维含量为 10%～12%，故可利用能量水平较低。菜籽饼粕的钙、磷含量都较高，但所含磷有 65% 属于植酸磷，利用率低。菜籽饼粕的含硒量是常用植物性饲料中的最高者，可高达 0.9～1.0 mg/kg，是大豆饼粕含硒量的 10 倍，相当于鱼粉含硒量（1.8～2.0 mg/kg）的一半。

菜籽饼粕中含有多种有毒有害物质，因而极大地限制了其在动物饲料中的应用。其主要有毒有害物质有硫代葡萄糖甙及其降解产物、芥子碱、单宁、植酸等，传统的油菜籽含有 3%～8% 的硫代葡萄糖甙。

2.1.2.4 花生仁饼粕

花生脱壳压榨或提取油脂后得到的产品为花生仁饼粕。机榨花生仁饼粕粗蛋白质含量通常为 44% 左右，浸提粕则为 47% 左右。花生仁饼粕的氨基酸组成不佳，赖氨酸含量（1.35%）和蛋氨酸含量（0.39%）都很低。花生仁饼粕的赖氨酸含量仅为大豆饼粕含量的 50% 左右。另外，花生仁饼粕的精氨酸含量特别高，可达 5.2%，是所有动、植物性饲料中的最高者。其赖氨酸：精氨酸在 1 ： 3.8 以上。因此，花生仁饼粕应与精氨酸含量低的菜籽饼粕、血粉等搭配使用，才有利于饲料达到氨基酸平衡。花生仁饼粕所含矿物质中钙、磷含量均较少，磷多为植酸磷，其他微量元素含量与大豆饼粕相近。

花生仁饼粕中含有胰蛋白酶抑制剂，可通过加热去除，但过高的温度会影响其所含蛋白质的利用。另外，花生仁饼粕应注意储存环境，防止受到黄曲霉菌污染，从而避免动物黄曲霉中毒。

2.1.2.5 玉米蛋白粉

玉米蛋白粉是以玉米为原料，将提取玉米淀粉后的黄色浆水浓缩干燥而成的产品。玉米蛋白粉的蛋白质含量为 57% ～ 66%，蛋氨酸含量高，与相同蛋白质含量的鱼粉相当；但赖氨酸和色氨酸含量很低，不足鱼粉中赖氨酸和色氨酸含量的四分之一。玉米蛋白粉的粗纤维含量不高，能值高，属于高热能饲料。由黄玉米制成的玉米蛋白粉富含叶黄素和玉米黄质，可用作一些鱼类的着色剂。

2.1.2.6 玉米 DDGS

玉米 DDGS 是玉米干酒精糟及其可溶物的简称。玉米 DDGS 的蛋白质含量为 25% ～ 28%，粗脂肪含量为 8% ～ 12%，纤维素含量为 6% ～ 7%。在以玉米为原料发酵制取乙醇的过程中，其中的淀粉被转化成乙醇和二氧化碳，其他营养成分如蛋白质、脂肪、纤维素等均留在酒糟中。同时，由于微生物的作用，酒糟中蛋白质、B 族维生素及氨基酸含量均比玉米有所增加，并含有发酵中生成的未知促生长因子。市场上的玉米酒糟蛋白饲料产品有两种：一种为 DDG，它是将玉米酒精糟作简单过滤，把滤清液排放掉，只对滤渣单独干燥而获得的饲料；另一种为 DDGS，则是将滤清液干燥浓缩后再与滤渣混合干燥而获得的饲料。DDGS 的能量和营养物质总量均明显高于 DDG。经发酵处理后的 DDGS 的霉菌毒素含量几乎是普通玉米的 3 倍，因此必须严格检测 DDGS 的霉菌毒素含量。玉米 DDGS 不饱和脂肪酸含量较高，比较容易氧化。

2.2 脂肪原料

脂肪是水生动物的主要营养素之一，不但为养殖动物提供能量，还可提供动物生长必需的脂肪酸。适宜的日粮脂肪水平，能节约蛋白质，降低饲料成本，减少环境污染。脂肪主要来自天然的油脂，油脂的化学本质是酰基甘油，其中主要是三酰甘油或称甘油三酯。常温下呈液态的酰基甘油称为油，呈固态的称为脂。植物性酰基甘油多为油（可可脂例外），动物性酰基甘油多为脂（海水鱼油例外）。饲用油脂的主要成分是甘油三酯，约占95%。油脂所含能值是所有饲料源中最高者，为玉米的2.5倍。

水生动物饲料中常用的脂肪源有植物油和动物油。植物油主要包括大豆油、玉米油、菜籽油、葵花籽油、亚麻籽油、椰子油、棕榈油、橄榄油等；动物油主要包括鱼油、牛油、猪、鸡油等。鱼油因富含鱼类生长发育所必需的n-3长链多不饱和脂肪酸，一直以来都是水产饲料的首选脂肪源。然而，随着水产集约化养殖的快速发展及饲料工业的不断扩大，过度捕捞导致海洋渔业资源量不断下降，鱼油的产量已供不应求，导致鱼油的价格始终居高不下。因此，从环境和资源保护以及可持续发展的角度出发，寻求开发新的饲料脂肪源势在必行。

2.2.1 植物油

与鱼油生产不同，植物油在过去的30年生产增长迅速。近年来，全球植物油总产量每年都达2000亿kg以上。随着捕捞量的减少，如再发生厄尔尼诺等海洋现象，将会极大地影响远洋渔业，造成鱼油价格进一步上涨，这使得植物油从经济的角度来看，寻找更加便宜、可靠的鱼油替代品对鱼饲料制造商越来越有吸引力。目前的研究表明，与鱼油相似，植物油容易被鱼类分解代谢作为生长的能量来源。因此，目前水产饲料中许多饲料中使用的鱼油，能够被植物油所替代，并且植物油的实用性更高，具有可持续性及良好的经济效益。然而，由于植物油的化学特性，尤其是缺乏某些脂肪酸组成，因而限制了其单独作为脂质的替代来源使用。

与鱼油相比，植物油富含碳十八不饱和脂肪酸。在水产饲料中应用的植物油脂主要有大豆油、花生油、棕榈油、玉米油、菜籽油等。经过压榨或浸提植物种子而得的植物油脂，其主要成分同为甘油三酯。其中，椰子油和棕榈仁油富含饱和脂肪酸如十四碳烯酸、十六烷酸及短链脂肪酸；橄榄油和菜籽油含有较高水平的油酸；大豆油、葵花籽油、棉籽油、玉米油和芝麻油则富含亚油酸；苏籽油、亚麻油、红花油中的亚

麻酸含量较高。目前，植物油已成为淡水鱼饲料中的主要脂肪源。单独替代或者依照鱼油中饱和脂肪酸、单不饱和脂肪酸和多不饱和脂肪酸组成调和的混合植物油替代鱼油均能取得较好的效果，所以植物油被认为是鱼油的替代品之一。但是，植物油替代鱼油普遍存在缺乏多不饱和脂肪酸的现象。鱼的种类不同，将亚麻酸转化为 n-3 多不饱和脂肪酸的生物转化能力（延长和去饱和）也不同，大部分海水肉食性鱼类，其体内产生 n-3 多不饱和脂肪酸的量不足以支持鱼类健康生长。Henderson 和 Sargent 曾经报道过，在棕榈油中含量丰富的十六烷酸和在棕榈油和菜籽油中含量丰富的油酸通常作为鱼类线粒体能量系统被优先利用。然而，在鱼体中，饱和脂肪酸和单不饱和脂肪酸的消化和吸收是不如多不饱和脂肪酸的。因此，在选择具有潜力的植物油作为饲料中鱼油的替代品时，必须同时考虑能量可用性和多不饱和脂肪酸的含量。

2.2.2 动物油

除鱼油外的动物油都富含饱和脂肪酸。在水产饲料中应用的动物油脂来源于家禽和家畜，多为牛羊油、鸡油、猪油等，其主要成分是甘油三酯，然而陆生动物油脂含有高水平的饱和脂肪酸以及低水平的多不饱和脂肪酸，缺乏 n-3 系列多不饱和脂肪酸，且含有反式脂肪酸。由于其饱和脂肪酸含量较高，鱼类不易消化，因此促生长作用相对鱼油较弱。

动物油脂的化学特性基于其饮食史、种类和年龄的不同而变化。通常来说，动物油脂含有高水平的饱和脂肪酸，从家禽类的 28.5% 到牛脂的 47.5% 不等，同时含有高水平的单不饱和脂肪酸，是鱼类饲料能量的良好来源。牛脂的多不饱和脂肪酸含量不到 4%，但约 20% 的多不饱和脂肪酸为亚油酸。有些研究指出，在猪、牛和家禽产品衍生物的脂类中发现二十碳五烯酸和二十二碳六烯酸，但是，动物油脂中的 n-3 多不饱和脂肪酸含量是极其有限的，一般的报道指出的水平仅为痕迹量级，因此这些脂肪来源也可认为是缺乏 n-3 多不饱和脂肪酸的。有研究报道指出，在满足必需脂肪酸需求的情况下，动物油脂占饲料脂肪比例不高于 50% 时，对鱼类生长性能没有负面影响。

2.3 碳水化合物原料

碳水化合物主要来源是谷类和薯类物质，在水产饲料中通常指的是以糖类为主的能量饲料。糖类作为一种相对廉价的能量原料，在节约蛋白质及脂肪方面起着一定的作用。我国拥有丰富的谷物资源，而这些谷物或加工后的淀粉目前直接应用于水产饲料的种类及用量还很少。

2.3.1 玉米

玉米是禽畜饲料中用量最大、使用最普遍的饲料原料。但因玉米价格较高、蛋白质含量较低，一般在水产饲料中的使用比例不高。玉米的蛋白质含量较低，为 8%～9%。其蛋白质的氨基酸组成不良，缺乏赖氨酸和色氨酸等必需氨基酸。玉米的粗纤维含量少，约为 2%，而无氮浸出物高达 70% 以上，而且无氮浸出物主要是易消化的淀粉，不像饼粕类饲料中的无氮浸出物都是难消化的非淀粉多糖类。玉米的粗脂肪含量较高，约为 4%。因此，玉米属于高能量饲料。玉米中的矿物质约 80% 存在于胚部，钙含量非常少，只有 0.02%；磷含量约 0.25%，其中大约 63% 以植酸形式存在；其他矿物质元素的含量也较低。玉米所含维生素中维生素 E 含量较高，约为 20 mg/kg。黄玉米中含有较高的 β - 胡萝卜素、叶黄素和玉米黄质，可影响养殖动物的皮肤颜色。

2.3.2 小麦和次粉

小麦和次粉的能值略低于玉米，但粗蛋白质含量较高，为玉米的 1.5 倍，在水产饲料中被广泛用作能量饲料。

小麦全粒中粗蛋白质含量约 14%，最高可达 16%，最低为 11%。其氨基酸组成好于玉米，但苏氨酸含量明显不足。小麦的粗纤维含量略高于玉米，约为 3%，无氮浸出物含量略低于玉米，约为 67%。小麦中 B 族维生素和维生素 E 含量较多，但维生素 A、维生素 D、维生素 C、维生素 K 含量较少。其所含矿物质中钙少磷多，铜、锰、锌含量较玉米高。此外，小麦中的谷朊蛋白和淀粉是水产饲料良好的营养型黏合剂。

次粉是小麦精制过程中的副产品，又称黑面、黄粉、下面或三等粉。它之所以被称为"次粉"，是指其供人食用时口感差，但并不意味着其营养价值低。它的营养组成和饲料功用与小麦几乎相差无几，这也是把它同小麦放在同类加以论述的原因。但因加工工艺不同、制粉程度不同、出麸率不同，次粉的成分差异往往较大，在使用时应加以注意。

2.3.3 米糠

米糠的营养价值受大米精制程度的影响，精制程度越高，则米糠中混入的胚乳就

越多，营养价值就越高。米糠的粗蛋白质含量为 10.5%～13.5%，比玉米含量高。氨基酸组成也比玉米好，赖氨酸含量高达 0.75%。米糠的粗脂肪含量很高，可达 15%，是同类饲料中的最高者，因而能值也为糠麸类饲料之首。其脂肪酸的组成大多为不饱和脂肪酸，油酸和亚油酸含量占 72%。其脂肪中还含有 2%～5% 的天然维生素 E，B 族维生素含量也很高，但缺乏维生素 A、维生素 D、维生素 C。米糠粗灰分含量高，钙少磷多，但所含磷有 86% 属于植酸磷，利用率低，且会抑制其他营养素的吸收和利用。米糠中含有胰蛋白酶抑制因子，采食过多易造成蛋白质消化不良。此外，米糠中脂肪酶活性较高，长期储存易引起脂肪变质。因此，要使米糠便于储存，应对其进行脱脂处理，在脱脂的过程中也可以破坏脂肪酶和抗胰蛋白酶。

2.3.4 小麦麸

小麦麸俗称麸皮，同次粉一样，都是以小麦籽实为原料加工面粉后的副产品。小麦麸和次粉的区别主要在于无氮浸出物和纤维素含量的不同，小麦麸的粗纤维含量为 8%～10%，无氮浸出物含量为 50%～55%。小麦麸的蛋白质含量稍高于次粉，为 13%～16%；粗灰分含量也高于次粉，约为 6%。

2.3.5 糖和淀粉

糖是一种由多羟基醛（酮）或水解后能产生多羟基醛（酮）的有机化合物，由碳、氢和氧组成，因此也被称为碳水化合物。

单糖是组成寡糖和多糖的基本单位，常见的单糖有葡萄糖、核糖、果糖和半乳糖等，其中葡萄糖是最常见的单糖。而多糖是自然界中含量最多的糖类化合物，可作为未来的能量来源（淀粉），也可作为谷物和豆类细胞构造的一部分（纤维素、非淀粉多糖）。在工业生产上，皆以淀粉为原料生产葡萄糖。

淀粉作为糖类的重要一员，也是谷物类饲料的主要成分，它被定义为通过葡萄糖分子连接的多糖。淀粉广泛存在于植物的根、茎、叶和果实中，特别是在谷物种子和马铃薯作物的根茎中。小麦和玉米的淀粉含量很丰富，高粱和玉米的淀粉含量约为 70%，大麦和燕麦的淀粉含量约为 57%，块茎（如木薯）的淀粉含量约为 70%，豆类（如大豆和豌豆）约为 45%。

天然淀粉一般含有两种组分：直链淀粉和支链淀粉。多数淀粉所含的直链淀粉和支链淀粉的比例为（20～25）：（75～80）。直链淀粉和支链淀粉在理化性质方面有明显差别，直链淀粉是葡萄糖单位通过 α-1，4 糖苷链连接的线形分子，麦芽糖可视为它的二糖单位；支链淀粉分子是高度分支的，每25～30个单位就有一个分支点，线形段也是由 α-1，4糖苷链连接，只是分支点处还存在 α-1，6糖苷链连接。直链淀粉仅少量溶于热水，溶液放置时重新析出淀粉晶体。支链淀粉易溶于水，在水中形成稳定的胶体，静置时溶液不出现沉淀。直链淀粉比支链淀粉易消化。

在水产饲料中使用纯淀粉作为能量饲料的情况并不多见。在粉状饲料生产时常用 α-淀粉（又称预糊化淀粉）作为能量饲料，这主要是利用它同时具有良好黏性的优点。作粉状饲料生产用的 α-淀粉多是采用从木薯或马铃薯中提取的纯淀粉经辊筒干燥或喷雾干燥而制成的产品。

淀粉在酸或淀粉酶作用下被逐步降解，生成分子大小不一的中间物，统称为糊精。在制作试验用饲料时，常使用糊精作为糖源，目的是纯化试验饲料的组成。

2.4　矿物质原料

一般认为，作为饲料用矿物质添加剂的原料，应符合以下基本要求：（1）含杂质较少，有害、有毒物质的含量在允许范围以内，不影响鱼类和人的安全。（2）生物学效价要高，鱼类摄食后能够消化、吸收和利用，并能发挥其特定的生理功能。（3）物理性质和化学性质稳定，不仅本身稳定，而且不会破坏其他矿物质添加剂，加工、储藏和使用方便。（4）货源稳定可靠，可就地就近取材，保证供应和生产。（5）在不降低有效量的条件下，成本较低，保证使用后产生较高的经济效益。

根据上述基本要求，微量元素原料多使用纯度符合饲料安全要求的化工原料，或专门生产的饲料级原料，而不使用纯度不达标和昂贵的试剂级产品。目前生产的微量元素添加剂，多以沸石或含钙的石灰石粉作为物料的载体。

2.4.1　常量元素原料

钠、氯、钾来源于食盐和氯化钾。镁的原料有碳酸镁、氧化镁和硫酸镁。钙、磷为饲料中添加的主要常量元素，其来源有多种，但以磷酸二氢钙添加居多，贝壳粉、蛎壳粉、碳酸钙和骨粉等也是良好的钙源；磷的来源相当复杂，利用率及售价相差也较大。因此，如何选用经济有效的来源是十分重要的。不同来源、不同化学形态的磷酸盐有不同的利用率，在物理性质上，如比重、细度，对其利用率也有影响。一般细的比粗的利用率好，但太细会造成扬尘，对操作处理有不良影响。

2.4.2　微量元素原料

鱼类饲料中也常缺乏微量元素，尤其是植物原料使用比例较高的时候。因此，有必要补充微量元素，以满足鱼类的营养需求。微量元素主要包括铜、铁、锰、锌、钴、硒、碘等。

碘化钾易潮解，稳定性差，与其他金属盐类易发生反应，对维生素、抗生素等添加剂都能起破坏作用，应尽可能少用。碘酸钙吸水性差，稳定性高，可以将碘酸钙作为碘源。硒为剧毒物质，应注意用量及饲料的使用均匀度。

无机微量元素主要在鱼类的中肠中吸收。由于中肠环境呈碱性，因此会影响无机微量元素的吸收率，近年来成功研发的氨基酸微量元素螯合物、多糖微量元素复合物，可大大提高微量元素的吸收率。有机铜、钴的吸收率比无机铜、钴提高最多，分别提高了41%和46%～58%；有机铁、锌次之（15%）；有机锰提高最少，比无机锰只提高了6%左右。

2.5　维生素原料

维生素有别于蛋白质、碳水化合物和脂肪，是一种由外源性来源获得的（通常通过饮食），鱼类正常生长、繁殖和保持健康所必需的微量有机化合物，通常是由工业合成或提纯的维生素制剂。

维生素分为水溶性和脂溶性两种。8种水溶性维生素的需要量相对较少，主要起辅酶功能，被称为复合维生素B。3种水溶性维生素，即胆碱、肌醇和维生素C，需要量较大，并具有辅酶功能以外的其他功能。维生素A、维生素D、维生素E和维生素K是相较于酶而独立起作用的脂溶性维生素，或者在某些情况下，如维生素K，可能起辅酶作用。脂溶性维生素A、维生素D、维生素E及维生素K和膳食脂肪一起在肠道中被吸收。因此，对脂肪的吸收有利的条件，也会促进对脂溶性维生素的吸收。由于鱼类似乎缺乏在哺乳动物体内发现的淋巴系统，脂质和脂溶性维生素最有可能通过门静脉和肝脏被输送到周围组织。如果膳食摄入量超过代谢需求，鱼类就会将脂溶性维生素积极地存储在特定的细胞中，或简单地积累在脂质室中。在哺乳动物中，维生素的缺乏会导致典型性缺乏症，但在鱼类中，此类疾病的发生并不明显。

除了两种水溶性生长因子（胆碱和肌醇）和抗坏血酸，水溶性维生素在细胞新陈代谢中具有独特的辅酶功能。然而，将缺乏症与维生素参与的酶系统的减弱功能联系在一起是不科学的。对于一些温水鱼来说，肠道微生物的合成作用满足了其对某些维生素的需求。因此，只有当饲料中维生素缺乏且伴有抗生素存在时，缺乏症才会出现。要想防止鱼类出现维生素缺乏症，就需不断供给必需的水溶性维生素，因为这些维生素没有被存储在鱼类身体组织中。

载体的质量对维生素的稳定性也有影响。以含水量13％的玉米粉作为维生素 B_1、维生素 C 和维生素 K_3 的载体，经过 4 个月的储存，60％的效价被破坏；如选用含水量为 5％的干燥乳糖粉，经过 4 个月的储存，维生素效价可保持在85％～90％。由此可见，选用载体时除考虑其质量外，还应考虑水分含量，一般含水量以不超过 5％为宜。从成本及分散均匀性来看，小麦麸、脱脂米糠为最佳载体。

由于维生素的种类多，分析较困难，对于饲料企业来说，不可能将所用饲料原料一一加以分析。此外，在生产加工过程中，维生素还会因环境条件、加工、储存、运输等造成损失。因此，通常是将基础饲料的含量不加计算，而以饲养标准或营养标准规定的需要量作为添加量，并考虑其他一些造成损失的因素，增加10％的安全系数进行计算。在计算添加量时，还要考虑维生素的价格和经济承受能力，所以维生素的添加量往往并非饲养动物的最佳需要量。

2.6 原料成分表

原料成分表可为科研和生产上配制高效、经济的水产饲料提供有效数据。表格中的数据是编者通过各种资源获得的，其中最主要的来源是美国国家科学研究委员会以及《中国饲料成分及营养价值表》，一些新的或少量原料数据来源于已发表的文献。见表 2-6-1、表 2-6-2。

表 2-6-1　水产饲料常用原料常规成分组成

单位：%

原料	编号	干物质	粗蛋白质	粗脂肪	无氮浸出物	粗灰分
鱼粉(CP 67％)	5-13-0044	88.0	67.1	7.5	0.1	12.3
鱼粉(CP 60.2％)	5-13-0046	88.0	60.2	9.0	1.3	16.5
血粉	5-13-0036	88.0	82.8	0.4	1.6	3.2
羽毛粉	5-13-0037	88.0	77.9	2.2	1.4	5.8
肉骨粉	5-13-0047	93.0	50.0	8.5	—	31.7
肉粉	5-13-0048	94.0	54.0	12.0	4.3	22.3
啤酒酵母	7-15-0001	91.7	52.4	0.4	33.6	4.7

续表

原料	编号	干物质	粗蛋白质	粗脂肪	无氮浸出物	粗灰分
去皮大豆粕	5-10-0103	89.0	47.9	1.5	29.7	4.9
大豆粕	5-10-0102	89.0	44.3	1.5	30.8	6.0
棉籽粕	5-10-0119	90.0	47.0	0.5	26.3	6.0
棉籽蛋白	5-10-0220	92.0	51.1	1.0	27.3	5.7
菜籽饼	5-10-0183	88.0	35.7	7.4	26.3	7.2
菜籽粕	5-10-0121	88.0	38.6	1.9	29.0	6.9
花生仁粕	5-10-0115	88.0	47.8	1.4	27.2	5.4
玉米蛋白粉	5-11-0001	88.0	61.6	2.6	21.0	1.7
玉米	4-07-0278	86.0	10.3	3.9	68.2	1.3
小麦	4-07-0270	88.0	13.1	1.5	68.9	2.2
大麦(裸)	4-07-0274	87.0	13.0	2.1	67.7	2.2
次粉(一级)	4-08-0104	87.0	14.9	2.1	65.5	2.0
小麦麸	4-08-0069	87.0	16.2	2.8	55.0	5.2
米糠	4-08-0041	90.0	14.5	15.5	45.6	7.6
DDGS	5-11-0007	88.0	26.9	10.0	38.7	4.4

表 2-6-2　水产饲料常用原料氨基酸组成

单位：%

原料	编号	粗蛋白质	精氨酸	组氨酸	异亮氨酸	亮氨酸	赖氨酸	蛋氨酸	胱氨酸	苯丙氨酸	酪氨酸	苏氨酸	色氨酸	缬氨酸
鱼粉(CP 67%)	5-13-0044	67.0	3.93	2.01	2.61	4.94	4.97	1.86	0.60	2.61	1.97	2.74	0.77	3.11
鱼粉(CP 60.2%)	5-13-0046	60.2	3.57	1.71	2.68	4.80	4.72	1.64	0.52	2.35	1.96	2.57	0.70	3.17
血粉	5-13-0036	82.8	2.99	4.40	0.75	8.38	6.67	0.74	0.98	5.23	2.55	2.86	1.11	6.08
羽毛粉	5-13-0037	77.9	5.30	0.58	4.21	6.78	1.65	0.59	2.93	3.57	1.79	3.51	0.40	6.05
肉骨粉	5-13-0047	50.0	3.35	0.96	1.70	3.20	2.60	0.67	0.33	1.70	1.26	1.63	0.26	2.25

续表

原料	编号	粗蛋白质	精氨酸	组氨酸	异亮氨酸	亮氨酸	赖氨酸	蛋氨酸	胱氨酸	苯丙氨酸	酪氨酸	苏氨酸	色氨酸	缬氨酸
肉粉	5-13-0048	54.0	3.60	1.14	1.60	3.84	3.07	0.80	0.60	2.17	1.40	1.97	0.35	2.66
啤酒酵母	7-15-0001	52.4	2.67	1.11	2.85	4.76	3.38	0.83	0.50	4.07	0.12	2.33	0.21	3.40
去皮大豆粕	5-10-0103	47.9	3.43	1.22	2.10	3.57	2.99	0.68	0.73	2.33	1.57	1.85	0.65	2.26
大豆粕	5-10-0102	44.2	3.38	1.17	1.99	3.35	2.68	0.59	0.65	2.21	1.47	1.71	0.57	2.09
棉籽粕	5-10-0119	43.9	4.69	1.20	1.30	2.49	1.99	0.59	0.69	2.30	1.06	1.26	0.51	1.93
棉籽蛋白	5-10-0220	51.1	6.08	1.58	1.72	3.13	2.26	0.86	1.04	2.94	1.42	1.60	—	2.48
菜籽饼	5-10-0183	35.7	1.82	0.83	1.24	2.26	1.33	0.60	0.82	1.35	0.92	1.40	0.42	1.62
菜籽粕	5-10-0121	38.6	1.83	0.86	1.29	2.34	1.30	0.63	0.87	1.45	0.97	1.49	0.43	1.74
花生仁粕	5-10-0115	47.8	4.88	0.88	1.25	2.50	1.40	0.41	0.40	1.92	1.39	1.11	0.45	1.36
玉米蛋白粉	5-11-0001	61.6	1.95	1.19	2.83	10.19	1.07	1.55	0.96	3.82	3.09	2.05	0.35	2.85
玉米	4-07-0278	10.3	0.42	0.25	0.28	1.13	0.28	0.21	0.24	0.47	0.37	0.34	0.09	0.44
小麦	4-07-0270	13.4	0.62	0.30	0.46	0.89	0.35	0.21	0.30	0.61	0.37	0.38	0.15	0.56
大麦(裸)	4-07-0274	13.0	0.64	0.16	0.43	0.87	0.44	0.14	0.25	0.68	0.40	0.43	0.16	0.63
次粉(一级)	4-08-0104	14.9	0.83	0.40	0.53	1.03	0.57	0.22	0.36	0.64	0.45	0.48	0.20	0.70
小麦麸	4-08-0069	16.2	1.03	0.42	0.53	0.99	0.65	0.24	0.33	0.64	0.44	0.52	0.26	0.73
米糠	4-08-0041	14.5	1.20	0.44	0.71	1.13	0.84	0.28	0.21	0.71	0.56	0.54	0.16	0.91
DDGS	5-11-0007	26.9	1.10	0.73	0.95	3.06	0.69	0.56	0.53	1.25	1.07	0.97	0.20	1.29

3 彭泽鲫营养与饲料的研究

3.1 彭泽鲫肌肉氨基酸和脂肪酸营养分析

彭泽鲫属广温性鱼类，喜底栖生活，主要生长季节为4—11月，其中7—9月生长速度最快，具有繁殖易、生长速度快、个体大、抗逆性强且营养价值高等优良特点。随着其养殖规模的不断扩大及饲料工业的蓬勃发展，对其肌肉营养成分及特点进行系统深入的研究尤为重要。迄今为止，尚未见完整的有关彭泽鲫肌肉营养成分和脂肪酸组成的分析报道。下面，对不同规格的彭泽鲫的肌肉粗蛋白质、粗脂肪、水分、氨基酸和脂肪酸组成进行了分析和比较研究，以期为彭泽鲫肌肉营养价值的研究和彭泽鲫配合饲料的研制提供理论依据。

3.1.1 材料与方法

3.1.1.1 试验材料

试验用彭泽鲫来自南昌市鄱阳湖农牧渔产业发展股份有限公司养殖池塘，随机选取3种不同规格、健康、无损伤的彭泽鲫，分成A、B、C三组，每组各10尾。A组彭泽鲫体重为40～60 g，B组彭泽鲫体重为300～350 g，C组彭泽鲫体重为650～700 g（见表3-1-1）。将上述彭泽鲫运回实验室暂养空腹后，用滤纸吸干其体表水分，取鱼体背部两侧肌肉，在冰上用剪刀剪成块后，将相同规格的肌肉搅碎混合均匀备用。

表 3-1-1　各组彭泽鲫规格

组别	样本数 / 尾	体长范围 /cm	平均体长 /cm	体重范围 /g	平均体重 /g
A	10	11.8～13.2	12.3	40～60	50
B	10	21.5～23.0	22.1	300～350	328
C	10	29.1～30.2	29.5	650～700	680

3.1.1.2　样品测定

常规营养成分和脂肪酸测定均委托江西省分析测试中心实验室进行。粗蛋白质测定采用凯氏定氮法，粗脂肪测定采用索氏抽提法，水分测定采用直接干燥法。

脂肪酸测定使用气相色谱仪（日本岛津公司生产的 GC-2010），按面积归一法自动计算脂肪酸各组分含量（以脂肪酸总量的％表示）。气相色谱条件：色谱柱采用 DB-FFAB 石英毛细管柱，柱长 30 m，内径 0.25 mm；柱起始温度 160 ℃，保持 2 min，以 5 ℃ /min 升至 220 ℃，保持 10 min。

氨基酸含量的测定采用日立 835-50 型高速氨基酸分析仪。将样品消煮后，上机进行分析，参考王桂芹等（2004）的分析方法。

3.1.1.3　数据处理

采用常规统计方法计算，数据用 Excel 2010 电子表格记录，用 SPSS 16.0 进行统计分析，变异系数 = 标准差 / 平均数 ×100％。

3.1.2　结果与分析

3.1.2.1　彭泽鲫肌肉常规营养成分的含量

分析了不同规格彭泽鲫肌肉的水分、粗蛋白质和粗脂肪含量。由表 3-1-2 可看出，彭泽鲫肌肉水分和粗蛋白质含量较高，平均值分别为 79.36％和 17.61％，不同规格彭泽鲫肌肉含水量及粗蛋白质含量变动较小，水分含量随彭泽鲫规格的增大呈增长的趋势。不同规格彭泽鲫肌肉粗脂肪含量变动较大，且随着鱼体规格的增大而逐渐降低。

测定鱼体肌肉营养组成，可以了解其鱼肉的营养价值。从表 3-1-2 可见，3 种规格的彭泽鲫肌肉的粗蛋白质含量相近，为 17.54％～17.64％，与其他两种鲫鱼品种方正银鲫（17.26％）（陈建明等，2005）、异育银鲫（17.80％）（王桂芹等，2006）相近，高于草鱼（15.94％）（陈建明等，2005）、鲢鱼（15.80％）（向枭等，2008）、鲤鱼（16.52％）（陈建明等，2005），低于鳜鱼（18.81％）（俞泽溪等，2010）、史氏鲟（19.11％）（NRC，1993），也稍低于猪肉（20.30％）和牛肉（20.20％）；3 种规格的

彭泽鲫肌肉的粗脂肪含量变动较大，从 1.90% 下降到 1.00%，与方正银鲫（1.00%）（陈建明等，2005）、异育银鲫（0.99%）（王桂芹等，2006）和鳜鱼（1.28%）（俞泽溪等，2010）相近，低于史氏鲟（6.54%）（NRC，1993），也低于猪肉（6.20%）和牛肉（2.30%）。表明彭泽鲫是一种高蛋白、低脂肪的食物，值得提倡食用。

表 3-1-2　不同规格彭泽鲫肌肉粗蛋白质、粗脂肪和水分的含量

单位：%

营养成分	A 组	B 组	C 组	平均值	变异系数
水分	78.34	79.46	80.27	79.36	1.22
粗蛋白质	17.64	17.64	17.54	17.61	0.33
粗脂肪	1.90	1.20	1.00	1.37	34.58[*]

注：* 表示不同生长阶段有显著差异。

3.1.2.2　彭泽鲫肌肉氨基酸的组成与含量

在不同规格彭泽鲫肌肉中各测得常见氨基酸 18 种（见表 3-1-3），3 种规格彭泽鲫肌肉中均以谷氨酸含量最高（2.40%、2.26% 和 2.52%）；在必需氨基酸中以赖氨酸含量最高（1.75%、1.63% 和 1.89%），必需氨基酸总量分别占氨基酸总量的 53.66%、53.62% 和 54.50%，必需氨基酸总量与非必需氨基酸总量的比值为 1.16、1.16 和 1.20；4 种鲜味氨基酸总量分别占氨基酸总量的 33.71%、33.79% 和 33.20%。食物中的蛋白质质量取决于它的氨基酸组成和含量，3 种规格的彭泽鲫肌肉中氨基酸含量变动不大，氨基酸总含量为 15.48% ～ 17.32%，高于草鱼（12.37%）（陈建明等，2005）、鲢鱼（14.79%）（向枭等，2008）、鲤鱼（15.10%）（陈建明等，2005）。综合结果表明，彭泽鲫肌肉氨基酸总体平衡良好，必需氨基酸总量和鲜味氨基酸总量都较高，必需氨基酸总量与非必需氨基酸总量的比值超过 1.00，属于优质动物蛋白质。

表 3-1-3　不同规格彭泽鲫肌肉氨基酸种类和含量

单位：%

氨基酸种类	A 组	B 组	C 组	变异系数
天门冬氨酸[+]	1.52	1.45	1.62	5.58
谷氨酸[+]	2.40	2.26	2.52	5.44
甘氨酸[+]	0.87	0.72	0.74	10.49
丙氨酸[+]	0.87	0.80	0.87	4.77
胱氨酸	0.09	0.09	0.10	6.19
丝氨酸	0.62	0.58	0.62	3.81

氨基酸种类	A 组	B 组	C 组	变异系数
酪氨酸	0.82	0.77	0.88	6.69
脯氨酸	0.59	0.51	0.53	7.66
苏氨酸*	0.71	0.66	0.72	4.61
精氨酸*	1.02	0.94	1.01	4.40
缬氨酸*	0.94	0.85	0.96	6.39
蛋氨酸*	0.46	0.43	0.47	4.59
异亮氨酸*	0.80	0.73	0.83	6.52
亮氨酸*	1.31	1.21	1.36	5.91
苯丙氨酸*	0.49	0.46	0.53	7.12
赖氨酸*	1.75	1.63	1.89	7.41
色氨酸*	0.24	0.22	0.23	4.35
组氨酸*	1.29	1.17	1.44	10.41
18 种氨基酸总量	16.79	15.48	17.32	5.73
必需氨基酸总量	9.01	8.3	9.44	6.46
非必需氨基酸总量	7.78	7.18	7.88	4.97
鲜味氨基酸总量	5.66	5.23	5.75	5.01

注：* 表示必需氨基酸，+ 表示鲜味氨基酸。

3.1.2.3 彭泽鲫肌肉脂肪酸的组成与含量

如表 3-1-4 所示，3 种不同规格的彭泽鲫肌肉中共检测到 14 种脂肪酸，其碳链长度在十二碳与二十二碳之间，饱和脂肪酸有 5 种，其中不同规格变动较大的有两种；不饱和脂肪酸 9 种，其中不同规格变动较大的有 6 种。14 种脂肪酸中以十八碳酸（油酸）含量最高，十二碳酸含量最低。由表 3-1-4 可看出，彭泽鲫肌肉中不饱和脂肪酸含量平均值高达 72.69%，且远高于饱和脂肪酸含量（23.10%）；人体必需脂肪酸亚油酸、亚麻酸和花生四烯酸总含量也较高，平均值为 23.57%。

研究显示，彭泽鲫肌肉中检测到十二碳酸和花生酸，且在不同规格中变动较大，变异系数分别高达 68.67% 和 36.52%。丁桂鱼肌肉中同样能检测到以上两种饱和脂肪酸（黄峰等，2005），而几种常见淡水鱼类如草鱼、鲢鱼、鳙鱼、鲤鱼、团头鲂等肌

肉中均没有发现这两种脂肪酸（刘玉芳，1991；罗永康，2001），说明十二碳酸和花生酸在彭泽鲫肌肉中是一种较重要的脂肪酸，其肌肉特性和丁桂鱼有部分类似的特点。彭泽鲫肌肉中饱和脂肪酸的总含量高于草鱼（19.00%）和团头鲂（20.10%），与鳙鱼（22.10%）、鲤鱼（24.00%）和青鱼（24.60%）的饱和脂肪酸总含量相差不大（刘玉芳，1991；罗永康，2001）；但远低于一些海水鱼类的饱和脂肪酸总含量，如大黄鱼（34.00%）、真鲷（33.50%）、高体鰤（33.20%）和鲈鱼（32.00%）（林利民等，2005）等。

从检测结果看，彭泽鲫主要的不饱和脂肪酸为油酸，其在不饱和脂肪酸中的占比平均高达39.76%，且在不同规格中变动小，远高于很多鱼类，如草鱼（17.50%）、鲢鱼（10.00%）、鳙鱼（21.50%）、青鱼（29.70%）、大黄鱼（23.50%）、真鲷（22.90%）、高体鰤（19.10%）和鲈鱼（24.20%）等，与鲤鱼（37.00%）和鳊鱼（34.30%）较为接近（刘玉芳，1991；罗永康，2001；林利民等，2005）。彭泽鲫不饱和脂肪酸的总含量和一些常见淡水鱼类如青鱼、草鱼、鳙鱼、鳊鱼等类似。鱼类的必需脂肪酸是指不能由鱼体自身合成或合成量很少，而必须从食物中摄入，以满足其正常生长发育及维持细胞组织功能所必需的脂肪酸。饲料中长期缺乏必需脂肪酸往往会导致养殖鱼类生长下降和死亡率增加（Tocher，2010）。相关研究显示，淡水鱼的必需脂肪酸需求一般能够通过碳十八多不饱和脂肪酸来满足。淡水鱼类具有利用十八碳脂肪酸（亚油酸和亚麻酸）合成高不饱和脂肪酸的能力（Tocher，2003）。试验显示，彭泽鲫肌肉中的碳十八多不饱和脂肪酸（亚油酸和亚麻酸）含量平均值高达21.84%，为其有效转化为高不饱和脂肪酸奠定了基础。

鱼体组织脂肪酸组成的差异源于体内复杂动力学的反应，尽管当前其机理尚不明确，但影响组织脂肪酸组成的因子主要包括摄入脂肪酸的组成、体内脂肪酸氧化代谢率、脂肪酸碳链去饱和及延长反应、各脂肪酸之间的竞争等（彭士明等，2010）。根据试验研究可得出，不同规格的鱼体同样能导致鱼体组织脂肪酸出现较大的差异。研究表明，鱼体组织中的脂肪酸组成能够反映饲料中的脂肪酸组成（Luo et al.，2012；Chen et al.，2011），对饲料配制有一定的参考价值。在彭泽鲫肌肉检测到的14种脂肪酸中，其中变异系数最高的为68.67%，其余脂肪酸的变异系数也大多在10%以上，这进一步提示，在设计彭泽鲫饲料配方时还应根据其不同生长阶段来调整原料的配比。

表 3-1-4　不同规格彭泽鲫肌肉脂肪酸的组成及含量

单位：%

脂肪酸种类	A 组	B 组	C 组	平均值	变异系数
十二碳酸	0.16	0.49	0.17	0.27	68.67*
肉豆蔻酸	1.95	1.58	1.68	1.74	11.02
棕榈酸	17.45	15.92	17.92	17.10	6.12
棕榈油酸	7.05	4.44	3.80	5.10	33.78*
硬脂酸	1.32	1.85	1.92	1.70	19.34
油酸	38.80	40.52	39.95	39.76	2.20
亚油酸	15.88	21.92	20.12	19.31	16.06
亚麻酸	2.72	2.30	2.56	2.53	8.39
花生酸	3.09	2.37	1.42	2.29	36.52*
二十碳二烯酸	0.83	0.66	0.51	0.67	24.02*
二十碳三烯酸	0.67	0.67	0.37	0.57	30.39*
花生四烯酸	2.10	1.66	1.45	1.74	19.10
二十碳五烯酸	1.53	0.56	0.65	0.91	58.68*
二十二碳六烯酸	1.53	1.96	2.85	2.11	31.86*
其他	4.92	3.10	4.63	4.22	23.19*
必需脂肪酸	20.70	25.88	24.13	23.57	11.18
总饱和脂肪酸	23.97	22.21	23.11	23.10	3.81
总不饱和脂肪酸	71.11	74.69	72.26	72.69	2.51

注：* 表示不同生长阶段有显著差异。

3.1.3　结论

彭泽鲫是一种蛋白质、氨基酸、脂肪酸等营养物质含量丰富、营养价值高的优质淡水鱼类，不同规格的彭泽鲫营养指标有一定的差异性。因此，在研制彭泽鲫配合饲料时，建议根据不同生长阶段来调整原料的配比。

3.2　彭泽鲫对蛋白质和脂肪营养需求的研究

蛋白质原料作为配合饲料价格中占比最高的组分，也是饲料中的核心营养成分，

是细胞、组织和机体的重要组成部分，蛋白质含量、能量组成以及蛋白质能量比是衡量配合饲料质量和经济效益的重要指标。但是饲料中过高的蛋白质含量，往往用于鱼类能量消耗，这个过程中产生的氨氮和氧化产物会对环境和鱼类机体健康造成不良影响（Sun et al.，2007）。许多学者发现，在非蛋白质能源物质替代蛋白质试验中，碳水化合物与脂肪有节约蛋白质的作用（Morai et al.，2001）。通过蛋白质节约作用，在饵料中适量增加非蛋白质能源水平（如脂肪）来降低蛋白水平，能够提高鱼类的蛋白质利用率，降低蛋白质消耗和饲料成本，使饵料蛋白质更好地用于合成动物体蛋白质，并减少氨氮的排放，减轻对水体的污染（Cho et al.，1990）。但是，配合饵料中非蛋白质能源物质过多，又会影响鱼类的摄食和生长。同蛋白质一样，脂肪也是重要的营养素，为鱼类提供生存所需的能量以及维持正常生理机能必需的脂肪酸（章龙珍等，2014）。当饵料脂肪含量不足时，可能导致鱼类代谢紊乱，造成脂溶性维生素和必需脂肪酸缺乏（Jiang et al.，2015）。但脂肪含量过高，又会致使鱼体脂肪沉积过多，影响鱼体正常生理代谢等，增加鱼体组织中发生脂质过氧化的风险，进而影响组织抗氧化水平（Villasante et al.，2015）。因此，在饲料配方研制中，蛋白质和脂肪配比是最为基础的营养参数。

下面研究采用蛋白水平和脂肪水平双因子试验，通过检测彭泽鲫生长、体组成、免疫与抗氧化指标，以期为彭泽鲫饲料蛋白质和脂肪的适宜配比提供依据。

3.2.1　材料与方法

3.2.1.1　试验鱼及饲养管理

试验用彭泽鲫来自江西省水产科学研究所养殖与遗传育种研究室，正式试验前，在试验环境条件下驯养 14 d。随机选取体重一致且健康有活力的彭泽鲫幼鱼 540 尾，初始体重为（31.58 ± 0.19）g，将其随机分为 9 组，每组设 3 个平行，每个平行 20 尾鱼，每个圆形养殖桶（规格为直径 800 mm、高 650 mm）对应 1 个平行，在室内循环水系统中养殖 56 d。试验鱼每天 9：00 和 17：00 饱食投喂试验日粮 2 次。整个试验期间水质监测情况为：水温（26.0 ± 1.5）℃，pH 7.53 ± 0.12，溶解氧浓度大于 7 mg/L，氨氮和亚硝酸浓度小于 0.1 mg/L。光周期为自然周期。

3.2.1.2　试验饲料及试验设计

试验用饲料配方见表 3-2-1。试验采用 3×3 双因子设计，蛋白水平为 30%、35% 和 40%，脂肪水平为 5%、8% 和 11%。以鱼粉和发酵豆粕为主要蛋白质源，以鱼油和大豆油（配比为 1 ∶ 1）为主要脂肪源，加工成 9 种不同蛋白质和脂肪水平的试验饲料。分别记为 Diet 1（30/5）、Diet 2（30/8）、Diet 3（30/11）、Diet 4（35/5）、Diet 5（35/8）、Diet 6（35/11）、Diet 7（40/5）、Diet 8（40/8）和 Diet 9（40/11）。饲料原料经粉碎后过 60 目筛，按配比精确称量，混合，搅拌均匀，并用颗粒饲料机制成直径 2 mm 的硬颗粒饲料，经风干并在 −20 ℃ 条件下储存，直至使用。

表 3-2-1　试验饲料配方及化学成分

原料	饲料分组（蛋白质 / 脂肪）								
	30/5	30/8	30/11	35/5	35/8	35/11	40/5	40/8	40/11
发酵豆粕/(%干物质)	40.0	40.0	40.0	49.0	49.0	49.0	58.0	58.0	58.0
鱼粉/(%干物质)	10.0	10.0	10.0	10.0	10.0	10.0	10.0	10.0	10.0
玉米淀粉/(%干物质)	40.0	37.0	34.0	31.0	28.0	25.0	22.0	19.0	16.0
鱼油/(%干物质)	1.5	3.0	4.5	1.5	3.0	4.5	1.5	3.0	4.5
大豆油/(%干物质)	1.5	3.0	4.5	1.5	3.0	4.5	1.5	3.0	4.5
磷酸二氢钙/(%干物质)	1.5	1.5	1.5	1.5	1.5	1.5	1.5	1.5	1.5
多维[1]/(%干物质)	1.0	1.0	1.0	1.0	1.0	1.0	1.0	1.0	1.0
多矿[2]/(%干物质)	2.0	2.0	2.0	2.0	2.0	2.0	2.0	2.0	2.0
氯化胆碱/(%干物质)	0.5	0.5	0.5	0.5	0.5	0.5	0.5	0.5	0.5
海藻酸钠/(%干物质)	2.0	2.0	2.0	2.0	2.0	2.0	2.0	2.0	2.0
化学成分									
干物质/%	90.8	89.2	89.8	90.1	89.9	89.3	90.2	91.5	91.3
粗蛋白质/%	30.3	30.7	30.5	35.1	35.3	35.4	39.8	40.7	40.8
粗脂肪/%	4.7	7.8	11.1	4.9	8.0	11.2	4.9	7.9	11.1
灰分/%	8.9	8.7	8.9	9.1	8.6	8.8	8.8	9.0	9.2
蛋能比/(mg·kJ⁻¹)	20.6	20.2	19.2	24.0	23.1	22.3	27.1	26.3	25.3

注：1. 多维日粮（mg·kg⁻¹）：硫胺素 15，核黄素 25，吡哆醇 15，维生素 B_{12} 0.2，叶酸 5，碳酸钙 50，肌醇 500，烟酸 100，生物素 2，抗坏血酸 100，维生素 A 100，维生素 D 20，维生素 E 55，维生素 K 5。

2. 多矿日粮（mg·kg⁻¹）：$MgSO_4·7H_2O$ 4500，$FeSO_4·7H_2O$ 950，$CuSO_4·5H_2O$ 10，$ZnSO_4·7H_2O$ 108，$MnSO_4·4H_2O$ 40，KI 1.5，NaCl 600，$NaH_2PO_4·2H_2O$ 8500，KH_2PO_4 13500，$CoSO_4·4H_2O$ 0.5。

3.2.1.3　样品采集与分析

饲养试验结束后，分别从每个养殖桶中随机取 6 尾鱼，经 MS-222 麻醉采血后，随即在准备好的冰盘上进行样品采集工作，用 1 mL 无菌注射器尾静脉采血，在冰上解剖取肝脏和肠道组织。将血液置于无菌离心管中，4 ℃ 静止 12 h，4000 r/min 离心

10 min，取其上清液，经沉淀离心取血清。每桶随机选取 4 尾鱼抹干水分称重，用来测定终末鱼体生化成分。所有样品放于 –70 ℃冰箱中保存待测。

水分、粗脂肪、粗蛋白质和灰分含量分别采用恒温干燥法（105 ℃）、索氏抽提法、凯氏定氮法和灼烧法（550 ℃）进行测定。消化酶活性和血液生化指标均采用南京建成生物工程研究所有限公司的试剂盒进行测定。

采用全自动生化分析仪（日立 7600，日本东京）测定血清甘油三酯、总胆固醇、高密度脂蛋白胆固醇、低密度脂蛋白胆固醇水平。鱼体抗氧化能力 [总超氧化物歧化酶（A001–3–2）、过氧化氢酶（A007–2–1）、丙二醛（A003–1–2）和总抗氧化能力（A015–1–2）]、免疫力 [碱性磷酸酶（A059–2–2）和溶菌酶（A050–1–1）]、肠道消化酶 [胰蛋白酶（A080–2–2）、脂肪酶（A054–1–1）、淀粉酶（C016–1–1）] 和肝糖原（A043–1–1）的测定均采用南京建成生物工程研究所有限公司的诊断试剂盒，参照厂家说明书进行。

3.2.1.4　数据处理

所有数据采用 SPSS 17.0 进行方差分析。采用单因素方差分析确定各处理间是否存在显著差异。采用双因素方差分析确定饲料蛋白质、脂肪及其交互作用的影响。均数间差异采用图基氏多重范围检验。显著性水平选择 $P < 0.05$。结果以平均值 ± 标准差表示。

3.2.2　结果与分析

3.2.2.1　饲料蛋白质和脂肪水平对彭泽鲫生长性能和饲料利用率的影响

由表 3–2–2 可知，饲料蛋白质和脂肪组合显著影响彭泽鲫的增重率、特定生长率、肝体比和肥满度（$P < 0.05$），但不影响饲料系数和脏体比（$P > 0.05$）。脏体比和肥满度不受饲料蛋白水平的显著影响，而增重率、饲料系数、特定生长率和肝体比不受饲料脂肪水平的影响。与 30% 和 40% 蛋白水平组相比，35% 蛋白水平组的增重率和特定生长率较高，饲料系数较低；而随着饲料蛋白水平的增加，肝体比显著降低。饲料脂肪水平为 8% 和 11% 时脏体比升高，而饲料脂肪水平为 5% 和 8% 时的肥满度显著低于饲料脂肪水平为 11% 时。与 30% 和 40% 蛋白质组相比，35% 蛋白质组摄食量较少，但摄食量不受饲料脂肪水平影响。单因素方差分析表明，35% 蛋白质和 5% 脂肪组的增重率和特定生长率最高，饲料系数最低，脏体比和肝体比较低。鱼肝糖原由 36.16 mg/g 降至 25.09 mg/g，在相同脂肪水平下，饲料蛋白水平显著降低了鱼肝糖原含量（$P < 0.05$）。

本试验的目的是根据生长性能、饲料利用率、体组成和血液生化的变化，估算彭泽鲫的最佳蛋白质和脂质营养需求。在本试验中，彭泽鲫的特定生长率、增重率和饲料系数在蛋白质和脂肪含量分别为35.1%和5.1%的饲料中最佳。超过这一蛋白水平后，较低的生长速率和较高的饲料转化率可归因于鱼无法有效利用高于最适水平的饲料蛋白质（Sivaramakrishnan et al., 2022）。以上结果与之前关于鲤鱼的研究结果相当，其最佳蛋白质和脂质水平分别为34.61%和5.58%（Fan et al., 2021）。此外，本试验测定的能蛋比（24.00 mg protein/kJ）在19.45～26.89 mg protein/kJ的范围内（NRC，2011），与在杂交石斑鱼（23.9 mg protein/kJ）中报道的结果相似（Rahimnejad，2015）。然而，与其他鱼类类似，如金钱鱼（Vergara，1999）、副泥鳅（Wang，2005）和马面鲀（Ghanawi，2011）等，本试验并未发现饲料脂肪节约效应。这表明有必要仔细研究所有养殖物种的适宜饲料脂肪水平（Wang et al., 2021）。

肝体比、脏体比和肥满度等物理指标指示鱼类的体况（Sivaramakrishnan et al., 2022）。脏体比是直接影响鱼类产量（Wang et al., 2005；Wang et al., 2016）的重要指标。在本试验中，无论饲料蛋白水平如何，摄食高脂肪水平饲料（8%和11%）的鱼具有更高的脏体比，表明脏体比的增加主要是由于内脏中脂肪沉积的增加。这一结果与黄姑鱼（Wang et al., 2018）的研究结果相似。肝体比常作为评价鱼类营养状态和生理状况的重要参数（Wu et al., 2015），高肝体比被认为与较差的健康状况和生长性能有关（Deng et al., 2011）。在本试验中，随着饲料蛋白水平（$y=0.067x + 5.5883$，$R^2=0.9334$，$y=$ 肝体比，$x=$ 饲粮蛋白水平）的增加，肝体比显著降低，表明肝脏可能不是彭泽鲫体脂储备的主要器官。值得注意的是，本试验在配制饲粮时，饲粮玉米淀粉水平随饲粮蛋白质含量的增加而降低。根据肝糖原沉积数据，我们可以推断本试验中肝体比的下降归因于饲料中玉米淀粉含量的减少导致的糖原沉积的减少，这与之前的研究（Wang et al., 2021；Kim et al., 2001；Nanton et al., 2007；Yang et al., 2016）结果一致。有趣的是，最高的肝体比和劣质的生长参数都发生在蛋白水平不足（30%），这可能导致代谢紊乱（Zhang et al., 2016），并表明高肝体比与更差的健康状况和较差的生长性能相关（Deng et al., 2011）。在本试验中，最高肥满度记录在最高脂肪水平（11%）和最高总能（15.9 kJ/g和16.1 kJ/g）的饲料中。这与之前的研究结果一致，即投喂高能量（脂肪）饲料（Vergara et al., 1999；Cho et al., 2005；Company et al., 1999；McGoogan et al., 1999；Vergara et al., 1996）的鱼出现高体脂或内脏脂。本试验中鱼体总脂含量也与饲料脂肪水平呈正相关。以上结果均证实了肥满度可作为每克体重能量浓度的预测因子（Chellappa et al., 1999）。

表3-2-2 不同蛋白质和脂肪水平的饲料对彭泽鲫生长性能的影响

饲料分组（蛋白质/脂肪）	初始体重/g	增重率/%	摄食量/(%·d⁻¹)	饲料系数	特定生长率/(%·d⁻¹)	脏体比/%	肝体比/%	肥满度/(g·cm⁻³)	肝糖原/(mg·g⁻¹)
Diet 1 (30/5)	31.58±0.19	98.76±1.68^a	1.67±0.05^b	1.41±0.06^b	1.23±0.02^a	20.09±0.77^ab	3.26±0.34^ab	3.02±0.00^a	36.16±3.24^a
Diet 2 (30/8)	31.53±0.15	100.94±0.41^ab	1.59±0.03^ab	1.36±0.00^ab	1.25±0.00^ab	20.90±0.42^ab	4.02±0.12^c	3.21±0.05^d	35.72±3.38^a
Diet 3 (30/11)	31.61±0.04	101.35±0.78^ab	1.62±0.02^ab	1.34±0.02^ab	1.25±0.01^ab	20.71±0.42^ab	3.61±0.21^bc	3.22±0.02^d	34.55±3.48^ab
Diet 4 (35/5)	31.60±0.12	105.01±1.63^c	1.63±0.0^ab	1.29±0.04^a	1.28±0.01^c	20.42±0.30^ab	2.99±0.06^a	3.19±0.02^cd	31.24±1.23^ab
Diet 5 (35/8)	31.69±0.34	102.95±0.38^bc	1.59±0.02^ab	1.31±0.02^a	1.26±0.01^bc	21.79±0.38^b	3.16±0.51^ab	3.05±0.05^ab	30.59±3.52^ab
Diet 6 (35/11)	31.64±0.40	101.99±1.28^ab	1.61±0.02^ab	1.29±0.03^a	1.26±0.01^abc	21.51±0.72^b	3.26±0.08^ab	3.17±0.08^bc	29.70±1.43^ab
Diet 7 (40/5)	31.73±0.11	100.60±0.72^ab	1.61±0.02^ab	1.35±0.02^ab	1.24±0.01^ab	19.43±2.19^a	3.04±0.39^a	3.11±0.05^abc	26.38±0.61^a
Diet 8 (40/8)	31.74±0.07	101.10±0.95^ab	1.56±0.06^a	1.34±0.03^ab	1.25±0.00^ab	20.99±0.57^ab	2.82±0.85^a	3.06±0.06^ab	25.86±2.06^a
Diet 9 (40/11)	31.68±0.03	101.43±1.24^ab	1.61±0.02^ab	1.34±0.03^ab	1.25±0.01^ab	21.67±2.05^b	3.03±0.03^a	3.16±0.00^cd	25.09±2.90^a
蛋白水平									
30%		100.35±1.53^v	1.64±0.03^u	1.37±0.04^v	1.24±0.01^u	20.57±0.61	3.63±0.39^x	3.15±0.10	35.48±0.83^w
35%		103.32±1.85^u	1.58±0.02^v	1.30±0.03^u	1.27±0.02^v	21.24±0.76	3.14±0.28^u	3.14±0.08	30.51±0.77^v
40%		101.04±0.93^u	1.61±0.01^uv	1.34±0.03^u	1.25±0.00^u	20.70±1.82	2.96±0.23^u	3.11±0.06	25.78±0.65^u
脂肪水平									
5%		101.46±3.04	1.64±0.04	1.35±0.07	1.25±0.03	19.98±1.25^x	3.10±0.29	3.11±0.75^x	31.26±4.89
8%		101.67±1.11	1.61±0.02	1.33±0.03	1.25±0.01	21.23±0.58^y	3.33±0.60	3.11±0.09^x	30.72±4.93
11%		101.59±1.25	1.59±0.03	1.32±0.03	1.25±0.01	21.30±1.19^y	3.30±0.28	3.18±0.05^y	29.78±4.73
双因素方差分析					*P* 值				
蛋白质		0.000	0.003	0.000	0.000	0.413	0.000	0.168	0.000
脂肪		0.935	0.102	0.208	0.923	0.035	0.136	0.003	0.498
蛋白质×脂肪		0.010	0.610	0.244	0.010	0.765	0.047	0.000	1.000

注：同一列数据上标不同字母表示差异显著（$P < 0.05$）。

3.2.2.2 饲料蛋白质和脂肪水平对彭泽鲫体成分的影响

由表 3-2-3 可知，除粗脂肪外，饲料中的蛋白质和脂肪水平对鱼体水分、粗蛋白质和灰分含量均无交互作用。全鱼水分、粗脂肪和灰分含量不受饲料蛋白水平的显著影响，而粗蛋白质和灰分含量不受饲料脂肪水平的显著影响（$P > 0.05$）。全鱼粗蛋白质含量随着饲料蛋白水平的升高而升高，在 40% 蛋白质组达到最高。随着饲料脂肪水平的升高，全鱼水分含量降低，全鱼粗脂肪含量升高，鱼体水分含量呈相反的趋势（$P < 0.05$）。

研究表明，鱼类体内的脂质沉积与饲料脂肪水平密切相关（Yi et al., 2014），饲料脂肪水平的增加通常会导致全鱼脂肪含量的增加和全鱼水分的下降（Wang et al., 2005；Hua et al., 2019；Ma et al., 2019；Mohanta et al., 2007；Wang et al., 2018；Welengane et al., 2019）。在本试验中，随着饲料脂肪水平（x）的升高，全鱼脂肪含量（$y1$）呈线性增加，全鱼水分含量（$y2$）呈线性降低。无论饲料脂肪含量如何，试验鱼的体蛋白质含量均随着饲料蛋白水平的增加而增加，这与杂交太阳鱼幼鱼的趋势一致（Ma et al., 2019）。在本试验中，全鱼脂肪含量不受饲料蛋白水平的影响。彭泽鲫在饲料蛋白水平变化时保持体内脂肪含量不变，这在双棘黄姑鱼和石首鱼（Akpinar et al., 2012；Li et al., 2016）中也有体现。

表 3-2-3 不同蛋白质和脂肪水平的饲料对彭泽鲫体成分的影响

单位：%

饲料分组（蛋白质/脂肪）	水分	粗蛋白质	粗脂肪	灰分
Diet 1（30/5）	70.15 ± 0.87 [c]	16.89 ± 0.20	4.57 ± 0.41 [abc]	4.78 ± 0.06
Diet 2（30/8）	67.99 ± 0.52 [abc]	16.73 ± 0.51	6.55 ± 0.36 [ef]	4.88 ± 0.30
Diet 3（30/11）	67.91 ± 1.19 [abc]	16.76 ± 0.70	6.79 ± 0.42 [f]	4.93 ± 0.04
Diet 4（35/5）	70.95 ± 0.93 [c]	16.73 ± 0.36	4.39 ± 0.13 [ab]	4.85 ± 0.04
Diet 5（35/8）	68.96 ± 0.75 [abc]	16.89 ± 0.04	5.62 ± 0.21 [de]	4.79 ± 0.05
Diet 6（35/11）	66.17 ± 2.33 [ab]	17.61 ± 0.05	5.48 ± 0.27 [cd]	5.07 ± 0.82
Diet 7（40/5）	71.38 ± 1.66 [c]	17.83 ± 0.84	3.81 ± 0.33 [a]	4.97 ± 0.15
Diet 8（40/8）	69.42 ± 0.38 [bc]	17.98 ± 0.48	5.28 ± 0.04 [bcd]	4.83 ± 0.05
Diet 9（40/11）	65.47 ± 2.19 [a]	18.13 ± 1.05	6.07 ± 0.64 [def]	5.03 ± 0.10
蛋白水平				
30%	68.68 ± 1.35	16.80 ± 0.45 [u]	5.97 ± 1.11	4.86 ± 0.17
35%	68.69 ± 2.45	17.08 ± 0.44 [u]	5.16 ± 0.61	4.90 ± 0.43
40%	68.76 ± 2.95	17.98 ± 0.72 [v]	5.05 ± 1.06	4.94 ± 0.13

续表

饲料分组（蛋白质／脂肪）	水分	粗蛋白质	粗脂肪	灰分
脂肪水平				
5%	70.83 ± 1.18^z	17.15 ± 0.69	4.26 ± 0.44^x	4.87 ± 0.12
8%	68.79 ± 0.80^y	17.20 ± 0.68	5.82 ± 0.61^y	4.84 ± 0.16
11%	66.52 ± 2.02^x	17.50 ± 0.87	6.11 ± 0.70^y	4.50 ± 0.42
双因素方差分析	*P*值			
蛋白质	0.992	0.001	0.000	0.846
脂肪	0.000	0.397	0.000	0.430
蛋白质×脂肪	0.140	0.637	0.037	0.933

注：同一列数据上标不同字母表示差异显著（$P < 0.05$）。

3.2.2.3 饲料蛋白水平和脂肪水平对彭泽鲫肠道消化酶活性的影响

由表 3-2-4 可知，饲料蛋白水平和脂肪水平对彭泽鲫肠道胰蛋白酶和脂肪酶活性（$P < 0.05$）存在显著交互作用，对淀粉酶活性（$P > 0.05$）无交互作用。胰蛋白酶活性受饲料脂肪水平的影响不显著，但其活性随饲料蛋白水平的升高而升高，35%和 40% 蛋白质组之间差异不显著。淀粉酶活性随着饲料蛋白水平的升高而降低。脂肪酶活性在蛋白水平为 35% 时最高，随后下降，蛋白水平在 30% 和 40% 之间无显著差异。当饲料脂肪水平高于 5% 时，淀粉酶活性显著降低，11% 时脂肪酶活性显著提高。

消化酶在营养物质消化过程中发挥重要作用，其活性直接反映水生动物的消化能力、营养状态和生长性能（Furne et al., 2005; Lemieux et al., 1999; Lu et al., 2020）。蛋白酶能将多肽水解为氨基酸，可用于满足鱼类的生长代谢（Campeche et al., 2018）。在本试验中，双因素方差分析表明，胰蛋白酶活性在蛋白水平为 35% 的饲料中最高，随后维持在饲料脂肪水平所必需的水平。从这个方面，我们可以解释为什么在所有的饲料处理中，饲喂含 35.1% 蛋白质和 5.1% 脂肪的饲料的鱼获得了最好的生长性能。与之一致的是，研究者也检测到对虾（Guzman et al., 2001）和成体小龙虾（Lu et al., 2020）的蛋白酶对饲料蛋白质添加有正响应，其饲料能量分别为 13.5～16.1 kJ/g 和 16.4 kJ/g。研究表明，脂肪酶是受饲粮脂肪水平影响的诱导酶（Wang et al., 2018; Aliyu-Paiko et al., 2010; Ma et al., 2014）。本试验表明，试验鱼肠道脂肪酶活性与饲料脂肪水平呈正相关。淀粉酶活性已被证明对饲料中不同营养物质具有适应性（Campeche et al., 2018）。在本试验中，淀粉酶活性随着饲料蛋白水平和脂肪水平的增加而降低，这也可能是由于玉米淀粉水平的降低和饲料蛋白质、脂肪含量的增加所致，如克氏原螯虾和刺参的报道（Lu et al., 2020；Aliyu–Paiko et al., 2010）。

表 3-2-4　不同蛋白水平和脂肪水平的饲料对彭泽鲫肠道消化酶活性的影响

饲料分组 （蛋白质 / 脂肪）	胰蛋白酶活性 / （U·mg protein⁻¹）	淀粉酶活性 / （U·mg protein⁻¹）	脂肪酶活性 / （U·g protein⁻¹）
Diet 1（30/5）	3669.86 ± 155.86^a	27.76 ± 1.05^c	5.96 ± 0.70^a
Diet 2（30/8）	3974.83 ± 6.19^{ab}	24.42 ± 1.03^{bc}	7.22 ± 0.23^b
Diet 3（30/11）	4383.47 ± 305.37^{bc}	21.49 ± 0.83^{ab}	10.98 ± 0.41^e
Diet 4（35/5）	4857.57 ± 92.66^c	21.25 ± 1.28^{ab}	9.23 ± 0.14^c
Diet 5（35/8）	4532.42 ± 299.31^{bc}	20.79 ± 1.81^{ab}	10.48 ± 0.44^{de}
Diet 6（35/11）	4786.46 ± 118.86^c	18.39 ± 4.15^{ab}	12.07 ± 0.09^f
Diet 7（40/5）	4922.85 ± 186.67^c	19.81 ± 1.28^{ab}	8.69 ± 0.13^c
Diet 8（40/8）	4847.20 ± 166.25^c	19.40 ± 1.49^{ab}	9.52 ± 0.34^c
Diet 9（40/11）	4115.74 ± 258.97^{ab}	15.88 ± 3.52^a	8.78 ± 0.11^c
蛋白水平			
30%	4009.4 ± 354.33^u	24.56 ± 2.85^v	8.05 ± 2.30^u
35%	4725.5 ± 223.58^v	20.14 ± 2.70^u	10.59 ± 1.25^v
40%	4628.6 ± 462.95^v	18.36 ± 2.75^u	9.00 ± 0.44^u
脂肪水平			
5%	4483.4 ± 624.53	22.94 ± 3.81^y	7.96 ± 1.56^x
8%	4451.5 ± 419.16	21.54 ± 2.59^{xy}	9.07 ± 1.48^x
11%	4428.6 ± 359.31	18.59 ± 3.68^x	10.61 ± 1.47^y
双因素方差分析	***P* 值**		
蛋白质	0.000	0.000	0.000
脂肪	0.844	0.001	0.000
蛋白质 × 脂肪	0.000	0.620	0.000

注：同一列数据上标不同字母表示差异显著（$P < 0.05$）。

3.2.2.4 饲料蛋白质和脂肪水平对彭泽鲫免疫和抗氧化能力的影响

由表 3-2-5 可知，彭泽鲫免疫和抗氧化能力参数受饲料蛋白质、饲料脂肪及其交互作用（$P < 0.05$）的显著影响。当饲料蛋白水平为 40%、脂肪水平为 8% 或 11% 时，血清溶菌酶和碱性磷酸酶活性降低。肝脏中超氧化物歧化酶活性在饲料蛋白质 35%、脂肪为 5% 时达到最高（$P < 0.05$）。超氧化物歧化酶和过氧化氢酶活性随饲料脂肪水平的升高而降低（$P < 0.05$），饲料蛋白水平未对上述指标产生显著影响（$P > 0.05$）。总抗氧化能力在 35% 蛋白水平、5% 和 8% 脂肪水平饲料中最高。丙二醛含量总体上在 35% 和 40% 饲料蛋白水平下降低，在 8% 饲料脂肪水平下升高。Diet 4 组的丙二醛含量最低，其余酶活性最高。

抗氧化系统对鱼类健康至关重要，可以保护鱼类免受氧化应激（Atli et al., 2010; Martínez-Alvarez et al., 2005）。超氧化物歧化酶、过氧化氢酶活性等抗氧化酶的抑制和总抗氧化能力的降低会加速脂质过氧化，最终导致细胞内丙二醛的形成。本试验中，投喂 Diet 4 的彭泽鲫幼鱼血清和肝脏中超氧化物歧化酶、过氧化氢酶活性和总抗氧化能力最高，丙二醛含量最低，表明适宜的饲料蛋白质、脂肪比可通过提高抗氧化酶的活性来提高彭泽鲫幼鱼的抗氧化能力。碱性磷酸酶和血清溶菌酶被认为是评价免疫状态的可靠指标（Dawood et al., 2022; Zhang et al., 2018）。Diet 4 组血清中溶菌酶和碱性磷酸酶活性最高，表明 35% 蛋白质和 5% 脂肪组合可以提高鱼体免疫力，增强其抗病能力。

3.2.2.5 饲料蛋白质和脂肪水平对彭泽鲫血脂代谢的影响

由表 3-2-6 可知，除甘油三酯外，所有血脂指标均受饲料处理的显著影响（$P < 0.05$）。除甘油三酯外，所有指标均检测到饲料蛋白质和脂质水平的交互作用。饲料脂肪水平高于 5% 时，胆固醇和低密度脂蛋白含量显著提高（$P < 0.05$），而饲料蛋白质含量无显著影响（$P > 0.05$）。高密度脂蛋白、高密度脂蛋白与胆固醇的比值均在 35% 和 40% 饲料蛋白水平下升高，与饲料脂肪水平无关。35% 蛋白质和 5% 脂肪水平显著提高了高密度脂蛋白与低密度脂蛋白的比值。Diet 4 组的高密度脂蛋白、高密度脂蛋白与低密度脂蛋白的比值最高，高密度脂蛋白与胆固醇的比值相对较高，甘油三酯、胆固醇和低密度脂蛋白最低。

表 3-2-5 不同蛋白质和脂肪水平的饲料对彭泽鲫免疫和抗氧化能力的影响

饲料分组（蛋白质/脂肪）	血清			肝脏			
	溶菌酶 / (U·mL⁻¹)	超氧化物歧化酶 / (U·mL⁻¹)	碱性磷酸酶 / (King Unit·L⁻¹)	超氧化物歧化酶 / (U·mgprot⁻¹)	过氧化氢酶 / (U·mgprot⁻¹)	总抗氧化活性 / (mmol·gprot⁻¹)	丙二醛 / (nmol·mgprot⁻¹)
Diet 1 (30/5)	372.10 ± 17.26^{bc}	79.53 ± 14.54^{a}	74.85 ± 5.36^{abc}	1580.97 ± 154.53^{cde}	16.81 ± 0.67^{bcd}	0.22 ± 0.03^{a}	17.40 ± 0.63^{d}
Diet 2 (30/8)	274.19 ± 16.13^{a}	148.87 ± 13.39^{abcd}	66.41 ± 6.22^{ab}	1405.35 ± 45.80^{bc}	17.73 ± 2.04^{cd}	0.21 ± 0.01^{a}	15.90 ± 1.26^{bc}
Diet 3 (30/11)	387.10 ± 32.26^{c}	178.96 ± 42.97^{cd}	77.85 ± 10.98^{bc}	1637.03 ± 24.43^{def}	13.07 ± 2.11^{ab}	0.28 ± 0.02^{b}	11.64 ± 0.97^{b}
Diet 4 (35/5)	397.10 ± 22.26^{c}	188.99 ± 10.89^{cd}	102.50 ± 0.71^{d}	2034.76 ± 34.42^{g}	23.87 ± 2.01^{e}	0.33 ± 0.02^{c}	5.99 ± 0.10^{a}
Diet 5 (35/8)	354.84 ± 0.00^{abc}	222.93 ± 49.84^{d}	78.51 ± 4.73^{c}	1725.19 ± 20.61^{ef}	14.99 ± 0.29^{abc}	0.28 ± 0.01^{bc}	16.00 ± 1.97^{cd}
Diet 6 (35/11)	290.32 ± 64.52^{ab}	154.79 ± 23.42^{abcd}	62.00 ± 0.99^{a}	1186.96 ± 72.27^{a}	11.50 ± 0.12^{a}	0.20 ± 0.02^{a}	10.80 ± 0.50^{b}
Diet 7 (40/5)	338.71 ± 16.13^{ab}	86.95 ± 25.57^{ab}	74.00 ± 5.15^{abc}	1807.19 ± 37.08^{f}	17.93 ± 1.21^{cd}	0.23 ± 0.01^{a}	13.26 ± 2.51^{bc}
Diet 8 (40/8)	290.32 ± 32.26^{ab}	124.70 ± 34.25^{abc}	63.39 ± 3.36^{ab}	1483.76 ± 5.18^{bcd}	10.93 ± 1.58^{a}	0.21 ± 0.01^{a}	13.32 ± 0.20^{bc}
Diet 9 (40/11)	290.32 ± 32.26^{ab}	167.68 ± 11.83^{bcd}	62.59 ± 4.72^{ab}	1346.50 ± 31.95^{ab}	20.18 ± 2.23^{d}	0.22 ± 0.00^{a}	11.54 ± 0.57^{b}
蛋白水平							
30%	344.46 ± 56.74^{u}	135.79 ± 50.09^{u}	7.30 ± 0.86^{uv}	1541.1 ± 132.67	15.87 ± 2.61	0.24 ± 0.04^{uv}	14.98 ± 2.73^{v}
35%	347.42 ± 57.73^{u}	188.91 ± 40.72^{v}	8.10 ± 1.78^{v}	1649.0 ± 373.82	16.78 ± 5.62	0.27 ± 0.06^{v}	10.93 ± 4.45^{u}
40%	306.45 ± 34.21^{u}	126.44 ± 41.42^{u}	6.67 ± 0.67^{u}	1545.8 ± 206.32	16.34 ± 4.44	0.22 ± 0.01^{u}	12.71 ± 4.56^{uv}
脂肪水平							
5%	369.30 ± 30.12^{y}	118.49 ± 55.25^{x}	8.38 ± 1.45^{y}	1807.6 ± 212.65^{y}	19.53 ± 3.50^{y}	0.26 ± 0.05	12.22 ± 5.17^{xy}
8%	306.45 ± 41.12^{x}	165.50 ± 54.07^{y}	6.94 ± 0.81^{x}	1538.1 ± 146.56^{x}	14.55 ± 3.24^{x}	0.24 ± 0.04	15.07 ± 1.76^{y}
11%	322.58 ± 62.47^{x}	167.14 ± 27.27^{y}	6.75 ± 0.98^{x}	1390.2 ± 201.90^{x}	14.92 ± 4.29^{x}	0.23 ± 0.04	11.33 ± 0.73^{x}
双因素方差分析						P 值	
蛋白质	0.020	0.000	0.000	0.003	0.482	0.000	0.000
脂肪	0.001	0.003	0.000	0.000	0.000	0.006	0.000
蛋白质 × 脂肪	0.002	0.004	0.000	0.000	0.000	0.000	0.000

注：同一列数据上标不同字母表示差异显著（$P < 0.05$）。

表 3-2-6　不同蛋白质和脂肪水平的饲料对彭泽鲫血脂脂含量的影响

饲料分组 （蛋白质/脂肪）	甘油三酯/ （mmol·L⁻¹）	胆固醇/ （mmol·L⁻¹）	高密度脂蛋白/ （mmol·L⁻¹）	低密度脂蛋白/ （mmol·L⁻¹）	高密度脂蛋白/ 低密度脂蛋白	高密度脂蛋白/ 胆固醇
Diet 1（30/5）	4.13 ± 0.52	6.91 ± 0.56^{ab}	1.96 ± 0.22^{ab}	2.79 ± 0.90^{ab}	0.73 ± 0.15^{bc}	0.47 ± 0.01^{ab}
Diet 2（30/8）	4.41 ± 0.68	8.31 ± 0.62^{bc}	2.21 ± 0.28^{abc}	4.24 ± 0.78^{b}	0.52 ± 0.03^{ab}	0.50 ± 0.16^{ab}
Diet 3（30/11）	4.28 ± 0.44	9.64 ± 0.17^{c}	1.55 ± 0.08^{a}	4.30 ± 0.39^{b}	0.36 ± 0.05^{a}	0.36 ± 0.02^{a}
Diet 4（35/5）	3.30 ± 0.47	6.04 ± 0.44^{a}	2.81 ± 0.69^{c}	2.19 ± 0.22^{a}	1.27 ± 0.19^{d}	0.84 ± 0.09^{de}
Diet 5（35/8）	3.31 ± 0.78	8.44 ± 0.28^{bc}	2.71 ± 0.03^{c}	4.18 ± 0.09^{b}	0.65 ± 0.02^{bc}	0.85 ± 0.21^{e}
Diet 6（35/11）	4.12 ± 0.08	8.48 ± 0.29^{bc}	2.53 ± 0.16^{bc}	4.00 ± 0.09^{b}	0.63 ± 0.02^{bc}	0.61 ± 0.05^{bc}
Diet 7（40/5）	3.31 ± 0.47	7.52 ± 1.02^{ab}	2.34 ± 0.06^{bc}	3.33 ± 0.91^{ab}	0.74 ± 0.18^{bc}	0.72 ± 0.12^{cde}
Diet 8（40/8）	4.27 ± 0.21	7.54 ± 0.65^{ab}	2.67 ± 0.11^{bc}	3.65 ± 0.67^{ab}	0.75 ± 0.11^{c}	0.63 ± 0.06^{bc}
Diet 9（40/11）	3.38 ± 0.29	8.07 ± 0.65^{bc}	2.29 ± 0.06^{abc}	3.74 ± 0.26^{ab}	0.61 ± 0.03^{bc}	0.68 ± 0.07^{cd}
蛋白水平						
30%	4.27 ± 0.50^{v}	8.29 ± 1.26	1.90 ± 0.34^{u}	3.78 ± 0.97	0.54 ± 0.18^{u}	0.45 ± 0.07^{u}
35%	3.58 ± 0.61^{u}	7.65 ± 1.25	2.68 ± 0.37^{v}	3.46 ± 0.96	0.85 ± 0.33^{w}	0.77 ± 0.17^{v}
40%	3.65 ± 0.55^{u}	7.71 ± 0.74	2.43 ± 0.19^{v}	3.57 ± 0.61	0.70 ± 0.13^{v}	0.68 ± 0.08^{v}
脂肪水平						
5%	3.58 ± 0.59	6.82 ± 0.90^{x}	2.37 ± 0.52	2.77 ± 0.81^{x}	0.91 ± 0.31^{y}	0.68 ± 0.18
8%	3.99 ± 0.74	8.10 ± 0.63^{y}	2.53 ± 0.29	4.02 ± 0.59^{y}	0.64 ± 0.11^{x}	0.66 ± 0.19
11%	3.93 ± 0.49	8.73 ± 0.80^{y}	2.12 ± 0.45	4.01 ± 0.34^{y}	0.54 ± 0.13^{x}	0.55 ± 0.15
双因素方差分析				*P* 值		
蛋白质	0.013	0.059	0.000	0.503	0.000	0.000
脂肪	0.183	0.000	0.015	0.000	0.000	0.000
蛋白质×脂肪	0.090	0.007	0.451	0.146	0.001	0.020

注：同一列数据上标不同字母表示差异显著（$P < 0.05$）。

据报道，高密度脂蛋白参与胆固醇从血浆到肝脏的转运，充当身体组织胆固醇的"清洁剂"，低密度脂蛋白在胆固醇从肝脏到身体组织的转运中发挥作用（Luo et al., 2014），总胆固醇与高密度脂蛋白比值被用于预测冠心病风险的指标（Davis et al., 2015）。在本试验中，Diet 4 组的高密度脂蛋白与低密度脂蛋白的比值最高，高密度脂蛋白与胆固醇的比值相对较高，表明35%蛋白质和5%脂肪的饲料有利于鱼类健康。此外，所有血清脂质代谢参数表明，在35%蛋白质和5%脂质的饲料中，鱼类内源性脂质转运更加活跃，更多的胆固醇从组织细胞转运回肝脏进行代谢转化（Wang et al., 2002）。这可能是投喂 Diet 4 的鱼生长性能最好的另一种解释。

3.2.3 结论

综合考虑增重率、特定生长率以及抗氧化和免疫指标，本试验认为蛋白质与总能量的比值为 24 mg/kJ、蛋白质和脂肪含量分别为 35.1% 和 5.1% 是彭泽鲫饲料最适宜的蛋白质和脂肪水平。

3.3 彭泽鲫对不同脂肪源利用的研究

脂肪是鱼类正常生长发育所必需的营养物质和能量来源，具有重要的生理功能和作用（NRC，2011）。多数研究表明，鱼油因具有均衡的脂肪酸组成，一直是鱼类配合饲料中理想的脂肪源（刘洋等，2018）。然而，随着鱼油价格不断攀升，全球鱼粉、鱼油资源短缺的现状以及极易被空气氧化的风险（马倩倩，2018），使得在水产饲料中寻找适宜的脂肪源替代鱼油已经成为近年来饲料行业和相关科研人员特别关注的热点之一。全世界植物油的产量约是鱼油的100倍，且价格稳定、来源广泛、易于储存，已成为可持续的鱼油替代品（覃川杰等，2013；吴美焕等，2020）。植物油如大豆油、菜籽油、棕榈油、玉米油、花生油、亚麻油、磷脂油和橄榄油等已在很多水生动物中开展了应用研究，取得了良好的效果。

关于彭泽鲫饲料脂肪水平（付辉云等，2020）、蛋白质源替代（曹宏忠，2019）、投喂策略（丁立云等，2017）、生态环境学（Zheng et al., 2016）以及苗种繁育技术（付永进等，2016）等方面已有报道。但有关彭泽鲫对饲料中不同脂肪源的影响鲜有研究。本试验旨在研究不同脂肪源饲料对养成期彭泽鲫生长、体组成、抗氧化和血清生化指标的影响，探讨彭泽鲫对不同脂肪源的利用情况，为彭泽鲫的饲料配制及优化提供科学依据。

3.3.1 材料与方法

3.3.1.1 试验鱼及饲养管理

试验用彭泽鲫由江西省水产科学研究所黄马基地提供，正式试验前在循环水系统中驯养 14 d。随机选取体重一致且健康有活力的彭泽鲫 240 尾，初始体重为（53.63 ± 0.10）g，将其随机分为 4 组，每组设 3 个平行，每个平行 20 尾鱼，每个圆形养殖桶（规格为直径 800 mm、高 650 mm）对应一个平行，在室内循环水系统中养殖 56 d。试验鱼每天 9：00 和 17：00 饱食投喂试验日粮 2 次。整个试验期间水质监测情况为：水温（26 ± 1.5）℃，溶解氧浓度不低于 7 mg/L，pH 7.53 ± 0.12，氨氮和亚硝酸浓度不高于 0.1 mg/L。光周期为自然周期。

3.3.1.2 试验饲料

试验用饲料以鱼粉和发酵豆粕为主要蛋白源，分别以鱼油、大豆油、菜籽油、大豆磷脂为脂肪源，配制 4 种等氮等脂的试验饲料，所有原料粉碎后过 80 目筛，按配方比例称量后，加油和水混合制成直径为 2 mm 的颗粒饲料，晾干后用封口袋封装，在 –20 ℃冰箱中保存备用。饲料配方和营养组成见表 3-3-1。

表 3-3-1 试验饲料组成及营养水平（风干基础）

单位：%

项目	鱼油	大豆油	菜籽油	大豆磷脂
发酵豆粕	35.0	35.0	35.0	35.0
鱼粉	15.0	15.0	15.0	15.0
玉米淀粉	37.0	37.0	37.0	37.0
鱼油	6.0	0	0	0
大豆油	0	6.0	0	0
菜籽油	0	0	6.0	0
大豆磷脂	0	0	0	6.0
磷酸二氢钙	1.5	1.5	1.5	1.5
多维[1]	1.0	1.0	1.0	1.0
多矿[2]	2.0	2.0	2.0	2.0
氯化胆碱	0.5	0.5	0.5	0.5
海藻酸钠	2.0	2.0	2.0	2.0
营养水平				
干物质	91.25	90.89	91.13	91.08
粗蛋白质	32.72	32.33	32.15	32.59
粗脂肪	7.43	7.39	7.65	7.19

注：1. 多维日粮（mg·kg^{-1}）：硫胺素 15，核黄素 25，吡哆醇 15，维生素 B$_{12}$ 0.2，叶酸 5，碳酸钙 50，肌醇 500，烟酸 100，生物素 2，抗坏血酸 100，维生素 A 100，维生素 D 20，维生素 E 55，维生素 K 5。

2. 多矿日粮（mg·kg^{-1}）：MgSO$_4$·7H$_2$O 4500，FeSO$_4$·7H$_2$O 950，CuSO$_4$·5H$_2$O 10，ZnSO$_4$·7H$_2$O 108，MnSO$_4$·4H$_2$O 40，KI 1.5，NaCl 600，NaH$_2$PO$_4$·2H$_2$O 8500，KH$_2$PO$_4$ 13500，CoSO$_4$·4H$_2$O 0.5。

3.3.1.3 样品采集与分析

饲养试验结束后，饥饿 24 h，分别从每个养殖桶中随机取 3 尾鱼测体长、称体重，以计算肥满度，然后用自封袋进行分装，在 -20 ℃冰箱中保存用于全鱼常规营养成分分析。每桶再随机取 6 尾鱼，经 MS-222 麻醉采血后，随即在准备好的冰盘上进行样品采集工作，用 1 mL 无菌注射器尾静脉采血，冰上解剖分离肝脏和肌肉组织。血液置于无菌离心管中，4 ℃静止 12 h，4000 r/min 离心 10 min，取其上清液，经沉淀离心取血清，样品放于 -70 ℃冰箱中保存待测。

参照 AOAC（2006）的方法测定试验饲料、全鱼和肌肉常规营养成分。水分、粗脂肪和粗蛋白质分别采用恒温干燥法（105 ℃）、索氏抽提法和凯氏定氮法测定，粗灰分含量测定采用 550 ℃马弗炉灼烧法。

血清生化指标使用日立 7600-110 型全自动生化分析仪进行测定。超氧化物歧化酶活力采用黄嘌呤氧化酶法，丙二醛采用硫代巴比妥酸缩合比色法，溶菌酶采用比浊法，总抗氧化活性、过氧化氢酶活性等均采用南京建成生物工程研究所有限公司的试剂盒检测，按说明书要求操作并计算。

3.3.1.4 计算公式及数据统计方法

增重率 =（终末总重—初始总重）/ 初始总重 ×100%；

饲料系数 = 摄食饲料总重量 /（终末总重—初始总重）；

特定生长率（% /d）=（ln 终末总重— ln 初始总重）/ 试验天数 ×100%；

肥满度 = 试验末鱼体重 / 试验末鱼体长度^3×100%。

试验所得数据用 SPSS 17.0 统计软件进行单因素方差分析，当差异达到显著（$P < 0.05$）时，采用图基氏法进行组间的多重比较。试验结果以平均值 ± 标准差表示。

3.3.2 结果与分析

3.3.2.1 不同脂肪源饲料对彭泽鲫生长性能的影响

由表 3-3-2 可知，大豆磷脂组增重率显著高于菜籽油组（$P < 0.05$），与鱼油、大豆油组无显著性差异（$P > 0.05$）；各组之间末重和特定生长率的变化趋势与增重

率相同。各组之间饲料系数及肥满度没有显著差异（ $P > 0.05$ ）。

研究认为，不同脂肪源因不同的脂肪酸组成对水生动物的影响不尽相同。因鱼油资源紧缺以及鱼油价格的不断上涨，所以在水生动物营养与商业饲料配方中，对植物油的研究和应用愈来愈受到重视。陈家林等（2011）研究表明，投喂含有大豆油和椰子油的饲料相比鱼油组，对异育银鲫幼鱼的促生长效果更好。在泥鳅、洛氏鲅、俄罗斯鲟等研究中同样发现，饲料中添加植物油如大豆油、玉米油、花生油、棕榈油、葵花籽油、亚麻油等促生长效果与鱼油无显著差异（高坚等，2016；李民等，2019；Zhu et al.，2017）。在本试验中，饲料中添加单一植物脂肪源（分别为大豆油、大豆磷脂和菜籽油），彭泽鲫的增重率与鱼油组无显著差异，表明在彭泽鲫的饲料配方中，植物油可以较好地替代鱼油，对彭泽鲫的生长无显著影响，这与前人的研究结果一致。在本试验中，投喂添加大豆磷脂的饲料，彭泽鲫增重率和特定生长率显著高于添加菜籽油的饲料组。其原因为大豆磷脂中脂肪酸多数以磷脂酰胆碱、磷脂酰乙醇胺、磷脂酰肌醇等复合脂形式存在，在鱼体内脂质和相关营养物质的吸收、消化、转运及代谢过程中，起到了重要的生理作用（Inge et al.，1998；冯健等，2006）。对红螯螯虾、细鳞鲑和团头鲂的研究结果表明，饲料中以菜籽油作为单一脂肪源时，红螯螯虾、细鳞鲑和团头鲂的增重率和特定生长率显著降低（刘洋等，2018；鲁耀鹏等，2019；刘玮等，1997），与本试验结果类似。

表 3-3-2   不同脂肪源饲料对彭泽鲫生长性能的影响

项目	鱼油	大豆油	菜籽油	大豆磷脂
初重/g	53.63 ± 0.10	53.45 ± 0.05	53.35 ± 0.23	53.52 ± 0.23
末重/g	91.69 ± 0.09[ab]	91.81 ± 0.28[ab]	90.33 ± 0.99[a]	92.81 ± 1.21[b]
增重率/%	70.96 ± 0.16[ab]	71.77 ± 0.69[ab]	69.32 ± 1.16[a]	73.41 ± 1.78[b]
饲料系数	1.67 ± 0.02	1.65 ± 0.03	1.69 ± 0.06	1.60 ± 0.04
特定生长率/(% · d⁻¹)	0.96 ± 0.00[ab]	0.97 ± 0.01[ab]	0.94 ± 0.01[a]	0.98 ± 0.02[b]
肥满度/%	2.60 ± 0.01	2.47 ± 0.16	2.40 ± 0.24	2.27 ± 0.12

注：同一行数据上标不同字母表示差异显著（ $P < 0.05$ ）。

3.3.2.2 不同脂肪源饲料对彭泽鲫体组成的影响

由表 3-3-3 可知，不同脂肪源对彭泽鲫全鱼水分、粗蛋白质、粗脂肪和灰分均无显著影响（ $P > 0.05$ ）。

如表 3-3-4 所示，不同脂肪源对彭泽鲫肌肉粗蛋白质含量产生显著影响，鱼油组肌肉粗蛋白质含量显著高于大豆磷脂组（$P < 0.05$），与大豆油组及菜籽油组无显著差异（$P > 0.05$）。不同脂肪源对彭泽鲫肌肉水分和粗脂肪含量无显著影响（$P > 0.05$）。

从彭泽鲫的肌肉组成来看，不同脂肪源对彭泽鲫的肌肉粗蛋白质含量有显著的影响，鱼油组对彭泽鲫肌肉粗蛋白质含量的提升效果最佳，其次为大豆油、菜籽油组，二者没有显著差异，但显著高于大豆磷脂组。这可能是因为鱼油中含有较丰富的 n–3 高不饱和脂肪酸，有利于肌肉中蛋白质的沉积（Bell 等，2001；王煜恒等，2010）。对洛氏鲹、异育银鲫、鲤鱼和青鱼的研究也发现，鱼油组鱼体肌肉中粗蛋白质含量优于其余各组，表明鱼油的摄入有利于鱼体肌肉蛋白质的合成和积累（李民等，2019；王煜恒等，2010；潘瑜等，2012；王道尊等，1989）。

表 3-3-3　不同脂肪源饲料对彭泽鲫全鱼体组成的影响（湿重）

单位：%

项目	鱼油	大豆油	菜籽油	大豆磷脂
水分	70.67 ± 0.52	70.01 ± 0.48	70.66 ± 0.76	70.45 ± 0.75
粗蛋白质	14.92 ± 0.04	15.53 ± 0.62	15.77 ± 0.19	14.99 ± 0.25
粗脂肪	6.28 ± 0.40	6.38 ± 0.34	5.94 ± 0.20	5.99 ± 0.35
灰分	4.45 ± 0.0.06	4.56 ± 0.18	4.51 ± 0.20	4.46 ± 0.26

表 3-3-4　不同脂肪源饲料对彭泽鲫肌肉营养成分的影响（湿重）

单位：%

项目	鱼油	大豆油	菜籽油	大豆磷脂
水分	75.53 ± 0.41	75.96 ± 1.27	76.90 ± 0.40	76.44 ± 1.17
粗蛋白质	20.09 ± 0.35 [b]	19.59 ± 0.28 [ab]	19.45 ± 0.35 [ab]	18.91 ± 0.18 [a]
粗脂肪	2.37 ± 0.19	2.28 ± 0.10	2.11 ± 0.16	2.04 ± 0.11

注：同一行数据上标不同字母表示差异显著（$P < 0.05$）。

3.3.2.3　不同脂肪源饲料对彭泽鲫抗氧化及血清生化指标的影响

由表 3-3-5 可知，大豆油组的血清溶菌酶活性显著高于其余各组（$P < 0.05$）；大豆磷脂组的血清超氧化物歧化酶活性显著高于菜籽油组（$P < 0.05$），但与鱼油和大豆油组无显著差异（$P > 0.05$）；大豆磷脂组的血清高密度脂蛋白含量显著高于其余各组（$P < 0.05$）。各组之间血清总蛋白、葡萄糖、甘油三酯、胆固醇、低密度脂蛋白含量及谷丙转氨酶、谷草转氨酶活性没有显著差异（$P > 0.05$）。

表 3-3-5　不同脂肪源饲料对彭泽鲫血清生化指标的影响

项目	鱼油	大豆油	菜籽油	大豆磷脂
溶菌酶/(U·mL⁻¹)	221.83 ± 38.65[a]	377.12 ± 12.98[b]	278.84 ± 26.23[a]	255.35 ± 25.71[a]
超氧化物歧化酶/(U·mL⁻¹)	192.53 ± 5.51[ab]	183.57 ± 10.74[ab]	172.15 ± 17.52[a]	206.39 ± 13.82[b]
葡萄糖/(mmol·L⁻¹)	7.91 ± 0.19	7.28 ± 0.61	7.23 ± 0.28	7.36 ± 0.62
总蛋白质/(g·L⁻¹)	33.52 ± 1.77	36.33 ± 1.66	34.26 ± 0.78	37.93 ± 4.62
谷丙转氨酶/(U·L⁻¹)	6.44 ± 0.39	6.13 ± 1.05	6.23 ± 1.19	5.63 ± 0.93
谷草转氨酶/(U·L⁻¹)	9.80 ± 0.88	7.86 ± 0.62	7.59 ± 1.21	9.86 ± 1.88
甘油三酯/(mmol·L⁻¹)	1.57 ± 0.16	1.55 ± 0.11	1.43 ± 0.09	1.49 ± 0.21
胆固醇/(mmol·L⁻¹)	10.81 ± 1.57	12.08 ± 0.67	12.71 ± 0.76	12.09 ± 1.55
高密度脂蛋白/(mmol·L⁻¹)	2.21 ± 0.07[a]	1.90 ± 0.16[a]	2.23 ± 0.08[a]	2.61 ± 0.19[b]
低密度脂蛋白/(mmol·L⁻¹)	5.87 ± 0.10	6.92 ± 0.99	7.04 ± 1.30	8.00 ± 0.13

注：同一行数据上标不同字母表示差异显著（$P < 0.05$）。

如表 3-3-6 所示，鱼油组和大豆磷脂组的肝脏超氧化物歧化酶活性显著高于菜籽油组（$P < 0.05$），但与大豆油组无显著性差异（$P > 0.05$）。各组之间肝脏丙二醛含量、过氧化氢酶及总抗氧化活性没有显著差异（$P > 0.05$）。

鱼类血液指标与机体的代谢、饲料营养状况及肝脏机能有着紧密的联系，当鱼体受到外界因子的影响而发生生理或病理变化时，通常会在血清生化成分中反映出来（范泽等，2019）。溶菌酶是鱼类机体反映吞噬细胞吞噬病原菌能力的重要指标，在天然防御体系中具有重要的作用（周小秋等，2014）。在脂肪酸含量保持不变的条件下，通过调整不饱和脂肪酸 n-3 和 n-6 的比例，周小秋等（2005）研究发现建鲤溶菌酶活性发生显著变化。在本试验中，大豆油组血清溶菌酶活性显著高于其余各组，表明饲料中添加大豆油在一定程度上可以提高彭泽鲫的天然免疫力。唐威（2010）研究鱼油、大豆油、牛油及其混合油对斑点叉尾鮰血清溶菌酶活性的影响，结果发现大豆油组活性最高，与本试验结果一致。超氧化物歧化酶是机体内重要的抗氧化酶，广泛存在于生物体的胞浆和线粒体基质中，可清除鱼体中有害的活性氧自由基，增强鱼体吞噬细胞的活性（刘康等，2014）。在本试验中，不同脂肪源的饲料对彭泽鲫肝脏超氧化物歧化酶活性产生显著影响，菜籽油组显著低于鱼油和大豆磷脂组，其余各组无显著性差异，表明菜籽油作为彭泽鲫饲料单一脂肪源可能会损害彭泽鲫肝脏健康。

表 3-3-6 不同脂肪源饲料对彭泽鲫肝脏抗氧化指标的影响

项目	鱼油	大豆油	菜籽油	大豆磷脂
超氧化物歧化酶/(U·mg⁻¹)	1527.33 ± 60.02[b]	1433.81 ± 26.21[ab]	1375.41 ± 32.10[a]	1519.63 ± 62.02[b]
丙二醛/(nmol·mgprot⁻¹)	7.29 ± 0.68	7.38 ± 0.93	6.03 ± 0.46	7.27 ± 1.11
过氧化氢酶/(U·mgprot⁻¹)	24.27 ± 0.36	22.05 ± 3.69	23.20 ± 0.94	19.14 ± 2.63
总抗氧化活性(mmol·gprot⁻¹)	0.33 ± 0.01	0.31 ± 0.02	0.30 ± 0.03	0.27 ± 0.02

注：同一行数据上标不同字母表示差异显著（$P < 0.05$）。

3.3.3 结论

本试验结果表明，鱼油、大豆油和大豆磷脂可作为养成期彭泽鲫饲料合适的脂肪源，而菜籽油组鱼体肝脏可能受到一定程度的损伤，菜籽油不适宜作为养成期彭泽鲫饲料的单一脂肪源。

3.4 彭泽鲫对碳水化合物营养需求的研究

碳水化合物是鱼类配合饲料中最廉价的能源物质，对维持鱼体正常的生理功能有着重要作用（Wilson et al., 1994）。饲料中添加一定量的碳水化合物，可促进鱼的生长和提高饲料效率（刘浩等，2020）；并且能提供鱼体所需的能量消耗，在一定程度上起到节约蛋白质的作用（Shiau et al., 2001; Hidalgo et al., 1993; Peragon et al., 1999）。然而，鱼类作为具有先天性糖尿病体质的水生动物（Wilson et al., 1987），与陆生动物相比，对碳水化合物的利用能力有限。饲料中碳水化合物水平添加量过高会抑制鱼类的生长，降低饲料利用率，使血糖水平持续偏高，鱼体免疫力降低，鱼类死亡率增加（NRC et al., 2011; Li et al., 2012; 戈贤平等，2007）。因此，评价以及确定养殖鱼类饲料中碳水化合物的适宜添加量具有较为重要的意义。

本试验旨在研究饲料中添加不同水平的玉米淀粉对养成期彭泽鲫生长性能、抗氧化及血清生化指标的影响，确定其饲料中适宜的碳水化合物水平，为彭泽鲫的饲料配制及配方的优化提供科学依据。

3.4.1 材料与方法

3.4.1.1 试验鱼及饲养管理

试验用彭泽鲫来自江西省水产科学研究所养殖工程研究室，先在室内循环水

养殖系统中驯养 14 d，然后随机选取健康、规格一致的彭泽鲫 300 尾，初始体重为（32.77±0.06）g，分为 5 个试验组，每组设 3 个重复，每个重复对应一个圆形养殖桶（规格为直径 800 mm、高 650 mm），每个养殖桶放养养成期彭泽鲫 20 尾。试验期间水质状况为：亚硝酸和氨氮浓度不高于 0.1 mg/L，溶解氧浓度不低于 7 mg/L，pH 7.53±0.12，水温为（26.0±1.5）℃，自然光。养殖周期为 56 d。试验鱼每天上午和下午饱食投喂 2 次。

3.4.1.2 试验饲料

试验用饲料主要蛋白质源为鱼粉和酪蛋白，主要脂肪源为大豆油，用玉米淀粉作为碳水化合物源，配制 5 种等氮等脂的试验饲料，饲料碳水化合物水平分别为 18％、23％、28％、33％和 38％。所有原料粉碎后过 80 目筛，按配方比例称量后，加油和水混合制成直径为 2 mm 的颗粒饲料，晾干后用封口袋封装，在 -20 ℃冰箱中保存备用。饲料配方和营养组成见表 3-4-1。

表 3-4-1 试验饲料组成及营养水平（风干基础）

原料	饲料碳水化合物水平				
	18％组	23％组	28％组	33％组	38％组
酪蛋白/％	20.0	20.0	20.0	20.0	20.0
明胶/％	5.0	5.0	5.0	5.0	5.0
鱼粉/％	20.0	20.0	20.0	20.0	20.0
玉米淀粉/％	18.0	23.0	28.0	33.0	38.0
微晶纤维/％	26.8	21.8	16.8	11.8	6.8
大豆油/％	6.0	6.0	6.0	6.0	6.0
磷酸二氢钙/％	1.5	1.5	1.5	1.5	1.5
多维[1]/％	0.2	0.2	0.2	0.2	0.2
多矿[2]/％	1.0	1.0	1.0	1.0	1.0
氯化胆碱/％	0.5	0.5	0.5	0.5	0.5
海藻酸钠/％	1.0	1.0	1.0	1.0	1.0
营养水平					
干物质/％	91.45	91.69	91.33	92.06	91.12
粗蛋白质/％	35.82	35.63	35.15	34.98	35.75
粗脂肪/％	8.23	8.39	8.45	8.52	8.33
无氮浸出物[3]/％	15.35	20.56	25.37	31.27	34.52
总能[3]/(kJ·g^{-1})	11.64	12.54	13.28	14.27	14.87

注：1. 多维日粮（mg·kg⁻¹）：硫胺素 15，核黄素 25，吡哆醇 15，维生素 B₁₂ 0.2，叶酸 5，碳酸钙 50，肌醇 500，烟酸 100，生物素 2，抗坏血酸 100，维生素 A 100，维生素 D 20，维生素 E 55，维生素 K 5。

2. 多矿日粮（mg·kg⁻¹）：MgSO₄·7H₂O 4500，FeSO₄·7H₂O 950，CuSO₄·5H₂O 10，ZnSO₄·7H₂O 108，MnSO₄·4H₂O 40，KI 1.5，NaCl 600，NaH₂PO₄·2H₂O 8500，KH₂PO₄ 13500，CoSO₄·4H₂O 0.5。

3. 总能和无氮浸出物为计算值，其他为测定值。

3.4.1.3 样品采集与分析

56 d 养殖投喂试验结束后，饥饿 1 d，采用 MS-222 麻醉后称重，每个养殖桶取 6 尾鱼进行尾静脉采血，将血液置于无菌离心管中，在 4 ℃下静止 12 h，于 4000 r/min 下离心 10 min，取上层血清，置于冰箱中保存；取血后的彭泽鲫在冰盘上解剖，分离肠道和肝脏组织，分装于离心管和密封袋中，所有样品放置于 -70 ℃冰箱中保存待测。

参照 AOAC（2006）的方法测定试验用饲料粗蛋白质、粗脂肪和水分，并分别采用凯氏定氮法、索氏抽提法和恒温干燥法（105 ℃）进行测定。

血清生化指标使用日立 7600-110 型全自动生化分析仪进行测定。超氧化物歧化酶活力采用黄嘌呤氧化酶法，丙二醛采用硫代巴比妥酸缩合比色法，溶菌酶采用比浊法，总抗氧化活性等均采用南京建成生物工程研究所有限公司的试剂盒检测，按说明书要求操作并计算。

3.4.1.4 计算公式及数据统计方法

增重率 =（终末总重—初始总重）/ 初始总重 ×100%；

饲料系数 = 摄食饲料总重量 /（终末总重—初始总重）；

特定生长率（% /d）=（ln 终末总重— ln 初始总重）/ 试验天数 ×100%。

本试验数据以平均值 ± 标准差表示。采用 SPSS 17.0 统计软件对试验数据进行单因素方差分析，当差异达到显著（$P < 0.05$）时，采用图基氏法进行组间的多重比较检验。

3.4.2 结果与分析

3.4.2.1 饲料碳水化合物水平对彭泽鲫生长性能的影响

由表 3-4-2 可知，彭泽鲫平均末重、增重率和特定生长率均随着饲料碳水化合物水平升高呈现先增加后降低的趋势，其中 23% 组的增重率和特定生长率显著高于其余各组（$P < 0.05$）；饲料系数随着饲料碳水化合物水平升高呈现先下降后上升的趋势，23% 组的饲料系数显著低于其余各组（$P < 0.05$）。

　　相关研究认为，与陆生动物相比，鱼类利用碳水化合物的能力较低，且肉食性鱼类又低于草食性和杂食性鱼类（华颖，2017）。其主要原因归结于以下两方面：一是肉食性鱼类消化道中的淀粉酶和代谢酶活性相对较低（Hidalgo et al.，1999）；二是肉食性鱼类体内的胰岛素受体亲和力比草食性、杂食性鱼类低（Banos et al.，1998）。本试验中，随着饲料中碳水化合物水平的升高，彭泽鲫增重率和特定生长率呈先增后降的趋势，均在23%组达到峰值，并显著高于其余各组。说明彭泽鲫可以在一定程度上利用玉米淀粉形式的碳水化合物，但过高的碳水化合物对其生长有一定的抑制作用。何吉祥等（2014）研究认为，异育银鲫幼鱼适宜的碳水化合物需要量为27.65%～31.48%，略高于本试验研究结果，这可能是不同饲料配方或不同品系鲫鱼所致。范泽等（2016）在鲤鱼研究中发现，饲料中添加20%的木薯淀粉对鲤鱼的生长性能及饲料利用效果最好。杂食性鱼类鳡鱼可以在一定程度上利用淀粉类碳水化合物，但在饲料中添加量不宜超过20%，否则不利于鱼的健康生长（周华等，2011）。对黑鲷幼鱼中的研究结果显示，随着碳水化合物水平的提高，黑鲷幼鱼增重率呈现先上升后下降的趋势，饲料碳水化合物水平为21%时，其增重率最高，并显著高于饲料碳水化合物水平为17%的试验组（肖金星等，2017）。以上杂食性鱼类获得最佳增重率时碳水化合物水平的添加量高于金鲳鱼（12.1%）（Zhou et al.，2015）、大黄鱼（15%）（马红娜等，2017）、日本黄姑鱼（12.2%）（Li et al.，2015）等肉食性鱼类。这与本试验研究结果一致。在本试验中，以特定生长率为评价指标，经双曲线模型拟合后得出，养成期彭泽鲫对饲料中碳水化合物的适宜需要量为23.11%（见图3-4-1）。

表3-4-2　饲料碳水化合物水平对彭泽鲫生长性能的影响

项目	饲料碳水化合物水平				
	18%组	23%组	28%组	33%组	38%组
初重/g	32.77 ± 0.06	32.68 ± 0.08	32.95 ± 0.13	32.68 ± 0.16	32.72 ± 0.14
末重/g	58.47 ± 1.53[c]	64.92 ± 0.43[d]	60.85 ± 1.24[c]	52.82 ± 0.67[b]	49.23 ± 1.58[a]
增重率/%	78.44 ± 4.83[c]	98.62 ± 1.21[d]	84.67 ± 3.05[c]	61.61 ± 2.36[b]	50.73 ± 4.25[a]
饲料系数	1.78 ± 0.11[b]	1.42 ± 0.02[a]	1.64 ± 0.07[ab]	2.14 ± 0.08[c]	2.60 ± 0.23[d]
特定生长率/(%·d⁻¹)	1.03 ± 0.05[c]	1.23 ± 0.01[d]	1.10 ± 0.03[c]	0.86 ± 0.03[b]	0.73 ± 0.05[a]

　　注：同一行数据上标不同字母表示差异显著（$P < 0.05$）。

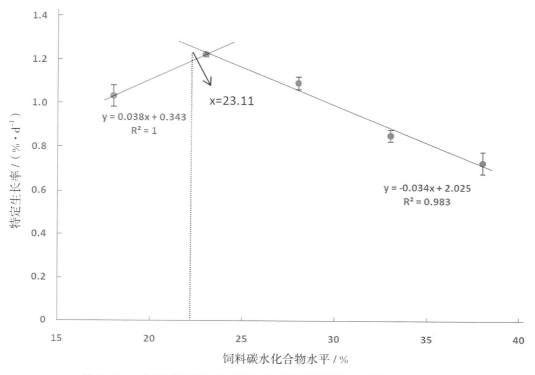

图 3-4-1　饲料碳水化合物水平与养成期彭泽鲫特定生长率之间的关系

3.4.2.2　饲料碳水化合物水平对彭泽鲫血清生化指标的影响

由表 3-4-3 可知，不同碳水化合物水平的饲料对养成期彭泽鲫血清葡萄糖、甘油三酯含量以及谷丙转氨酶、谷草转氨酶活性没有显著影响（$P > 0.05$）。随着饲料碳水化合物水平的增加，血清溶菌酶和超氧化物歧化酶活性呈先升后降的趋势，23%组彭泽鲫溶菌酶活性显著高于 33%组和 38%组（$P < 0.05$），23%组超氧化物歧化酶活性显著高于 18%组、28%组和 33%组（$P < 0.05$）。血清胆固醇和高密度脂蛋白含量随饲料碳水化合物水平的增加呈先稳定后下降的趋势，23%组显著高于 38%组（$P < 0.05$），但与 18%组、28%组无显著性差异（$P > 0.05$）。

鱼类血液生化指标与其机体代谢、所摄食的饲料营养状况及肝脏机能有着紧密的联系，当受到外界因子的干扰而发生生理、病理等变化时，常常会在血清生化成分中体现出来（范泽等，2016）。研究表明，鱼类胆固醇代谢与哺乳动物类似（王广宇，2009），当肝细胞受损时，血清胆固醇含量降低（阎红卫等，2006）。高密度脂蛋白具有将机体组织的胆固醇运送到肝脏代谢的作用。本试验中，血清胆固醇和高密度脂蛋白含量均呈先稳定后下降的趋势，38%组显著低于 23%组（$P < 0.05$），这表明高碳

水化合物水平导致彭泽鲫肝脏生理机能发生了变化，与在翘嘴红鲌（王广宇，2009）和大黄鱼（马红娜等，2017）中的研究结果一致。溶菌酶是鱼类机体反映吞噬细胞吞噬病原菌能力的重要指标，在天然防御体系中具有重要的作用（周小秋等，2014）。对南方鲇（李强等，2007）和大口黑鲈（Lin et al.，2018）的研究表明，高碳水化合物对其先天免疫具有一定的抑制作用。然而，Xia 等（2018）研究显示，饲料中添加高水平的葡萄糖可以增强团头鲂的非特性免疫。本试验中，血清溶菌酶活性呈先升后降的趋势，23%组彭泽鲫溶菌酶活性显著高于33%组和38%组，表明饲料中添加一定量的碳水化合物可以提高彭泽鲫的天然免疫力，过高的碳水化合物水平则对彭泽鲫的免疫力产生抑制作用。血清中总蛋白质在一定程度上能反应机体对蛋白质的利用情况及免疫水平（Yang et al.，2012）。本试验中，血清总蛋白质含量在38%组最低，进一步说明高碳水化合物水平在一定程度上抑制了彭泽鲫的蛋白质利用能力和降低了其免疫力。

表 3-4-3 饲料碳水化合物水平对彭泽鲫血清生化指标的影响

项目	饲料碳水化合物水平				
	18%组	23%组	28%组	33%组	38%组
溶菌酶/(U·mL^{-1})	234.96 ± 7.25[abc]	267.86 ± 13.04[c]	237.44 ± 23.55[bc]	222.22 ± 14.80[ab]	193.25 ± 15.98[a]
超氧化物歧化酶/(U·mL^{-1})	157.92 ± 9.80[a]	207.24 ± 12.76[b]	166.35 ± 10.44[a]	170.21 ± 13.13[a]	178.01 ± 10.52[ab]
葡萄糖/(mmol·L^{-1})	8.22 ± 0.13	8.13 ± 0.59	8.84 ± 0.59	8.45 ± 0.19	8.99 ± 0.84
总蛋白/(g·L^{-1})	37.43 ± 2.13[b]	37.67 ± 0.91[b]	37.72 ± 3.23[b]	32.97 ± 2.47[ab]	31.13 ± 2.07[a]
谷丙转氨酶/(U·L^{-1})	2.77 ± 0.47	2.49 ± 0.27	2.56 ± 0.14	2.13 ± 0.20	2.08 ± 0.14
谷草转氨酶/(U·L^{-1})	14.14 ± 1.42	14.62 ± 0.92	15.10 ± 3.15	13.82 ± 0.89	15.07 ± 1.37
甘油三酯/(mmol·L^{-1})	1.31 ± 0.07	1.37 ± 0.17	1.25 ± 0.04	1.32 ± 0.09	1.26 ± 0.16
胆固醇/(mmol·L^{-1})	13.10 ± 2.21[bc]	14.99 ± 1.62[c]	12.38 ± 0.16[bc]	10.52 ± 1.13[ab]	7.87 ± 0.99[a]
高密度脂蛋白/(mmol·L^{-1})	1.81 ± 0.17[b]	2.06 ± 0.11[b]	1.95 ± 0.20[b]	1.28 ± 0.15[a]	1.13 ± 0.19[a]
低密度脂蛋白/(mmol·L^{-1})	7.75 ± 1.08[ab]	8.38 ± 1.05[b]	6.64 ± 1.35[ab]	6.37 ± 1.73[ab]	5.02 ± 0.63[a]

注：同一行数据上标不同字母表示差异显著（$P < 0.05$）。

3.4.2.3 饲料碳水化合物水平对彭泽鲫肝脏抗氧化指标的影响

由表 3-4-4 可知，随着饲料碳水化合物水平的增加，肝脏超氧化物歧化酶活性和总抗氧化能力呈先稳定后下降的趋势，23％组显著高于 33％组和 38％碳水化合物组（$P < 0.05$），但与 18％组和 28％组无显著性差异（$P > 0.05$）。饲料碳水化合物未对肝脏丙二醛含量产生显著影响（$P > 0.05$）。

鱼体抗氧化能力的强弱与机体健康状况存在着密切的关系，抗氧化能力降低常导致鱼类各种疾病的产生（缪凌鸿等，2011）。超氧化物歧化酶是机体内重要的抗氧化酶，广泛存在于生物体的线粒体基质和胞浆中，可清除鱼体中有害的活性氧自由基，增强鱼体吞噬细胞的活性（刘康等，2014）；丙二醛浓度增加表明脂质过氧化、氧化损伤水平上升；总抗氧化能力可直接反映动物机体的抗氧化能力（尹会方等，2019）。本试验中，随着饲料碳水化合物水平的增加，肝脏超氧化物歧化酶活性和总抗氧化能力呈先稳定后下降的趋势，且 33％组和 38％组显著低于 18％组和 23％组。对翘嘴红鲌（王广宇等，2009）和洛氏鲅（瞿子惠等，2018）的研究发现，超氧化物歧化酶活性随饲料碳水化合物水平的升高出现明显下降的趋势。蔡春芳（2004）研究结果显示，当饲料中碳水化合物水平为 20％～40％时，青鱼超氧化物歧化酶活性与本试验的研究结果相似，表明高碳水化合物水平对彭泽鲫的抗氧化性能具有一定的抑制作用。

表 3-4-4　饲料碳水化合物水平对彭泽鲫肝脏抗氧化指标的影响

项目	饲料碳水化合物水平				
	18％组	23％组	28％组	33％组	38％组
超氧化物歧化酶/（U·mgprot^{-1}）	1325.42 ± 113.87[b]	1324.04 ± 76.68[b]	1160.39 ± 17.20[ab]	1107.37 ± 83.88[a]	1104.01 ± 66.99[a]
丙二醛/（nmol·mgprot^{-1}）	4.09 ± 0.50	3.28 ± 0.21	3.51 ± 0.49	3.45 ± 0.02	3.76 ± 0.35
总抗氧化活性/（mmol·gprot^{-1}）	0.31 ± 0.02[b]	0.31 ± 0.01[b]	0.30 ± 0.04[ab]	0.25 ± 0.02[a]	0.24 ± 0.01[a]

注：同一行数据上标不同字母表示差异显著（$P < 0.05$）。

3.4.3 结论

饲料中适宜的碳水化合物水平可提高彭泽鲫的生长速度和饲料利用率，但是过高的饲料碳水化合物水平易导致彭泽鲫的生长速度下降，并降低其免疫力和抗氧化性

能。本试验以特定生长率为评价指标，经双曲线模型拟合后得出，养成期彭泽鲫对饲料中碳水化合物的适宜需要量为23.11%。

3.5 益生菌对彭泽鲫生长性能、生化指标和养殖水质的影响

随着时代的高速发展，绿色健康养殖的理念已经成为一种趋势。如何提高无公害绿色健康生态养殖质量，利用生态方法对养殖水环境进行调节，提高鱼类的生长速度和抗病免疫能力，避免滥用抗生素类药物等，益生菌是其中较好的选择之一（蒋艾青等，2021）。

益生菌在生物类产品中具有成本投入低、收益效果好、无残留、不产生抗药性等优势，在水产养殖中受到广泛应用（米少辉等，2021）。研究发现，益生菌能够快速降解、转化有机物，调节养殖水环境（张庆等，1999）。在饲料中添加益生菌还能提高饲料转化能力、加快水生动物生长速度、提高水生动物代谢水平、增强水生动物机体免疫能力（赵斌等，2020；郭同旺等，2020），在罗非鱼（马江耀等，2003）、对虾（刘淇，2003）等养殖中应用广泛，但是益生菌对彭泽鲫的影响及养殖水环境调节研究鲜有报道。本试验在饲料中添加枯草芽孢杆菌、地衣芽孢杆菌、低聚木糖和复合益生菌，研究其对彭泽鲫生长性能、生化指标以及养殖水质的影响，为以后益生菌作为饲料添加剂的发展提供一定的研究基础。

3.5.1 材料与方法

3.5.1.1 试验材料

试验用鱼：以彭泽鲫为试验养殖对象，初始体重为（10.81±0.47）g，取自江西省水产科学研究所黄马基地。

试验饲料：以基础饲料组作为对照组，其余4组分别在基础饲料中按0.5%的比例添加枯草芽孢杆菌（2.0×10^{10} CFU/g）、地衣芽孢杆菌（2.0×10^{10} CFU/g）、低聚木糖和复合益生菌（枯草芽孢杆菌：地衣芽孢杆菌：低聚木糖 =1：1：1），枯草芽孢杆菌和地衣芽孢杆菌由山东宝来利来生物工程股份有限公司提供，低聚木糖由山东龙力生物科技股份有限公司提供。采用逐级混匀的方式混合均匀后，制粒成直径2 mm的颗粒饲料，晾干后置于 –20 ℃冰箱中保存。基础饲料配方见表3-5-1。

表 3-5-1 基础饲料配方及营养水平

单位：%

原料成分	含量	营养成分	含量
鱼粉	15.0	粗蛋白质	36.7
豆粕	45.0	水分	9.5
谷朊粉	5.0	粗脂肪	6.8
玉米淀粉	27.0	灰分	7.3
鱼油	5.0		
维生素复合物[1]	0.5		
矿物质复合物[2]	1.0		
磷酸二氢钙	1.0		
氯化胆碱	0.5		

注：1. 维生素复合物日粮（mg·kg^{-1}）：维生素 B_1 15，维生素 B_2 25，吡哆醇 15，氰钴胺 0.2，叶酸 5，碳酸钙 50，肌醇 500，维生素 P 100，维生素 H 2，抗坏血酸 100，维生素 A 100，维生素 D 20，维生素 E 55，维生素 K 5。

2. 矿物质复合物日粮（mg·kg^{-1}）：$CoSO_4·4H_2O$ 0.5，KI 1.5，$CuSO_4·5H_2O$ 10，$MnSO_4·4H_2O$ 40，$ZnSO_4·7H_2O$ 108，NaCl 600，$FeSO_4·7H_2O$ 950，$MgSO_4·7H_2O$ 4500，$NaH_2PO_4·2H_2O$ 8500，KH_2PO_4 13500。

3.5.1.2　试验方法

养殖试验在江西省水产科学研究所循环水养殖系统中进行，正式试验开始前先用对照组饲料暂养 14 d。随机选取初始体重一致且健康有活力的彭泽鲫共 300 尾，分 15 个柱形养殖桶（规格为直径 800 mm、高 650 mm）进行养殖。试验分为对照组、枯草芽孢杆菌添加组、地衣芽孢杆菌添加组、低聚木糖添加组和复合益生菌添加组共 5 组，每组设计 3 个平行桶，每个平行桶 20 尾鱼，养殖 56 d。试验鱼每天 9：30 和 16：30 各投喂饵料 1 次，以鱼体重的 4% 投喂饵料，养殖期间循环水系统保持开启状态，使养殖水环境保持稳定。

3.5.1.3　样品采集与分析

试验用鱼养殖 56 d 后，停止投料 24 h，随即称量每组试验鱼的总重量并随机选取 3 尾鱼对其体重、体长进行测量。测量结束后在冰上进行解剖，分离肝脏和肠道组织，分装于离心管中，置于 –80 ℃冰箱中保存待测。采用南京建成生物工程研究所有限公司相应试剂盒检测超氧化物歧化酶（A001-3-2）、溶菌酶（A050-1-1）、丙二醛（A003-1-2）、总抗氧化酶（A015-2-1）、过氧化氢酶（A007-1-1）、胰蛋白酶（A080-

2-2)、脂肪酶（A054-1-1）、淀粉酶（C016-1-1）等指标。

3.5.1.4　水样采集及指标测定

试验进行到第42天，关闭循环水，正常进行投喂。在关闭循环水后的第1、第3、第5、第10、第15天采集水样。其方法如下：将养殖桶内水体搅拌混匀，在离水面20 cm处用棕色玻璃瓶采集水样，用来检测水体中氨氮、总磷、总氮和化学需氧量情况。氨氮采用纳氏试剂法、总磷采用钼酸铵分光光度法、总氮采用碱性过硫酸钾消解紫外分光光度法、化学需氧量采用碱性高锰酸钾法（雷衍之，2006）。

3.5.1.5　计算公式及数据统计方法

增重率 =（终末总重−初始总重）/ 初始总重 ×100%；

饲料系数 = 摄食饲料总重量 /（终末总重−初始总重）；

特定生长率（% /d）=（ln 终末总重− ln 初始总重）/ 试验天数 ×100%；

肥满度 = 试验末鱼体重 / 试验末鱼体长度^3 ×100%；

蛋白质效率 =（饲料投喂重量−初始总重）/（终末总重 × 饲料蛋白含量）×100%；

存活率 = 试验末数量 / 试验初始数量 ×100%。

试验数据采用平均数 ± 标准差的方式表示，用 SPSS 25.0 软件的单因素方差进行数据分析，用邓肯氏法进行组间的差异性比较，显著性差异为 $P < 0.05$。

3.5.2　结果与分析

3.5.2.1　饲料中添加不同益生菌对彭泽鲫生长性能的影响

由表 3-5-2 可知，与对照组相比，饲料中添加枯草芽孢杆菌、地衣芽孢杆菌、低聚木糖和复合益生菌后，彭泽鲫肥满度虽然有所增加，但是并无显著性差异（$P > 0.05$），而增重率、特定生长率和蛋白质效率显著提高，饲料系数显著降低（$P < 0.05$）。其中，复合益生菌组对促进彭泽鲫生长、降低饲料系数表现最好，但是与其他添加组之间没有显著差异（$P > 0.05$）。

益生菌本质是一种对养殖动物生长有益的活性微生物，可通过不同的作用机制给水生动物提供良好的营养和环境，可以有效促进水生动物生长和提高其存活率，提高其机体免疫力和抗病力等（张礼等，2019；郭同旺等，2020）。在水生动物的研究中，已有众多结果证明，益生菌对动物生长性能有促进作用。李盈锋等（2014）在黑鲷的研究中发现饲料中添加枯草芽孢杆菌可以显著提高黑鲷的增重率、特定生长率，饲料系数显著降低。罗莎等（2021）在对彭泽鲫的研究中也发现饲料中添加枯草芽孢杆菌、地衣芽孢杆菌及枯草－地衣复合菌对彭泽鲫的生长有显著的促进作用。对尖吻鲈（李卓佳等，2011）的研究也表明地衣芽孢杆菌对其增重率和特定生长率都有显著的提升作用，饲料系数显著降低。本试验的结果与前人的研究结果一致，在饲料中添加枯草芽孢杆菌、地衣芽孢杆菌、低聚木糖以及复合益生菌对彭泽鲫的生长均有明显的促进作用，同时提高了饲料利用率，降低了饲料系数。其中，复合益生菌的促生长作用最佳，但与其余益生菌添加组并无显著性差异。这可能和菌种的特异性有关，不同的益生菌的生理特性、代谢产物不同，可能导致宿主在生长过程中分泌的代谢物不同，产生的作用效果也会存在差异。

表 3-5-2　饲料中添加不同益生菌对彭泽鲫生长性能的影响

指标	组别				
	对照	枯草芽孢杆菌	地衣芽孢杆菌	低聚木糖	复合益生菌
初始均重/g	10.81 ± 0.03	10.83 ± 0.04	10.85 ± 0.01	10.78 ± 0.03	10.77 ± 0.07
终末均重/g	20.23 ± 0.17^a	21.74 ± 0.91^b	21.78 ± 0.59^b	21.70 ± 0.45^b	22.71 ± 0.44^b
增重率/%	87.14 ± 1.20^a	100.77 ± 8.99^b	100.67 ± 5.40^b	101.43 ± 4.65^b	110.94 ± 5.16^b
特定生长率/(%·d^{-1})	0.83 ± 0.01^a	0.92 ± 0.05^b	0.92 ± 0.03^b	0.93 ± 0.03^b	0.99 ± 0.03^b
饲料系数	2.12 ± 0.03^a	1.75 ± 0.15^{bc}	1.79 ± 0.09^b	1.75 ± 0.08^{bc}	1.59 ± 0.06^{bc}
肥满度/%	3.40 ± 0.34	3.66 ± 0.10	3.68 ± 0.42	3.64 ± 0.12	3.61 ± 0.36
蛋白质效率/%	128.36 ± 2.03^a	156.85 ± 13.55^{bc}	152.29 ± 8.19^b	155.50 ± 6.73^{bc}	171.28 ± 7.06^c
存活率/%	100.00 ± 0.00	100.00 ± 0.00	100.00 ± 0.00	100.00 ± 0.00	100.00 ± 0.00

注：同组之间差异显著（$P < 0.05$）用不同字母表示，无显著差异（$P > 0.05$）用相同字母或无字母表示。

3.5.2.2　饲料中添加不同益生菌对彭泽鲫肝脏抗氧化指标的影响

由表 3-5-3 可知，与对照组相比，饲料中添加枯草芽孢杆菌、地衣芽孢杆菌、低聚木糖和复合益生菌后，超氧化物歧化酶、溶菌酶活性均显著升高（$P < 0.05$），酸性磷酸酶活性显著降低（$P < 0.05$）；枯草芽孢杆菌和复合益生菌添加组丙二醛含量显著降低（$P < 0.05$），过氧化氢酶活性显著提高（$P < 0.05$）；地衣芽孢杆菌和低聚木糖添加组丙二醛含量和过氧化氢酶活性没有显著差异（$P > 0.05$）；低聚木糖和复合益生菌添加组总抗氧化能力显著提高（$P < 0.05$），其余两组添加组无显著差异（$P > 0.05$）。

肝脏是鱼体内最重要的氧化应激器官。肝脏受到氧化应激作用导致损伤会造成鱼体器官功能性障碍，严重影响养殖效益（刘小玲等，2013）。总抗氧化能力是机体抗氧化能力的一个综合指标。超氧化物歧化酶和过氧化氢酶可以有效清除机体中过多的

自由基，是减缓衰老和降低氧化损伤的一个重要指标（张克烽等，2007）。丙二醛是体现动物抗氧化状况以及对外界环境胁迫的能力的一个重要指标（刘小玲等，2013）。酸性磷酸酶能够水解细胞表面的磷酸酯，提高吞噬细胞的吞噬能力，提高水生动物疾病免疫水平（贾聪慧等，2016）。溶菌酶是一种可以杀死病原微生物的重要的杀菌溶菌物质，通过对破坏、水解细菌和真菌的细胞壁，来消除鱼体内的入侵异物，实现机体的免疫功能（彭凯等，2020）。

张维娜等（2015）在研究益生菌对异育银鲫免疫功能的影响中发现，添加益生菌能够显著提高异育银鲫的肝脏抗氧化能力及超氧化物歧化酶、过氧化氢酶活性，同时降低丙二醛含量。叶海斌等（2018）在研究益生菌对虹鳟免疫功能的影响时也发现，不同单一益生菌制剂、复合益生菌制剂均能提高虹鳟酸性磷酸酶、总抗氧化能力、过氧化氢酶、超氧化物歧化酶活性，并降低丙二醛含量。赵瑞祯等（2021）在研究中发现，在日粮中添加益生菌能够显著提高刺参超氧化物歧化酶活性。本试验结果表明，在彭泽鲫饲料中添加枯草芽孢杆菌、地衣芽孢杆菌、低聚木糖和复合益生菌之后，超氧化物歧化酶、溶菌酶活性显著上升，酸性磷酸酶活性显著降低。枯草芽孢杆菌和复合益生菌组相比于对照组过氧化氢酶活性显著升高，丙二醛含量显著降低，而地衣芽孢杆菌组和低聚木糖组丙二醛含量和过氧化氢酶活性与对照组没有显著差异。总抗氧化能力这方面，低聚木糖组和复合益生菌组显著高于对照组，而枯草芽孢杆菌组和地衣芽孢杆菌组与对照组无显著差异。综合试验结果来看，复合益生菌比单一菌种对机体产生的效果显著，可能是因为复合菌制剂含有的抗原类营养物质可诱导鱼类机体先天性免疫，也可能和菌群的结构变化有关系（Salinas et al.，2008）。

表 3-5-3　饲料中添加不同益生菌对彭泽鲫肝脏抗氧化指标的影响

指标	组别				
	对照	枯草芽孢杆菌	地衣芽孢杆菌	低聚木糖	复合益生菌
超氧化物歧化酶/(U·mg^{-1})	933.11 ± 9.56[a]	1132.73 ± 36.28[b]	982.37 ± 7.87[c]	1041.20 ± 27.23[d]	989.61 ± 7.61[c]
丙二醛/(nmol·mg^{-1})	4.12 ± 0.04[a]	3.40 ± 0.45[bc]	3.54 ± 0.12[abc]	3.81 ± 0.09[ab]	2.96 ± 0.55[c]
酸性磷酸酶/(金氏单位·g^{-1})	333.18 ± 22.11[a]	228.60 ± 38.27[b]	247.54 ± 17.13[b]	258.91 ± 21.40[b]	264.68 ± 39.12[b]
过氧化氢酶/(U·mg^{-1})	33.77 ± 2.28[a]	48.12 ± 3.25[b]	37.62 ± 0.82[a]	36.98 ± 2.05[a]	44.11 ± 3.33[b]
溶菌酶/(U·mg^{-1})	14.61 ± 3.81[a]	25.32 ± 3.20[b]	25.23 ± 3.76[b]	24.48 ± 3.51[b]	29.50 ± 2.52[b]
总抗氧化能力(mmol·g^{-1})	0.046 ± 0.002[a]	0.055 ± 0.002[ab]	0.058 ± 0.006[ab]	0.066 ± 0.014[b]	0.091 ± 0.012[c]

注：同组之间差异显著（$P < 0.05$）用不同字母表示，无显著差异（$P > 0.05$）用相同字母或无字母表示。

3.5.2.3　饲料中添加不同益生菌对彭泽鲫肠道消化酶活性的影响

由表 3-5-4 可知，与对照组相比，饲喂含枯草芽孢杆菌、地衣芽孢杆菌、低聚木糖和复合益生菌的饲料后，彭泽鲫肠道胰蛋白酶、脂肪酶和淀粉酶活性都有显著提高（$P < 0.05$）。其中枯草芽孢杆菌和低聚木糖添加组对胰蛋白酶效果显著高于其余两组。脂肪酶和淀粉酶活性各组之间无显著性差异（$P > 0.05$）。

鱼类的消化酶主要有蛋白酶、淀粉酶和脂肪酶等。研究表明，在动物饲料中添加芽孢杆菌，在鱼体肠道内可以产生多种消化酶，补充内源酶的不足，提高消化道的酶活性，促进肠道内营养物质的吸收，加快鱼体生长（Ghosh et al., 2002）。低聚木糖能促进肠道内有益菌的增殖，加快消化酶的分泌和肠道蠕动，加快营养物质的吸收，还可以抑制大肠杆菌、梭状杆菌等有害菌的生长（Xu et al., 2002）。刘小刚等（2002）在异育银鲫饵料中添加芽孢杆菌后，显著地提高了鱼肠道与肝胰脏中蛋白酶的活性。史东杰等（2021）在锦鲤幼鱼的研究中也发现，添加益生菌能够显著提高消化酶的活性。李君华等（2016）也发现低聚木糖可提高仿刺参肠道消化酶活力，促进其生长。在本试验中，枯草芽孢杆菌、地衣芽孢杆菌、低聚木糖和复合益生菌添加组的胰蛋白酶、脂肪酶和淀粉酶活性与对照组相比均有显著提高，说明益生菌的添加影响了鱼类对营养物质的消化吸收，其原因可能是因为改变了肠道内碳水化合物、脂类和糖类物质的含量，从而影响胰蛋白酶、脂肪酶和淀粉酶活性的变化；也可能是因为微生物刺激肠道或是摄入的有益菌分泌的酶能在鱼体内发生作用，而使鱼体肠内胰蛋白酶、淀粉酶活力升高（罗莎等，2021）。益生菌可以提高鱼类肠道消化酶活性已被众多试验研究所证实，但目前关于益生菌提高鱼类消化酶活性的机理研究甚少，还有待于进一步研究。

表 3-5-4　饲料中添加不同益生菌对彭泽鲫肠道消化酶活性的影响

指标	组别				
	对照	枯草芽孢杆菌	地衣芽孢杆菌	低聚木糖	复合益生菌
胰蛋白酶/($U \cdot mg^{-1}$)	41425.20 ± 356.36[a]	51796.04 ± 176.20[b]	46963.68 ± 309.24[c]	48592.46 ± 393.92[d]	46581.25 ± 341.05[c]
脂肪酶/($U \cdot g^{-1}$)	4.25 ± 0.41[a]	5.16 ± 0.70[b]	5.33 ± 0.33[b]	5.42 ± 0.04[b]	5.89 ± 0.33[b]
淀粉酶/($U \cdot mg^{-1}$)	48.94 ± 0.35[a]	65.04 ± 2.87[b]	68.74 ± 6.60[b]	67.43 ± 2.29[b]	65.14 ± 3.92[b]

注：同组之间差异显著（$P < 0.05$）用不同字母表示，无显著差异（$P > 0.05$）用相同字母或无字母表示。

3.5.2.4 饲料中添加不同益生菌对彭泽鲫养殖水体环境的影响

由表 3-5-5 可以看出，随着养殖时间的增加，益生菌对各组的养殖水体环境的影响如下：（1）各养殖水体中的氨氮呈先上升后下降的趋势，益生菌添加组与对照组之间有显著性差异（$P < 0.05$）。第 15 天时，益生菌添加组水体中氨氮含量均显著低于对照组，其中混合益生菌组氨氮含量降幅最大，降低了 76.92％。（2）养殖水体中总磷含量变化趋势比较一致，呈现稳定升高的趋势。第 15 天时，地衣芽孢杆菌组、低聚木糖组和复合益生菌组的总磷含量均显著低于对照组。总的来说，益生菌添加组水体中总磷含量与对照组相比有显著的降低作用（$P < 0.05$），其中低聚木糖组和复合益生菌组降低效果最显著，分别降低了 42.55％ 和 45.65％。（3）总氮含量整体呈上升趋势，与对照组相比，益生菌添加组总氮含量均有明显降低（$P < 0.05$）。第 15 天时，混合益生菌组降低最明显，降低了 41.51％。（4）各试验组与对照组化学需氧量变化规律基本相同，养殖期间各益生菌添加组化学需氧量相比对照组均有明显降低（$P < 0.05$）。第 15 天时，地衣芽孢杆菌组化学需氧量降低效果最好，比对照组降低了 135％。

在封闭的水产养殖模式中，残饵、排泄物等的累积会加重养殖池底的污染，导致养殖环境恶化。益生菌能够分泌多种物质，抑制水中病原菌的生长，有效减少水体中有害菌的数量，同时能够分解水中部分小分子有机物，减少养殖水体中有害物质或富营养物质的积累，降低水体中氨基氮、硫化物和亚硝基氮等的浓度，达到调节水质的作用（岳强等，2012）。齐欣等（2007）发现在彭泽鲫饲料中添加枯草芽孢杆菌后，养殖水体中亚硝酸盐氮、化学需氧量和氨氮浓度显著降低。胡凡光等（2014）在大菱鲆鱼饲料中添加不同比例的枯草芽孢杆菌制剂后，发现养殖水体中的氨氮、亚硝酸盐氮和硝酸盐氮浓度显著下降。仇明等（2010）在斑点叉尾鮰试验中发现，饲料中添加一定浓度的枯草芽孢杆菌，能显著降低水体中氨氮和亚硝酸盐含量，有效改善养殖水体的生态环境。在本试验中，通过 15 d 的水质监测发现，与对照组相比，枯草芽孢杆菌组、地衣芽孢杆菌组、低聚木糖组和复合益生菌组水体中氨氮、总磷、总氮和化学需氧量含量和对照组的变化趋势是一致的，但是益生菌添加组的水质指标明显低于对照组。从第 3 天开始，不同试验组水体中氨氮、总磷和化学需氧量指标出现差异，总氮含量差异不明显。这一结果表明，在彭泽鲫饲料中添加益生菌，能够有效改善养殖水体的水质状况，这与先前发表的相关研究结果是一致的。究其原因，可能是因为益生菌进入肠道后能够较快定殖，在鱼体肠道内进行硝酸盐和亚硝酸盐的消解，减少其排放；另外，随排泄物一同进入水体的益生菌也能消耗水体中的有机物，降低因有机物发酵和水体环境变化而产生的耗氧行为，从而降低水体的化学需氧量（王成强等，2019），起到改善水质的作用。

表 3-5-5　饲料中添加不同益生菌对养殖水体环境的影响

时间/d	指标	组别				
		对照组/（mg·L⁻¹）	枯草芽孢杆菌组/（mg·L⁻¹）	地衣芽孢杆菌组/（mg·L⁻¹）	低聚木糖组/（mg·L⁻¹）	复合益生菌组/（mg·L⁻¹）
1	氨氮	0.08 ± 0.01	0.07 ± 0.01	0.09 ± 0.01	0.08 ± 0.01	0.08 ± 0.02
	总磷	0.64 ± 0.01	0.65 ± 0.01	0.64 ± 0.01	0.64 ± 0.02	0.64 ± 0.02
	总氮	1.05 ± 0.01	1.06 ± 0.02	1.06 ± 0.02	1.05 ± 0.01	1.06 ± 0.02
	化学需氧量	2.35 ± 0.03	2.37 ± 0.03	2.36 ± 0.02	2.37 ± 0.03	2.35 ± 0.02
3	氨氮	0.35 ± 0.03^a	0.34 ± 0.01^a	0.29 ± 0.02^b	0.27 ± 0.02^b	0.26 ± 0.01^b
	总磷	$0.67 \pm 0.01a$	$0.67 \pm 0.01a$	0.73 ± 0.02^b	0.75 ± 0.03^b	0.68 ± 0.03^a
	总氮	1.86 ± 0.03^a	1.68 ± 0.07^b	1.58 ± 0.04^c	1.51 ± 0.04^c	1.42 ± 0.02^d
	化学需氧量	5.86 ± 0.14^a	3.12 ± 0.04^b	3.53 ± 0.05^c	2.96 ± 0.06^d	4.25 ± 0.09^e
5	氨氮	0.63 ± 0.01^a	0.54 ± 0.01^b	0.38 ± 0.02^c	0.39 ± 0.02^c	0.27 ± 0.01^d
	总磷	1.16 ± 0.05^a	1.04 ± 0.09^b	0.92 ± 0.03^c	0.96 ± 0.03^{bc}	0.87 ± 0.02^c
	总氮	2.15 ± 0.05^a	1.78 ± 0.01^b	1.66 ± 0.05^c	1.87 ± 0.02^d	1.97 ± 0.02^e
	化学需氧量	5.13 ± 0.05^a	2.80 ± 0.02^b	1.76 ± 0.04^c	2.42 ± 0.02^d	4.11 ± 0.05^e
10	氨氮	0.63 ± 0.03^a	0.45 ± 0.01^b	0.34 ± 0.01^c	0.38 ± 0.01^d	0.27 ± 0.02^e
	总磷	0.92 ± 0.03	1.11 ± 0.03	1.06 ± 0.05	1.07 ± 0.07	1.03 ± 0.02
	总氮	3.32 ± 0.06^a	2.77 ± 0.02^b	2.60 ± 0.07^{cd}	2.68 ± 0.04^{bc}	2.52 ± 0.06^d
	化学需氧量	7.77 ± 0.26^a	3.50 ± 0.20^b	2.33 ± 0.04^c	3.23 ± 0.08^b	3.91 ± 0.06^d
15	氨氮	0.46 ± 0.02^a	0.33 ± 0.01^b	0.34 ± 0.01^b	0.35 ± 0.01^b	0.26 ± 0.02^c
	总磷	1.34 ± 0.04^a	1.19 ± 0.02^b	1.01 ± 0.03^c	0.94 ± 0.01^d	0.92 ± 0.03^d
	总氮	4.50 ± 0.05^a	3.70 ± 0.02^b	3.68 ± 0.03^b	3.93 ± 0.02^c	3.18 ± 0.03^d
	化学需氧量	6.91 ± 0.04^a	3.91 ± 0.04^b	2.93 ± 0.05^c	3.47 ± 0.17^d	4.57 ± 0.20^e

注：同组之间差异显著（$P < 0.05$）用不同字母表示，无显著差异（$P > 0.05$）用相同字母或无字母表示。

3.5.3 结论

本试验结果表明，在饲料中添加适宜的枯草芽孢杆菌、地衣芽孢杆菌、低聚木糖、复合益生菌（枯草芽孢杆菌：地衣芽孢杆菌：低聚木糖 = 1 ∶ 1 ∶ 1），可以提高彭泽鲫的生长速度，增强其消化酶活性和抗氧化能力，同时可以有效降低水体中氨氮、总磷、总氮和化学需氧量等各项指标，有利于养殖水体的水质调节。

4 彭泽鲫饲料加工工艺与投喂策略

4.1 鱼类投喂策略

投喂是鱼类养殖技术中的重要环节之一，饲料投喂技术水平直接影响饲料的转化率及鱼类养殖效果，也直接关系养殖的经济效益。若投喂技术策略不当，即便是高效环境友好型配合饲料，也难以获得良好的养殖效果。此外，因鱼类生活在水中，投喂在水中的配合饲料中的营养素容易溶失、散失；同时，水温、水质、溶解氧等因素对鱼类的摄食和配合饲料的消化吸收又有显著影响。所以，要想获得良好的养殖效果，降低养殖成本，就应制订合理的投喂策略，建立配合饲料的科学投喂技术体系。

4.1.1 鱼类投喂策略的主要内涵

鱼类投喂策略的技术内涵主要包括投喂频率、投喂率和投喂作业方式。

一般来讲，投喂频率即每天对鱼类投喂食物的次数。多年来，投喂频率一直是投喂策略研究中的热点。近年来的相关研究更是表明，通过控制投喂频率，可以改善鱼类的生理状态，提高其对不利环境及病害的抵抗能力。

投喂率是指投放到水体中的饲料量占鱼体重的百分数。投喂量是根据水体中载鱼量在投喂率的基础上换算出来的具体数值。在养殖生产过程中，随着鱼类的生长，若食物不足，就容易对鱼类产生饥饿胁迫、个体间争斗和生存压力等负面影响，进而导致鱼类个体生长参差不齐、死亡率上升，因此必须不断调整饲料的投喂量。但食物过饱和，又容易造成鱼类厌食、摄食能力下降以及破坏水体环境等不利影响，不但增加了养殖成本，也不利于鱼类的生长。所以，合适的投喂率是保证鱼类健康生长的重要因素之一。

投喂作业方式即饲料的投喂途径，如人工投喂、自动投喂、固定点投喂、自需式投喂等，对养殖对象的行为影响显著，并会对其生长性能与存活率产生直接影响。饲料可通过几种方法传送给养殖动物，比较简单的方法是将饲料装在一个袋子里，称出日投喂量，用手饲喂。或是复杂些用电脑操作的散装箱自动转运饲料，然后将饲料分配到养殖系统中，再结合返回的饲料来观测鱼的吃食情况。这样的投喂系统被广泛称作非请求系统，也就是说日投饵量和投喂时间都是提前设置好的。请求或自我投喂系统，则是通过激发储备饲料或是提供反馈信息来进行饲料传输。这两种情况都可利用简单的仪器设备，包括用手进行投喂，或是使用转动带或转盘、振动、气动装置来传输饲料。

4.1.2 投喂频率对鱼类的影响

随着投喂频率的增加，鱼类的生长速度往往会有所提高。当投喂频率达到一定程度时，鱼类的生长性能会保持相对恒定，即使再增加投喂频率，鱼类的生长速度也不会显著地提高。引起鱼类生长速度提高的原因大致有两个：摄食量的增加和饲料效率的提高。但投喂频率过高，反而会降低某些鱼类的生长速度。一方面，投喂频率增加，会使鱼类胃排空速度相应增加，导致鱼类的饲料利用率降低，进而使其生长趋缓；另一方面，投喂频率增加，会使鱼类的活动量加大，造成其能量代谢提高，进而使鱼类生长速度变缓。需要注意的是，对于某些鱼类，投喂频率过低可引起生长变异，甚至导致一些鱼类出现同类相食的情况。对于出现生长变异的原因，一般解释为等级化摄饵模式，即大的活泼个体的优势行为会导致弱小个体出现紧张状态和摄食不足，进而影响其体重增长。当食物充裕时，这种情况就会改善。当然，也存在一些等级制度发达的鱼类，即使食物过量，仍然会发现有大个体的鱼阻止小个体的鱼摄食的现象。

一般认为，鱼体规格越小，所需的投喂频率就越高。例如，对于刚孵化出的大西洋鲑来说，投喂频率可增加到每天 80 次。另外，投喂频率也与鱼类有无胃有关。在有胃鱼中，其胃中可以存储一部分饲料，此部分饲料消化速度较慢，所以需要的投喂频率稍低，而无胃鱼则相反。对于有胃鱼来讲，投喂频率会影响胃的 pH 和胃蛋白酶的活性，进而影响饲料消化。

4.1.3 投喂率对鱼类的影响

通常情况下，随着投喂率的增加，养殖鱼类的生长速度也会随之提高，并进入平台期。之后如果再提高投喂率，对有些鱼类可能会适得其反，有可能会降低其生长速度。这可能是由于过量的摄食会引起肠胃负荷过大，进而降低营养物质的消化和吸收，造成鱼类生长速度减缓。同时，过饱食也是一种应激源，因为过饱食会造成鱼类机体的胰岛素敏感性降低，进而使氧化应激升高；长期的过饱食还会造成脂肪堆积，有可能诱发器官的炎症反应，导致器质性病变的发生，影响鱼类机体健康与生长发育，最终造成鱼类生长速度降低等负面影响。

随着鱼体的增长，饲料投喂率下降。然而即使是相同的养殖品种，其不同品系间的最佳投喂率也可能存在差异。在饲料组成方面，已有研究报道表明，饲料的能量水平和可消化的营养物质含量是影响投喂率的最主要因素。如果仅仅是饲料水分发生变化，而营养成分未变，则不会影响到鱼类的干物质摄食率。其他因素，如饲料的颗粒大小、诱食剂或激素类物质如胃饥饿素等也会影响摄食率。在适宜范围内，随着水温的升高，最佳投喂率也会升高；而低温则会影响鱼类的代谢能力，进而使摄食率降低。另外，影响投喂率的因素还有光照和昼夜节律、盐度和养殖水体大小等，甚至是水体肥力等因素也会影响投喂率。

4.1.4 投喂作业方式对鱼类的影响

随着水产投喂方式的逐渐发展成熟，人工投喂与机器自动投喂可细分为自需、定量投喂，固定点、非固定点投喂，限时、非限时投喂，全池投喂、单点或多点投喂等多种方式，投喂方式对养殖对象影响明显，某些竞争性较强的养殖对象会在养殖池内形成社群等级。若长时间进行固定投喂，高等级个体便会占据固定投喂点，增加饲料获取机会，进而导致群体内个体大小差异加大，影响养殖群体整体的生长。因此，相较于只在单个投喂点或多个投喂点进行投喂的固定投喂作业方式，全池的同步分散投喂会有更好的养殖效果，虽然不能避免鱼群内个体大小差异的形成，但全池投喂可显著降低其分化幅度。群体内个体差异的平衡控制一直是相关研究的重点。某些鱼类品种的进食过程耗时较长，配合自动投饲机或使用能长期保持形状及控制水溶性的饲料是较好的选择。如圆鳍鱼的最优投喂方式为固定点投喂，固定在一个点的微水溶性带沟槽饲料块可长期为圆鳍鱼提供稳定的食物来源，并能显著提升其生长性能。而一些善游泳营捕食性生活的中上层鱼类品种则具有一定的攻击性，进食活动频繁而激烈。如在红鳍东方鲀的养殖中，人工投喂能获得更好的生长效果，所以人工投喂仍然是现代水产养殖行业的一种重要投喂作业方式。

4.1.5　季节性投饲策略的制定

在水产养殖活动中，季节性因素也会影响到投饲策略的制定，尤其是一些环境条件有明显季节性变化的地方。由于一些致病菌在一定的温度范围内具有较强的致病性，因此不同传染性疾病会在不同季节流行。水温会因季节而变化，使得鱼类的生理代谢发生改变，从而影响鱼类机体的免疫力。因而，制定季节性投饲计划和配制季节性饲料就显得十分有必要。这种季节性的投饲策略在池塘养殖的斑点叉尾鮰中已经得到了很好的应用。春季是一些流行性疾病高发的时期，通过提高饲料中维生素 C 的含量，使养殖动物摄取更多维生素 C，从而提高其免疫力和抗病力。同样，在养殖过程中将鲑转入温度较高的海水时，增加其维生素 C 的摄入量，可以减少鲑下颚畸形的发生率。因此，制定科学的季节性投饲策略，对于维持鱼类的健康和促进其较好地生长具有重要意义。

4.1.6　饲料颗粒的特性

要想最大限度地提高经济效益和降低养殖系统的污染负荷，饲料形状就要合理，以便促进养殖动物高效地利用饲料。饲料的大小和形状取决于养殖的水产品种、大小，养殖条件及饲料的分配方式。饲料颗粒规格随着养殖鱼类的增长而增大，一般为鱼口径的 20%～50%。如果饲料颗粒过大，就会导致鱼类摄食量降低，增加后续操作工作量；相反，如果饲料颗粒过小，鱼很难达到饱食，就会加速饲料营养物质溶失，增加养殖鱼类摄食的难度。饲料颗粒大小的另一个考虑因素是在养殖过程中鱼的大小不一致，如果太快地投喂大颗粒饲料，大鱼很容易摄食，而小鱼则可能摄食困难，这样会导致个体之间的差异变大。因此，在某些情况下，需要使用不同颗粒大小的混合饲料，然后逐步过渡到使用大颗粒饲料。为了避免鱼之间的摄食竞争，就要提供充足的饲料颗粒，以保证所有鱼在同一时间内摄食。

饲料的密度在饲料分配形式中也起了十分重要的作用，因为它决定了饲料是沉性的还是浮性的。沉性饲料密度大，投入水中后立即下沉，因此主要用于底层鱼类和其他水产品种的早期幼苗的生产中，饲料在沉入水底的过程中被摄食，而不是停留在水面上。鱼可以在水中摄食沉性饲料，而虾则可以在水底摄食。所谓浮性饲料主要是指在一定时间内能停留在水面上的饲料，主要包括薄片饲料和挤压膨化饲料两种。大多数鱼类饲料的制作都采用挤压方式，因为挤压能较好地控制产品的密度，并能生产高脂肪含量的饲料。

饲料颗粒的稳定性是另一个关键性的因素。因为饲料在使用前需要经过储存和转运，大部分饲料是采用散货装卸系统转运，用大型容器或包装袋装运，在饲喂时经常使用机械或气动输送系统。如果在投喂前，饲料颗粒就被碾碎成粉末，那就是一种经济损失，因为它们可能会干扰输送系统，不能被养殖水生动物摄食，还会给养殖系统带来污染。如果饲料颗粒太软，在运输时就易被碾碎；如果太硬或是添加了太多黏合剂，则养殖水生动物不爱摄食，进而导致出现其他问题。

4.2 饲料粒径对不同规格彭泽鲫幼鱼生长性能的影响

生产上，养殖户通常凭经验投喂彭泽鲫幼鱼，尚未见彭泽鲫幼鱼与其适宜摄食的饲料粒径间关系的研究报道。本试验一方面用不同粒径的饲料投喂不同规格的彭泽鲫幼鱼，得出鱼体规格与其适宜摄食的饲料粒径间的关系，阐明饲料粒径对彭泽鲫幼鱼生长的影响；另一方面对比不同规格彭泽鲫幼鱼混养与同一规格幼鱼单养的生长差异，以期为彭泽鲫规模化人工养殖的投饵方案和养殖模式提供科学的理论依据。

4.2.1 材料与方法

4.2.1.1 材料

试验用彭泽鲫来自江西省水产科学研究所遗传育种研究室，为当年繁殖的彭泽鲫鱼苗和鱼种。

试验用配合饲料来自市场上销售的草食性膨化饲料，粒径分别为 2 mm 和 3 mm，其主要营养成分含量（均为质量分数）为粗蛋白质约 31%、粗脂肪约 5%。

试验在江西省水产科学研究所循环水养殖系统中进行，循环养殖系统由圆形养殖桶（规格为直径 80 cm、高 52 cm）、温控系统、生物滤器和紫外消毒机组成。

4.2.1.2 方法

4.2.1.2.1 试验设计与管理

试验前，将彭泽鲫幼鱼放在循环水系统中暂养 10 d，使其适应试验环境。适应期结束后，选取健康无病的两种规格彭泽鲫幼鱼，初始体重分别为小规格幼鱼（1.32±0.11）g、大规格幼鱼（13.42±0.71）g。按以下试验设计进行分组：

试验一：同一粒径饲料投喂不同规格彭泽鲫幼鱼的生长试验。试验分为 2 个处理组（小规格幼鱼和大规格幼鱼），每个处理组设 3 个重复，试验养殖桶 6 个。在小规格幼鱼组中，每个重复放养 100 尾幼鱼；在大规格幼鱼组中，每个重复放养 20 尾幼鱼。投喂同一粒径（2 mm）的膨化颗粒饲料。

试验二：不同粒径饲料投喂同一规格彭泽鲫幼鱼的生长试验。试验分为 2 个处理组（2 mm 粒径饲料和 3 mm 粒径饲料），每个处理组设 3 个重复，每个重复放养 20 尾大规格幼鱼，对应 6 个试验养殖桶。

试验三：不同规格彭泽鲫幼鱼混养与同一规格幼鱼单养生长对比试验。试验分为 2 个处理组（混养和单养），每个处理组设 3 个重复，试验养殖桶 6 个。在混养组中，每个重复放养 20 尾大规格幼鱼和 30 尾小规格幼鱼；在单养组中，每个重复放养 20 尾大规格幼鱼。

每天以鱼体重的 2%～4% 进行饱食投喂，每次投喂时观察彭泽鲫的摄食情况，使其饱食而无饲料剩余。整个试验期间水质监测情况为：水温（28.5±1.5）℃，溶解氧含量保持在 6 mg/L 以上，pH 7.53±0.12，氨氮和亚硝酸浓度不高于 0.2 mg/L。整个试验周期为 30 d，试验结束前 1 d 停止投喂。

4.2.1.2.2　生长指标的测定

30 d 饲养试验结束后，对各处理组鱼逐一进行称重、量体长，并按以下公式计算增重率、特定生长率、饲料系数和摄食率：

增重率 =（终末总重 — 初始总重）/ 初始总重 ×100%；

饲料系数 = 摄食饲料总重量 /（终末总重 — 初始总重）；

特定生长率（%/d）=（ln 终末总重 — ln 初始总重）/ 试验天数 ×100%；

摄食率 = 摄食量 /［（初始总重 + 终末总重）/2× 试验天数］×100%。

4.2.1.3　数据统计与分析

试验结果以平均值 ± 标准差表示。采用 SPSS 17.0 统计软件对试验数据进行处理，各组间显著性分析用 t 检验，$P < 0.05$ 表示差异性显著。

4.2.2　结果与分析

4.2.2.1　同一粒径饲料对不同规格彭泽鲫幼鱼生长性能的影响

由表 4-2-1 可知，经过 30 d 养殖，2 mm 粒径的饲料投喂不同规格的彭泽鲫幼鱼均获得生长。大规格彭泽鲫幼鱼的增重率和特定生长率显著高于小规格幼鱼（$P < 0.05$），饲料系数和摄食率显著低于小规格幼鱼（$P < 0.05$）。

表 4-2-1　同一粒径饲料对不同规格彭泽鲫幼鱼生长性能的影响

处理	初始体重 /g	终末体重 /g	增重率 /%	饲料系数	摄食率 /%	特定生长率 / (% · d^{-1})
小规格幼鱼	1.32 ± 0.11	1.55 ± 0.28	17.37 ± 0.22	5.27 ± 0.82	2.82 ± 0.25	0.53 ± 0.04
大规格幼鱼	13.42 ± 0.71	19.35 ± 1.08	44.19 ± 1.74	1.94 ± 0.14	2.38 ± 0.21	1.21 ± 0.09
显著性	*	*	*	*	*	*

注：表中数据为 3 个重复的平均值。t 检验，* 表示差异显著（$P < 0.05$）。

4.2.2.2　不同粒径饲料对同一规格彭泽鲫幼鱼生长性能的影响

由表 4-2-2 可知，经过 30 d 养殖后，饲喂颗粒饲料粒径为 2 mm 的彭泽鲫幼鱼平均重 19.35 g，显著高于饲喂粒径为 3 mm 的幼鱼平均重 17.05 g。2 mm 粒径饲料组的增重率和特定生长率显著高于 3 mm 粒径饲料组（$P < 0.05$），饲料系数显著低于 3 mm 粒径饲料组（$P < 0.05$），不同粒径的饲料对彭泽鲫幼鱼的摄食率无显著性影响（$P > 0.05$）。

表 4-2-2　不同粒径饲料对同一规格彭泽鲫幼鱼生长性能的影响

处理	初始体重 /g	终末体重 /g	增重率 /%	饲料系数	摄食率 /%	特定生长率 / (% · d^{-1})
3 mm 粒径饲料	13.42 ± 0.76	17.05 ± 0.78	27.05 ± 0.35	2.75 ± 0.31	2.18 ± 0.22	0.80 ± 0.04
2 mm 粒径饲料	13.42 ± 0.71	19.35 ± 1.08	44.19 ± 1.74	1.94 ± 0.14	2.38 ± 0.21	1.21 ± 0.09
显著性	*	*	*	*		*

注：表中数据为 3 个重复的平均值。t 检验，* 表示差异显著（$P < 0.05$）。

4.2.2.3　混养与单养对彭泽鲫幼鱼生长性能的影响

由表 4-2-3 可知，经过 30 d 养殖后，混养和单养对彭泽鲫幼鱼的生长性能产生了显著影响。大规格彭泽鲫幼鱼单养组的增重率和特定生长率显著高于不同规格幼鱼混养组（$P < 0.05$），饲料系数显著低于混养组（$P < 0.05$），混养与单养彭泽鲫幼鱼的摄食率无显著差异（$P > 0.05$）。

表 4-2-3　混养与单养对彭泽鲫幼鱼生长性能的影响

处理	初始体重 /g	终末体重 /g	总增重率 /%	饲料系数	摄食率 /%	特定生长率 / (% · d^{-1})
不同规格幼鱼混养组	13.42 ± 0.76 1.32 ± 0.11	18.02 ± 0.78 1.65 ± 0.22	33.12 ± 0.95	2.51 ± 0.23	2.31 ± 0.17	0.96 ± 0.05
大规格幼鱼单养组	13.42 ± 0.71	19.35 ± 1.08	44.19 ± 1.74	1.94 ± 0.14	2.38 ± 0.21	1.21 ± 0.09
显著性			*	*		*

注：表中数据为 3 个重复的平均值。t 检验，* 表示差异显著（$P < 0.05$）。

适宜的饲料粒径可提高饲料利用效率，而过大、过小的饲料易导致养殖鱼类摄食困难、体能消耗增加以及饲料的浪费（柳旭东等，2008；陈建明等，2001；李云兰等，2016；常忠娟等，2008；Edge et al.，2005）。在本试验一中，由于小规格彭泽鲫幼鱼的口径较小，无法吞咽 2 mm 粒径的颗粒饲料，但摄食速度却最快，当大规格彭泽鲫幼鱼养殖桶水面上还漂着较多膨化饲料的时候，小规格幼鱼养殖桶水面上的膨化饲料早已消失。笔者经仔细观察后发现，饲料都被小规格幼鱼咬碎带入养殖桶底进行摄食了。当试验结束后，称重显示，小规格彭泽鲫幼鱼的增重率远低于大规格幼鱼，而摄食率和饲料系数远高于大规格幼鱼，究其原因，一方面是小规格幼鱼咬碎饲料消耗了大量的能量，破碎的饲料在水中浪费较大；另一方面是草食性饲料的营养参数远不能满足小规格幼鱼（1 g 多）的生理特性。柳旭东等（2008）研究发现，小规格星斑川鲽幼鱼摄食大颗粒饲料时，饲料回吐现象特别明显。在本试验二中，大规格彭泽鲫幼鱼摄食 3 mm 粒径的饲料时，同样会出现回吐现象；大规格彭泽鲫幼鱼摄食 2 mm 粒径的饲料时，没有发现明显的回吐的现象，使得 2 mm 粒径饲料组的增重率和特定生长率显著高于 3 mm 粒径饲料组。

苏州大学叶元土教授曾提出，颗粒饲料粒径需根据鱼的自然张开口径进行确定，将不同规格鱼的自然张开口径的 25% 作为颗粒饲料的粒径较为合适。由于鱼类摄食时，其自然张开口径约为其口径的 75%，因此饲料适宜的粒径可依据鱼类口径乘 75% 再乘 25% 计算得出。在本试验中，小规格彭泽鲫幼鱼的口径约为 3 mm，大规格彭泽鲫幼鱼的口径约为 8 mm，根据计算，得出其适宜的饲料粒径分别为 0.56 mm 和 1.50 mm，这可进一步解释，在本试验二中大规格彭泽鲫幼鱼摄食 2 mm 粒径的饲料在生长效果上要显著优于摄食 3 mm 粒径的饲料。为了消除口径测量的烦琐性和不精确性，陈建明等（2001）研究得出异育银鲫鱼体全长（X）与自然张开口径（Y）之间呈线性相关，其数学回归方程为 $Y=0.036+0.696X$（$R=0.9654$）。通威水产研究所的李云兰等（2016）根据公式总结出鲫鱼不同生长时期适宜的饲料粒径大小，鱼种期（15～50 g），口径大小 7.71 mm，适宜的硬颗粒饲料粒径大小为 1.00～1.50 mm，膨化饲料粒径大小为 0.80～1.50 mm；育成期 I（50～150 g），口径大小 11.96 mm，适宜的硬颗粒饲料粒径大小为 2.00～2.50 mm，膨化饲料粒径大小为 1.50～2.00 mm；育成期 II（150～250 g），口径大小 14.74 mm，适宜的硬颗粒饲料粒径大小为 2.50～3.00 mm，膨化饲料粒径大小为 2.00～3.00 mm。并指出，在鱼类可摄食的范围之内，大粒径饲料效率更高。在本试验中，彭泽鲫幼鱼可摄食的饲料粒径略大于李云兰等（2016）的总结，略小于陈建明等（2001）的研究。

4.2.3 结论

不适宜的饲料粒径对彭泽鲫幼鱼的生长造成了显著的负面影响。在实际生产中，彭泽鲫饲料粒径的选择可依据公式计算得出（饲料粒径＝口径 ×75% ×25%），同时参考相关科研人员的总结。在进行彭泽鲫主养生产中，投喂同规格的彭泽鲫能取得更好的生长效果。

4.3 不同加工工艺饲料对彭泽鲫生长性能、免疫和消化酶活性的影响

膨化饲料是将配方粉料充分混合，在膨化机内经高温高压作用制备得到的蓬松多孔的饲料（李军国等，2022）。得益于漂浮稳定性好、消化效率高、溶失比率低、污染程度低的特点，膨化饲料在水产养殖中的应用极其广泛。在高温高压的制备环境中，原料中的淀粉糊化、蛋白质变性过程更加充分，相比于颗粒饲料，膨化饲料中蛋白酶抑制因子、淀粉酶抑制因子的含量显著降低（Francis et al.，2001；Barrows et al.，2007），鱼类对淀粉（Gaylord et al.，2008）、蛋白质（马飞等，2014）的消化利用率显著提高；饲料体积的增加使得饲料与鱼类肠道接触面积更大，提高了鱼类对饲料的消化效率（Venou et al.，2009）；同时，膨化饲料提高了鱼类氮、磷利用率，减少了养殖水体污染（刘永士，2018）。

目前，市场上彭泽鲫养殖使用膨化饲料和颗粒饲料情况均存在，但关于两种饲料对彭泽鲫养殖进行对比研究鲜有报道。因此，本试验以彭泽鲫为试验对象，探索投喂膨化饲料和颗粒饲料对其生长性能、抗氧化能力、免疫能力、消化能力产生的影响，以期为彭泽鲫养殖饲料的选择及投喂方式提供参考。

4.3.1 材料与方法

4.3.1.1 试验饲料

试验饲料委托南昌湘大骆驼饲料有限公司加工制作而成。如表 4-3-1 所示，试验用膨化饲料和颗粒饲料使用相同配方及原料制作。

表 4-3-1　试验饲料组成及营养水平（风干）

单位：%

原料名称	用量	饲料营养成分	含量
进口鱼粉	15.0	粗蛋白质	36.25
豆粕	17.0	粗脂肪	8.12
花生粕	8.0	粗灰分	10.26
菜籽饼(青)	12.0	水分	9.31
脱酚棉籽蛋白	6.0		
进口鸡肉骨粉	3.0		
大米DDGS	6.0		
面粉	20.0		
大豆油	3.0		
大豆磷脂油	2.0		
膨润土	2.2		
磷酸二氢钙	2.0		
酵母水解物	2.0		
赖氨酸	0.3		
蛋氨酸	0.1		
多维[1]	0.3		
多矿[2]	0.5		
氯化胆碱(60%)	0.5		
抗氧化剂	0.1		
合计	100.0		

注：1. 多维日粮（$mg \cdot kg^{-1}$）：硫胺素 15，核黄素 25，吡哆醇 15，维生素 B_{12} 0.2，叶酸 5，碳酸钙 50，肌醇 500，烟酸 100，生物素 2，抗坏血酸 100，维生素 A 100，维生素 D 20，维生素 E 55，维生素 K 5。

2. 多矿日粮（$mg \cdot kg^{-1}$）：$MgSO_4 \cdot 7H_2O$ 4500，$FeSO_4 \cdot 7H_2O$ 950，$CuSO_4 \cdot 5H_2O$ 10，$ZnSO_4 \cdot 7H_2O$ 108，$MnSO_4 \cdot 4H_2O$ 40，KI 1.5，NaCl 600，$NaH_2PO_4 \cdot 2H_2O$ 8500，KH_2PO_4 13500，$CoSO_4 \cdot 4H_2O$ 0.5。

4.3.1.2　试验鱼与饲养管理

试验用彭泽鲫由江西省水产科学研究所黄马养殖基地提供，试验开始前暂养于 3 个直径 0.8 m、高 0.65 m 的圆形养殖桶中。试验前驯化养殖 14 d，驯化期间投喂商品饲料。驯化完成后选取活力强、体质优良的个体 180 尾，平均初始重（39.79 ± 0.46）g，试验开始前禁食24 h，随机放置于9个圆形养殖桶（规格为直径0.8 m、高0.65 m）中。每个养殖桶放20尾，养殖周期56 d。试验分为3组，每组3个重复，A组全程投喂膨化饲料；B组采取膨化料和颗粒料交替投喂：第1周、第3周、第5周、第7周投喂膨化饲料，第2周、第4周、第6周、第8周投喂颗粒饲料；C组全程投喂颗粒饲料。试验期间使用自动投料机对所有组别进行每天4次精准投喂，投喂时间分别为7：30、10：30、13：30、16：30，日投喂量保持在试验鱼总重的2%左右。试验期间环境监测情况为：水温（26.5±1.5）℃，溶解氧含量不低于7 mg/L，pH为7.26±0.1，氨氮和亚硝酸浓度不高于0.2 mg/L，光周期利用灯带自动控制，模拟日光照射周期。

4.3.1.3　取样与分析

试验结束前24 h开始禁食，称取各个养殖桶内的试验鱼总重，计算增重率及特定生长率。每个试验养殖桶随机取3尾，测量体长、体重，之后解剖获取内脏团并进行称重，称重后分离肝脏和肠道组织。测量内脏团及肝脏重量，获取试验鱼的肥满度、脏体比值、肝体比值。其相关计算公式如下：

增重率＝（终末总重—初始总重）/ 初始总重 ×100%；

饲料系数＝摄食饲料总重量 /（终末总重—初始总重）；

特定生长率（% /d）＝（ln终末总重—ln初始总重）/ 试验天数 ×100%；

肥满度＝体重 / 体长^3×100%；

脏体比＝内脏总重量 / 体重 ×100%；

肝体比＝肝脏总重量 / 体重 ×100%。

鱼体水分测定采用105 ℃烘箱干燥恒质量法，粗蛋白质的测定采用凯氏定氮法，粗脂肪的测定采用乙醚抽提法，粗灰分采用马弗炉550 ℃灼烧法。消化酶、非特异性免疫酶活性采用南京建成生物工程研究所有限公司生产的试剂盒测定。

4.3.1.4　数据统计与分析

试验数据使用Excel 2022进行初步统计，使用SPSS 26.0对试验数据进行单因素方差分析检验，采取图基氏检验法对组间差异进行多重比较，差异显著性为$P < 0.05$，试验结果使用平均值 ± 标准差表示。

4.3.2　结果与分析

4.3.2.1　饲料加工工艺差异对彭泽鲫生长性能的影响

如表4-3-2所示，饲料加工工艺差异对彭泽鲫的增重率、特定生长率、饲料系数、肥满度、脏体比、肝体比产生了显著性影响。膨化组增重率显著高于交替组和颗

粒组，分别增加 9.01% 和 32.34%（$P < 0.05$）；交替组增重率显著高于颗粒组，增加 21.4%（$P < 0.05$）。膨化组特定生长率显著高于交替组、颗粒组，分别增长 6.86% 和 23.86%（$P < 0.05$）；交替组特定生长率显著高于颗粒组，增加 15.91%（$P < 0.05$）。膨化组饲料系数显著低于交替组和颗粒组，分别降低 9.93% 和 17.58%；交替组饲料系数较颗粒组降低 8.48%（$P < 0.05$）。膨化组肥满度与交替组无显著性差异（$P > 0.05$）；膨化组、交替组肥满度显著高于颗粒组，较颗粒组分别增加 5.34% 和 3.05%（$P < 0.05$）。膨化组脏体比与交替组无显著性差异（$P > 0.05$）；膨化组、交替组脏体比显著高于颗粒组，较颗粒组分别增加 10.96% 和 14.07%（$P < 0.05$）。交替组肝体比显著高于颗粒组，较颗粒组增加 25.6%（$P < 0.05$）。

大多数研究认为，水产品养殖使用膨化饲料进行投喂综合效果更佳。对比试验表明，在相同配方下，金头鲷（Venou B et al.，2003）、虹鳟（吴秀峰等，2000；闫仲双等，2002；何川，2004）、鲟鱼（任华等，2014）、草鱼（陈团等，2018）使用膨化饲料投喂生长性能优于颗粒饲料，增重率显著提升，饲料系数显著下降，经济效益提升显著。哲罗鲑（王常安等，2008）、泥鳅（李玲丽等，2020）使用膨化饲料投喂增重率、特定生长率与使用颗粒饲料投喂没有显著性差异，但饲料系数显著下降。也有部分研究发现，膨化饲料养殖效果相对于颗粒饲料不具有优势，使用膨化饲料投喂鲤鱼，饲料系数没有显著降低，且部分个体出现出血症状（冷永智等，2001）；膨化饲料养殖大菱鲆，增重率、特定生长率均显著低于非膨化饲料，饲料系数显著增加，且试验个体出现肝脏病变情况（魏旭光，2015）。本试验结果表明，使用膨化饲料投喂的彭泽鲫增重率、特定生长率、脏体比显著提升，饲料系数显著下降（$P < 0.05$），使用膨化饲料投喂提升了彭泽鲫的生长性能。主要原因可能为膨化饲料通过高温膨化工序后，纤维结构被破坏和软化，被获取的可消化物质增加，淀粉充分糊化且部分淀粉大分子分解为小分子，相比颗粒饲料能量利用效率更高且更有利于彭泽鲫消化吸收（吴立敏等，2006）；膨化饲料可长时间漂浮于水面，更易观察试验鱼进食情况，便于精准投喂，有助于降低饲料系数；同时膨化饲料溶失率更低，高温膨化杀灭了大部分有害微生物，还减少了水体污染和病害的发生，有利于鱼体生长（刘凡等，2011）；制备膨化饲料的淀粉需求量高于颗粒饲料，导致糖原在被投喂鱼类内脏积聚，同时膨化饲料加工时的高温破坏了维生素，可能引起鱼类肝脏病变（Webb et al.，2010）。因此，通过低淀粉加工工艺、适量添加维生素等方法，可以消除膨化饲料的此类负面影响。

表 4-3-2　彭泽鲫摄食加工工艺差异的饲料对生长性能的影响情况

项目	膨化组	膨化、颗粒交替组	颗粒组
个体初重/g	38.67 ± 0.1	39.14 ± 0.72[a]	38.55 ± 0.09
个体末重/g	71.31 ± 1.02[c]	67.29 ± 2.52[b]	63.14 ± 1.19[a]
增重率/%	84.42 ± 2.45[c]	77.44 ± 1.96[b]	63.79 ± 2.97[a]
特定生长率/(%·d^{-1})	1.09 ± 0.01[c]	1.02 ± 0.01[b]	0.88 ± 0.02[a]
饲料系数	1.36 ± 0.03[a]	1.51 ± 0.01[b]	1.65 ± 0.03[c]
肥满度/%	2.76 ± 0.07[b]	2.70 ± 0.04[b]	2.62 ± 0.07[a]
脏体比/%	7.49 ± 0.61[b]	7.70 ± 0.51[b]	6.75 ± 0.47[a]
肝体比/%	4.08 ± 0.46[ab]	4.71 ± 0.62[b]	3.75 ± 0

注：同一行数据上标不同字母表示差异显著（$P < 0.05$）。

4.3.2.2　饲料加工工艺差异对彭泽鲫体成分的影响

如表 4-3-3 所示，饲料加工工艺差异对彭泽鲫全鱼水分含量和粗蛋白质含量产生了显著性影响。膨化组、交替组的水分含量显著低于颗粒组，较颗粒组分别降低了 4.38% 和 4.06%（$P < 0.05$）。膨化组、交替组的粗蛋白质含量显著高于颗粒组，分别提高了 8.49% 和 9.54%（$P < 0.05$）。膨化组、交替组的粗脂肪含量显著高于颗粒组，较颗粒组分别提高了 11.51% 和 14.04%（$P < 0.05$）。饲料加工工艺差异对彭泽鲫全鱼灰分含量没有产生显著性影响（$P > 0.05$）。

膨化饲料与颗粒饲料相比能否提升水产品营养品质值得进一步研究，现有关于体成分研究结果不尽相同。使用膨化饲料投喂哲罗鲑，鱼体水分、灰分含量显著低于颗粒饲料投喂组（$P < 0.05$），粗蛋白质、粗脂肪含量显著升高（$P < 0.05$）（王常安等，2008）；对鲤鱼研究发现，膨化饲料投喂试验鱼的水分、灰分、粗蛋白质含量均显著低于颗粒饲料投喂组（$P < 0.05$），膨化饲料组鱼的粗脂肪含量显著提升（$P < 0.05$）（罗琳等，2011）；罗非鱼使用膨化饲料投喂，水分、灰分、粗脂肪含量与颗粒饲料投喂无显著性差异（$P > 0.05$），粗蛋白质含量显著增加（$P < 0.05$）（Ma et al., 2016）；使用膨化饲料投喂的草鱼水分、灰分、粗蛋白质含量与颗粒饲料投喂没有显著性差异（$P > 0.05$），鱼体内粗脂肪含量显著增加（$P < 0.05$）（张正洲等，2019）。赣昌鲤鲫使用膨化饲料投喂，其水分、灰分、粗蛋白质含量均无显著性差异，粗脂肪含量显著低于颗粒饲料投喂组（姚学良等，2020）。本试验结果表明，相较于全程投喂颗粒饲料，全程使用膨化饲料和交替投喂膨化饲料、颗粒饲料的鱼体水分含量显著降低

（$P < 0.05$），粗蛋白质含量显著提升（$P < 0.05$），粗脂肪含量显著提升（$P < 0.05$），灰分含量无显著性差异（$P > 0.05$），投喂膨化饲料有助于鱼体营养品质的提升。原因可能是摄食膨化饲料后彭泽鲫拥有更高的蛋白质效率、蛋白质沉积率、脂肪沉积率、能量沉积率，这与银鲈（Booth et al.，2002）和罗非鱼（马飞等，2013）的研究结果一致。

表 4-3-3　彭泽鲫摄食加工工艺差异的饲料对全鱼成分影响情况

单位：%

项目	膨化组	膨化、颗粒交替组	颗粒组
水分	70.10 ± 0.31^a	70.33 ± 0.17^a	73.31 ± 0.69^b
灰分	3.63 ± 0.11	3.75 ± 0.10	3.54 ± 0.17
粗蛋白质	18.65 ± 0.16^b	18.83 ± 0.22^b	17.19 ± 0.23^a
粗脂肪	3.97 ± 0.05^b	4.06 ± 0.04^b	3.56 ± 0.06^a

注：同一行数据上标不同字母表示差异显著（$P < 0.05$）。

4.3.2.3　饲料加工工艺差异对彭泽鲫抗氧化能力、免疫能力的影响

如表 4-3-4 所示，为饲料加工工艺差异对彭泽鲫抗氧化能力、免疫能力的影响情况。膨化组超氧化物歧化酶活性显著高于交替组和颗粒组，分别提升了 10.35% 和 30.77%（$P < 0.05$）；交替组超氧化物歧化酶活性显著高于颗粒组，提升了 18.45%（$P < 0.05$）。饲料加工工艺差异对彭泽鲫肝脏内丙二醛含量、总抗氧化能力没有显著性影响（$P > 0.05$）。膨化组溶菌酶活性显著高于交替组和颗粒组，分别提升了 31.30% 和 84.15%（$P < 0.05$）；交替组溶菌酶活性显著高于颗粒组，增加了 40.26%（$P < 0.05$）。饲料加工工艺差异对酸性磷酸酶活性没有显著性影响（$P > 0.05$）。

超氧化物歧化酶通过清除自由基维持生物体内自由基平衡，丙二醛是自由基与脂质发生过氧化反应的主要产物，超氧化物歧化酶和丙二醛含量间接反映了鱼体抗氧化能力的强弱（吴康等，2015）。溶菌酶、酸性磷酸酶、碱性磷酸酶是鱼体内参与代谢及免疫的非特异性免疫酶，其活性是衡量机体免疫能力的重要标准（陈剑杰等，2019）。本试验结果表明，相较于颗粒饲料，膨化饲料投喂显著提升了彭泽鲫超氧化物歧化酶、溶菌酶、酸性磷酸酶活性（$P < 0.05$），对丙二醛和总抗氧化能力的影响没有显著性差异（$P > 0.05$），证明使用膨化饲料投喂在一定程度上促进了彭泽鲫抗氧化能力和免疫能力的提高。对褐菖鲉（蒋飞等，2019）和草鱼（陈团等，2018）的研究发现，膨化饲料显著提高了鱼体内超氧化物歧化酶活性，与本试验结果一致。

表 4-3-4　彭泽鲫摄食加工工艺差异的饲料对抗氧化能力、免疫能力影响情况

项目	膨化组	膨化、颗粒交替组	颗粒组
超氧化物歧化酶/(U·mg^{-1})	1082.48 ± 16.88[c]	980.5 ± 23.37[b]	827.82 ± 38.77[a]
丙二醛/(nmol·mg^{-1})	2.70 ± 0.54	3.16 ± 0.46	2.49 ± 0.27
总抗氧化能力/(mmol·g^{-1})	0.13 ± 0.03	0.14 ± 0.04	0.14 ± 0.03
溶菌酶/(U·mg^{-1})	15.69 ± 0.53[c]	11.95 ± 0.30[b]	8.52 ± 1.02[a]
酸性磷酸酶/(金氏单位·g^{-1})	116.96 ± 3.14[b]	92.10 ± 8.96[a]	92.20 ± 7.71[a]

注：同一行数据上标不同字母表示差异显著（$P < 0.05$）。

4.3.2.4　饲料加工工艺差异对彭泽鲫消化能力的影响

如表 4-3-5 所示，为饲料加工工艺差异对彭泽鲫消化能力的影响情况。膨化组、交替组肝脏胰蛋白酶活性显著低于颗粒组，较颗粒组分别降低了 67.34% 和 58.81%（$P < 0.05$）。膨化组、交替组肝脏淀粉酶活性显著低于颗粒组，较颗粒组分别降低了 48.45% 和 47.26%（$P < 0.05$）。膨化组肠道淀粉酶活性显著低于颗粒组，较颗粒组降低了 28.61%（$P < 0.05$）。饲料加工工艺差异对肝脏脂肪酶、肠道蛋白酶、肠道脂肪酶活性没有显著性影响（$P > 0.05$）。

消化酶活性是揭示鱼类消化生理特征的重要指标，鱼类对营养物质的吸收能力高低取决于消化酶活性（Fernandez et al., 2001）的强弱，投喂饵料包含的营养成分及其含量是鱼体内消化酶活性的重要影响因素（李晨露等，2022）。本试验结果表明，使用膨化饲料投喂的彭泽鲫肝脏胰蛋白酶、肝脏淀粉酶、肠道淀粉酶活性显著低于颗粒饲料组（$P < 0.05$），投喂膨化饲料有助于彭泽鲫消化。原因可能是淀粉在高温环境条件下充分糊化，高温膨化使原料中部分蛋白质性状发生改变，同时破坏了豆粕中的抗胰蛋白酶等抗营养因子，使鱼体运用更少的消化酶即可完成消化（林仕梅，2001；罗琳等，2011）。

表 4-3-5　彭泽鲫摄食加工工艺差异的饲料对消化能力影响情况

项目	膨化组	膨化、颗粒交替组	颗粒组
肝脏胰蛋白酶/(U·mg^{-1})	1991.78 ± 254.80[a]	2511.58 ± 249.58[a]	6098.11 ± 647.94[b]
肝脏脂肪酶/(U·g^{-1})	0.46 ± 0.09	0.41 ± 0.09	0.53 ± 0.05
肝脏淀粉酶/(U·mg^{-1})	7.33 ± 0.83[a]	7.50 ± 0.23[a]	14.22 ± 1.09[b]
肠道胰蛋白酶/(U·mg^{-1})	142240.76 ± 18059.52	123483.48 ± 30467.86	129441.98 ± 14644.17
肠道脂肪酶/(U·g^{-1})	3.00 ± 0.41	2.43 ± 0.63	4.24 ± 0.89
肠道淀粉酶/(U·mg^{-1})	71.31 ± 3.18[a]	88.02 ± 9.69[ab]	99.89 ± 8.56[b]

注：同一行数据上标不同字母表示差异显著（$P < 0.05$）。

4.3.3　结论

综合以上研究结果表明，投喂膨化饲料可提升彭泽鲫生长性能和营养品质，膨化饲料对彭泽鲫的抗氧化能力、免疫能力、消化能力有促进作用，单独投喂膨化饲料或使用膨化饲料、颗粒饲料交替投喂彭泽鲫的经济效益更佳。

4.4　投喂频率对彭泽鲫幼鱼生长性能、形体指标和肌肉品质的影响

投喂频率是影响水产养殖的重要因子之一。研究结果表明，合理的投喂频率可以提高鱼类的增重率与饲料效率，降低饲料浪费和减轻养殖环境污染，减少个体生长差异，从而提高养殖经济效益与生态效益（Wang et al.，2007）；不合理的投喂频率通常会降低鱼类的生长速度，使个体间规格分化严重，特别是一味追求更高的生产效益采取过量的投喂方式，不仅会浪费饲料，还会造成养殖水体的污染，而水体环境变差不仅会使鱼类生长受阻，还可能会导致鱼类暴发疾病甚至死亡（Xie et al.，2011；Biswas et al.，2006）。确定适宜的投喂频率对鱼类摄食、生长以及现代集约化养殖都有重要的意义。

国内外已有投喂频率对尼罗罗非鱼（Huang et al.，2015）、团头鲂（Tian et al.，2015）、杂交鲟（Luo et al.，2015）及大黄鱼（Xie et al.，2011）等鱼类摄食与生长影响的相关报道。蔡春芳等（2009）报道，增加投喂频率可改善彭泽鲫对饲料糖的利用，但并未研究彭泽鲫适宜的投喂频率。本试验通过4种不同投喂频率的生长试验，研究投喂频率对彭泽鲫幼鱼生长性能、形体指标和肌肉品质的影响，确定其最佳日投喂频率，为制定合理的投喂策略提供有效的科学依据。

4.4.1　材料与方法

4.4.1.1　试验饲料

以鱼粉和膨化大豆为主要蛋白源，大豆油和猪油为主要脂肪源，配制成粗蛋白质含量约为34%、粗脂肪含量约为9%的膨化颗粒料（粒径2 mm）。试验用饲料组成及营养水平见表4-4-1。

表 4-4-1　试验用饲料组成及营养水平（干物质）

单位：%

原料	含量
鱼粉	28.0
膨化大豆	19.0
菜饼	9.0
棉粕	8.0
小麦	5.0
玉米蛋白粉	2.0
次粉	20.0
大豆油	1.0
猪油	2.0
预混料*	6.0
总计	100.0
主要成分	
粗蛋白质	34.46
粗脂肪	8.92

注：预混料购自南昌大佑农生物科技有限公司。

4.4.1.2　试验鱼与饲养管理

试验用彭泽鲫幼鱼来自江西省水产科学研究所养殖池塘。选取健康无病、规格相近的彭泽鲫幼鱼 240 尾，平均初始体重（55.25±0.61）g，分为 4 个处理组，每个处理组设 3 个重复，每个重复 20 尾鱼，随机放养于 12 个网箱中，所有网箱放置在同一水泥池（规格 5 m×20 m）中，养殖周期 42 d。试验设置不同的投喂频率和时间，具体安排如下：1 d 4 次（8：30、11：00、13：30、17：00）、1 d 3 次（8：30、13：30、17：00）、1 d 2 次（8：30、17：00）和 1 d 1 次（8：30）。每天以鱼重的 2%～4% 的饲料进行饱食投喂，每次投喂时观察彭泽鲫摄食情况，使其饱食而无饲料剩余。整个试验期间水质监测情况为：水温（26.5±1.5）℃，溶解氧浓度不低于 7 mg/L，pH 7.53±0.12，氨氮和亚硝酸浓度不高于 0.2 mg/L。光周期为自然周期，试验结束前 1 d 停止投喂。

4.4.1.3　样品采集与计算分析

饲养试验结束后，禁食 24 h，对各组试验鱼计数、称重，计算其增重率和特定生

彭泽鲫饲料营养与健康养殖技术

长率。统计饲料投喂量，计算饲料系数。42 d 生长试验结束后，每试验组 3 个平行网箱随机各取 6 尾鱼，共 18 尾鱼，分别称重、量体长，解剖取内脏称重，之后再取肠道和肝脏称重，计算肥满度、脏体比、肠体比与肝体比；随后采集鱼体背部肌肉，将每网箱 3 尾鱼的体背肌混合后在 −20 ℃条件下冷冻保存，用于鱼体肌肉常规营养成分的测定。

肌肉及饲料常规营养成分委托江西省分析测试中心进行检测，水分含量采用 105 ℃恒重法测定，粗蛋白质含量采用凯氏定氮法测定，粗脂肪含量采用索氏抽提法测定（石油醚为溶剂），粗灰分含量采用 550 ℃灼烧法测定。

相关指标计算公式如下：

增重率 =（终末总重—初始总重）/ 初始总重 ×100%；

饲料系数 = 摄食饲料总重量 /（终末总重—初始总重）；

特定生长率（% /d）=（ln 终末总重— ln 初始总重）/ 试验天数 ×100%；

脏体比 = 内脏总重量 / 体重 ×100%；

肝体比 = 肝脏总重量 / 体重 ×100%；

肠体比 = 肠道总重量 / 体重 ×100%；

肥满度 = 鱼体重 / 鱼体长^3× 100%；

摄食率 = 摄食饲料总重量 /[（初始总重 + 终末总重）/2× 试验天数］×100%。

4.4.1.4　数据统计与分析

试验所得数据用 SPSS 17.0 统计软件进行单因素方差分析，差异达到显著（$P < 0.05$）时，采用邓肯氏法进行组间的多重比较。试验结果以平均值 ± 标准差表示。

4.4.2　结果与分析

4.4.2.1　投喂频率对彭泽鲫幼鱼生长性能的影响

由表 4-4-2 可知，不同投喂频率的各组幼鱼经过 42 d 养殖后均获得生长。随着投喂频率的增加，终末体重、增重率、摄食率和特定生长率呈升高的趋势，1 d 3 次组增重率和特定生长率为最高，显著性高于 1 d 1 次组和 1 d 2 次组（$P < 0.05$），但与 1 d 4 次组无显著性差异（$P > 0.05$）。不同投喂频率对彭泽鲫幼鱼的饲料系数未产生显著性影响（$P > 0.05$）。

大量研究结果表明，较高的投喂频率可以改善养殖鱼体的生长性能。孙瑞健等（2013）研究发现，投喂频率对大黄鱼幼鱼增重率、特定生长率和饲料转化率均有显著影响，1 d 2 次组大黄鱼的特定生长率显著高于 1 d 1 次组。王武等（2007）对瓦氏黄颡鱼的研究也显示，瓦氏黄颡鱼幼鱼的特定生长率随投喂频率的增加而显著升高。杨帆等（2011）报道，1 d 投喂 4 次的黄鳝幼苗特定生长率显著高于 1 d 2 次组和 1 d 3 次组。虹鳟投喂频率为 1 d 3 次时，其生长性能高于 1 d 1 次组和 1 d 2 次组（Ruohonen et al., 1998）。在本试验中，投喂频率 1 d 3 次组增重率和特定生长率最高，并显著高于 1 d 1 次组和 1 d 2 次组，表明彭泽鲫幼鱼的饲料投喂频率为 1 d 3 次时，可取得较佳的生长效果。但随着投喂频率进一步增加到 1 d 4 次时，彭泽鲫幼鱼的增重率并没有得到升高，与星斑川鲽（孙丽慧等，2010）、许氏平鲉（冒树泉等，2014）和团头鲂（Tian et al., 2015）的研究结果相似。这可能是因为较低的投喂频率不能满足鱼体获得足够的能量和营养用于体重增加（Biswas et al., 2010），适当增加投喂频率对养殖鱼类的生长性能有促进作用。但当投喂次数过多时，由于鱼类摄食活动等行为频繁，鱼体能量消耗过量，导致用于生长的能量储存减少，不但不利于其正常生长，还会增加投饲成本（林艳等，2015）。在本试验中，随着投喂频率的改变，彭泽鲫幼鱼的饲料系数各组之间差异不显著，这与星斑川鲽（孙丽慧等，2010）、麦鲮和南亚野鲮（Biswas et al., 2006）的研究结果相似。已有的研究表明（冒树泉等，2014），投喂频率对饲料系数的影响主要有三种可能：摄食率随投喂频率的改变而变化，从而促进鱼类的生长，与饲料系数不相关；鱼类特定生长率随投喂频率的提高而增加，饲料系数随之降低；随着投喂频率的增加，饲料系数增加。在本试验中，随着投喂频率的增加，彭泽鲫的摄食率呈现增加的趋势，导致其体重增加，但与饲料系数不相关。

表 4-4-2　投喂频率对彭泽鲫幼鱼生长性能的影响

投喂频率	初始体重 /g	终末体重 /g	增重率 /%	饲料系数	摄食率 /%	特定生长率 / (% · d⁻¹)
1 d 4 次	55.18 ± 0.61	86.78 ± 0.58[a]	57.27 ± 1.72[a]	1.88 ± 0.12	3.18 ± 0.20[b]	1.08 ± 0.02[a]
1 d 3 次	55.26 ± 1.50	86.83 ± 3.38[a]	57.08 ± 1.94[a]	1.82 ± 0.14	3.07 ± 0.18[b]	1.07 ± 0.03[a]
1 d 2 次	55.25 ± 0.96	83.35 ± 2.42[a]	50.84 ± 2.00[b]	1.83 ± 0.11	2.88 ± 0.19[b]	0.98 ± 0.03[b]
1 d 1 次	55.25 ± 0.61	76.72 ± 1.92[b]	38.85 ± 1.96[c]	1.74 ± 0.17	2.27 ± 0.19[a]	0.78 ± 0.04[c]

注：表中数据为 3 个重复的平均值。表中同一列标有不同字母的数据表示差异显著（$P < 0.05$）。

4.4.2.2　投喂频率对彭泽鲫幼鱼形体指标的影响

由表 4-4-3 可知，不同投喂频率对彭泽鲫幼鱼的肝体比、脏体比和肥满度产生了显著性影响（$P < 0.05$）。随着投喂频率的增加，肝体比和脏体比呈现先增后平稳的趋势，1 d 1 次组的肝体比和脏体比显著低于 1 d 2 次组和 1 d 3 次组（$P < 0.05$）。肥

满度则随投喂频率的增加呈现先增后降的趋势，1 d 2 次组和 1 d 3 次组显著高于 1 d 1 次组和 1 d 4 次组（$P < 0.05$）。肠体比不受投喂频率的影响（$P > 0.05$）。

肝脏被视为鱼类脂肪和糖原沉积的主要场所（Peres et al.，1999），脏体比和肝体比一般作为内脏或者肝脏中脂肪或者糖原蓄积的表观指标。在本试验中，不同投喂频率对彭泽鲫幼鱼的脏体比和肝体比产生了显著性影响，1 d 1 次组的肝体比和脏体比显著性的低于 1 d 2 次组和 1 d 3 次组，推测可能是较高投喂频率使得脂肪在彭泽鲫幼鱼内脏或肝脏中沉积。肥满度是一个衡量养殖鱼体能量储备水平的粗略指标，肥满度的变化一般能预示鱼体营养状态的改变。在本试验中，当投喂频率从 1 d 1 次增加到 1 d 3 次时，彭泽鲫幼鱼肥满度呈明显增加的趋势，1 d 2 次组和 1 d 3 次组显著高于 1 d 1 次组，这可能是由于在较高投喂频率下，彭泽鲫幼鱼可以摄入更多的饲料，过量的部分转化为脂肪而蓄积，表现为肥满度更大，类似结果在大黄鱼（孙瑞健等，2013）、奥尼罗非鱼等鱼类上也有发现；而当投喂频率进一步增加到 1 d 4 次时，肥满度则不增反降，这可能是更高的投喂频率，使得鱼类活动频繁，不利于鱼类能量的储备（蔡春芳等，2009；孙丽慧等，2010）。

表 4-4-3　投喂频率对彭泽鲫幼鱼形体指标的影响

单位：%

投喂频率	肝体比	脏体比	肠体比	肥满度
1 d 4 次	3.08 ± 0.19^a	7.14 ± 0.20^{ab}	3.32 ± 0.22	2.68 ± 0.03^a
1 d 3 次	3.40 ± 0.44^a	7.89 ± 0.57^a	3.74 ± 0.25	2.77 ± 0.03^b
1 d 2 次	3.36 ± 0.40^a	7.60 ± 0.45^a	3.22 ± 0.46	2.82 ± 0.06^b
1 d 1 次	2.26 ± 0.45^b	6.53 ± 0.55^b	3.06 ± 0.55	2.60 ± 0.02^c

注：同一列数据上标不同字母表示差异显著（$P < 0.05$）。

4.4.2.3　投喂频率对彭泽鲫幼鱼肌肉品质的影响

由表 4-4-4 可知，1 d 1 次组肌肉水分含量显著高于其余各组，脂肪含量和水分含量呈现相反的趋势，显著低于其余各组（$P < 0.05$）。1 d 3 次组肌肉粗蛋白质含量显著高于 1 d 2 次组（$P < 0.05$），与 1 d 1 次组、1 d 4 次组无显著差异（$P > 0.05$）。各组鱼体肌肉中粗灰分含量差异不显著（$P > 0.05$）。

本试验测定了彭泽鲫幼鱼肌肉水分、粗蛋白质、粗脂肪和粗灰分含量，其中粗蛋白质和粗脂肪的含量是衡量鱼类肌肉品质的重要指标（林艳等，2015）。本试验结果表明，不同投喂频率对彭泽鲫幼鱼肌肉成分的影响不同，随着投喂频率的增加，彭泽鲫幼鱼肌肉粗蛋白质含量呈现增长的趋势，这与孙丽慧等（2010）对星斑川鲽的研究结果相似。投喂频率 1 d 1 次组彭泽鲫幼鱼肌肉水分含量显著高于其余各组，而粗脂肪含量和水分含量呈现相反的趋势，显著低于其余各组。与本试验结果类似，罗波（2011）研究发现，吉富罗非鱼幼鱼随着投喂频率的增加，鱼体粗脂肪含量呈现上升趋势，水分含量呈现相反的趋势。彭泽鲫幼鱼肌肉脂肪含量随着投喂频率增加而升高，与其他很多鱼类的研究结果一致，如条石鲷（Oh et al.，2015）、许氏平鲉（冒树泉等，2014）、虹鳟（Grayton et al.，1977）、草鱼（潘庆等，1998）、大黄鱼（孙瑞健等，2013）和赤点石斑鱼（Kayano et al.，1993）等。在养殖生产中，可通过增加投喂频率来提高鱼类的脂肪含量，为鱼种的越冬提供足够的能量，还可提高成鱼的品质。

表 4-4-4　投喂频率对彭泽鲫幼鱼肌肉品质的影响（湿重）

单位：%

投喂频率	水分	粗蛋白质	粗脂肪	粗灰分
1 d 4 次	77.70 ± 0.26[a]	18.44 ± 0.07[a]	1.01 ± 0.08[a]	1.23 ± 0.04
1 d 3 次	77.97 ± 0.15[a]	18.42 ± 0.34[a]	1.02 ± 0.02[a]	1.23 ± 0.03
1 d 2 次	77.67 ± 0.12[a]	17.86 ± 0.24[b]	1.04 ± 0.09[a]	1.21 ± 0.02
1 d 1 次	78.67 ± 0.32[b]	18.29 ± 0.22[ab]	0.88 ± 0.02[b]	1.24 ± 0.04

注：同一列数据上标不同字母表示差异显著（$P < 0.05$）。

4.4.3　结论

综上，在本试验条件下，综合考虑生长性能、饲料利用、形体指标与肌肉品质，彭泽鲫幼鱼的适宜投喂频率为 1 d 3 次。

4.5　不同养殖密度下彭泽鲫投喂频率的研究

投喂频率是鱼类生长性能、摄食量和化学组成的重要调控因子。在实际生产中，大部分养殖户主要以肉眼观察饲喂鱼类是否饱食，但是想要找到鱼类饱食和鱼群过度摄食的平衡点非常困难。投喂频率过高可能会导致鱼类肠胃摄食过量，使鱼长期处于过饱食的状态，从而导致鱼消化效率和饲料利用率下降（Du et al.，2006）。投喂频率不足则可能会导致鱼体生长受到抑制、饥饿增加、种内攻击和自相残杀等现象（Folkvord et al.，1993），在密集的养殖环境中尤为明显（Nguyen et al.，2021）。

养殖密度通常被认为是影响鱼类生长、养殖产量和养殖效益的一个重要因素（曹阳等，2014）。在养殖过程中，密度胁迫普遍影响鱼类的生长，在高密度养殖环境下，

易导致鱼类产生应激反应，对鱼类健康产生不利影响（左腾等，2019）。研究表明，在大多数鱼类中，养殖密度过高会对鱼类生长、存活率、增重率和特定生长率有抑制作用（麻艳群等，2021；胡毅等，2020；Hilmi et al.，2018）。所以，在投喂频率和养殖密度之间寻找一个平衡，是水产养殖高产高效的关键（唐怀庆等，2018）。

目前对于彭泽鲫的研究主要集中在饲料添加剂（罗莎等，2021；Li et al.，2022；Wang et al.，2022）、饲料营养素（丁立云等，2022；付辉云等，2020）和养殖模式（葛彩霞，2021；邓吉河等，2022）等方面对其生长、摄食、免疫能力和抗氧化能力等的影响。目前还未有学者就不同投喂频率对不同养殖密度下彭泽鲫的生长和免疫等指标做相关的研究。本试验采用 2×3 双因子随机区组设计：设置养殖密度（90 尾 /m³ 和 180 尾 /m³），投喂频率（2 次 /d、3 次 /d 和 4 次 /d）。养殖试验持续 70 d，研究投喂频率对不同养殖密度下彭泽鲫生长、肌肉成分、消化酶活性、血液生化指标和抗氧化能力等的影响。

4.5.1 材料与方法

4.5.1.1 试验材料

4.5.1.1.1 试验用鱼

试验用鱼均来自江西省水产科学研究所黄马基地当年繁殖的同一批苗种，平均初始体重为（34.55 ± 0.22）g。

4.5.1.1.2 试验饲料

试验饲料委托南昌湘大骆驼饲料有限公司加工制作而成。试验饲料配方及营养成分见表 4-5-1。

表 4-5-1 试验饲料配方及营养成分

原料	含量 /%
进口鱼粉	15.0
豆粕	17.0
花生粕	8.0
菜籽饼(青)	12.0
脱酚棉籽蛋白	6.0
进口鸡肉骨粉	3.0
大米	6.0
面粉	20.0
大豆油	3.0

续表

原料	含量 /%
大豆磷脂油	2.0
膨润土	2.2
磷酸二氢钙	2.0
酵母水解物	2.0
赖氨酸	0.3
蛋氨酸	0.1
多维[1]	0.3
多矿[2]	0.5
氯化胆碱	0.5
抗氧化剂	0.1
营养水平	
粗蛋白质	36.25
粗脂肪	8.12
粗灰分	10.26
水分	9.31

注: 1. 多维日粮（mg·kg^{-1}）: 硫胺素 15, 核黄素 25, 吡哆醇 15, 维生素 B$_{12}$ 0.2, 叶酸 5, 碳酸钙 50, 肌醇 500, 烟酸 100, 生物素 2, 抗坏血酸 100, 维生素 A 100, 维生素 D 20, 维生素 E 55, 维生素 K 5。

2. 多矿日粮（mg·kg^{-1}）: MgSO$_4$·7H$_2$O 4500, FeSO$_4$·7H$_2$O 950, CuSO$_4$·5H$_2$O 10, ZnSO$_4$·7H$_2$O 108, MnSO$_4$·4H$_2$O 40, KI 1.5, NaCl 600, NaH$_2$PO$_4$·2H$_2$O 8500, KH$_2$PO$_4$ 13500, CoSO$_4$·4H$_2$O 0.5。

4.5.1.2 试验方法

养殖试验在江西省水产科学研究所循环水养殖系统中进行, 系统养殖桶规格为直径 800 mm、高 650 mm, 每 18 个养殖桶配备一套循环过滤装置。采用 2×3 双因子随机区组设计 6 个处理组（见表 4-5-2）, 每个处理组设置 3 个平行, 共 18 个养殖桶, 用自动投料机进行精确投喂。养殖密度设为低密度（90 尾 /m³）和高密度（180 尾 /m³）, 投喂频率设为 2 次 /d（7∶30、16∶30）; 3 次 /d（7∶30、12∶00、16∶30）; 4 次 /d（7∶30、10∶30、13∶30、16∶30）, 日投喂量按鱼体重的 2% 计算, 试验周期 70 d。试验期间水温保持在 24～26 ℃, 溶解氧浓度不低于 7 mg/L, pH 维持在 6.8～7.2, 氨氮和亚硝酸盐浓度不高于 0.5 mg/L, 利用灯带自动控制模拟日光照射周期。

表 4-5-2　试验处理

处理	投喂频率 / (次·d⁻¹)	养殖密度 / (尾·m⁻³)
I	2	90
II	2	180
III	3	90
IV	3	180
V	4	90
VI	4	180

4.5.1.3　样品采集与分析

4.5.1.3.1　样品采集

试验结束后禁食 24 h，称量每个养殖桶内试验鱼的总重量。每组随机选取 6 尾试验鱼，测量其生长指标，随即在冰上进行解剖，分离肝脏和肠道组织，置于无菌离心管中，存于 −80 ℃冰箱中待测。

4.5.1.3.2　样品分析

水分测定采用 105 ℃烘箱干燥恒质量法，粗蛋白质测定采用凯氏定氮法，粗脂肪测定采用乙醚抽提法，粗灰分测定采用马弗炉 550 ℃灼烧法。超氧化物歧化酶采用黄嘌呤氧化酶法，丙二醛采用硫代巴比妥酸缩合比色法。谷胱甘肽过氧化物酶、总抗氧化能力等均采用南京建成生物工程研究所有限公司试剂盒检测，按说明书要求操作并计算。

4.5.1.4　计算公式及数据统计方法

4.5.1.4.1　计算公式

增重率 =（终末总重－初始总重）/ 初始总重 ×100%；

饲料系数 = 摄食饲料总重量 /（终末总重－初始总重）；

特定生长率（ % /d ）=（ ln 终末总重－ ln 初始总重）/ 试验天数 ×100%。

4.5.1.4.2　数据统计

试验数据采用平均数 ± 标准差的方式表示，用 SPSS 25.0 软件的单因素方差进行数据分析，用邓肯氏法进行组间的差异性比较，$P < 0.05$ 视为显著差异。

4.5.2　试验结果

4.5.2.1　不同投喂频率对不同养殖密度下彭泽鲫生长性能的影响

不同投喂频率对不同养殖密度下彭泽鲫的生长情况见表 4-5-3。结果显示，投喂频率和养殖密度对彭泽鲫末重、增重率、饲料系数和特定生长率均有显著影响（$P < 0.05$），其中末重、饲料系数存在显著互作效应（$P < 0.05$）。在同一养殖密度下，随着投喂频率增加，低密度组 I 组、III 组、V 组和高密度组 II 组、IV 组、VI 组的末重显著增加（$P < 0.05$）。V 组和 VI 组增重率和特定生长率分别显著高于 I 组和 II 组，饲料系数明显低于 I 组和 II 组（$P < 0.05$）；在同一投喂频率下，除 I 组和 II 组在增重率和特定生长率有显著差异外（$P < 0.05$），其余各组均无显著影响（$P > 0.05$）。

表 4-5-3　不同投喂频率和养殖密度对彭泽鲫生长性能的影响

处理	初均重 /g	末均重 /g	增重率 /%	饲料系数	特定生长率 /(% · d^{-1})
I	34.69 ± 0.12	80.29 ± 0.39^d	131.48 ± 1.81^c	2.02 ± 0.04^{ab}	1.2 ± 0.01^c
II	34.42 ± 0.12	74.34 ± 1.51^b	115.96 ± 3.92^d	2.08 ± 0.13^a	1.10 ± 0.03^d
III	34.45 ± 0.26	86.08 ± 1.01^c	149.90 ± 4.82^{ab}	1.76 ± 0.07^{bc}	1.31 ± 0.03^{ab}
IV	34.43 ± 0.07	83.80 ± 0.54^a	143.37 ± 2.07^b	1.56 ± 0.04^{cd}	1.27 ± 0.01^b
V	34.53 ± 0.28	90.21 ± 1.01^c	158.25 ± 0.81^a	1.69 ± 0.02^{cd}	1.36 ± 0.00^a
VI	34.47 ± 0.03	85.76 ± 0.13^a	148.76 ± 0.63^{ab}	1.49 ± 0.06^d	1.30 ± 0.00^{ab}
P 值					
频率		*	*	*	*
密度		*	*	*	
频率 × 密度		*		*	

注：同列数据上标不同字母表示差异显著（$P < 0.05$），相同字母或无字母表示差异不显著（$P > 0.05$）。标识 * 为差异显著（$P < 0.05$）。

4.5.2.2　不同投喂频率对不同养殖密度下彭泽鲫肌肉成分的影响

如表 4-5-4 所示，不同投喂频率和养殖密度对彭泽鲫肌肉中水分、灰分及粗蛋白质的含量均没有显著的影响（$P > 0.05$）。不同投喂频率对彭泽鲫肌肉粗脂肪含量的影响显著（$P < 0.05$），在相同养殖密度下，VI 组的粗脂肪含量显著高于 II 组（$P < 0.05$），V 组粗脂肪含量虽高于 I 组和 III 组，但三组之间无显著差异（$P > 0.05$）。投喂频率与养殖密度对于肌肉成分的互作效应不显著（$P > 0.05$）。

表 4-5-4　不同投喂频率和养殖密度对彭泽鲫肌肉成分的影响

单位：%

处理	水分	灰分	粗脂肪	粗蛋白质
I	72.79 ± 0.19	4.19 ± 0.21	3.42 ± 0.48^{ab}	64.28 ± 0.49
II	73.59 ± 1.17	4.23 ± 0.25	2.68 ± 0.42^{a}	66.43 ± 3.03
III	71.28 ± 1.19	4.04 ± 0.13	3.70 ± 0.18^{ab}	65.17 ± 1.40
IV	71.96 ± 1.28	3.99 ± 0.23	3.59 ± 0.64^{ab}	67.21 ± 1.10
V	72.18 ± 1.76	3.88 ± 0.18	5.82 ± 1.52^{b}	66.07 ± 2.34
VI	70.69 ± 0.58	3.96 ± 0.36	5.76 ± 0.34^{b}	64.69 ± 3.62
P 值				
频率			*	
密度				
频率×密度				

注：同列数据上标不同字母表示差异显著（$P < 0.05$），相同字母或无字母表示差异不显著（$P > 0.05$）。标识 * 为差异显著（$P < 0.05$）。

4.5.2.3　不同投喂频率对不同养殖密度下彭泽鲫肝脏抗氧化能力、免疫能力的影响

由表 4-5-5 可知，不同投喂频率对彭泽鲫丙二醛、谷胱甘肽过氧化物酶、总抗氧化能力有显著影响（$P < 0.05$）。总抗氧化能力有显著的互作效应（$P < 0.05$）。在同一养殖密度下，总抗氧化能力 V 组显著高于 I 组和 III 组、VI 组显著高于 II 组（$P < 0.05$），VI 组丙二醛显著高于 II 组（$P < 0.05$），IV 组和 VI 组谷胱甘肽过氧化物酶显著性低于 II 组（$P < 0.05$）。在同一投喂频率下，除总抗氧化能力上 IV 组显著高于 III 组、V 组显著高于 VI 组外（$P < 0.05$），其余各指标无显著差异（$P > 0.05$）。

表 4-5-5　不同投喂频率和养殖密度对彭泽鲫肝脏抗氧化能力、免疫能力的影响

处理	超氧化物歧化酶 /（U·mL^{-1}）	丙二醛 /（nmol·mL^{-1}）	谷胱甘肽过氧化物酶 /（μmol·gprot^{-1}）	总抗氧化能力 /（mmol·L^{-1}）
I	749.10 ± 105.89	1.29 ± 0.25^{ab}	16.06 ± 1.34^{ab}	0.38 ± 0.01^{c}
II	681.40 ± 27.02	1.11 ± 0.02^{b}	18.06 ± 0.13^{a}	0.35 ± 0.01^{c}
III	705.72 ± 13.24	1.28 ± 0.04^{ab}	13.32 ± 0.85^{bc}	0.38 ± 0.09^{c}
IV	622.64 ± 66.98	1.79 ± 0.02^{ab}	12.15 ± 0.17^{bc}	0.51 ± 0.01^{ab}
V	685.53 ± 41.04	2.38 ± 0.22^{ab}	13.45 ± 1.83^{bc}	0.59 ± 0.01^{a}
VI	683.09 ± 32.67	2.99 ± 1.05^{a}	11.85 ± 0.87^{c}	0.43 ± 0.02^{bc}

续表

处理	超氧化物歧化酶 / (U · mL^{-1})	丙二醛 / (nmol · mL^{-1})	谷胱甘肽过氧化物酶 / (μmol · gprot^{-1})	总抗氧化能力 / (mmol · L^{-1})
		P 值		
频率		*	*	*
密度				
频率 × 密度				*

注：同列数据上标不同字母表示差异显著（ $P < 0.05$ ），相同字母或无字母表示差异不显著（ $P > 0.05$ ）。标识 * 为差异显著（ $P < 0.05$ ）。

4.5.2.4　不同投喂频率对不同养殖密度下彭泽鲫肠道消化酶的影响

由表 4–5–6 可知，不同投喂频率和养殖密度对于蛋白酶、脂肪酶及淀粉酶没有显著性的影响（ $P > 0.05$ ）。III 组的蛋白酶、脂肪酶和淀粉酶略高于 I 组和 V 组，但差异不著性（ $P > 0.05$ ）。

表 4–5–6　不同投喂频率和养殖密度对彭泽鲫肠道消化酶的影响

处理	蛋白酶 / (U · mgprot^{-1})	脂肪酶 /(U · gprot^{-1})	淀粉酶 / (U · mgprot^{-1})
I	111228.44 ± 10762.39	2.34 ± 0.46	72.93 ± 14.59
II	109619.82 ± 8150.79	1.95 ± 0.31	85.51 ± 17.32
III	121559.41 ± 2.444.01	3.13 ± 0.26	79.00 ± 14.01
IV	91574.55 ± 2886.54	1.92 ± 0.90	84.50 ± 29.77
V	118715.15 ± 8606.27	2.17 ± 0.58	73.33 ± 12.12
VI	108928.69 ± 6113.73	2.08 ± 1.02	96.96 ± 4.60

注：同列数据上标不同字母表示差异显著（ $P < 0.05$ ），相同字母或无字母表示差异不显著（ $P > 0.05$ ）。

4.5.3　分析与讨论

4.5.3.1　不同投喂频率对不同养殖密度下彭泽鲫生长性能的影响

在养殖过程中，投喂频率和养殖密度等是影响鱼生长性能和成分的两个重要指标。有研究发现，投喂频率会影响研究对象的摄食率（ Carl et al., 2011 ）。在本试验中，在相同养殖密度下，III 组、V 组和 IV 组、VI 组的增重率和特定生长率显著高于

I 组和 II 组（$P < 0.05$），III 组、V 组和 IV 组、VI 组之间也是呈上升趋势，但是差异不显著（$P > 0.05$），V 组和 VI 组的饲料系数显著低于 I 组和 II 组（$P < 0.05$）。这和对军曹鱼（刘康等，2010）、珍珠龙胆石斑鱼（程学文等，2023）和草鱼（夏世森，2022）等的研究结果一致。一定范围内摄食率和投喂频率之间是正相关的，适当增加投喂频率，可以提高摄入营养物质的效率，从而促进其生长（刘康等，2010）。但是投喂过于频繁，会造成营养物质吸收不充分，且过于频繁的进食会提高其能量损失，对鱼类生长产生负面影响（高世科等，2022）。为了使养殖效益最大化，合理利用有限水体环境生产更多的鱼，养殖户通常会在养殖密度上做文章，最常见的做法就是提高养殖密度，可以有效地降低养殖成本。然而，有研究表明，高密度养殖虽然能够提高养殖总产量，但也会对养殖鱼类生长产生负面影响（周建设等，2018）。在本试验中，在相同投喂频率下，I 组的增重率和特定生长率显著高于 II 组（$P < 0.05$），虽然 III 组和 V 组高于 IV 组和 VI 组，但是三组之间差异不显著（$P > 0.05$）。这与对西伯利亚杂交鲟幼鱼（赵大显等，2022）、青鱼幼鱼（石勇等，2019）和异育银鲫（谷潇等，2022）等的研究结果相同。其原因可能是在较低养殖密度下，"集群互利性"可促进其生长（区又君等，2008）；而密度过大，个体之间生存空间小，会造成密度胁迫，从而对鱼类的生长造成不利影响（Ren et al.，2017）。

4.5.3.2　不同投喂频率对不同养殖密度下彭泽鲫肌肉成分的影响

肌肉营养成分含量会因个体大小、营养状态和养殖环境而异，是决定鱼体重、评判投喂策略的一个重要指标（荣华等，2023）。在本试验中，除 VI 组的粗脂肪含量显著高于 II 组外，其他均无显著差异。这结果和大杂交鲟（褚志鹏等，2020）、黄河鲤鱼（唐国盘等，2017）、花羔红点鲑（Zhixin et al.，2018）等的研究结果类似，原因可能是因为投喂频率的增加使鱼提高了摄食量，增加了鱼体中转化储藏的脂肪含量（孙瑞健等，2022），也可能因为不同种类鱼种或饲料营养的差异，产生不同的研究结果（潘伟平等，2020）。另外，投喂频率和养殖密度对彭泽鲫的粗蛋白质、灰分含量均无显著互作影响，结合其对体长和体重的影响的结果推测，可能是鱼体吸收的营养主要用于支持其运动所需，而灰分和蛋白质则在鱼体组织功能中发挥作用，因此外界因素对其的影响较小（Hong et al.，2015）。

4.5.3.3　不同投喂频率对不同养殖密度下彭泽鲫肝脏抗氧化能力、免疫能力的影响

投喂频率和养殖密度都会使鱼体受到一定胁迫，致使鱼体产生过量氧自由基（ROS），引发肝脏受损等氧化应激反应，造成器官功能性障碍，严重时会造成鱼体死亡（刘小玲等，2013）。鱼类机体会利用对抗氧化防御系统（如超氧化物歧化酶、过

氧化氢酶、丙二醛等）的调控来修复受损组织，这些调控系统通常被认为是氧化应激指标（Halliwell et al., 2015）。总抗氧化能力与机体健康程度密切相关，是体现机体中的各种抗氧化分子和抗氧化酶能力的总指标。在本试验中，同一养殖密度下，总抗氧化能力在 V 组显著高于 I 组和 III 组（$P < 0.05$），VI 组显著高于 II 组（$P < 0.05$）；同一投喂频率下，总抗氧化能力 IV 组显著高于 III 组（$P < 0.05$），V 组显著高于 VI 组（$P < 0.05$）。表明养殖密度和投喂频率会对鱼体健康产生一定程度的威胁。在对史氏鲟幼鱼（管敏等，2021）和豹纹鳃棘鲈（林琳等，2017）的研究中也证实了这点，但是点带石斑鱼（窦艳君等，2016）的研究中总抗氧化能力影响不显著，作者猜测原因可能是由于投喂频率和养殖密度及试验鱼种类不同所致。总超氧化物歧化酶和丙二醛都是反映氧化应激的重要指标（于赫男等，2010）。总超氧化物歧化酶能清除自由基，保护膜脂免于氧化受损，而丙二醛是膜脂过氧化产生的指标（Uchiyama et al., 1978）。在本试验中，不同投喂频率对不同养殖密度下的彭泽鲫肝脏超氧化物歧化酶活性变化差异不显著（$P > 0.05$），在高密度养殖情况下，VI 组氧自由基显著高于 II 组（$P < 0.05$），这与对鞍带石斑鱼（仇登高等，2018）、厚颌鲂幼鱼（张洁若，2020）和史氏鲟幼鱼（管敏等，2021）的研究结果相同。表明在高密度养殖情况下，投喂频率过高会对鱼体产生胁迫，产生过量的氧自由基，使鱼体产生氧化应激反应。谷胱甘肽过氧化物酶广泛存在于鱼类机体内，是一种重要的催化分解过氧化氢的酶，在维持内环境稳定中起到重要作用（冒树泉等，2014）。在本试验中，高密度养殖情况下，IV 组和 VI 组谷胱甘肽过氧化物酶显著性低于 II 组（$P < 0.05$），与窦艳君等（2016）对点带石斑鱼的研究结果相同。

4.5.3.4　不同投喂频率对不同养殖密度下彭泽鲫肠道消化酶的影响

消化酶是直接关系鱼类对营养物质的消化吸收的关键物质，通常用消化酶活性判断鱼类的消化水平（易婉婷等，2022）。在本试验中，发现各组之间的蛋白酶、脂肪酶及淀粉酶没有显著性的影响（$P > 0.05$），可能是因为在本试验条件下，食物充足，彭泽鲫能够正常吸收维持生长所需的营养物质，所以肠道消化酶没有显著的差异（冯鹏霏等，2021）。这和对吉富罗非鱼幼鱼（覃希，2014）、条石鲷（宋国等，2011）和奥尼罗非鱼（强俊等，2009）等的研究结果一致。

4.5.4　结论

综上所述，不同投喂策略对不同养殖密度下的彭泽鲫生长和免疫都有一定影响，在本试验中，每天投喂 3 次对养殖密度 180 尾 /m³ 以下的彭泽鲫养殖效果更好。

4.6 饥饿胁迫对彭泽鲫幼鱼生长和生理生化指标的影响

养殖水生动物和野生水生动物通常面临因栖息地被破坏、季节变化和短期食物资源匮乏而导致的饥饿胁迫（Wang et al., 2006；Zeng et al., 2012；Sun et al., 2015）。蜕皮、繁殖以及外界温度的变化同样使得很多水生动物减少了食物的摄食量（Antonopoulou et al., 2013）。饥饿胁迫发生后，水生动物会采取相应的活动行为和生理生化代谢，以降低在饥饿条件下的新陈代谢率（Zeng et al., 2012）。然而，不同物种在饥饿期间对营养物质的代谢利用存在一定的差异。饥饿胁迫下的大多数水生动物主要消耗机体储存的糖原和脂类物质，以维持其基础代谢，其中甘油三酯中的脂肪酸是饥饿期间水生动物能量需求的主要来源之一（OH et al., 2012；覃川杰等，2015）。研究发现，饥饿期间不同物种对机体脂肪酸的利用顺序不同（Wen et al., 2006）。在革胡子鲇中，饥饿导致肉豆蔻酸、棕榈油酸和油酸等脂肪酸的相对含量下降，二十碳五烯酸和二十二碳六烯酸的相对含量升高（Zamal et al., 1995）。大西洋鲑（Wathne et al., 1995）、罗非鱼（De et al., 1997）和鮸鱼（柳敏海等，2009）在饥饿期间首先利用饱和脂肪酸，然后利用单不饱和脂肪酸供应能量，且以 n–9、n–6、n–3 的顺序利用各种单体脂肪酸，多不饱和脂肪酸尤其是花生四烯酸、二十碳五烯酸和二十二碳六烯酸等被优先保留下来。

在人工饲养条件下，有时会因饲养密度过大、投饲不均、投喂不及时等造成彭泽鲫出现饥饿现象，尤其是在冬季天然活饵不足的情况下。下面，就饥饿胁迫对彭泽鲫幼鱼生长、体组成、消化酶和脂蛋白脂酶基因表达的影响进行探讨，旨在丰富彭泽鲫生理学的基础指标，为其健康养殖提供理论依据。

4.6.1 材料与方法
4.6.1.1 试验鱼及日粮

彭泽鲫由江西省水产科学研究所育种室提供。正式试验前在循环水系统中驯养 14 d，投喂鲫鱼商品鱼饲料，投喂量为鱼体重的 2%～4%，每天投喂两次，饱食投喂。试验设置饥饿时间分别为 0 d（对照组）、14 d、28 d 的 3 个组，每组设 3 个重复，以重复为单位养殖于 9 个圆形养殖桶（规格为直径 800 mm、高 650 mm）内，每桶放养健康无病，规格、体重基本一致的彭泽鲫幼鱼 20 尾，初始体重为（14.35 ± 0.59）g。

4.6.1.2 饲养管理

饥饿试验开始后，每天吸污 1 次，并监测水温和水质状况，24 h 不间断充氧，确保养殖水质的清洁。整个试验期间水质监测情况为：水温（26±1.5）℃，溶解氧浓度不低于 7 mg/L，pH 7.53±0.12，氨氮和亚硝酸浓度不高于 0.1 mg/L。光周期为自然周期。

4.6.1.3 样品采集与分析

分别在饥饿试验的 0 d、14 d、28 d 采集样本，每个平行采集 6 尾，经 MS-222 麻醉采血后称体重，测量体长和全长；在冰上解剖，称取内脏总重量、肝重量，迅速剪取米粒大小的肝脏组织，放入液氮中用于基因表达分析；取鱼体背部肌肉于 -20 ℃冰箱保存，进行鱼体水分、粗蛋白质、粗脂肪和脂肪酸等营养成分分析。

肌肉水分、粗脂肪和粗蛋白质分别采用恒温干燥法（105 ℃）、索氏抽提法和凯氏定氮法测定。脂肪酸含量检测方法参考 Zuo 等（2012）的方法稍作改进，采用气质联用（GC-MS）技术对其脂肪酸成分进行分析。

肠道消化酶活力测定：用预冷的生理盐水（4 ℃）冲洗肠道，剔除脂肪、肠系膜，用滤纸吸干后称其重量，准确称取组织重量，按质量（g）：体积（mL）=1：9 的比例，加入 9 倍体积的生理盐水，冰水浴条件下机械匀浆，2500 r/min 离心 10 min，取上清液再用生理盐水 5 倍稀释后，置于 4 ℃条件下保存待用。所有消化酶活性均采用南京建成生物工程研究所有限公司试剂盒进行测定，其中蛋白酶活性定义为在 37 ℃条件下，每毫克组织蛋白每分钟分解底物生成 1 μg 氨基酸相当于 1 个酶活力单位；脂肪酶单位定义为在 37 ℃条件下，每克组织蛋白在本反应体系中与底物反应 1 min，每消耗 1 μmoL 底物为一个酶活力单位；淀粉酶活力定义为在 37 ℃条件下，组织中每毫克蛋白与底物作用 30 min，水解 10 mg 淀粉定义为 1 个淀粉酶活力单位。

肝脏抗氧化活性及糖原含量测定：准确称取肝脏组织，按质量体积比 1：9 在冰水浴条件下用机械匀浆机制成 10%组织匀浆，2500 r/min 离心 10 min，取上清液，用生理盐水 10 倍稀释，置 4 ℃条件下保存待用。肝脏抗氧化活性采用南京建成生物工程研究所有限公司试剂盒进行测定，其中总抗氧化能力定义为在 37 ℃时，每分钟每毫克组织蛋白使反应体系的吸光度值每增加 0.01，为一个总抗氧化能力单位；超氧化物歧化酶定义为每毫克组织蛋白在 1 mL 反应液中超氧化物歧化酶抑制率达 50%时所对应的超氧化物歧化酶量，为一个超氧化物歧化酶活力单位。

肝脏糖原采用南京建成生物工程研究所有限公司试剂盒进行检测。取肝脏样本，用生理盐水漂洗后，用滤纸吸干，称重，按质量（mg）：碱液体积（μL）=1：3 的比例，一起加入试管中，沸水浴煮 20 min，用流水冷却，然后按试剂盒的操作说明加入一定比例的双蒸水制成糖原检测液，用蒽酮试剂显色。

脂蛋白脂酶基因表达分析：按照 Trizol 试剂说明书提取彭泽鲫肝脏总 RNA，分别用核酸定量检测仪 ND-2000 和琼脂糖凝胶电泳检测 RNA 的浓度和重量。按照 One-Step gDNA Removal and cDNA Synthesis SuperMix 试剂盒说明书进行 RNA 反转录，合成 cDNA 第一链。

根据已知的彭泽鲫脂蛋白脂酶（Genebank 序列号：FJ204474）cDNA 序列，采用 premier 5.0 软件设计实时荧光定量 PCR 引物，检测引物特异性及扩增效率，筛选后每个基因各得到一对特异性引物，引物序列见表 4-6-1，引物由深圳华大基因科技有限公司合成。

表 4-6-1　实时荧光定量 PCR 引物序列信息

基因引物	序列（5′ → 3′）
LPL-F	CATCTGTTGGGTTACAGT
LPL-R	CTTGTTGCAGCGGTTCTT
β-actin-F	CGTGATGGACTCTGGTGA
β-actin-R	ACAGTGTTGGCATACAGGT

定量仪器为实时荧光定量 PCR 仪，反应体系为 20 μL，上下游模板各 1 μL，10 μL 的 2×conc SYBR Green I Master，1 μL of cDNA 模板和 7 μL DEPC 水。反应条件为：95 ℃ 2 min，紧接着 95 ℃ 15 s，58 ℃ 10 s，72 ℃ 10 s，共 45 个循环。β-actin 作为内参基因（Cheng et al.，2009），以饥饿 0 d 组表达量为 1，采用 $2^{-\Delta\Delta ct}$ 方法（Livak et al.，2001）运算得到各组表达量的比值。

4.6.1.4　数据统计与分析

试验所得数据用 SPSS 17.0 统计软件进行单因素方差分析，差异达到显著（$P < 0.05$）时，采用图基氏法进行组间的多重比较。试验结果以平均值 ± 标准差表示。

4.6.2　结果

4.6.2.1　饥饿胁迫对彭泽鲫幼鱼生长和形体指标的影响

饥饿胁迫对彭泽鲫幼鱼形体指标的影响结果见表 4-6-2。与对照组（饥饿 0 d 组）相比，随着饥饿胁迫时间的延长，彭泽鲫幼鱼的体重、肝体比、脏体比和肥满度均呈下降的趋势，饥饿 28 d 组的彭泽鲫幼鱼体重、肝体比和脏体比显著低于对照组

（$P < 0.05$）；饥饿 14 d 时，肥满度显著下降（$P < 0.05$）。

在自然生态条件下，鱼类面临季节性饥饿的现象普遍存在，导致鱼体消耗自身储备的能量物质，出现机体负增长（Navarro et al.，1995；Hongyan et al.，2018）。在本试验中，彭泽鲫饥饿 28 d 后，体重显著下降，与对吉富罗非鱼（刘波等，2009）、南乳鱼（Boy et al.，2013）、虹鳟（Walbaum，1792；TasBozan et al.，2016）等的研究结果一致。肥满度和肝体比的变化在一定程度上可以反映鱼体在饥饿状态下自身营养物质的消耗与积累（周凡等，2019），是对长期和短期营养方式非常敏感的形态学指标（Foster et al.，1993）。彭泽鲫幼鱼在饥饿 28 d 后，肝体比明显下降，表明彭泽鲫幼鱼在饥饿过程中会大量动用肝脏中储存的能量，导致饥饿幼鱼的肝体比显著下降。对银鲳幼鱼的研究结果表明，饥饿致死时的肥满度是正常鱼的 59%～75%（王腾飞等，2015），而在本试验中，饥饿使彭泽鲫幼鱼的肥满度逐渐降低，28 d 后，彭泽鲫幼鱼的肥满度只有对照组的 55%，但并没有致死，说明不同种类的鱼对饥饿的耐受力存在很大的差异。对金头鲷（Peres et al.，2011）、刀鲚（金鑫等，2014）、大口黑鲈（周凡等，2019）等鱼类的研究也发现，饥饿胁迫导致试验鱼的肥满度和肝体比显著降低。

表 4-6-2　饥饿对彭泽鲫幼鱼生长和形体指标的影响

饥饿时间 /d	体重 /g	肝体比 /%	脏体比 /%	肥满度 /%
0	14.35 ± 0.59^a	3.15 ± 0.04^a	7.51 ± 0.35^a	3.92 ± 0.23^a
14	12.66 ± 0.30^{ab}	2.95 ± 0.09^a	5.58 ± 0.46^{ab}	2.43 ± 0.09^b
28	11.75 ± 0.75^b	2.64 ± 0.07^b	5.72 ± 0.38^b	2.17 ± 0.10^b

注：同一列数据上标不同字母表示差异显著（$P < 0.05$）。

4.6.2.2　饥饿胁迫对彭泽鲫幼鱼肌肉营养成分的影响

由表 4-6-3 可知，彭泽鲫幼鱼肌肉粗脂肪和粗蛋白质含量随饥饿时间的延长急剧下降，饥饿 28 d 组肌肉粗脂肪和粗蛋白质含量显著低于对照组（$P < 0.05$），与饥饿 14 d 组无显著性差异；肌肉水分含量随饥饿时间的延长显著上升，饥饿 28 d 组显著高于对照组（$P < 0.05$），但与饥饿 14 d 组无显著性差异。

鱼类面对食物不足或饥饿等营养限制时，需利用自身储存的营养物质，如碳水化合物、脂肪和蛋白质等来提供能量（Yan et al.，2010；Bozan et al.，2016）；通常鱼类先消耗脂肪和糖原，再利用蛋白质作为能量来维持生长代谢和正常生命活动的需要（Babaei et al.，2016）。本试验观察到，彭泽鲫幼鱼肌肉粗脂肪和粗蛋白质在饥饿 28 d 后显著下降，且粗脂肪的降幅大于粗蛋白质的降幅，说明彭泽鲫幼鱼在饥饿过程中可

同时消耗体内的脂肪和蛋白质来维持生命代谢活动，但以动用体内的脂肪为主，类似的结果在大西洋鲑（Einen et al.，1998）、吉富罗非鱼（刘波等，2009）、杂交鳢（周爱国等，2012）和刀鲚（金鑫等，2014）的研究中也有报道。彭泽鲫在饥饿过程中，肌肉水分含量显著增加，主要是由于肌肉粗脂肪含量下降的结果（Hung et al.，1997；Zamal et al.，1995）。

表 4-6-3　饥饿对彭泽鲫幼鱼肌肉营养成分的影响

饥饿时间 /d	水分 /%	粗脂肪 /%	粗蛋白质 /%
0	75.87 ± 0.33^{b}	1.13 ± 0.07^{a}	21.48 ± 0.25^{a}
14	76.76 ± 0.61^{ab}	0.87 ± 0.07^{ab}	21.15 ± 0.52^{ab}
28	79.16 ± 0.66^{a}	0.77 ± 0.04^{b}	19.55 ± 0.29^{b}

注：同一列数据上标不同字母表示差异显著（$P < 0.05$）。

4.6.2.3　饥饿胁迫对彭泽鲫幼鱼肌肉脂肪酸组成的影响

饥饿胁迫对彭泽鲫幼鱼肌肉脂肪酸组成的影响见表 4-6-4，由表可知，饥饿胁迫显著影响了肌肉中脂肪酸的相对百分含量（$P < 0.05$）。与对照组相比，彭泽鲫在饥饿 28 d 后，肌肉中的棕榈酸、油酸、总饱和脂肪酸和总单不饱和脂肪酸相对百分比含量显著降低（$P < 0.05$），二十二碳六烯酸、花生四烯酸、多不饱和脂肪酸和高不饱和脂肪酸相对百分比含量显著增加（$P < 0.05$）。

Halver 等（1989）报道，脂肪酸的氧化在能源供应中起着非常重要的作用。谢小军等（1998）认为鱼类对自身脂肪酸的利用存在一定的规律性，一般首先利用饱和脂肪酸，然后使用低不饱和脂肪酸，最后才利用高不饱和脂肪酸。在本试验中，彭泽鲫饥饿 28 d 后，肌肉中总饱和脂肪酸和部分单不饱和脂肪酸比例显著下降，总的多不饱和脂肪酸和高不饱和脂肪酸比例显著上升，说明彭泽鲫幼鱼对脂肪酸的氧化利用具有高度选择性。其原因可能是，彭泽鲫组织中的饱和脂肪酸和单不饱和脂肪酸易通过线粒体 β - 氧化给其提供能量（Sargent et al.，2002），虽然多不饱和脂肪酸和高不饱和脂肪酸同样可经 β - 氧化途径分解，但需差向酶和异构酶的参与（Sidell et al.，1995；McKenzie et al.，1998）。彭泽鲫这样有选择性地利用饱和脂肪酸和单不饱和脂肪酸氧化供能，主要是因为多不饱和脂肪酸和高不饱和脂肪酸，尤其是二十碳四烯酸和二十二碳六烯酸等脂肪酸是磷脂生物膜、视觉和神经系统等的结构组分，具有比供能更加重要的生物价值，被优选保存下来（Mourente et al.，1992；Sargent et al.，1995；Zabelinskii et al.，1999）。

表 4-6-4　饥饿对彭泽鲫幼鱼肌肉脂肪酸组成的影响

单位：%

脂肪酸	饥饿时间		
	0 d	14 d	28 d
C14：0	0.50 ± 0.05	0.57 ± 0.12	0.32 ± 0.06
C16：0	24.28 ± 0.08[a]	24.05 ± 0.07[a]	22.91 ± 0.22[b]
C18：0	11.11 ± 0.07	11.04 ± 0.34	11.38 ± 0.07
C20：0	0.20 ± 0.03	0.18 ± 0.01	0.25 ± 0.01
∑SFA	36.10 ± 0.12[a]	35.85 ± 0.29[a]	34.86 ± 0.12[b]
C16：1 n-7	2.64 ± 0.09[a]	2.35 ± 0.21[a]	1.59 ± 0.15[b]
C18：1 n-9	22.36 ± 0.22[a]	22.42 ± 0.48[a]	20.34 ± 0.15[b]
C20：1 n-9	0.92 ± 0.05	1.00 ± 0.06	0.90 ± 0.01
∑MUFA	25.93 ± 0.30[a]	25.77 ± 0.74[a]	22.83 ± 0.22[b]
C18：2 n-6	11.61 ± 0.20	11.30 ± 0.10	11.68 ± 0.33
C18：3 n-6	0.77 ± 0.00[a]	0.67 ± 0.02[b]	0.61 ± 0.01[c]
C20：2 n-6	0.73 ± 0.02[a]	0.87 ± 0.02[b]	0.82 ± 0.02[b]
C18：3 n-3	2.10 ± 0.08	2.03 ± 0.23	1.52 ± 0.07
C16：4 n-3	0.18 ± 0.01	0.22 ± 0.01	0.26 ± 0.02
C20：3 n-3	0.37 ± 0.01	0.35 ± 0.02	0.32 ± 0.03
C20：5 n-3	3.12 ± 0.07[a]	2.72 ± 0.09[b]	2.64 ± 0.10[b]
C22：5 n-3	2.89 ± 0.04[b]	2.96 ± 0.01[ab]	3.20 ± 0.10[a]
C22：6 n-3	8.62 ± 0.05[b]	9.20 ± 0.33[b]	11.60 ± 0.16[a]
C20：3 n-6	1.52 ± 0.03[b]	1.71 ± 0.01[a]	1.63 ± 0.02[a]
C20：4 n-6	3.96 ± 0.13[b]	4.06 ± 0.24[b]	5.67 ± 0.05[a]
C22：5 n-6	1.92 ± 0.08	2.02 ± 0.15	2.33 ± 0.14
∑HUFA	22.39 ± 0.33[b]	23.01 ± 0.61[b]	27.39 ± 0.50[a]
∑PUFA	37.78 ± 0.38[b]	38.09 ± 0.50[b]	42.28 ± 0.12[a]
n-3PUFA	17.28 ± 0.11[b]	17.47 ± 0.06[b]	19.54 ± 0.29[a]
n-6PUFA	20.51 ± 0.28[b]	20.63 ± 0.51[b]	22.74 ± 0.22[a]

注：同一行数据上标不同字母表示差异显著（$P < 0.05$）。

4.6.2.4　饥饿胁迫对彭泽鲫幼鱼消化酶活性的影响

由表 4-6-5 可知，随着饥饿时间的延长，彭泽鲫幼鱼胃蛋白酶活性显著下降（$P < 0.05$）；胰蛋白酶活性也呈下降的趋势，但各组无显著性差异（$P > 0.05$）；脂肪酶活性和淀粉酶活性随饥饿胁迫时间的延长，先平稳后急剧下降（$P < 0.05$）。

　　鱼类在饥饿状态下，必须调节自身各种酶的活性以提高体内储存营养物质的利用效率，随着饥饿时间的延长，体内消化酶活性将呈现不同的变化趋势（Riverapérez et al.，2010；苏艳莉等，2017）。奥尼罗非鱼幼鱼随着饥饿时间的延长，胃蛋白酶、胰蛋白酶和脂肪酶活力显著下降，而淀粉酶活力无显著性变化（王辉等，2010）；褐菖鲉在饥饿期间脂肪酶活力总体呈缓慢下降趋势，蛋白酶、淀粉酶活力则呈先升后降的趋势（江丽华等，2011）；中华倒刺鲃（Bleeker，1871）幼鱼随着饥饿时间的延长，胰蛋白酶和淀粉酶活性呈下降趋势，脂肪酶活性先降后升（周兴华等，2012）。在本试验中，彭泽鲫幼鱼胃蛋白酶活性先急剧下降后缓慢下降，饥饿14 d胃蛋白酶活性显著低于对照组，与饥饿28 d时无显著差异；脂肪酶活性和淀粉酶活性则是在饥饿14 d时与对照组无显著差异，继续饥饿到28 d时显著下降，表明彭泽鲫幼鱼有优先利用蛋白质的倾向，也有可能是彭泽鲫在饥饿14 d时，优先利用蛋白质维持其生长，尚不需消耗大量的能量维持机体代谢，正如本试验中彭泽鲫在饥饿14 d时体重下降不明显。在饥饿28 d时，脂肪酶和淀粉酶的急剧下降，表明此时彭泽鲫需要动用体内储存的脂肪和糖原来维持自身大量的能量代谢。乐可鑫等（2016）研究发现，虎斑乌贼幼体饥饿胁迫前后胃蛋白酶和胰蛋白酶活力相对较高，淀粉酶和脂肪酶的活力远远低于胃蛋白酶和胰蛋白酶，因为虎斑乌贼是肉食性动物。本试验结果表明，彭泽鲫幼鱼饥饿胁迫前后淀粉酶和脂肪酶的活力远高于胃蛋白酶和胰蛋白酶，这与彭泽鲫是杂食性动物的特性相符。

表 4-6-5　饥饿对彭泽鲫幼鱼消化酶活性的影响

饥饿时间 /d	胃蛋白酶 / (U・mgprot^{-1})	胰蛋白酶 / (U・mgprot^{-1})	脂肪酶 / (U・mgprot^{-1})	淀粉酶 / (U・mgprot^{-1})
0	2.51 ± 0.10[a]	2.15 ± 0.15	43.00 ± 2.79[a]	63.39 ± 2.43[a]
14	1.54 ± 0.22[b]	1.56 ± 0.22	43.60 ± 1.83[a]	51.05 ± 2.73[a]
28	1.46 ± 0.18[b]	1.59 ± 0.16	34.90 ± 0.80[b]	26.04 ± 5.32[b]

　　注：同一列数据上标不同字母表示差异显著（$P < 0.05$）。

4.6.2.5　饥饿胁迫对彭泽鲫幼鱼抗氧化活性和糖原含量的影响

　　由表 4-6-6 可知，随着饥饿时间的延长，肝脏超氧化物歧化酶活性呈先降低后升高的趋势，饥饿第 2 周的超氧化物歧化酶活性显著低于其余两组（$P < 0.05$）；彭泽鲫幼鱼肝脏总抗氧化能力活性呈显著下降的趋势，饥饿第 2 周和第 4 周总抗氧化能力活性均显著低于对照组（$P < 0.05$）；肝脏糖原含量也随饥饿时间的延长先急剧下降后缓慢下降（$P < 0.05$）。

饥饿胁迫易引起鱼体内过量活性氧的产生，体内自由基快速蓄积，造成组织氧化受损（Babaei et al.，2016）。在本试验中，饥饿14 d后，彭泽鲫幼鱼肝脏超氧化物歧化酶和总抗氧化能力均显著下降，与卵形鲳鲹幼鱼（苏慧等，2012）、罗非鱼（卢俊姣等，2013）和管角螺（王双健等，2018）相关的研究结果相似，可能是饥饿初期，鱼类产生了大量的自由基，使得抗氧化活性下降（卢俊姣等，2013）。继续饥饿至28 d，超氧化物歧化酶活性显著升高，原因可能是饥饿胁迫激发了体内的防御物质用于清除体内的氧自由基（王双健等，2018）。丙二醛在整个饥饿过程无显著变化，这进一步表明，28 d的饥饿胁迫没有对彭泽鲫幼鱼造成不可逆转的氧化损伤。

表 4-6-6　饥饿对彭泽鲫幼鱼抗氧化活性和糖原含量的影响

饥饿时间 /d	超氧化物歧化酶 / (U · mgprot^{-1})	丙二醛 / (nmol · mgprot^{-1})	总抗氧化能力 / (U · mgprot^{-1})	糖原 / (mg · g^{-1})
0	331.36 ± 18.72[a]	7.43 ± 0.46	3.04 ± 0.13[a]	84.29 ± 4.96[a]
14	238.95 ± 15.50[b]	7.36 ± 0.63	1.53 ± 0.05[b]	61.62 ± 3.49[b]
28	345.33 ± 11.18[a]	5.98 ± 0.21	1.70 ± 0.20[b]	68.41 ± 4.39[b]

注：同一列数据上标不同字母表示差异显著（$P < 0.05$）。

4.6.2.6　饥饿胁迫对彭泽鲫幼鱼肝脏脂蛋白脂酶基因相对表达的影响

如图 4-6-1 所示，与对照组相比，饥饿胁迫显著影响了彭泽鲫幼鱼肝脏脂蛋白脂酶基因的相对表达量。随着饥饿时间的延长，脂蛋白脂酶基因相对表达量呈先增后降的趋势，饥饿14 d组脂蛋白脂酶基因相对表达量显著高于对照组和饥饿28 d组（$P < 0.05$）。

脂蛋白脂酶 LPL 基因表达水平不仅与肌内脂肪沉积有关，还显著影响血浆的脂质水平，与脂质代谢密切相关（Zappaterra et al.，2016；Geldenhuys et al.，2016）。目前，脂蛋白脂酶的主要功能被认为是催化血浆中乳糜微粒和低密度脂蛋白中的甘油三酯水解，产生甘油和游离脂肪酸为组织提供能量，或再酯化为甘油三酯储存在脂肪组织中（Warnke et al.，2011；Wang et al.，2009）。在本试验中，饥饿14 d后，肝脏中脂蛋白脂酶 mRNA 的相对表达量显著增加，这一结果与在鲈鱼（Huang et al.，2018）、瓦氏黄颡鱼（覃川杰等，2015）和家兔（张斌等，2018）上的研究结果一致，暗示在饥饿过程中加速了甘油三酯水解生成脂肪酸和甘油，以满足机体的能量需求。然而当彭泽鲫饥饿持续到28 d后，脂蛋白脂酶 mRNA 的相对表达量下降，这可能是由于肝脏中输出的脂类降低，造成了氧化底物的不足，从而引起脂蛋白脂酶的表达下调，使得能量

供应不足，生长代谢受阻。王贞杰等（2018）也认为，混合营养期的圆斑星鲽仔鱼因摄食及消化器官发育均不完善，摄食和消化能力较弱，使脂蛋白脂酶缺乏底物，从而导致脂蛋白脂酶 mRNA 的表达下调。

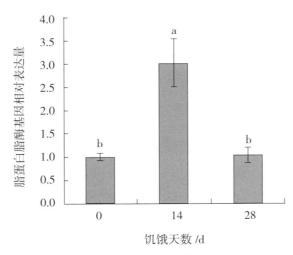

图 4-6-1　饥饿胁迫对彭泽鲫幼鱼肝脏脂蛋白脂酶基因表达的影响

4.6.3　结论

饥饿胁迫使彭泽鲫幼鱼形体指标、体重、肝体比、脏体比和肥满度发生了显著的变化。随着饥饿时间的延长，彭泽鲫幼鱼在饥饿过程中可同时消耗体内的脂肪和蛋白质来维持生命代谢活动，但以消耗体内的脂肪为主。彭泽鲫幼鱼对脂肪酸的氧化利用具有高度的选择性，主要利用脂肪中的饱和脂肪酸和单不饱和脂肪酸氧化供能，对脂肪中的二十二碳六烯酸和二十碳四烯酸有较强的选择性保留能力。

5 彭泽鲫亲鱼营养的研究

5.1 鱼类亲鱼营养研究进展

健康优质苗种供应不稳定、数量不足，已成为水产养殖业可持续发展的主要限制因素。为了能够按需供应优质苗种，必须进行亲鱼的人工饲养和培育。与生长育肥期动物的培育有所不同，亲鱼的培育是为了促进性腺正常发育，以获得数量多、质量好的卵子和精子。影响亲鱼性腺发育和生殖性能的因素有很多，如饲养环境、管理技术、饲料的数量和质量、选育的品系或品种等。其中，营养和饲料无疑是一个十分重要的方面。众所周知，在生殖季节里，鱼类性腺（尤其是卵巢）的重量在一定时间内可增加数倍乃至十倍以上。在该发育期内，卵子需要合成和积累足够的各种营养物质，以满足胚胎和早期幼体正常发育所需。已有大量研究表明，当食物的数量和质量不能很好地满足亲鱼性腺发育所需时，会极大地影响亲鱼的繁殖性能、胚胎发育和早期幼体的成活率。这些影响具体表现在：饲料的营养平衡与否会影响亲鱼第一次性成熟的时间、产卵的数量（产卵力）、卵径大小和卵子质量，从而影响胚胎发育乃至后续早期幼体生长发育的整个过程。

亲鱼营养需求量的研究始于 20 世纪 70 年代，最初是通过减少投喂食物的量来观察亲鱼的繁殖性能的变化；随后亲鱼阶段的培育研究被分离出来，作为鱼类生理的一个特殊的阶段，单独地进行研究。亲鱼营养学研究主要是亲鱼的营养需求量和日常管理两个方面，其中营养需求量是研究的重点，最近几十年关于亲鱼营养需求量研究最多的是蛋白质、脂类、维生素三大营养素（Izquierdo et al., 2001；谭青松等，2016）。

5.1.1 蛋白质营养

蛋白质是鱼类重要的营养素，主要参与合成卵黄物质如卵黄前体卵母细胞、卵黄脂磷蛋白、卵黄蛋白原、肽类激素、酶类、性腺组织和配子，从而在鱼类性腺发育过程中发挥重要作用。饲料中蛋白质的含量、来源及其氨基酸组成，对亲鱼的生殖性能会产生重要影响。

饲料的蛋白水平可显著影响亲鱼的繁殖力、亲鱼产卵后的状态、卵子质量和后代的成活率。适宜的饲料蛋白水平可有效提高鱼类的繁殖力或产卵量，而饲料蛋白水平不足，则会降低亲鱼繁殖力，在长期缺乏蛋白质的情况下甚至会引起性腺发育的停滞（Chong et al., 2004；Muchlisin et al., 2006；Masrizal et al., 2015）。研究发现，投喂高蛋白水平（40%）的配合饲料可使尼罗罗非鱼性成熟时间提前，缩短产卵间隔时间，提高其繁殖力（Gunasekera et al., 1995；El-Sayed et al., 2003）。对南亚野鲮鱼和丝足鲈的研究可知，亲鱼饲料的蛋白水平分别为35%和30%时，卵粒直径达到最大，从而可能得到更优质的子代（Afzal Khan et al., 2005；Masrizal et al., 2015）。Emata等（2003）报道，用蛋白质含量为39%的配合饲料饲喂紫红笛鲷，并与饲喂野杂鱼进行对比，可使产卵量提高6%，仔鱼成活率提高5.2%。优质饲料蛋白源如乌贼粉和磷虾粉也可以提升亲鱼的繁殖能力。Fernández-Palacioset等（1997）报道，采用乌贼粉为蛋白源制成的饲料投喂金头鲷时，可显著提高金头鲷的产卵量和卵子的成活率。磷虾粉含有亲鱼性腺发育所需的磷脂酰胆碱和虾青素，能显著提高金头鲷亲鱼的生殖性能（Watanabe et al., 1990）。

与处于生长期的动物一样，亲鱼对蛋白质的需求，其实质是对氨基酸的需求。因此，对氨基酸营养的研究将更加重要。已知鱼类和甲壳动物所需的必需氨基酸均为10种。在完全弄清鱼类繁殖所需的氨基酸之前，一方面，可将亲鱼培育专用的高质量天然饵料的蛋白质、氨基酸组成作为参照，并通过比较野生群体的卵巢、卵子和幼体中氨基酸的组成和变化模式，来了解胚胎和幼体生物合成所必需的氨基酸，设计亲鱼专用饲料。专用饲料的氨基酸组成，既要能满足繁殖亲鱼生理代谢的需要，还要能够提供胚胎发育和前期幼体的营养物质和能量所需。专用饲料的氨基酸组成也可以以卵黄脂磷蛋白的氨基酸的组成比例作为依据。特定的功能性氨基酸也会影响鱼类的繁殖。牛磺酸是一种非结构性氨基酸，饲料中补充牛磺酸可改善黄尾鰤以及尼罗罗非鱼雌鱼的产卵性能（Matsunari et al., 2006；Al-Feky et al., 2016），且牛磺酸对日本鳗鲡的精子发生也是必需的（Higuchi et al., 2012）。对雄体而言，还有必要在饲料中添加足够的精氨酸，因为精子特有的鱼精蛋白中精氨酸含量较高（Lewis et al., 2004）。在对斑马鱼精子活力试验研究中发现，亮氨酸能通过PI3K/Akt通路，抑制细胞自噬，提高斑马鱼精子活力（Zhang et al.，2017）。在黄颡鱼秋繁生产中也发现，适量的亮氨酸能提高黄颡鱼精子活力，但过量的亮氨酸并不能提高精子的繁殖能力（苏子豪等，2019）。

5.1.2 脂肪营养

在亲鱼营养需求的研究中发现，饲料的脂肪及脂肪酸组成对繁殖、生殖细胞的活力及仔鱼的成活具有极大的影响。Zakeri等（2009）研究发现，黄鳍鲷亲鱼摄食含脂肪15%、20%和25%的饲料时，亲鱼体重并无显著差异，但20%脂肪组的相对繁殖力、卵直径和幼体长度相对较高。也有一些亲鱼的脂肪需求量较低，丝足鲈摄食含脂肪含量为5.0%的饲料时，亲鱼的产卵量和孵化率达到最大值，但7.5%和10.0%脂肪组的产卵量和孵化率则随之下降（Masrizal et al.，2015）。饲料中脂肪来源的不同对鱼类繁殖性能的影响存在差异，鱼油曾经一度被认为是较为理想的亲鱼饲料脂肪源。在金头鲷的饲料中添加沙丁鱼油后，其仔鱼的成活率和可发育卵子数量显著提高，且畸形卵数量显著降低（Fernández-Palacios et al.，1997）；尼罗罗非鱼摄食以鱼油为脂肪源的饲料时，其绝对产卵量和仔稚鱼质量显著高于大豆油组，但与混合组无显著性差异（El-Sayed et al.，2005）。在鱼类性腺发育的过程中，卵磷脂和磷脂酰乙醇胺是卵巢中主要的磷脂，磷脂能够改善甲壳类动物的生殖力和产卵频率，改善其精子发生率和受精卵孵化率，并能提高幼鱼体重（石立冬等，2020）。

与其他动物一样，鱼类对饲料脂类的需求很大程度上取决于其中的脂肪酸，尤其是不饱和脂肪酸的种类和数量。淡水鱼类的必需脂肪酸有4种，分别是亚油酸、亚麻酸、二十碳五烯酸和二十二碳六烯酸。对不同鱼类来说，这4种脂肪酸添加的效果有所不同，鳗鱼、鲤鱼、斑点叉尾鮰主要需要n-3和n-6系列脂肪酸，而罗非鱼主要需要n-6脂肪酸。必需脂肪酸缺乏时，会降低亲鱼的繁殖性能和生殖细胞的质量参数，n-3多不饱和脂肪酸含量过高或必需脂肪酸之间比例失调，也会导致鱼类繁殖性能降低。脂肪源对鱼类繁殖性能的影响可能与其脂肪酸组成和含量有关。Ballestrazzi等（2003）研究了在饲料中添加椰子油对虹鳟繁殖特点和卵子脂肪酸组成的影响，饲料脂肪含量为13%，用不同比例的香鱼油、鳕鱼油和椰子油配制4种饲料，随着椰子油添加量的上升，卵子的n-3不饱和脂肪酸（二十碳五烯酸和二十二碳六烯酸）的含量显著降低。Omnes等（2004）研究了不同脂肪源的饲料对青鳕繁殖性能和卵子脂肪酸组成的影响，在亲鱼饲料中分别添加香鱼油、香鱼油+花生四烯酸、富含二十二碳六烯酸的金枪鱼油，脂肪含量为6%，结果表明金枪鱼油组的受精率最高，卵子脂肪含

量达干重的 16%，以磷脂为主（75%）；不同饲料组之间卵子的脂肪酸组成和二十二碳六烯酸的含量没有显著差异，香鱼油组的花生四烯酸含量最低，金枪鱼油组的二十二碳六烯酸：二十碳五烯酸比率最高。Liang 等（2014）研究得出，半滑舌鳎亲鱼以鱼油和大豆油以 7 : 1 的比例混合的油为脂肪源时，其相对繁殖力比纯鱼油组还高。

5.1.3 维生素营养

维生素对亲鱼的繁殖能力的影响巨大，对亲鱼的产卵量、卵的质量、受精卵的孵化、仔鱼的成活等方面均有影响（Izquierdo et al., 2001；Watanabe et al, 2003；谭青松等，2016）。目前，关于亲鱼维生素营养研究不多，国外的研究主要集中在虹鳟、鲷科、大西洋鲑鱼、鲆鲽类、对虾等，其中虹鳟是目前人们研究最多的鱼种；国内对亲鱼维生素营养的研究起步比较晚，只在黄鳝、"四大家鱼"、鲆鲽类等几种常见养殖鱼类的研究上有过少量的报道。

现有的研究表明，维生素 E 和维生素 C 对亲鱼的作用较为显著，是制作亲鱼饲料时须纳入考虑的微量营养素。维生素 E 广泛分布在鱼类饲料原料中，其中植物油是各种生育酚的主要来源。早在 20 世纪 20 年代，就有证据表明高等动物中缺乏维生素 E 会降低亲鱼的繁殖性能，但直到 20 世纪 80 年代中期，人们才逐渐认识到维生素 E 在鱼类繁殖中的重要作用。如果饲料中维生素 E 含量缺乏，就会导致鲤鱼和香鱼性腺发育不良，降低其孵化率和鱼苗的成活率。维生素 E 具有调节动物机体新陈代谢和性腺中类固醇类激素的生物合成的作用，与亲鱼的繁殖能力密切相关，是亲鱼的维生素营养需求研究中最为主要维生素之一。金明昌等（2006）用缺维生素 E 的饵料试养鲤鱼亲鱼 17 个月，结果发现：对照组鲤鱼亲鱼生殖腺重量和性腺指数为 68.1 g 和 14.1，而缺维生素 E 的试验组仅为 6.3 g 和 3.3；同时，缺维生素 E 组的卵巢水分含量明显升高，蛋白质与脂质含量下降。金明昌等（2006）还提出，在鲤鱼亲鱼产卵前，在饲料里添加高水平的维生素 E（2000 mg/kg），可使卵质量得到改善。Izquierdo 等（2001）研究发现，当饲料中维生素 E 含量增至 125 mg/kg 时，金头鲷的产卵量大幅度增加。肖伟平等（2003）在斜带石斑鱼亲鱼的鲜杂鱼中添加 0.2% 的维生素 E，结果发现受精卵的卵径、油球直径和仔鱼全长都有显著增大，并且受精卵中 n-3 多不饱和脂肪酸和 n-6 多不饱和脂肪酸的含量以及多不饱和脂肪酸与饱和脂肪酸的比值、二十二碳六烯酸与二十碳五烯酸的比值均显著高于对照组。

维生素 C（抗坏血酸）在鱼类营养中具有非常重要的作用，是维持鱼类正常生理功能必不可少的微量营养成分之一。维生素 C 对于卵粒质量有显著的改善作用

（Sandnes et al., 1984），其含量与卵的孵化率和仔鱼成活率成正相关（Furuita et al., 2009）。肖登元等（2014）认为半滑舌鳎亲鱼饲料中添加0.525%的维生素C会促进亲鱼性激素合成，改善亲鱼繁殖性能，提高精子、卵子质量，促进受精卵孵化，减少仔鱼畸形。维生素C也可促进大菱鲆的繁殖性能（张海涛等，2013）。维生素C对精子DNA具有一定的保护作用，高水平的维生素C可使精子内的重要成分免遭氧自由基损伤（Terova et al., 1998）。Lee等（2004）在黄金鲈饲料中添加不同水平的维生素C和维生素E饲养314 d后，结果发现对照组（两种维生素均不添加）的雄鱼性腺系数显著低于其他各组。此外，添加250 mg/kg维生素C组卵子的孵化率提高到82%，而对照组仅为59%，孵化率显著提升，表明在饲料中添加维生素C能提高雄鱼精子的质量。研究发现，维生素C和维生素E具有协同作用，表现为维生素C可保护临界水平的维生素E免受氧化破坏（Palace et al., 2006）。

5.2　饲料蛋白水平对彭泽鲫亲鱼性腺发育的影响

苗种质量是衡量商业化水产养殖发展的一个重要指标。一般根据亲鱼的产卵量、孵化率和苗种质量来判断性腺发育情况和繁殖情况。对于鱼卵而言，规格和成分等指标被认为是性腺发育的重要指标（何志刚等，2015）。鱼卵规格越大，往往孵化出来的鱼苗也越大，而大规格鱼苗往往意味着成活率高、生长速度快，因为大规格鱼苗有更好的摄食效率和耐饥饿能力（Miller et al., 1988）。蛋白质是提高鱼类生长、性腺发育和维持机体正常活动最重要的单一营养物质（Chong et al., 2004）。一方面，维持机体的正常功能需要大量的蛋白质；另一方面，蛋白质是一种重要的能量来源，卵黄卵母细胞的发育和卵巢的最终发育都需要这种能量（T. & Sikoki, 2014）。蛋白质摄入不足或缺失会造成鱼类产卵量严重下滑，甚至会引起性腺发育的停滞（徐翔，2014）。因此，蛋白质在鱼类营养上占据非常重要的地位，是其他营养素所无法替代的（戴贤君和舒妙安，2004）。鱼类合成蛋白质的能力有限，因此其所需的大部分蛋白质必须通过投喂饲料来提供（Faturoti et al., 1993）。

目前，就饲料中蛋白水平对彭泽鲫的影响研究一般都在生长（王胜林等，2000）、免疫和抗氧化能力（肖俊等，2023）、品质提升（Yueming et al., 2020）和肠道微生物（Jiamin et al., 2022）等方面，蛋白水平对彭泽鲫亲鱼性腺发育的影响国内外还没有学者进行研究。因此，本试验通过控制饲料中蛋白质的含量，研究其对彭泽鲫性腺发育和繁殖性能的影响，旨在探讨蛋白水平对彭泽鲫性腺发育影响的机理，并为彭泽鲫苗

种繁育提供理论基础。

5.2.1　材料与方法

5.2.1.1　试验鱼及饲养管理

彭泽鲫亲鱼购买于九江良盛生态农业发展有限公司，正式试验开始前在循环水系统中用基础饲料暂养 28 d，以适应养殖环境和饲料规格。随机选取体重一致且健康有活力的彭泽鲫亲鱼 135 尾，初始体重为（253.78 ± 5.34）g，随机分为 3 组，每组设 3 个平行，每个平行 15 尾鱼，每个圆形养殖桶（规格为直径 800 mm、高 650 mm）对应一个平行，养殖周期 60 d。试验鱼每天 9：00 和 17：00 饱食投喂试验日粮 2 次。整个试验期间水质监测情况为：水温（20 ± 5）℃，溶解氧浓度不低于 7 mg/L，pH 7.53 ± 0.12，氨氮和亚硝酸浓度不高于 0.1 mg/L。光周期为自然周期。

5.2.1.2　试验饲料

试验饲料以鱼粉和豆粕为主要蛋白源，鱼油为脂肪源，用玉米淀粉调节蛋白梯度，配制 3 种蛋白水平分别为 25%、35% 和 45% 的试验饲料。所有饲料原料粉碎后过 80 目筛，按配方比例称量后，加油和水混合制成直径为 2 mm 的颗粒饲料，晾干后用封口袋封装，在 –20 ℃冰箱中保存备用。试验饲料组成及营养水平见表 5-2-1。

表 5-2-1　试验饲料组成及营养水平（风干基础）

单位：%

项目	蛋白水平		
	25% 组	35% 组	45% 组
豆粕	30.0	45.0	50.0
鱼粉	10.0	15.0	25.0
谷朊粉	5.0	5.0	5.0
玉米淀粉	35.0	25.0	10.0
鱼油	5.0	5.0	4.5
磷酸二氢钙	1.0	1.0	1.0
多维[1]	1.0	1.0	1.0
多矿[2]	2.0	2.0	2.0
氯化胆碱	0.5	0.5	0.5
微晶纤维素	10.5	0.5	1.0

续表

项目	蛋白水平		
	25%组	35%组	45%组
营养水平			
干物质	91.33	91.89	91.56
粗蛋白质	26.82	35.73	44.38
粗脂肪	7.39	7.92	7.91
粗灰分	5.61	6.93	8.82

注：1. 多维日粮（mg·kg^{-1}）：硫胺素15，核黄素25，吡哆醇15，维生素 B$_{12}$ 0.2，叶酸5，碳酸钙50，肌醇500，烟酸100，生物素2，抗坏血酸100，维生素 A 100，维生素 D 20，维生素 E 55，维生素 K 5。

2. 多矿日粮（mg·kg^{-1}）：MgSO$_4$·7H$_2$O 4500，FeSO$_4$·7H$_2$O 950，CuSO$_4$·5H$_2$O 10，ZnSO$_4$·7H$_2$O 108，MnSO$_4$·4H$_2$O 40，KI 1.5，NaCl 600，NaH$_2$PO$_4$·2H$_2$O 8500，KH$_2$PO$_4$ 13500，CoSO$_4$·4H$_2$O 0.5。

5.2.1.3 样品采集与分析

5.2.1.3.1 样品采集

饲养试验结束后，饥饿试验鱼24 h。分别从每个养殖桶中随机取6尾鱼，经 MS-222（120 mg/L）麻醉后，测体长、称体重，以计算肥满度。用1 mL无菌注射器进行尾静脉采血，血液置于肝素钠抗凝管中，在4 ℃条件下静止12 h，4000 r/min离心10 min，取其上清液。随即将鱼置于冰盘内解剖，弃去雄鱼和雄鱼血液，完整取出雌鱼性腺，记录性腺重。卵母细胞的卵径在显微镜下用目微尺测量，进行卵径的测定，每尾雌鱼测量20个卵母细胞。所有样品放于 –80 ℃冰箱中保存待测。

5.2.1.3.2 营养成分测定

参照 AOAC（2006）的方法测定试验饲料和性腺组织常规营养成分。水分、粗脂肪和粗蛋白质分别采用恒温干燥法（GB/T 5009.3—2003）、索氏抽提法（GB/T 5009.6—2003）和凯氏定氮法（GB/T 5009.3—2003）测定，粗灰分含量测定采用550 ℃马弗炉灼烧法（GB/T 5009.4—2003）。

5.2.1.3.3 血清生化指标测定

血液生化指标使用日立7600-110型全自动生化分析仪进行测定。超氧化物歧化酶活力采用黄嘌呤氧化酶法，丙二醛采用硫代巴比妥酸缩合比色法，溶菌酶采用比浊法，总抗氧化活性、过氧化氢酶活性等均采用南京建成生物工程研究所有限公司的试剂盒检测，按说明书要求操作并计算。

5.2.1.3.4　性腺 H.E 染色与切片

雌鱼性腺用 4% 多聚甲醛固定后，依次将切片放入二甲苯Ⅰ 20 min、二甲苯Ⅱ 20 min、无水乙醇Ⅰ 5 min、无水乙醇Ⅱ 5 min、75% 酒精 5 min，用自来水洗。苏木素染色 3～5 min，盐酸水溶液分化，氨水水溶液返蓝，水洗。切片依次入 85%、95% 的梯度酒精脱水，入伊红染液中染色 5 min。切片依次放入无水乙醇Ⅰ 5 min、无水乙醇Ⅱ 5 min、无水乙醇Ⅲ 5 min、二甲苯Ⅰ 5 min、二甲苯Ⅱ 5 min 透明，中性树胶封片。最后显微镜镜检，图像采集分析。

5.2.1.4　计算公式及数据统计方法

增重率 =（终末总重 − 初始总重）/ 初始总重 ×100%；

肥满度 = 试验末鱼体重 / 试验末鱼体长度^3×100%；

性腺指数 = 性腺重 / 体重 ×100%。

试验所得数据用 SPSS 17.0 统计软件进行单因素方差分析，当差异达到显著（$P < 0.05$）时，采用图基氏法进行组间的多重比较。试验结果以平均值 ± 标准差表示。

5.2.2　结果与分析

5.2.2.1　饲料蛋白水平对彭泽鲫亲鱼生长的影响

在对罗非鱼的研究中发现，饲喂高水平蛋白饲料后罗非鱼更容易达到发育期，其卵母细胞更容易成熟，这些都是因为饲料影响了罗非鱼的生长（Gunasekera et al.，1995b）。对拉丽毛足鲈的研究中也发现投喂高蛋白水平饲料组的雌性亲鱼的体重更大、有更多卵母细胞生成卵黄（Shim et al.，1989）。一些报道还称，部分雌鱼会有更高的产卵率（Gunasekera et al.，1996a；El-Sayed et al.，2003）。由表 5-2-2 可知，饲料蛋白水平显著影响彭泽鲫亲鱼的生长速度。随着饲料蛋白水平的升高，彭泽鲫增重率显著增加。饲喂 35% 饲料蛋白的彭泽鲫亲鱼增重率显著高于 25% 饲料蛋白水平组，45% 饲料蛋白水平组相对 35% 饲料蛋白水平组无显著差异。增重率首先随蛋白水平的增加而显著提高至最优水平，随后开始呈现下降趋势，这说明饲粮蛋白水平过高会影响营养物质的吸收和利用（Jin et al.，2015），导致鱼类生长受到明显抑制（Fan et al.，2020）。在鳜（郭薇等，2023）、石斑鱼（Gao et al.，2019）、黄河鲤（Guo et al.，2012）和斑节对虾（李凤玉等，2023）等上均观察到随着饲粮蛋白水平超过最佳水平，增重率开始下降这一结果。这可能是因为饲料中蛋白质含量过高，彭泽鲫亲鱼需要消耗大量能量来代谢多余的蛋白质，使生长所需的能量大幅度减少，导致生长减少（Gan et al.，2012）。综上所述，25% 的饲料蛋白水平对彭泽鲫亲鱼的生长效果甚微，而 45%

的饲料蛋白水平对生长没有进一步的促进作用。如果仅考虑生长需求，彭泽鲫亲鱼配合饲料的蛋白质需求可以设定为 35%。

表 5-2-2　饲料蛋白水平对彭泽鲫亲鱼生长的影响

项目	蛋白水平		
	25%组	35%组	45%组
初重/g	252.92 ± 5.17	253.78 ± 5.34	261.03 ± 0.34
末重/g	284.95 ± 9.56[a]	344.12 ± 21.67[b]	350.57 ± 21.89[b]
增重率/%	12.70 ± 4.56[a]	35.58 ± 7.65[b]	34.31 ± 8.51[b]
肥满度/%	2.86 ± 0.10	3.11 ± 0.04	3.11 ± 0.15

注：同一行数据上标不同字母表示差异显著（$P < 0.05$）。

5.2.2.2　饲料蛋白水平对彭泽鲫亲鱼性腺发育的影响

许多研究表明，卵规格同亲鱼体规格有正相关关系（Sehgal & Toor，1991；Bromage et al.，1992）。性腺必须与其相应的生态条件紧密地联系才能发育完善，当饲料蛋白质和脂肪水平不适宜时，鱼体代谢就会发生紊乱（Zhang et al.，2017）。由表5-2-3 可知，随着饲料蛋白水平的增加，彭泽鲫亲鱼性腺指数、卵径长度（见图 5-2-1）显著增加，对彭泽鲫亲鱼卵巢组织 H.E 染色后观察发现（见图 5-2-2），随着饲料蛋白水平的增加，细胞核逐渐消失，卵母细胞显著增大，卵黄颗粒显著增多，表现出发育成熟度越高。在 45% 蛋白水平下，彭泽鲫卵巢发育成熟度最好。由此可知，彭泽鲫摄入的蛋白质越多，为性腺组织中卵黄蛋白原的合成提供的原料就越多，进而加快卵母细胞生长和性腺发育。在异育银鲫（龙勇等，2008）和黄鳝（刘家芳等，2012）等的研究中也发现一样的结果。在本试验中，饲料蛋白水平对刚孵化的彭泽鲫鱼苗体长变化不显著，说明初孵仔鱼受饲料中蛋白水平的影响很小。有研究发现，饲料中 20% 蛋白水平会限制罗非鱼的体规格、卵成熟和繁殖能力，但此蛋白水平试验的罗非鱼成功孵化的鱼苗质量和冷休克的鱼苗质量相同（Gunasekera et al.，1995a；Gunasekera et al.，1996b）。说明鱼苗的生长速度、蛋白质含量与水分含量同摄食饲料蛋白水平并无相互关系，在营养受限的条件下，影响的是彭泽鲫的产卵数量，对鱼苗质量影响较小。在其他鱼类的研究中也发现了类似结果（Milton & Arthington，1983）。综上所述，高蛋白水平饲料对彭泽鲫性腺发育有显著促进作用。

表 5-2-3　饲料蛋白水平对彭泽鲫性腺指数、卵径长度和后代质量的影响

项目	蛋白水平		
	25%组	35%组	45%组
性腺指数/%	6.09 ± 0.58^{a}	8.15 ± 0.25^{b}	12.03 ± 0.86^{c}
卵径长度/μm	472.63 ± 71.48^{a}	646.48 ± 44.40^{b}	720.44 ± 60.86^{c}
初孵仔鱼体长/cm	4.49 ± 0.06	4.72 ± 0.13	4.75 ± 0.15

注：同一行数据上标不同字母表示差异显著（ $P < 0.05$ ）。

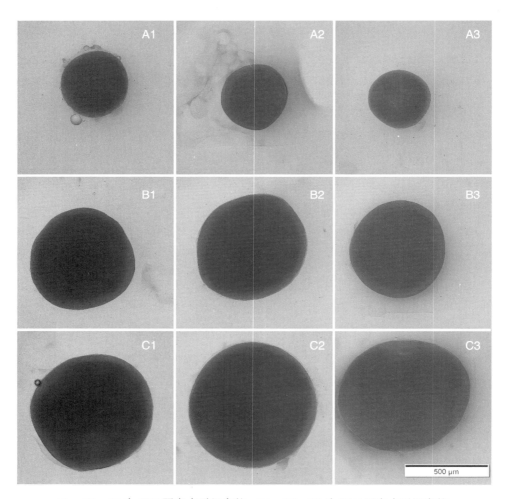

A1、A2、A3 为 25%蛋白水平组卵粒；B1、B2、B3 为 35%蛋白水平组卵粒；
C1、C2、C3 为 45%蛋白水平组卵粒。

图 5-2-1　饲料蛋白水平对彭泽鲫卵径长度的影响

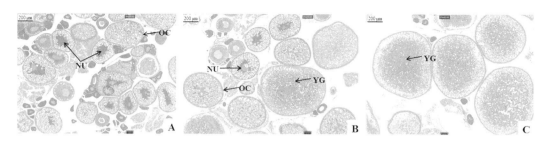

A、B、C 分别为投喂 25%、35% 和 45% 饲料蛋白水平的彭泽鲫卵巢组织切片；

NU：细胞核；OC：卵母细胞；YG：卵黄颗粒。

图 5-2-2　饲料蛋白水平对彭泽鲫卵巢组织学结构的影响

5.2.2.3　饲料蛋白水平对彭泽鲫卵巢组织氨基酸含量的影响

　　氨基酸是调节鱼苗性腺发育的一种重要的能源（高文，2008）。饲料蛋白水平的增加，会显著提高卵巢、血清和肌肉中分布的必需氨基酸和非必需氨基酸的含量（Gunasekera & Lam，1997）。由表 5-2-4 可知，在本试验中，彭泽鲫卵巢中 17 种氨基酸成分齐全，含量最高的是谷氨酸，这和银鲳亲鱼（黄旭雄等，2009）和鳜鱼（马林等，2023）等的研究结果一致。在不同蛋白水平处理下，虽然对氨基酸在各组卵巢中的比例影响不大，但对各组氨基酸的含量以及氨基酸总量的影响显著。随着饲料蛋白水平的升高，卵巢组织中必需氨基酸、非必需氨基酸和总氨基酸含量均显著增加。氨基酸的含量会对水生动物性腺发育产生影响（Chen et al.，2007）。有研究表明，色氨酸能促使雄鱼精子提早成熟及雌鱼提前排卵（Onate et al.，1989）；赖氨酸会对卵黄中蛋白质含量产生显著影响（L et al.，1990）；蛋氨酸、赖氨酸对产卵率和受精卵孵化率有显著影响；当甲硫氨酸缺乏时，鱼体将失去产卵能力（石立冬等，2020）；精氨酸的含量能够显著提高鱼类性腺发育，精氨酸的含量越高，鱼类的生长速度越快（周凡和邵庆均，2007）。综上所述，饲料中的高蛋白水平，可显著促进氨基酸在卵巢中的沉积，进而显著促进彭泽鲫亲鱼卵巢的发育。

表 5-2-4　饲料不同蛋白水平对彭泽鲫卵巢氨基酸组成的影响（湿重）

单位：%

项目	蛋白水平		
	25%组	35%组	45%组
精氨酸	0.68 ± 0.05^c	1.02 ± 0.07^b	1.17 ± 0.05^a
组氨酸	0.55 ± 0.05^b	0.69 ± 0.02^a	0.75 ± 0.01^a
缬氨酸	0.54 ± 0.02^c	0.82 ± 0.05^b	0.99 ± 0.05^a
苯丙氨酸	0.44 ± 0.21^b	0.76 ± 0.04^a	0.86 ± 0.03^a

续表

项目	蛋白水平		
	25% 组	35% 组	45% 组
亮氨酸	1.04 ± 0.05[c]	1.61 ± 0.09[b]	1.89 ± 0.10[a]
异亮氨酸	0.36 ± 0.03[c]	0.59 ± 0.04[b]	0.74 ± 0.06[a]
苏氨酸	0.61 ± 0.05[c]	0.86 ± 0.03[b]	1.03 ± 0.04[a]
甲硫氨酸	0.12 ± 0.02[b]	0.31 ± 0.06[a]	0.38 ± 0.01[a]
赖氨酸	0.89 ± 0.02[c]	1.23 ± 0.05[b]	1.41 ± 0.06[a]
色氨酸	0.14 ± 0.01[b]	0.18 ± 0.02[a]	0.20 ± 0.01[a]
总必需氨基酸	5.38 ± 0.43[c]	8.08 ± 0.41[b]	9.44 ± 0.39[a]
天冬氨酸	1.28 ± 0.06[b]	1.60 ± 0.06[a]	1.73 ± 0.05[a]
丝氨酸	1.02 ± 0.09[c]	1.41 ± 0.07[b]	1.62 ± 0.04[a]
谷氨酸	2.59 ± 0.15[c]	3.42 ± 0.18[b]	4.01 ± 0.15[a]
丙氨酸	1.09 ± 0.10[c]	1.74 ± 0.08[b]	1.98 ± 0.07[a]
甘氨酸	1.30 ± 0.16[b]	1.56 ± 0.05[a]	1.80 ± 0.04[a]
酪氨酸	0.58 ± 0.02[c]	0.79 ± 0.04[b]	0.90 ± 0.03[a]
脯氨酸	0.68 ± 0.05[c]	0.98 ± 0.08[b]	1.12 ± 0.03[a]
总非必需氨基酸	8.55 ± 0.59[c]	11.51 ± 0.54[b]	13.16 ± 0.37[a]
总氨基酸	13.93 ± 0.98[c]	19.58 ± 0.95[b]	22.6 ± 0.76[a]

注：同一行数据上标不同字母表示差异显著（$P < 0.05$）。

5.2.2.4　饲料蛋白水平对彭泽鲫卵巢组织脂肪酸组成的影响

性腺在发育时，脂肪作为重要的细胞膜组成物质，为卵母细胞的生长提供了物质基础。脂肪酸不仅可以调节一些类固醇激素的合成，也可经氧化分解产生能量，为性腺发育提供必要的能量（刘权迪等，2021）。在鱼类发育的早期阶段，利用的脂肪都是内源性的，卵子中的脂肪可被优先地利用来为胚胎发育提供能量。在本试验中，饲料蛋白水平显著影响卵巢脂肪酸含量（见表5-2-5）。在西伯利亚鲟（Luo et al., 2015）的研究中发现，ARA、EPA 和 DHA 的含量越高，性腺发育和后代质量越好，充分证明其对繁殖性能的重要影响。本试验结果表明（见表5-2-5），随着饲料中蛋白水平的提高，彭泽鲫卵巢组织中 $\sum$ SFA、ARA、EPA、DHA、$\sum$ PUFA、$\sum$ n-3PUFA 和 $\sum$ n-3/ $\sum$ n-6 均显著增加，在45％蛋白水平下达到峰值。虽然在多不饱和脂肪酸调控鱼类繁殖性能的机制十分复杂，但是有研究发现，长链多不饱和脂肪酸、性类固醇激素水平是影响鱼类卵黄发生、卵巢成熟的两个重要因素（温海深和林浩然，2001）。鱼类性腺在发育的过程中，机体中的长链多不饱和脂肪酸通过代谢途径，从脂肪组织转运至肝脏，从而促进肝合成卵黄蛋白原（Bransden et al.，2007）。肝合成卵黄蛋白原不仅需要足够多的长链多不饱和脂肪酸，还需要性类固醇激素的诱导作用才能完成（Lubzens et al.，2010）。Luo 等（2017）报道，卵巢中 n-3 长链多不饱和脂肪酸含量越高，西伯利亚鲟雌、雄亲鱼的繁殖性能和后代的品质就越好。在对牙鲆的研究中发现，长链多不饱和脂肪酸能显著提高牙鲆的繁殖性，显著降低仔鱼畸形率（Furuita et al.，2000）。综上所述，投喂高蛋白水平的饲料，可显著促进高不饱和脂肪酸在卵巢中的沉积，进一步表明高蛋白水平饲料可以促进彭泽鲫亲鱼卵巢的发育。

表 5-2-5　饲料不同蛋白水平对彭泽鲫卵巢脂肪酸组成的影响

单位：%

脂肪酸种类	蛋白水平		
	25% 组	35% 组	45% 组
C14：0	1.09 ± 0.11	1.04 ± 0.00	1.02 ± 0.10
C15：0	0.15 ± 0.01	0.17 ± 0.03	0.20 ± 0.02
C16：0	15.22 ± 0.40^{b}	16.36 ± 0.84^{b}	18.59 ± 0.79^{a}
C17：0	0.17 ± 0.01	0.24 ± 0.06	0.26 ± 0.02
C18：0	3.20 ± 0.03^{c}	4.01 ± 0.31^{b}	4.84 ± 0.38^{a}
C20：0	0.09 ± 0.01	0.09 ± 0.01	0.08 ± 0.00
C21：0	0.13 ± 0.03	0.17 ± 0.04	0.13 ± 0.03
∑SFA	20.05 ± 0.48^{b}	22.09 ± 1.22^{b}	25.11 ± 1.24^{a}
C16：1	3.41 ± 0.56	3.33 ± 0.31	3.74 ± 0.32
C18：1 n-9c	43.84 ± 0.89^{a}	40.1 ± 0.84^{b}	34.14 ± 0.97^{c}
C20：1	2.27 ± 0.06^{a}	1.99 ± 0.12^{b}	1.81 ± 0.11^{b}
C22：1 n-9	0.37 ± 0.02^{a}	0.28 ± 0.06^{ab}	0.23 ± 0.02^{b}
∑MUFA	49.89 ± 1.27^{a}	45.7 ± 0.80^{b}	39.92 ± 0.89^{c}
C18：2 n-6c	24.35 ± 1.70^{a}	21.15 ± 1.64^{a}	14.70 ± 2.24^{b}

续表

脂肪酸种类	蛋白水平		
	25% 组	35% 组	45% 组
C18∶3 n-6	0.26 ± 0.02	0.26 ± 0.01	0.23 ± 0.03
C18∶3 n-3	1.55 ± 0.09[a]	1.28 ± 0.09[a]	0.85 ± 0.18[b]
C20∶2 n-6	0.55 ± 0.03	0.55 ± 0.03	0.61 ± 0.03
C20∶3 n-6	0.79 ± 0.08[c]	1.05 ± 0.06[b]	1.46 ± 0.09[a]
C20∶4 n-6	0.85 ± 0.22[c]	2.02 ± 0.19[b]	2.91 ± 0.41[a]
C20∶5 n-3	0.48 ± 0.10[b]	0.69 ± 0.15[b]	1.33 ± 0.09[a]
C22∶6 n-3	1.23 ± 0.30[c]	5.21 ± 0.79[b]	12.88 ± 1.56[a]
∑ HUFA	3.36 ± 0.66[c]	8.97 ± 1.07[b]	18.59 ± 2.13[a]
∑ PUFA	30.06 ± 1.73[b]	32.21 ± 0.83[ab]	34.97 ± 0.92[a]
∑ n-3PUFA	3.26 ± 0.30[c]	7.18 ± 0.85[b]	15.07 ± 1.47[a]
∑ n-6PUFA	26.8 ± 1.79[a]	25.03 ± 1.60[a]	19.9 ± 1.77[b]
∑ n-3/∑ n-6	0.12 ± 0.02[b]	0.29 ± 0.05[b]	0.77 ± 0.14[a]

注：同一行数据上标不同字母表示差异显著（$P < 0.05$）。∑ SFA：总饱和脂肪酸；∑ MUFA：总单不饱和脂肪酸；∑ PUFA：总多不饱和脂肪酸；∑ HUFA：总高度不饱和脂肪酸。

5.2.3 结论

综上所述，饲料中蛋白水平可显著影响彭泽鲫亲鱼生长、氨基酸的含量和组成、脂肪酸的含量和组成，以及性腺发育。根据本试验数据及从生产成本等因素考虑，建议彭泽鲫亲鱼饲料中蛋白质含量不低于 35%。

5.3 饲料不同脂肪源对彭泽鲫性腺发育的影响

脂肪是鱼类维持其生长繁殖的必需的营养素之一。在亲鱼的必需营养中，多不饱和脂肪酸一直是营养学界研究的热点。鱼油因其富含丰富的 n-3 长链多不饱脂肪酸，因此成了水产饲料中最理想的脂肪源（刘洋等，2018）。常用在水产饲料上使用的植物油主要包括大豆油、亚麻油、菜籽油、红花油和葵花籽油等。其中，大豆油富含亚油酸，亚麻籽油富含亚麻酸。因此，植物脂肪源是替代鱼油的理想脂肪源（Nasopoulou & Zabetakis et al.，2012）。

长链多不饱和脂肪酸，尤其是二十二碳六烯酸（C22 : 6 n-3）、二十碳五烯酸（C20 : 5 n-3）和二十碳四烯酸（C20 : 4 n-6）最为重要，它们是卵黄蛋白原和胚胎细胞生物膜的重要组成成分（李远友等，2004）。缺少长链高度不饱和脂肪酸系列，会对鱼类的产卵力、受精率、孵化率有负面影响（谢帝芝等，2013）。大量研究表明，亚麻籽油、大豆油、菜籽油和花生油等植物油不同程度地取代鱼油，在鱼类生长和繁殖方面具有较好表现。如在日粮中添加 n-6 和 n-3 多不饱和脂肪酸，对提高雌鲤的性腺成熟、繁殖性能和产卵恢复至关重要（Xuet al.，2017）。摄食含亚麻籽油（富含LNA）饲料的罗非鱼生殖腺中检测到高浓度的 n-3 多不饱和脂肪酸，而摄食鱼油的只有较低浓度的 n-3 多不饱和脂肪酸（Ng & Wang，2011）。脂肪源的营养价值在很大程度上取决于脂肪酸的不饱和程度及各种脂肪酸的比例。一般认为，富含 n-3 和 n-6 系列的 HUFA 的鱼油及其与植物油的混合油的营养价值要高于高度不饱和脂肪酸含量较低的动物油和植物油（焦莉等，2020）。

目前，关于脂肪源对彭泽鲫亲鱼性腺发育影响的相关报道较少。因此，本试验通过在饲料中添加大豆油、鱼油和亚麻籽油为脂肪源，研究其对彭泽鲫性腺发育和繁殖性能的影响，为探讨不同脂肪源对彭泽鲫性腺发育的机理和苗种繁育提供理论基础。

5.3.1 材料与方法

5.3.1.1 试验鱼及饲养管理

彭泽鲫亲鱼购买于九江良盛生态农业发展有限公司，正式试验前在循环水系统中用基础饲料暂养 28 d，以适应养殖环境和饲料规格。随机选取体重一致且健康有活力的彭泽鲫亲鱼 135 尾，初始体重为（253.78 ± 5.34）g，随机分为 3 组，每组设 3 个平行，每个平行 15 尾鱼，每个圆形养殖桶（规格为直径 800 mm、高 650 mm）对应一个平行，养殖周期 60 d。试验鱼每天 9：00 和 17：00 饱食投喂试验日粮 2 次。整个试验期间水质监测情况为：水温（20 ± 5）℃，溶解氧浓度不低于 7 mg/L，pH 7.53 ± 0.12，氨氮和亚硝酸浓度不高于 0.1 mg/L。光周期为自然周期。

5.3.1.2 试验饲料

以鱼粉、豆粕和谷朊粉为主要的蛋白源，鱼油、大豆油和亚麻籽油为脂肪源，配制比例为鱼油：大豆油：亚麻籽油 = 5：0：0、0：5：0 和 0：0：5 的三种等氮

等脂饲料。采用逐级混匀的方式混合均匀后，制成直径 2 mm 的颗粒饲料，晾干后置于 –20 ℃冰箱中保存。基础饲料配方和营养水平见表 5-3-1。各试验组饲料脂肪酸组成见表 5-3-2。

表 5-3-1　试验饲料组成及营养水平（风干基础）

单位：%

项目	脂肪源		
	鱼油	大豆油	亚麻籽油
豆粕	45.0	45.0	45.0
鱼粉	15.0	15.0	15.0
谷朊粉	5.0	5.0	5.0
玉米淀粉	25.0	25.0	25.0
鱼油	5.0	0	0
大豆油	0	5.0	0
亚麻籽油	0	0	5.0
磷酸二氢钙	1.0	1.0	1.0
多维[1]	1.0	1.0	1.0
多矿[2]	2.0	2.0	2.0
氯化胆碱	0.5	0.5	0.5
微晶纤维素	0.5	0.5	0.5
营养水平			
干物质	91.89	91.97	91.57
粗蛋白质	35.73	36.12	35.98
粗脂肪	7.92	6.96	7.23
粗灰分	6.93	7.06	7.17

注：1. 多维日粮（mg·kg^{-1}）：硫胺素 15，核黄素 25，吡哆醇 15，维生素 B$_{12}$ 0.2，叶酸 5，碳酸钙 50，肌醇 500，烟酸 100，生物素 2，抗坏血酸 100，维生素 A 100，维生素 D 20，维生素 E 55，维生素 K 5。

2. 多矿日粮（mg·kg^{-1}）：MgSO$_4$·7H$_2$O 4500，FeSO$_4$·7H$_2$O 950，CuSO$_4$·5H$_2$O 10，ZnSO$_4$·7H$_2$O 108，MnSO$_4$·4H$_2$O 40，KI 1.5，NaCl 600，NaH$_2$PO$_4$·2H$_2$O 8500，KH$_2$PO$_4$ 13500，CoSO$_4$·4H$_2$O 0.5。

表 5-3-2　彭泽鲫饲料脂肪酸组成

单位：%

脂肪酸种类	脂肪源		
	鱼油	大豆油	亚麻籽油
C14：0	2.49	0.94	0.89
C15：0	0.17	0.07	0.07
C16：0	13.27	12.46	8.74
C17：0	0.36	0.17	0.19
C18：0	3.56	4.33	4.69
C20：0	0.34	0.44	0.00
C22：0	0.16	0.40	0.15
$\sum$ SFA	20.35	18.81	14.73
C16：1	3.19	0.99	0.95
C18：1 n-9c	40.02	26.29	21.97
C20：1	3.21	0.61	0.39
C20：2	0.73	0.09	0.06
C24：1	0.27	0	0
C22：1 n-9	1.32	0.17	0
$\sum$ MUFA	48.74	28.15	23.37
C18：2 n-6c	18.54	45.14	18.26
C18：3 n-6	0.09	0.20	0
C18：3 n-3	3.83	4.80	40.51
C20：3 n-6	0.24	0.00	0
C20：4 n-6	0.44	0.09	0.14
C20：5 n-3	3.94	1.80	1.78
C22：6 n-3	3.84	1.04	1.08
$\sum$ HUFA	8.46	2.93	3.00
$\sum$ PUFA	30.92	53.07	61.77
$\sum$ n-3PUFA	11.61	7.64	43.37
$\sum$ n-6PUFA	19.31	45.43	18.40
$\sum$ n-3/ $\sum$ n-6	0.60	0.17	2.36

注：$\sum$ SFA：总饱和脂肪酸；$\sum$ MUFA：总单不饱和脂肪酸；$\sum$ PUFA：总多不饱和脂肪酸；$\sum$ HUFA：总高度不饱和脂肪酸。

5.3.1.3 样品采集与分析

5.3.1.3.1 样品采集

饲养试验结束后，饥饿试验鱼 24 h，分别从每个养殖桶中随机取 6 尾鱼，经 MS-222（120 mg/L）麻醉后，测体长、称体重，以计算肥满度。用 1 mL 无菌注射器进行尾静脉采血，血液置于肝素钠抗凝管中，在 4 ℃条件下静止 12 h，4000 r/min 离心 10 min，取其上清液。随即将鱼置于冰盘内解剖，弃去雄鱼和雄鱼血液，完整取出雌鱼性腺，记录性腺重。卵母细胞的卵径在显微镜下用目微尺测量，进行卵径的测定，每尾雌鱼测量 20 个卵母细胞。所有样品放于 –70 ℃冰箱中保存待测。

5.3.1.3.2 营养成分测定

参照 AOAC（2006）的方法测定试验饲料和性腺组织常规营养成分。水分、粗脂肪和粗蛋白质分别采用恒温干燥法（GB/T 5009.3—2003）、索氏抽提法（GB/T 5009.6—2003）和凯氏定氮法（GB/T 5009.3—2003）测定，粗灰分含量测定采用 550 ℃马弗炉灼烧法（GB/T 5009.4—2003）。

5.3.1.3.3 血清生化指标测定

血液生化指标使用日立 7600–110 型全自动生化分析仪进行测定。超氧化物歧化酶活力采用黄嘌呤氧化酶法，丙二醛采用硫代巴比妥酸缩合比色法，溶菌酶采用比浊法，总抗氧化活性、过氧化氢酶活性等均采用南京建成生物工程研究所有限公司试剂盒检测，按说明书要求操作并计算。

5.3.1.3.4 性腺 H.E 染色与切片

雌鱼性腺用 4% 多聚甲醛固定后，依次将切片放入二甲苯 I 20 min、二甲苯 II 20 min、无水乙醇 I 5 min、无水乙醇 II 5 min、75% 酒精 5 min，自来水洗。苏木素染色 3～5 min，盐酸水溶液分化，氨水水溶液返蓝，水洗。切片依次入 85%、95% 的梯度酒精脱水，入伊红染液中染色 5 min。之后切片依次放入无水乙醇 I 5 min、无水乙醇 II 5 min、无水乙醇 III 5 min、二甲苯 I 5 min、二甲苯 II 5 min 透明，中性树胶封片。最后显微镜镜检，图像采集分析。

5.3.1.4 计算公式及数据统计方法

增重率 =（终末总重 − 初始总重）/ 初始总重 ×100%；

肥满度 = 试验末鱼体重 / 试验末鱼体长度^3 ×100%；

性腺指数 = 性腺重 / 体重 ×100%。

试验所得数据用 SPSS 17.0 统计软件进行单因素方差分析，当差异达到显著（$P < 0.05$）时，采用图基氏法进行组间的多重比较。试验结果以平均值 ± 标准差表示。

5.3.2 结果与分析

5.3.2.1 饲料脂肪源对彭泽鲫生长和肥满度的影响

大量研究表明，不同脂肪源之间的差异本质上是脂肪酸种类和含量的差异，这种差异会通过影响鱼类对脂肪酸的消化、吸收和利用，进而对鱼类生长产生不同的影响（Qiu et al., 2017）。由表 5-3-3 可知，经过 60 d 的养殖试验，各组彭泽鲫终末体重、增重率和肥满度均无显著差异。在其他淡水鱼类中也有类似发现，在对黄鳝的研究发现，饲料中添加不同脂肪源对其生长性能影响没有显著差异（周秋白等，2011）。陆游等（2018）使用添加不同脂肪源的饲料饲喂黄颡鱼幼鱼，发现植物油组与鱼油组之间增重及成活率均无明显的变化。在对框鳞镜鲤等的研究中（程小飞等，2013）发现，饲料中不同脂肪源对鱼体的肥满度无显著影响。饲料中适宜的亚麻酸和亚油酸可以满足淡水鱼对必需脂肪酸的需求（李婷婷等，2021）。在本试验中，投喂不同脂肪源饲料的彭泽鲫之间没有显著的生长差异，可能是因为试验饲料中的 LNA 和 LA 含量足够支持彭泽鲫的生长。

表 5-3-3　饲料脂肪源对彭泽鲫生长和肥满度的影响

项目	鱼油	大豆油	亚麻籽油
初重/g	253.78 ± 5.34	258.73 ± 0.18	260.65 ± 0.37
末重/g	344.12 ± 21.67	353.67 ± 26.44	354.50 ± 22.31
增重率/%	35.58 ± 7.65	34.74 ± 9.55	33.48 ± 9.80
肥满度/%	3.11 ± 0.04	3.34 ± 0.12	3.17 ± 0.15

5.3.2.2 饲料脂肪源对彭泽鲫卵巢组织氨基酸含量的影响

不同脂肪源对彭泽鲫卵巢组织氨基酸含量的影响见表 5-3-4。大量研究表明，氨基酸含量会对水生动物性腺发育产生影响。研究发现，色氨酸能促使雄鱼精子提早成熟及雌鱼提前排卵（Onate et al., 1989）；降低赖氨酸的含量会导致卵黄中蛋白质含量显著降低（L et al., 1990）。还有研究发现，当鱼体缺少蛋氨酸、赖氨酸时，其产卵率和受精卵孵化率均出现降低，且在甲硫氨酸缺乏时，还无法产卵（石立冬等，2020）。除去常见的必需氨基酸外，一些特定氨基酸也能影响动物的性腺发育能力。牛磺酸不仅能显著改善雌鱼的产卵性能（Al-Feky et al., 2016），而且对精子的产生也有显著影响（Masato et al., 2012）。对大多数鱼类的雄体而言，精子特有的鱼精蛋白中精氨酸的含量较高，因此精氨酸在性腺发育中也是至关重要的（D et al., 2004）。在本试验中，彭泽鲫卵巢中 17 种氨基酸成分齐全，含量最高的是谷氨酸，这和银鲳亲鱼（黄旭雄

等，2009）和鳜鱼（马林等，2023）等的研究结果一致。不同脂肪源对彭泽鲫卵巢苯丙氨酸、甲硫氨酸和色氨酸的影响不显著（$P > 0.05$）。在不同脂肪源的饲料投喂下，对各试验组卵巢中氨基酸比例的影响不大，但对氨基酸的含量以及氨基酸总量有显著影响（$P < 0.05$）。大豆油组和亚麻籽油组的必需氨基酸、非必需氨基酸和总氨基酸含量均显著高于鱼油组（$P < 0.05$）。本试验结果表明，从氨基酸组成上来看，大豆油组和亚麻籽油组的彭泽鲫卵巢发育要比鱼油组的效果好。

表 5-3-4　饲料脂肪源对彭泽鲫卵巢氨基酸组成（湿重）的影响

单位：%

项目	饲料脂肪源		
	鱼油	大豆油	亚麻籽油
精氨酸	1.02 ± 0.07^b	1.24 ± 0.03^a	1.31 ± 0.03^a
组氨酸	0.69 ± 0.02^b	0.76 ± 0.03^a	0.81 ± 0.01^a
缬氨酸	0.82 ± 0.05^c	1.07 ± 0.02^b	1.19 ± 0.06^a
苯丙氨酸	0.76 ± 0.04	0.71 ± 0.01	0.75 ± 0.04
亮氨酸	1.61 ± 0.09^b	2.02 ± 0.04^a	2.13 ± 0.04^a
异亮氨酸	0.59 ± 0.04^c	0.87 ± 0.02^b	0.98 ± 0.06^a
苏氨酸	0.86 ± 0.03^c	1.09 ± 0.03^b	1.16 ± 0.02^a
甲硫氨酸	0.31 ± 0.06	0.33 ± 0.04	0.33 ± 0.02
赖氨酸	1.23 ± 0.05^b	1.49 ± 0.03^a	1.57 ± 0.05^a
色氨酸	0.18 ± 0.02	0.19 ± 0.01	0.19 ± 0.01
总必需氨基酸	8.08 ± 0.41^b	9.76 ± 0.16^a	10.41 ± 0.22^a
天冬氨酸	1.60 ± 0.06^b	1.67 ± 0.03^{ab}	1.74 ± 0.03^a
丝氨酸	1.41 ± 0.07^b	1.65 ± 0.03^a	1.73 ± 0.02^a
谷氨酸	3.42 ± 0.18^b	4.08 ± 0.04^a	4.32 ± 0.14^a
丙氨酸	1.74 ± 0.08^b	1.95 ± 0.08^a	2.03 ± 0.05^a
甘氨酸	1.56 ± 0.05^c	1.82 ± 0.02^b	1.99 ± 0.10^a
酪氨酸	0.79 ± 0.04^a	0.84 ± 0.01^{ab}	0.88 ± 0.03^a
脯氨酸	0.98 ± 0.08^b	1.14 ± 0.02^a	1.18 ± 0.03^a
总非必需氨基酸	11.51 ± 0.54^b	13.14 ± 0.16^a	13.86 ± 0.14^a
总氨基酸	19.58 ± 0.95^b	22.91 ± 0.30^a	24.27 ± 0.13^a

注：同一行数据上标不同字母表示差异显著（$P < 0.05$）。

5.3.2.3　饲料脂肪源对彭泽鲫卵巢组织脂肪酸组成的影响

性腺在发育时，脂肪作为重要的细胞膜物质，为卵母细胞的生长提供物质基础，脂肪酸不仅可以调节一些类固醇激素的合成，也可经氧化分解产生能量，为性腺发育提供必要的能量（刘权迪等，2021）。不同脂肪源对彭泽鲫卵巢组织脂肪酸组成的影响见表5-3-5，结果显示，饲喂不同脂肪源的彭泽鲫卵巢组织脂肪酸种类的组成基本一致，脂肪酸含量最高的是 C18：1 n9c。这和日本沼虾（赵卫红等，2014）和斑节对虾（郭志峰等，2003）卵巢中脂肪酸的测定结果一致，说明 C18：1 n9c 是一种卵巢发育的重要能源物质。饱和脂肪酸如 C14：0、C15：0 和 C17：0 的含量影响不显著（$P > 0.05$）。EPA 和 DHA 是鱼类性腺发育所需的重要营养因子，在对金头鲷（Fernández-Palacios et al.，1997）、牙鲆（Furuita et al.，2000）和西伯利亚鲟（Luo et al.，2015）的研究中已经充分证明其对繁殖性能的重要影响。在本试验中，大豆油组 ARA 和 DHA 含量显著高于鱼油组和亚麻籽油组（$P < 0.05$）；亚麻籽油组 EPA 含量显著高于鱼油组和大豆油组（$P < 0.05$）。尽管饲料中所含 ARA 较低，但3组卵巢中 ARA 含量远超饲料所提供，证明彭泽鲫具有将亚油酸转化为 ARA 的能力。WU 等（2009）和从娇娇等（2020）也有相关报道。彭泽鲫卵巢中的 EPA 和 DHA 与饲料中的含量差异不一致，比如饲料中大豆油组 DHA 含量最少，但在卵巢中 DHA 含量显著高于鱼油组和亚麻籽油组。造成这个结果的原因可能是 EPA 与 DHA 的吸收不仅和其在饲料中的含量有关，而且与饲料中各脂肪酸的配比有关（姜建湖等，2019）。淡水水生动物具有可以通过亚油酸和亚麻酸合成少量 DHA 和 EPA 的能力（李婷婷等，2021），可能这也是造成这种差异的原因之一。在本试验中，各组之间饱和脂肪酸（SFA）差异不显著（$P > 0.05$）。SFA 是卵巢中主要的供能脂肪酸，为鱼类生存活动提供所需能量（陈彦良等，2014），说明在彭泽鲫卵巢中 SFA 组成可能具有较强的保守性。大豆油组卵巢中 $\sum$ n-6PUFA 和 $\sum$ PUFA 显著高于亚麻籽油组，可能是因为大豆油组中 LA 含量很高但缺乏鱼油富含的 n-3 PUFA，激发了水生动物 $\sum$ PUFA 合成能力的提高，进而导致 $\sum$ PUFA 含量增加。

表5-3-5　饲料脂肪源对彭泽鲫卵巢脂肪酸组成的影响

单位：%

脂肪酸种类	饲料脂肪源		
	鱼油	大豆油	亚麻籽油
C14：0	1.04 ± 0	0.99 ± 0.09	1.00 ± 0.09

续表

脂肪酸种类	饲料脂肪源		
	鱼油	大豆油	亚麻籽油
C15：0	0.17 ± 0.03	0.17 ± 0.01	0.15 ± 0.01
C16：0	16.36 ± 0.84[b]	20.06 ± 0.92[a]	16.49 ± 0.35[b]
C17：0	0.24 ± 0.06	0.30 ± 0.04	0.25 ± 0.07
C18：0	4.01 ± 0.31[b]	6.33 ± 0.26[a]	4.36 ± 0.20[b]
C20：0	0.09 ± 0.01[b]	0.08 ± 0.01[b]	0.14 ± 0.01[a]
C21：0	0.17 ± 0.04[b]	0.25 ± 0[a]	0.08 ± 0.01[c]
$\sum$ SFA	22.09 ± 1.22	28.19 ± 1.18	22.46 ± 0.54
C16：1	3.33 ± 0.31[b]	3.51 ± 0.22[a]	3.78 ± 0.06[b]
C18：1 n–9c	40.1 ± 0.84[a]	30.16 ± 1.37[c]	34.28 ± 0.72[b]
C20：1	1.99 ± 0.12[a]	1.35 ± 0.11[b]	1.76 ± 0.10[a]
C22：1 n–9	0.28 ± 0.06[b]	0.14 ± 0.01[c]	0.47 ± 0.04[a]
$\sum$ MUFA	45.70 ± 0.80[a]	35.15 ± 1.40[c]	40.29 ± 0.74[b]
C18：2 n–6c	21.15 ± 1.64[a]	15.39 ± 1.32[b]	17.62 ± 0.90[b]
C18：3 n–6	0.26 ± 0.01[b]	0.56 ± 0.06[a]	0.18 ± 0.03[b]
C18：3 n–3	1.28 ± 0.09[b]	0.74 ± 0.12[c]	7.73 ± 0.31[a]
C20：2 n–6	0.55 ± 0.03[a]	0.48 ± 0.02[ab]	0.41 ± 0.03[b]
C20：3 n–6	1.05 ± 0.06[b]	1.84 ± 0.1[a]	1.10 ± 0.12[b]
C20：4 n–6	2.02 ± 0.19[b]	6.35 ± 0.42[a]	1.40 ± 0.17[b]
C20：5 n–3	0.69 ± 0.15[b]	0.74 ± 0.05[b]	1.46 ± 0.09[a]
C22：6 n–3	5.21 ± 0.79[c]	10.56 ± 0.58[a]	7.34 ± 0.79[b]
$\sum$ HUFA	8.97 ± 1.07[b]	19.49 ± 1.13[a]	11.3 ± 1.11[b]
$\sum$ PUFA	32.21 ± 0.83[b]	36.66 ± 0.71[a]	37.24 ± 0.21[a]
$\sum$ n–3PUFA	7.18 ± 0.85[c]	12.04 ± 0.51[b]	16.53 ± 0.93[a]
$\sum$ n–6PUFA	25.03 ± 1.60[a]	24.62 ± 0.95[a]	20.71 ± 0.75[b]
$\sum$ n–3/$\sum$ n–6	0.29 ± 0.05[c]	0.49 ± 0.04[b]	0.80 ± 0.07[a]

注：同一行数据上标不同字母表示差异显著（$P < 0.05$）。$\sum$ SFA：总饱和脂肪酸；$\sum$ MUFA：总单不饱和脂肪酸；$\sum$ PUFA：总多不饱和脂肪酸；$\sum$ HUFA：总高度不饱和脂肪酸。

5.3.2.4　饲料脂肪源对彭泽鲫性腺指数、卵径和后代质量的影响

不同脂肪源对彭泽鲫性腺指数、卵径和后代质量的影响见表5-3-6和图5-3-1。性腺指数、卵径长度和出孵仔鱼体长通常被认为是评价鱼类繁殖性能的重要指标（Berenjestanaki et al.，2014）。性腺中雌激素和孕激素是主要的类固醇激素，某些脂肪酸，尤其是多不饱和脂肪酸，会对类固醇产生一定的影响。在本试验中，大豆油组的性腺指数最高，其次是亚麻籽油组，鱼油组性腺指数最低，它们之间具有显著性差异（$P < 0.05$）。这可能是因为LA含量会影响水生动物类固醇激素的合成，其含量越高，性腺发育越慢。在对鲤鱼（Ma et al.，2020）和黄鲇（Fei et al.，2020）的研究中也证明了这点。卵径长度通常被作为一个水生动物高质量繁殖的指标（Wanke et al.，2017），通常认为规格较大的卵具有较高的营养储备（Stuart et al.，2020）。在本试验中，大豆油组彭泽鲫的卵径最大，与鱼油组差异显著（$P < 0.05$），但与亚麻籽油组无显著性差异（$P > 0.05$）。这与Xu等（H.G.et al.，2017）对半滑舌鳎的研究发现n-3长链多不饱和脂肪酸含量显著影响卵径的结果类似。一方面，n-3长链多不饱和脂肪酸可用于形成细胞膜和卵内保留的物质。另一方面，n-3长链多不饱和脂肪酸能促进卵黄蛋白的合成、运输和沉积（宁延昶，2022）。相关研究表明，卵脂肪中的EPA与产卵量密切相关，DHA与孵化率呈显著性相关，n-6系列的HUFA也会影响亲鱼的性腺发育和繁殖性能（Harel et al.，1994）。在本试验中，各组之间的初孵仔鱼体长无明显差异（$P > 0.05$），这可能是由于彭泽鲫繁殖产卵期间卵巢中储存的营养在一定程度上满足了仔鱼的初孵要求。

表5-3-6　饲料脂肪源对彭泽鲫性腺指数、卵径和后代质量的影响

项目	鱼油	大豆油	亚麻籽油
性腺指数/%	8.15 ± 0.25^a	15.16 ± 0.82^c	12.52 ± 1.10^b
卵径长度/μm	646.48 ± 44.40^a	698.62 ± 41.30^b	685.81 ± 34.52^b
初孵仔鱼体长/mm	4.63 ± 0.23	4.62 ± 0.39	4.74 ± 0.22

注：同一行数据上标不同字母表示差异显著（$P < 0.05$）。

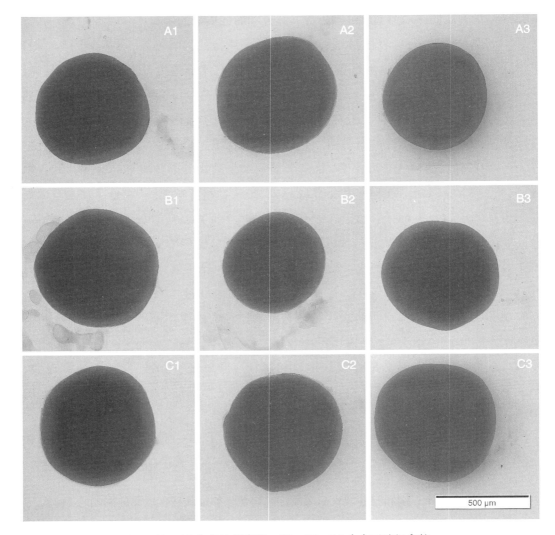

A1、A2、A3 为鱼油组卵粒；B1、B2、B3 为大豆油组卵粒；

C1、C2、C3 为亚麻籽油组卵粒。

图 5-3-1 饲料脂肪源对彭泽鲫卵径长度的影响

5.3.2.5 饲料脂肪源对彭泽鲫卵巢组织学结构的影响

饲料脂肪源对彭泽鲫卵巢组织学结构的影响见图 5-3-2。卵巢是彭泽鲫重要的营养繁殖器官，能够积累营养物质供自身及其内部卵子的发育（江红霞，2017）。在本试验中，各组卵巢细胞核基本消失，大豆油组卵子大小明显大于鱼油组和亚麻籽油组；鱼油组卵巢壁上分布的卵母细胞数量明显多于大豆油组和亚麻籽油组；在鱼油组和亚麻籽油组中卵巢能观察到许多空腔，大豆油组卵巢的空腔较少。卵黄是卵巢内重要的营养物质，为卵巢的发育以及卵子的形成提供丰富的营养物质，它参与卵子、卵巢及胚胎发育的每一个过程，因此在发育过程中具有重要的营养作用（陈志方等，2023）。本试验发现，大豆油组卵黄颗粒显著多于其余两组，说明在本试验中，大豆油组彭泽鲫卵巢发育结果相对较好。

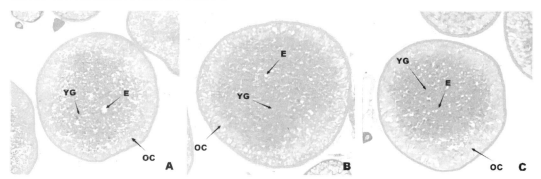

A、B、C分别为鱼油组、大豆油组和亚麻籽油组的彭泽鲫卵巢组织切片；
OC：卵母细胞；YG：卵黄颗粒；E：空腔。
图 5-3-2 饲料脂肪源对彭泽鲫卵巢组织学结构的影响

5.3.3 结论

综上所述，饲料中不同脂肪源可显著影响彭泽鲫亲鱼氨基酸、脂肪酸和性腺发育。综合彭泽鲫亲鱼繁殖性能、卵巢营养组成、卵子质量和养殖效益，大豆油是彭泽鲫亲鱼饲料中最理想的脂肪来源。上述研究结果有助于实现通过营养调控策略改善彭泽鲫亲鱼的繁殖性能。

5.4 饲料维生素 C 水平对彭泽鲫性腺发育的影响

随着我国水产养殖规模的不断扩大，优质的苗种日益受到养殖户的青睐。因此，如何在人工育苗过程中提高亲鱼繁殖性能及仔鱼质量显得尤为重要。鱼类在繁殖阶段需要大量的营养，营养缺乏会造成亲鱼性腺发育迟缓、卵子质量下滑等结果，严重影响亲鱼繁殖性能及仔鱼质量（高露姣等，2006）。因此，满足亲鱼营养需求是提升亲鱼繁殖性能与仔鱼质量的重要保障（I et al., 2022）。维生素 C 是目前在鱼类研究中常见的一种营养素（肖登元和梁萌青，2012），作为一种抗氧化剂，维生素 C 能维持机体内平衡，保护卵膜结构，防止卵 DNA 被氧化破坏（Terova et al., 1998）。大多数鱼体缺乏 $L-$ 古洛糖内酯氧化酶，不具备自主合成维生素 C 的能力，需要从摄食中补充维生素 C（艾庆辉等，2005）。相关研究结果表明，维生素 C 对提高亲鱼繁殖能力、

胚胎发育和仔鱼存活有显著影响（梁正其等，2013）。维生素 C 不仅可以促进卵母细胞成熟和精巢发育（李铁梁等，2022），而且是胚胎发育中胶原蛋白合成所必需的营养素（肖登元等，2014）。

目前，维生素 C 对亲鱼繁殖性能的影响仅在龙睛金鱼（李铁梁等，2022）、鲆鲽类（张海涛等，2013；肖登元等，2014）和尼罗罗非鱼（Martins et al.，2016）等中有少量研究，对彭泽鲫的相关研究国内外还未有报道。因此，本试验在基础饲料中添加不同水平的维生素 C，旨在研究其对彭泽鲫亲鱼性腺发育和繁殖性能的影响，为其性腺发育的机理和苗种繁育提供理论基础。

5.4.1　材料与方法

5.4.1.1　试验鱼及饲养管理

彭泽鲫亲鱼购买于九江良盛生态农业发展有限公司，正式试验开始前在循环水养殖系统中用基础饲料暂养 28 d，以适应养殖环境和饲料规格。随机选取体重一致且健康有活力的彭泽鲫亲鱼 135 尾，初始体重为（253.78 ± 5.34）g，随机分为 3 组，每组设 3 个平行，每个平行 15 尾鱼，每个圆形养殖桶（规格为直径 800 mm、高 650 mm）对应一个平行，养殖周期 60 d。试验鱼每天 9：00 和 17：00 饱食投喂试验日粮 2 次。整个试验期间水质监测情况为：水温（20 ± 5）℃，溶解氧浓度不低于 7 mg/L，pH 7.53 ± 0.12，氨氮和亚硝酸浓度不高于 0.1 mg/L。光周期为自然周期。

5.4.1.2　试验饲料

试验饲料以鱼粉和豆粕为主要蛋白源，鱼油为脂肪源，配制成基础饲料。在基础饲料中分别添加维生素 C 磷酸酯钙盐（购自山东天力药业有限公司维生素分公司，维生素 C 有效含量不低于 30%）0 mg/kg（VC0 组）、400 mg/kg（VC1 组）和 1600 mg/kg（VC2 组），配制 3 组试验饲料，所有原料粉碎后过 80 目筛，按配方比例称量后，加油和水混合制成直径为 2 mm 的颗粒饲料，晾干后用封口袋封装，在 −20 ℃冰箱中保存备用。试验饲料组成和营养水平见表 5-4-1。

表 5-4-1　试验饲料组成及营养水平（风干基础）

项目	饲料维生素 C 水平		
	VC0 组	VC1 组	VC2 组
豆粕/%	45.0	45.0	45.0
鱼粉/%	15.0	15.0	15.0

项目	饲料维生素 C 水平		
	VC0 组	VC1 组	VC2 组
谷朊粉/%	5.0	5.0	5.0
玉米淀粉/%	25.0	25.0	25.0
鱼油/%	5.0	5.0	5.0
磷酸二氢钙/%	1.0	1.0	1.0
多维[1]/%	1.0	1.0	1.0
多矿[2]/%	2.0	2.0	2.0
氯化胆碱/%	0.5	0.5	0.5
微晶纤维/%	0.5	0.5	0.5
维生素C/(mg·kg^{-1})	0	400.0	1600.0
营养水平			
干物质/%	91.89	91.15	91.53
粗蛋白质/%	35.73	36.22	35.51
粗脂肪/%	7.92	7.56	7.19
粗灰分/%	6.93	7.22	7.13

注：1. 多维日粮（mg·kg^{-1}）：硫胺素 15，核黄素 25，吡哆醇 15，维生素 B$_{12}$ 0.2，叶酸 5，碳酸钙 50，肌醇 500，烟酸 100，生物素 2，抗坏血酸 100，维生素 A 100，维生素 D 20，维生素 E 55，维生素 K 5。

2. 多矿日粮（mg·kg^{-1}）：MgSO$_4$·7H$_2$O 4500，FeSO$_4$·7H$_2$O 950，CuSO$_4$·5H$_2$O 10，ZnSO$_4$·7H$_2$O 108，MnSO$_4$·4H$_2$O 40，KI 1.5，NaCl 600，NaH$_2$PO$_4$·2H$_2$O 8500，KH$_2$PO$_4$ 13500，CoSO$_4$·4H$_2$O 0.5。

5.4.1.3 样品采集与分析

5.4.1.3.1 样品采集

饲养试验结束后，饥饿试验鱼 24 h，分别从每个养殖桶中随机取 6 尾鱼，经 MS-222（120 mg/L）麻醉后，测体长、称体重，以计算肥满度。用 1 mL 无菌注射器进行尾静脉采血，血液置于肝素钠抗凝管中，在 4 ℃条件下静止 12 h，4000 r/min 离心 10 min，取其上清液。随即将鱼置于冰盘内解剖，弃去雄鱼和雄鱼血液，完整取出雌鱼性腺，记录性腺重。卵母细胞的卵径在显微镜下用目微尺测量，进行卵径的测定，每尾雌鱼测量 20 个卵母细胞。所有样品放于 −70 ℃冰箱中保存待测。

5.4.1.3.2 营养成分测定

参照 AOAC（2006）的方法测定试验饲料和性腺组织常规营养成分。水分、粗脂肪和粗蛋白质分别采用恒温干燥法（GB/T 5009.3—2003）、索氏抽提法（GB/T 5009.6—2003）和凯氏定氮法（GB/T 5009.3—2003）测定，粗灰分含量测定采用 550 ℃马弗炉灼烧法（GB/T 5009.4—2003）。

5.4.1.3.3 性腺 H.E 染色与切片

雌鱼性腺用 4% 多聚甲醛固定后，依次将切片放入二甲苯 Ⅰ 20 min、二甲苯 Ⅱ 20 min、无水乙醇 Ⅰ 5 min、无水乙醇 Ⅱ 5 min、75% 酒精 5 min，自来水洗。然后苏木素染色 3～5 min，盐酸水溶液分化，氨水水溶液返蓝，水洗。切片依次入 85%、95% 的梯度酒精脱水，入伊红染液中染色 5 min。切片依次放入无水乙醇 Ⅰ 5 min、无水乙醇 Ⅱ 5 min、无水乙醇 Ⅲ 5 min、二甲苯 Ⅰ 5 min、二甲苯 Ⅱ 5 min 透明，中性树胶封片。最后显微镜镜检，图像采集分析。

5.4.1.4 计算公式及数据统计方法

增重率 =（终末总重－初始总重）/ 初始总重 ×100%；

肥满度 = 试验末鱼体重 / 试验末鱼体长度^3×100%；

性腺指数 = 性腺重 / 体重 ×100%。

试验所得数据用 SPSS 17.0 统计软件进行单因素方差分析，当差异达到显著（$P < 0.05$）时，采用图基氏法进行组间的多重比较。试验结果以平均值 ± 标准差表示。

5.4.2 结果与分析

5.4.2.1 饲料维生素 C 水平对彭泽鲫亲鱼生长的影响

在本试验中（见表 5-4-2），饲料中维生素 C 水平对彭泽鲫亲鱼的末重、增重率和肥满度均无显著影响，这和在其他一些成年鱼类研究中发现的结果一致。在日本鳗鲡饲料中添加不同水平的维生素 C，发现其对成年日本鳗鲡的生长没有影响（Shahkar et al., 2015）；在大黄鱼亲鱼的研究中发现，在饲料中添加不同水平的维生素 C，对亲鱼的生长没有显著影响（Ai et al., 2006）。然而，此前许多关于幼鱼或小鱼对维生素 C 需求的研究表明，生长性能与饲料中维生素 C 水平呈正相关（A. et al., 2022；E. et al., 2022；mei et al., 2022）。其原因可能是在鱼生长的早期阶段，生长速度非常快，骨骼生长需要大量的膳食维生素 C。维生素 C 是胶原形成过程中必不可少的营养物质，缺乏维生素 C 会导致骨骼发育异常（Aghajanian et al., 2015）。而在成年鱼类中，维生素 C 对机体的生长没有明显的促进作用。

表 5-4-2　饲料维生素 C 水平对彭泽鲫生长和肥满度的影响

项目	VC0 组	VC1 组	VC2 组
初重/g	253.78 ± 5.34	260.13 ± 0.81	260.96 ± 0.78
末重/g	344.12 ± 21.67	352.65 ± 33.08	358.62 ± 9.41
增重率/%	35.58 ± 7.65	35.58 ± 12.87	37.43 ± 3.81
肥满度/%	3.11 ± 0.04	3.16 ± 0.03	3.11 ± 0.08

5.4.2.2　饲料维生素 C 水平对彭泽鲫性腺指数、卵径和卵巢组织学结构的影响

维生素 C 能通过促进亲鱼性腺成熟和胚胎发育，来提高亲鱼繁殖能力和卵子质量。有关维生素 C 对提高后代质量的研究虽然不多，但也有一些比较成功的研究成果。相关研究表明，饵料中添加维生素 C 对中华绒螯蟹的性腺指数有较明显的提高（艾春香等，2003）。在对攀鲈亲鱼的研究中也发现，适量维生素 C 对性腺发育和性腺指数提升有明显的作用，但维生素 C 含量过量或缺失，会显著降性腺指数和繁殖能力（I et al.，2022）。本试验结果与上述研究结果相似（见表 5-4-3 和图 5-4-1），随着饲料中维生素 C 添加量的升高，彭泽鲫亲鱼性腺指数和卵径长度显著升高，而 VC1 组和 VC2 组之间卵径长度无显著差异，但 VC2 组的性腺指数显著低于 VC1 组。鱼的性腺越发达，卵的直径就越大，这是由于在性腺成熟度水平发育过程中，卵黄逐渐沉积形成的结果（罗相忠等，2021）。性腺指数的增加可能与卵母细胞发育有关，在卵黄发生过程中，卵的大部分代谢产物都集中在性腺的发育上，卵黄颗粒的数量和大小增加，使得卵母细胞的体积增加（刘娅等，2022）。在本试验中，对彭泽鲫卵巢组织学结构的试验研究结果（见图 5-4-2）也证明了这点。综上所述，在饲料中添加维生素 C 能显著提高彭泽鲫亲鱼的繁殖能力。

表 5-4-3　饲料维生素 C 水平对彭泽鲫性腺指数、卵径长度的影响

项目	VC0 组	VC1 组	VC2 组
性腺指数/%	8.15 ± 0.25[a]	14.91 ± 0.53[c]	11.85 ± 1.30[b]
卵径长度/μm	646.48 ± 44.40[a]	719.31 ± 43.85[b]	697.24 ± 25.60[b]

注：同一行数据上标不同字母表示差异显著（$P < 0.05$）。

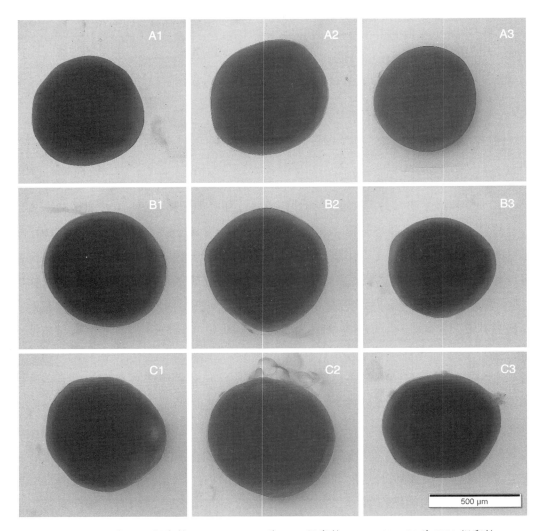

A1、A2、A3 为 VC0 组卵粒；B1、B2、B3 为 VC1 组卵粒；C1、C2、C3 为 VC2 组卵粒。

图 5-4-1　饲料维生素 C 水平对彭泽鲫卵径长度的影响

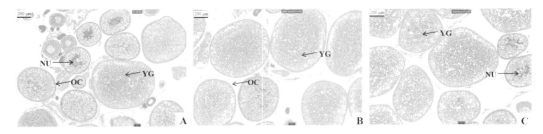

A、B、C 分别为 VC0 组、VC1 组和 VC2 组的彭泽鲫卵巢组织切片；

NU：细胞核；OC：卵母细胞；YG：卵黄颗粒。

图 5-4-2　饲料维生素 C 水平对彭泽鲫卵巢组织学结构的影响

5.4.2.3 饲料维生素 C 水平对彭泽鲫卵巢组织氨基酸含量的影响

氨基酸是调节鱼苗性腺发育的一种重要的能源（高文，2008）。在本试验中（见表 5-4-4），彭泽鲫卵巢中 17 种氨基酸成分都齐全，含量最高的是谷氨酸，这和银鲳亲鱼（黄旭雄等，2009）和鳜鱼（马林等，2023）等的研究结果一致。在 Webb & Doroshov（2011）的研究中发现，在鱼类性腺发育的过程中，卵粒的成熟需要累积更多的氨基酸参与卵黄的生成，氨基酸积累量越高，卵巢成熟度就越高。在本试验中，随着饲料维生素 C 水平的升高，卵巢组织中必需氨基酸总量显著增加。胶原蛋白中羟脯氨酸和羟赖氨酸的含量十分丰富，维生素 C 是赖氨酸和脯氨酸羟化反应不可缺少的辅酶，能够促进两者的形成，添加维生素 C 有助于胶原蛋白的形成（赵亭亭等，2018）。在本试验中，VC1 组和 VC2 组的赖氨酸和脯氨酸含量都高于 VC0 组，尤其是赖氨酸含量具有显著性。综上所述，维生素 C 可以提高彭泽鲫亲鱼卵母细胞中氨基酸的沉积，加快赖氨酸和脯氨酸的生成，促进胶原蛋白的合成，改善亲鱼的繁殖性能。

表 5-4-4　饲料维生素 C 水平对彭泽鲫卵巢氨基酸组成的影响（湿重）

单位：%

项目	饲料维生素 C 水平		
	VC0 组	VC1 组	VC2 组
精氨酸	1.02 ± 0.07^{b}	1.13 ± 0.06^{ab}	1.18 ± 0.05^{a}
组氨酸	0.69 ± 0.02	0.76 ± 0.03	0.75 ± 0.03
缬氨酸	0.82 ± 0.05^{b}	0.98 ± 0.03^{a}	0.98 ± 0.04^{a}
苯丙氨酸	0.76 ± 0.04^{b}	0.83 ± 0.03^{a}	0.62 ± 0.06^{a}
亮氨酸	1.61 ± 0.09^{b}	1.88 ± 0.06^{a}	1.90 ± 0.11^{a}
异亮氨酸	0.59 ± 0.04^{b}	0.74 ± 0.05^{a}	0.79 ± 0.03^{a}
苏氨酸	0.86 ± 0.03^{b}	1.00 ± 0.04^{a}	1.04 ± 0.05^{a}
甲硫氨酸	0.31 ± 0.06	0.32 ± 0.08	0.22 ± 0.03
赖氨酸	1.23 ± 0.05^{b}	1.40 ± 0.04^{a}	1.42 ± 0.07^{a}
色氨酸	0.18 ± 0.02	0.19 ± 0	0.19 ± 0.02
总必需氨基酸	8.08 ± 0.41^{b}	9.22 ± 0.36^{a}	9.09 ± 0.39^{a}
天冬氨酸	1.60 ± 0.06	1.69 ± 0.07	1.61 ± 0.08
丝氨酸	1.41 ± 0.07^{b}	1.57 ± 0.05^{ab}	1.61 ± 0.09^{a}
谷氨酸	3.42 ± 0.18^{b}	3.86 ± 0.07^{a}	3.92 ± 0.21^{a}

续表

项目	饲料维生素 C 水平		
	VC0 组	VC1 组	VC2 组
丙氨酸	1.74 ± 0.08	1.97 ± 0.1	1.90 ± 0.13
甘氨酸	1.56 ± 0.05[b]	1.78 ± 0.04[a]	1.85 ± 0.1[a]
酪氨酸	0.79 ± 0.04	0.87 ± 0.04	0.77 ± 0.06
脯氨酸	0.98 ± 0.08	1.08 ± 0.04	1.12 ± 0.08
总非必需氨基酸	11.51 ± 0.54	12.82 ± 0.27	12.78 ± 0.67
总氨基酸	19.58 ± 0.95[b]	22.04 ± 0.62[a]	21.88 ± 1.05[a]

注：同一行数据上标不同字母表示差异显著（$P < 0.05$）。

5.4.2.4　饲料维生素 C 水平对彭泽鲫卵巢组织脂肪酸组成的影响

脂肪酸是鱼类胚胎发育过程中的重要营养素之一，作为重要的细胞膜物质，为卵母细胞的生长提供物质基础和能量基础（谭青松等，2016；刘振辉等，2023）。n-3 高不饱和脂肪酸和 n-6 高不饱和脂肪酸缺乏或过量都会对亲鱼繁殖能力产生较大影响（石立冬等，2020）。EPA 作为一种重要的 n-3 高不饱和脂肪酸，有研究结果表明，其含量和金头鲷受精卵的数目成正比例关系（Fernández-Palacios et al., 1997）；而 Luo 等（Luo et al., 2015）发现高含量的 DHA 提高了西伯利亚鲟血液中的雌二醇、11- 酮基睾酮和黄体激素的含量及卵粒中 EPA、DHA 和总 PUFA 的含量，进而提高了其繁殖力以及卵粒的受精率。花生四烯酸（ARA）作为重要的 n-6 高不饱和脂肪酸，也在牙鲆、大西洋庸鲽等的研究中被证实对孵化率、卵和仔稚鱼质量的影响尤为显著（Furuita et al., 2000；Mazorra et al., 2003）。鱼卵中过高的长链多不饱和脂肪酸含量可导致脂质过氧化，维生素 C 作为天然强抗氧化剂，能够消除自由基和抑制抗氧化作用，可减少 EPA 和 DHA 等不饱和脂肪酸的氧化，进而有效改善动物的繁殖性能（张海涛，2012）。聂月美和邵庆均（2011）对中华鳖的研究发现，随着饲料中维生素 C 含量的升高，中华鳖肌肉中 PUFA 的含量也逐渐升高，而单不饱和脂肪酸的含量则逐渐降低。本试验也有相似的研究结果（见表 5-4-5），VC1 组彭泽鲫亲鱼卵巢 ∑ n-3PUFA、∑ n-6PUFA、ARA、EPA 和 DHA 的含量最高，显著高于 VC0 组和 VC2 组；其次是 VC2 组，显著高于 VC0 组。由此可知，在彭泽鲫亲鱼饲料中添加适量的维生素 C 能有效抑制卵巢中脂质的过氧化反应，保护高度不饱和脂肪酸等免受损害，使卵巢中累积足量的高不饱和脂肪酸等营养物质，提高卵巢的质量，改善彭泽鲫亲鱼的繁殖性能。

表 5-4-5　饲料维生素 C 水平对彭泽鲫卵巢脂肪酸组成的影响

单位：%

脂肪酸种类	饲料维生素 C 水平		
	VC0 组	VC1 组	VC2 组
C14：0	1.04 ± 0.00	1.05 ± 0.09	1.13 ± 0.12
C15：0	0.17 ± 0.03	0.2 ± 0.03	0.17 ± 0.02
C16：0	16.36 ± 0.84 [b]	20.31 ± 0.5 [a]	19.12 ± 0.5 [a]
C17：0	0.24 ± 0.06 [b]	0.27 ± 0.04 [a]	0.23 ± 0.04 [a]
C18：0	4.01 ± 0.31	5.59 ± 0.73	5.45 ± 0.45
C20：0	0.09 ± 0.01	0.07 ± 0.01	0.08 ± 0.01
C21：0	0.17 ± 0.04	0.22 ± 0.04	0.24 ± 0.07
∑SFA	22.09 ± 1.22 [b]	27.71 ± 1.23 [a]	26.41 ± 1.11 [a]
C16：1	3.33 ± 0.31	3.98 ± 0.4	3.85 ± 0.55
C18：1 n-9c	40.1 ± 0.84 [a]	31.8 ± 1.18 [c]	34.5 ± 0.73 [b]
C20：1	1.99 ± 0.12	1.63 ± 0.26	1.77 ± 0.24
C22：1 n-9	0.28 ± 0.06	0.2 ± 0.05	0.21 ± 0.04
∑MUFA	45.7 ± 0.8 [a]	37.61 ± 1.09 [c]	40.34 ± 0.5 [b]
C18：2 n-6c	21.15 ± 1.64 [a]	10.71 ± 1.56 [b]	13.78 ± 1.03 [b]
C18：3 n-6	0.26 ± 0.01	0.26 ± 0.02	0.24 ± 0.03
C18：3 n-3	1.28 ± 0.09 [a]	0.82 ± 0.31 [b]	0.79 ± 0.01 [b]
C20：2 n-6	0.55 ± 0.03	0.56 ± 0.03	0.52 ± 0.02
C20：3 n-6	1.05 ± 0.06 [b]	1.64 ± 0.25 [a]	1.55 ± 0.07 [a]
C20：4 n-6	2.02 ± 0.19 [c]	4.57 ± 0.01 [a]	3.76 ± 0.03 [b]
C20：5 n-3	0.69 ± 0.15 [b]	1.2 ± 0.23 [a]	1.02 ± 0.11 [ab]
C22：6 n-3	5.21 ± 0.79 [c]	14.92 ± 1.16 [a]	11.59 ± 0.27 [b]
∑HUFA	8.97 ± 1.07 [c]	22.33 ± 1.62 [a]	17.92 ± 0.23 [b]
∑PUFA	32.21 ± 0.83 [c]	34.68 ± 0.29 [a]	33.25 ± 0.89 [ab]
∑n-3PUFA	7.18 ± 0.85 [c]	16.94 ± 1.11 [a]	13.4 ± 0.23 [b]
∑n-6PUFA	25.03 ± 1.6 [a]	17.74 ± 1.3 [b]	19.85 ± 1.02 [b]
∑n-3/∑n-6	0.29 ± 0.05 [c]	0.96 ± 0.13 [a]	0.68 ± 0.04 [b]

　　注：同一行数据上标不同字母表示差异显著（$P < 0.05$）。∑SFA：总饱和脂肪酸；∑MUFA：总单不饱和脂肪酸；∑PUFA：总多不饱和脂肪酸；∑HUFA：总高度不饱和脂肪酸。

5.4.3 结论

综上所述，饲料中添加不同水平的维生素 C 可显著提高彭泽鲫亲鱼生长和繁殖能力。根据本试验数据及从生产成本等因素考虑，建议彭泽鲫亲鱼饲料添加维生素 C 磷酸酯钙盐水平为 400 mg/kg。

5.5 饲料维生素 E 水平对彭泽鲫性腺发育的影响

维生素 E 是一种常用的鱼类饲料添加成分，其作为一种脂溶性的生物组织抗氧化剂和自由基清除剂，能够保护细胞膜免受自由基攻击，可提高机体免疫力及繁殖能力。饲料中的维生素 E 水平在水生动物生长和性腺发育过程中同样起着重要作用，对动物性腺中类固醇类激素合成以及机体新陈代谢都有显著的调节作用，与水生动物的性腺发育和繁殖性能有关（盛晓洒等，2007；Emata et al.，2000）。亲鱼饲料中添加维生素 E 可改善亲鱼的繁殖性能，促进亲鱼的性腺发育，提高其产卵量和孵化率，改善受精卵和仔鱼质量（Lee et al.，2004；肖登元等，2015）。我国在亲鱼营养需求方面的研究才刚刚起步，没有专门针对亲鱼阶段营养需求的营养饲料。本试验以彭泽鲫为研究对象，探究维生素 E 水平对彭泽鲫亲鱼性腺发育的影响，确定彭泽鲫对维生素 E 的适宜添加量。

5.5.1 材料与方法

5.5.1.1 试验饲料

本试验用饲料以鱼粉和豆粕为主要蛋白源，鱼油为脂肪源，按照表 5-5-1 的配方配制基础饲料，在基础饲料中添加维生素 E 的量分别为 0 mg/kg（VE0 组）、400 mg/kg（VE1 组）和 1600 mg/kg（VE2 组）。试验用维生素 E 为 DL-α-生育酚乙酸酯（粉），购自吉林北沙制药有限公司，纯度为 50%。所有原料粉碎后过 80 目筛，按配方比例称量后，加油和水混合制成直径为 2 mm 的颗粒饲料，晾干后用封口袋封装，在 -20 ℃冰箱中保存备用。基础饲料配方和营养组成见表 5-5-1。

5.5.1.2 试验鱼及其饲养管理

彭泽鲫由九江良盛生态农业发展有限公司提供。供试鱼消毒后，正式试验前在循环水系统中驯养 28 d。随机选取体重一致且健康有活力的彭泽鲫亲鱼 135 尾，初始体重为（253.78 ± 5.34）g，随机分为 3 组，每组设 3 个平行，每个平行 15 尾鱼，每个圆形养殖桶（规格为直径 800 mm、高 650 mm）对应一个平行，养殖时间为 11 月 15 日至翌年的 1 月 15 日。试验鱼每天 9：00 和 17：00 饱食投喂试验日粮 2 次。整个试验期间水质监测情况为：水温（20±5）℃，溶解氧浓度不低于 7 mg/L，pH 7.53±0.12，氨氮和亚硝酸浓度不高于 0.1 mg/L。光周期为自然周期。

表 5-5-1   试验饲料组成及营养水平（风干基础）

项目	饲料维生素 E 水平		
	VE0 组	VE1 组	VE2 组
豆粕/%	45.0	45.0	45.0
鱼粉/%	15.0	15.0	15.0
谷朊粉/%	5.0	5.0	5.0
玉米淀粉/%	25.0	25.0	25.0
鱼油/%	5.0	5.0	5.0
磷酸二氢钙/%	1.0	1.0	1.0
多维[1]/%	1.0	1.0	1.0
多矿[2]/%	2.0	2.0	2.0
氯化胆碱/%	0.5	0.5	0.5
微晶纤维/%	0.5	0.5	0.5
维生素E/(mg·kg^{-1})	0	400	1600
营养水平			
干物质/%	91.89	91.82	91.27
粗蛋白质/%	35.73	35.52	36.01
粗脂肪/%	7.92	7.87	7.54
粗灰分/%	6.93	6.92	7.27

注：1. 多维日粮（mg·kg^{-1}）：硫胺素 15，核黄素 25，吡哆醇 15，维生素 B$_{12}$ 0.2，叶酸 5，碳酸钙 50，肌醇 500，烟酸 100，生物素 2，抗坏血酸 100，维生素 A 100，维生素 D 20，维生素 E 55，维生素 K 5。

2. 多矿日粮（mg·kg^{-1}）：MgSO$_4$·7H$_2$O 4500，FeSO$_4$·7H$_2$O 950，CuSO$_4$·5H$_2$O 10，ZnSO$_4$·7H$_2$O 108，MnSO$_4$·4H$_2$O 40，KI 1.5，NaCl 600，NaH$_2$PO$_4$·2H$_2$O 8500，KH$_2$PO$_4$ 13500，CoSO$_4$·4H$_2$O 0.5。

5.5.1.3 样品采集与分析

饲养试验结束后，饥饿试验鱼 24 h，分别从每个养殖桶中随机取 6 尾鱼，经 MS-222 麻醉后，具体的操作步骤如下：先测鱼体长、称鱼体重，以计算肥满度，接着用 1 mL 无菌注射器尾静脉采血后，将鱼置于冰盘内解剖，鉴别雌雄，弃去雄鱼和雄鱼血液。完整取出雌鱼性腺，记录性腺重，计算性腺系数。血液置于肝素钠抗凝管中，在 4 ℃条件下静止 12 h，4000 r/min 离心 10 min，取其上清液。所有样品放

于 –70 ℃冰箱中保存待测。

参照 AOAC（2006）的方法测定试验饲料和性腺组织常规营养成分。水分、粗脂肪和粗蛋白质分别采用恒温干燥法（GB/T 5009.3—2003）、索氏抽提法（GB/T 5009.6—2003）和凯氏定氮法（GB/T 5009.3—2003）测定，粗灰分含量测定采用 550 ℃马弗炉灼烧法（GB/T 5009.4—2003）。

血液生化指标使用日立 7600-110 型全自动生化分析仪进行测定；超氧化物歧化酶活力采用黄嘌呤氧化酶法，丙二醛采用硫代巴比妥酸缩合比色法，溶菌酶采用比浊法，总抗氧化活性、过氧化氢酶活性等均采用南京建成生物工程研究所有限公司试剂盒检测，按说明书要求操作并计算。

雌鱼性腺用 4% 多聚甲醛固定后，依次将切片放入二甲苯Ⅰ 20 min、二甲苯Ⅱ 20 min、无水乙醇Ⅰ 5 min、无水乙醇Ⅱ 5 min、75% 酒精 5 min，自来水洗。苏木素染色 3～5 min，盐酸水溶液分化，氨水水溶液返蓝，水洗。切片依次入 85%、95% 的梯度酒精脱水，入伊红染液中染色 5 min。切片依次放入无水乙醇Ⅰ 5 min、无水乙醇Ⅱ 5 min、无水乙醇Ⅲ 5 min、二甲苯Ⅰ 5 min、二甲苯Ⅱ 5 min 透明，中性树胶封片。最后显微镜镜检，图像采集分析。

5.5.1.4　计算公式及数据统计方法

增重率 =（终末体重 − 初始体重）初始体重 ×100%；

肥满度 = 鱼体重 / 鱼体长^3 ×100%；

性腺系数 = 性腺重 / 体重 ×100%。

试验所得数据用 SPSS 17.0 统计软件进行单因素方差分析，当差异达到显著（$P < 0.05$）时，采用图基氏法进行组间的多重比较。试验结果以平均值 ± 标准差表示。

5.5.2　结果与分析

5.5.2.1　饲料维生素 E 水平对彭泽鲫生长和肥满度的影响

饲料中维生素 E 含量对彭泽鲫生长和肥满度的影响见表 5-5-2。试验结束后，饲料中维生素 E 水平对彭泽鲫亲鱼的末重和增重率无显著影响（$P > 0.05$）。随着饲料中维生素 E 含量的增加，彭泽鲫肥满度呈现先增加后下降的趋势，VE1 组肥满度显著高于 VE0 组（$P < 0.05$），但与 VE2 组无显著差异（$P > 0.05$）。

有关维生素 E 的研究主要集中在鱼类性腺发育和幼鱼的生长方面，对鱼类亲鱼生长方面的研究较少。常杰等（2017）研究表明，适量维生素 E 可改善细鳞鲑幼鱼和玛拉巴石斑鱼的生长性能。王文娟等（2013）对鲤鱼的研究结果显示，饲料中添加

500 mg/kg 维生素 E 时鲤鱼生长最快，但添加到 900 mg/kg 维生素 E 时明显抑制其生长。张艳亮（2015）研究表明，当饲料中维生素 E 含量为 149.59 mg/kg 时，云纹石斑鱼增重率和肥满度较高。本试验结果表明，维生素 E 对彭泽鲫亲鱼生长无显著影响，可能是物种不同生长阶段对维生素 E 的作用机制不同导致。

表 5-5-2　饲料维生素 E 水平对彭泽鲫生长和肥满度的影响

项目	VE0 组	VE1 组	VE2 组
初重/g	253.78 ± 5.34	257.07 ± 3.77	260.08 ± 1.30
末重/g	344.12 ± 21.67	347.97 ± 23.86	344.83 ± 56.72
增重率/%	35.58 ± 7.65	35.42 ± 10.02	32.66 ± 22.54
肥满度/%	3.11 ± 0.04[a]	3.28 ± 0.10[b]	3.16 ± 0.04[ab]

注：同一行数据上标不同字母表示差异显著（$P < 0.05$）。

5.5.2.2　饲料维生素 E 水平对彭泽鲫性腺指数、卵径和卵巢组织学结构的影响

饲料维生素 E 水平对彭泽鲫性腺指数、卵径和后代质量的影响见表 5-5-3。由表可知，VE1 组性腺指数显著高于 VE0 组和 VE2 组（$P < 0.05$）。卵径也在 VE1 组达到峰值，为 674.58 μm，但与 VE0 组、VE2 组无显著差异（$P > 0.05$）。饲料维生素 E 水平对彭泽鲫卵巢组织学结构的影响如图 5-5-1，试验结束后，VE1 组细胞核逐渐消失，卵母细胞显著增大，卵黄颗粒显著增多，表现出发育成熟度越高。

维生素 E 能够调节鱼类体内性腺类激素的生物合成，从而控制性腺的成熟和胚胎的发育（刘学剑，2000）。维生素 E 对性腺指数、卵径和后代质量的影响的研究结论不尽相同，本试验结果表明，VE1 组彭泽鲫雌性性腺指数和卵径显著高于 VE0 组，与谭青松（2002）的研究结果（添加 270 mg/kg 维生素 E 性腺发育效果最佳，可以增强幼鳝的性腺系数）相似。谢嘉华等（2006）研究表明，采用 600 mg/kg 维生素 E 投喂金鲫，雌性金鲫的性腺成熟系数增加。本试验结果表明，VE2 组性腺指数显著低于 VE1 组，表明饲料中过量添加维生素 E 反而会影响彭泽鲫的繁殖性能，这可能与过量的维生素 E 会对动物体产生毒害有关。类似的结果在皱纹盘鲍中也有报道（周歧存等，2001）。与荣长宽等（1998）的研究结果相似，饵料中过高的维生素 E 将会导致虾体内维生素 E 过饱和。从彭泽鲫卵巢组织学结构的试验结果（如图 5-5-1）中也发现，VE1 组卵母细胞显著增大，卵黄颗粒显著增多。随着维生素 E 的进一步添加，卵母细胞大小和卵黄颗粒沉积均有下降的趋势。因此推断，维生素 E 的适宜添加量对于有效提高彭泽鲫的性腺指数、卵径具有重要意义。

表 5-5-3　饲料维生素 E 水平对彭泽鲫性腺指数、卵径和后代质量的影响

项目	VE0 组	VE1 组	VE2 组
性腺指数/%	8.15 ± 0.25^{a}	11.05 ± 0.51^{b}	8.32 ± 0.93^{a}
卵径长度/μm	646.48 ± 44.40	674.58 ± 19.08	642.40 ± 15.76

注：同一行数据上标不同字母表示差异显著（$P < 0.05$）。

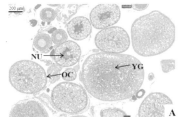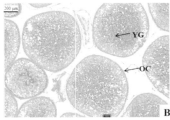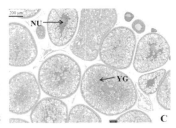

A、B、C 分别为 VE0 组、VE1 组和 VE2 组的彭泽鲫卵巢组织切片；

NU：细胞核；OC：卵母细胞；YG：卵黄颗粒。

图 5-5-1　饲料维生素 E 水平对彭泽鲫卵巢组织学结构的影响

5.5.2.3　饲料维生素 E 水平对彭泽鲫卵巢组织氨基酸含量的影响

由表 5-5-4 可知，随着饲料维生素 E 的添加，卵巢必需氨基酸总量显著增加，VE1 组显著高于 VE0 组（$P < 0.05$），其中缬氨酸、异亮氨酸、苏氨酸和赖氨酸均显著增加，但与 VE2 组无显著差异（$P > 0.05$）。各组之间非必需氨基酸总量无显著差异（$P > 0.05$）。

氨基酸和脂肪酸是彭泽鲫的主要营养素，除了参与细胞的构建外，还是胚胎发育过程中的主要能源物质。因此，卵巢组织中氨基酸和脂肪酸积累的数量和质量会影响后续胚胎的发育以及苗种的质量（梁军荣等，2000；田华梅等，2002）。本试验结果表明，VE1 组和 VE2 组的必需氨基酸与缬氨酸、异亮氨酸、苏氨酸和赖氨酸的含量均有显著增加，说明饲料中适量添加维生素 E 不仅可以促进卵子对氨基酸的积累，而且可明显提高卵内缬氨酸、异亮氨酸、苏氨酸和赖氨酸等必需氨基酸的含量，保证受精卵的正常代谢，促进胚胎发育的顺利进行。

表 5-5-4　饲料维生素 E 水平对彭泽鲫卵巢氨基酸组成的影响（湿重）

单位：%

项目	饲料维生素 E 水平		
	VE0 组	VE1 组	VE2 组
精氨酸	1.02 ± 0.07	1.10 ± 0.05	1.08 ± 0.07
组氨酸	0.69 ± 0.02^{b}	0.74 ± 0.06^{ab}	0.82 ± 0.03^{a}

项目	饲料维生素 E 水平		
	VE0 组	VE1 组	VE2 组
缬氨酸	0.82 ± 0.05^{b}	1.05 ± 0.07^{a}	1.02 ± 0.06^{a}
苯丙氨酸	0.76 ± 0.04	0.77 ± 0.05	0.81 ± 0.05
亮氨酸	1.61 ± 0.09	1.76 ± 0.13	1.67 ± 0.11
异亮氨酸	0.59 ± 0.04^{b}	0.83 ± 0.08^{a}	0.79 ± 0.06^{a}
苏氨酸	0.86 ± 0.03^{b}	0.99 ± 0.03^{a}	1.03 ± 0.04^{a}
甲硫氨酸	0.31 ± 0.06	0.28 ± 0.01	0.28 ± 0.06
赖氨酸	1.23 ± 0.05^{b}	1.39 ± 0.01^{a}	1.38 ± 0.04^{a}
色氨酸	0.18 ± 0.02	0.18 ± 0.01	0.20 ± 0.01
总必需氨基酸	8.08 ± 0.41^{b}	9.10 ± 0.30^{a}	9.08 ± 0.43^{a}
天冬氨酸	1.60 ± 0.06	1.51 ± 0.01	1.55 ± 0.12
丝氨酸	1.41 ± 0.07	1.54 ± 0.04	1.58 ± 0.12
谷氨酸	3.42 ± 0.18^{b}	3.87 ± 0.22^{ab}	4.22 ± 0.21^{a}
丙氨酸	1.74 ± 0.08	1.78 ± 0.03	1.76 ± 0.14
甘氨酸	1.56 ± 0.05	1.97 ± 0.34	2.20 ± 0.33
酪氨酸	0.79 ± 0.04	0.81 ± 0.03	0.83 ± 0.06
脯氨酸	0.98 ± 0.08	1.06 ± 0.05	1.03 ± 0.07
总非必需氨基酸	11.51 ± 0.54	12.54 ± 0.54	13.17 ± 0.99
总氨基酸	19.58 ± 0.95^{b}	21.6 ± 0.22^{ab}	22.19 ± 1.43^{a}

注：同一行数据上标不同字母表示差异显著（$P < 0.05$）。

5.5.2.4　饲料维生素 E 水平对彭泽鲫卵巢组织脂肪酸组成的影响

由表 5-5-5 可知，饲料中不同维生素 E 含量显著影响彭泽鲫卵巢组织脂肪酸水平，各组中含量最高的脂肪酸均为 C18：1 n9c，VE1 组脂肪酸含量的高低顺序为 C18：1 n9c，C18：2 n6c，C16：0，C22：6 n3，C18：0；VE2 组脂肪酸含量的高低顺序为 C18：1 n9c，C18：2 n6c，C16：0，C22：6 n3，C18：0。随着饲料中维生素 E 水平的增加，彭泽鲫卵巢组织中 C22：6 n3 和 $\sum$ n-3PUFA 在 VE1 组达到峰值，并显著高于 VE0 组（$P < 0.05$），但与 VE2 组无显著差异（$P > 0.05$）。

在对巢组织成分的分析中发现，添加适量维生素 E 的试验组中的高不饱和脂肪酸含量明显增加，特别是 $\sum$ n-3PUFA 高不饱和脂肪酸含量提高了 28%，而 $\sum$ n-3PUFA 高不饱和脂肪酸含量又是评价卵巢组织的重要指标（Fernández et al., 2008；Dabrowski et al., 2001）。维生素 E 作为一种抗氧化剂，可降低不饱和脂肪酸的被氧化，促进动物的性腺成熟、受精、胚胎发育和孵化（He et al., 1992；Jagneshwar et al., 2000），从

而保证胚胎发育顺利进行。维生素 E 缺乏可能会诱发饲料中多种不饱和脂肪酸的氧化
酸败（He et al., 2017）。肖伟平等（2003）在斜带石斑鱼亲鱼的鲜杂鱼饲料中添加维
生素 E，结果发现受精卵的卵径、油球直径和仔鱼全长都有显著增加，并且受精卵中
$\sum$ n-3PUFA 的含量显著高于对照组，这与本试验的研究结果一致。

表 5-5-5　饲料维生素 E 水平对彭泽鲫卵巢组织脂肪酸组成的影响

单位：%

脂肪酸	饲料维生素 E 水平		
	VE0 组	VE1 组	VE2 组
C14：0	1.04 ± 0.00	1.03 ± 0.08	1.12 ± 0.15
C15：0	0.17 ± 0.03	0.17 ± 0.02	0.18 ± 0.01
C16：0	16.36 ± 0.84 [b]	16.78 ± 0.67 [b]	18.58 ± 0.61 [a]
C17：0	0.24 ± 0.06	0.21 ± 0.03	0.22 ± 0.02
C18：0	4.01 ± 0.31	4.18 ± 0.54	4.28 ± 0.31
C20：0	0.09 ± 0.01	0.10 ± 0.01	0.11 ± 0.02
C21：0	0.17 ± 0.04	0.18 ± 0.07	0.16 ± 0.03
$\sum$ SFA	22.09 ± 1.22	22.65 ± 1.24	24.65 ± 0.90
C16：1	3.33 ± 0.31	3.48 ± 0.55	3.62 ± 0.47
C18：1 n-9c	40.10 ± 0.84	38.14 ± 1.51	37.71 ± 1.08
C20：1	1.99 ± 0.12	2.03 ± 0.17	2.15 ± 0.27
C22：1 n-9	0.28 ± 0.06	0.27 ± 0.05	0.29 ± 0.06
$\sum$ MUFA	45.70 ± 0.80	43.91 ± 1.60	43.77 ± 0.94
C18：2 n-6c	21.15 ± 1.64	20.34 ± 1.02	18.70 ± 0.97
C18：3 n-6	0.26 ± 0.01 [a]	0.24 ± 0.02 [ab]	0.21 ± 0.01 [b]
C18：3 n-3	1.28 ± 0.09	1.12 ± 0.20	1.05 ± 0.24
C20：2 n-6	0.55 ± 0.03	0.56 ± 0	0.59 ± 0.03
C20：3 n-6	1.05 ± 0.06	1.13 ± 0.16	1.08 ± 0.03
C20：4 n-6	2.02 ± 0.19	1.98 ± 0.51	2.00 ± 0.45
C20：5 n-3	0.69 ± 0.15	0.89 ± 0.09	0.95 ± 0.12
C22：6 n-3	5.21 ± 0.79 [b]	7.17 ± 0.86 [a]	6.81 ± 0.99 [ab]
$\sum$ HUFA	8.97 ± 1.07	11.18 ± 1.55	11.03 ± 1.26
$\sum$ PUFA	32.21 ± 0.83 [ab]	33.44 ± 0.37 [a]	31.58 ± 0.07 [b]
$\sum$ n-3PUFA	7.18 ± 0.85 [b]	9.19 ± 0.69 [a]	9.01 ± 0.56 [a]
$\sum$ n-6PUFA	25.03 ± 1.60	24.25 ± 0.36	22.57 ± 0.54
$\sum$ n-3/$\sum$ n-6	0.29 ± 0.05 [b]	0.38 ± 0.03 [ab]	0.40 ± 0.03 [a]

注：同一行数据上标不同字母表示差异显著（$P < 0.05$）。∑ SFA：总饱和脂肪酸；∑ MUFA：总单不饱和脂肪酸；∑ PUFA：总多不饱和脂肪酸；∑ HUFA：总高度不饱和脂肪酸。

5.5.3 结论

综上所述，饲料中维生素 E 的添加可提高彭泽鲫性腺发育。根据本试验数据及从饲料生产成本等因素考虑，建议彭泽鲫亲鱼饲料中维生素 E 的添加水平为 400 mg/kg。

5.6 饲料牛磺酸水平对彭泽鲫性腺发育的影响

随着我国水产养殖业的快速发展，造成了优质苗种不应求的现象。因此，如何繁育更多高质量的苗种已成为水产养殖业面临的主要挑战。亲鱼营养是提高其生殖性能及卵子质量的重要因素之一（Izquierdo et al.，2001），营养缺乏严重影响亲鱼繁殖性能及仔鱼质量（高露姣 et al.，2006）。因此，满足亲鱼的营养需求是提高亲鱼繁殖性能与仔鱼质量的关键（Li et al.，2005）。牛磺酸，又称牛胆碱，是一种条件性必需氨基酸。鱼类牛磺酸主要是自身合成和从饵料摄取（Salze & Davis，2015），因其对鱼类嗅觉和味觉有刺激作用，所以可以作为一种诱食剂添加在饲料中（邱小琼等，2006），不仅能提高鱼体内消化酶活性（秦帮勇等，2013），促进鱼体生长（Martinez et al.，2004），还能促进脂肪酸氧化，降低脂肪在鱼体内的沉积（Espe et al.，2012），协助中性脂肪、胆固醇、脂溶性维生素及其他脂溶性物质的消化吸收（S et al.，1996）。另外，牛磺酸还可以通过防止精子细胞的脂质过氧化作用，维持精子的正常运动能力，增加精子活力，提高动物繁殖性能（王继强等，2010），对于某些鱼类苗种或者鱼类特定的生长阶段，牛磺酸可作为其苗种的必需氨基酸（朱成成等，2013）。目前，关于牛磺酸对亲鱼繁殖和早期发育影响的研究不多，仅在尼罗罗非鱼（Al-Feky et al.，2016）、半滑舌鳎（赵敏等，2015）和五条鰤（Matsunari et al.，2006）中有少量研究，对彭泽鲫的研究国内外未见报道。本试验在基础饲料中添加不同水平的牛磺酸，旨在研究其对彭泽鲫亲鱼性腺发育和繁殖性能的影响，为其性腺发育的机理和苗种繁育提供理论基础。

5.6.1 材料与方法

5.6.1.1 试验鱼及饲养管理

彭泽鲫亲鱼购买于九江良盛生态农业发展有限公司，正式试验开始前在循环水

系统中用基础饲料暂养 28 d，以适应养殖环境和饲料规格。随机选取体重一致且健康有活力的彭泽鲫亲鱼 135 尾，初始体重为（253.78 ± 5.34）g，随机分为 3 组，每组设 3 个平行，每个平行 15 尾鱼，每个圆形养殖桶（规格为直径 800 mm、高 650 mm）对应一个平行，养殖周期 60 d。试验鱼每天 9：00 和 17：00 饱食投喂试验日粮 2 次。整个试验期间水质监测情况为：水温（20 ± 5）℃，溶解氧浓度不低于 7 mg/L，pH 7.53 ± 0.12，氨氮和亚硝酸浓度不高于 0.1 mg/L。光周期为自然周期。

5.6.1.2 试验饲料

试验饲料以鱼粉和豆粕为主要蛋白源，鱼油为脂肪源，配制基础饲料。分别在基础饲料中添加 0（T0 组）、0.5%（T1 组）、1%（T2 组）的牛磺酸（购置于湖北远大生命科学与技术有限责任公司），以微晶纤维素和玉米淀粉配平，配制 3 组试验饲料，所有原料粉碎后过 80 目筛，按配方比例称量后，加油和水混合制成直径为 2 mm 的颗粒饲料，晾干后用封口袋封装，在 –20 ℃冰箱中保存备用。试验饲料组成和营养水平见表 5-6-1。

表 5-6-1 试验饲料组成及营养水平（风干基础）

单位：%

项目	饲料牛磺酸水平		
	T0 组	T1 组	T2 组
豆粕	45.0	45.0	45.0
鱼粉	15.0	15.0	15.0
谷朊粉	5.0	5.0	5.0
玉米淀粉	25.0	25.0	24.5
鱼油	5.0	5.0	5.0
磷酸二氢钙	1.0	1.0	1.0
多维[1]	1.0	1.0	1.0
多矿[2]	2.0	2.0	2.0
氯化胆碱	0.5	0.5	0.5
微晶纤维素	0.5	0	0
牛磺酸	0	0.5	1.0
营养水平			
干物质	91.89	91.22	91.53
粗蛋白质	35.73	35.94	36.11
粗脂肪	7.92	7.76	7.29
粗灰分	6.93	7.02	7.17

注：1. 多维日粮（mg·kg⁻¹）：硫胺素 15，核黄素 25，吡哆醇 15，维生素 B₁₂ 0.2，叶酸 5，碳酸钙 50，肌醇 500，烟酸 100，生物素 2，抗坏血酸 100，维生素 A 100，维生素 D 20，维生素 E 55，维生素 K 5。

2. 多矿日粮（mg·kg⁻¹）：MgSO₄·7H₂O 4500，FeSO₄·7H₂O 950，CuSO₄·5H₂O 10，ZnSO₄·7H₂O 108，MnSO₄·4H₂O 40，KI 1.5，NaCl 600，NaH₂PO₄·2H₂O 8500，KH₂PO₄ 13500，CoSO₄·4H₂O 0.5。

5.6.1.3　样品采集与分析

5.6.1.3.1　样品采集

饲养试验结束后，饥饿试验鱼 24 h，分别从每个养殖桶中随机取 6 尾鱼，经 MS-222（120 mg/L）麻醉后，测体长、称体重，以计算肥满度。用 1 mL 无菌注射器进行尾静脉采血，血液置于肝素钠抗凝管中，在 4 ℃条件下静止 12 h，4000 r/min 离心 10 min，取其上清液。随即将鱼置于冰盘内解剖，弃去雄鱼和雄鱼血液，完整取出雌鱼性腺，记录性腺重。卵母细胞的卵径在显微镜下用目微尺测量，进行卵径的测定，每尾雌鱼测量 20 个卵母细胞。所有样品放于 -70 ℃冰箱中保存待测。

5.6.1.3.2　营养成分测定

参照 AOAC（2006）的方法测定试验饲料和性腺组织常规营养成分。水分、粗脂肪和粗蛋白质分别采用恒温干燥法（GB/T 5009.3—2003）、索氏抽提法（GB/T 5009.6—2003）和凯氏定氮法（GB/T 5009.3—2003）测定，粗灰分含量测定采用 550 ℃马弗炉灼烧法（GB/T 5009.4—2003）。

5.6.1.3.3　性腺 H.E 染色与切片

雌鱼性腺用 4% 多聚甲醛固定后，依次将切片放入二甲苯Ⅰ 20 min、二甲苯Ⅱ 20 min、无水乙醇Ⅰ 5 min、无水乙醇Ⅱ 5 min、75% 酒精 5 min，自来水洗。苏木素染色 3～5 min，盐酸水溶液分化，氨水水溶液返蓝，水洗。切片依次入 85%、95% 的梯度酒精脱水，入伊红染液中染色 5 min。切片依次放入无水乙醇Ⅰ 5 min、无水乙醇Ⅱ 5 min、无水乙醇Ⅲ 5 min、二甲苯Ⅰ 5 min、二甲苯Ⅱ 5 min 透明，中性树胶封片。最后显微镜镜检，图像采集分析。

5.6.1.4　计算公式及数据统计方法

增重率 =（终末总重－初始总重）/ 初始总重 ×100%；

肥满度 = 试验末鱼体重 / 试验末鱼体长度³ ×100%；

性腺指数 = 性腺重 / 体重 ×100%。

试验所得数据用 SPSS 17.0 统计软件进行单因素方差分析，当差异达到显著（$P < 0.05$）时，采用图基氏法进行组间的多重比较。试验结果以平均值 ± 标准差

表示。

5.6.2 结果与分析

5.6.2.1 饲料牛磺酸水平对彭泽鲫生长的影响

相关研究结果表明，在添加适量牛磺酸的情况下，水生动物生长均有所增加，如凡纳滨对虾（李航等，2017）、大菱鲆（Silvia et al., 2020）和中华鳖（潘训彬等，2014）等。在本试验中，不同牛磺酸水平对彭泽鲫亲鱼的增重率和肥满度都无显著影响（见表5-6-2）。而在尼罗罗非鱼（周铭文等，2015）、草鱼（罗莉等，2006）和虹鳟（徐奇友等，2007）等的研究中发现，低水平牛磺酸能显著促进其生长，但在添加高水平牛磺酸时，对其生长没有影响或者有抑制作用，说明高水平的牛磺酸会抑制鱼类的生长。这可能是因为牛磺酸的多种生理作用，只有当外界所提供的牛磺酸或机体自然合成达到需求时，鱼机体才能达到正常的生理平衡，多数鱼类只有在牛磺酸满足的情况下，才能达到最优的生长（周铭文等，2015），而亲鱼的生长对牛磺酸需求量较少，或者根本不需要摄入牛磺酸（马启伟，2021）。

表 5-6-2　饲料牛磺酸水平对彭泽鲫生长和肥满度的影响

项目	T0 组	T1 组	T2 组
初重/g	253.78 ± 5.34	260.69 ± 1.20	259.93 ± 0.96
末重/g	344.12 ± 21.67	353.10 ± 37.00	360.62 ± 34.50
增重率/%	35.58 ± 7.65	35.44 ± 14.02	38.76 ± 13.59
肥满度/%	3.11 ± 0.04	3.07 ± 0.12	3.19 ± 0.13

5.6.2.2 饲料牛磺酸水平对彭泽鲫性腺指数、卵径和后代质量的影响

亲鱼营养状况不仅影响其繁殖性能，还对卵子及仔鱼质量有重要影响（Izquierdo et al., 2001）。相关研究结果表明，牛磺酸能够影响黄颡鱼亲鱼卵子的质量（Matsunari et al., 2006）。当饲料中牛磺酸缺乏时，亲鱼卵巢发育缓慢，不能正常排卵；而当饲料中牛磺酸含量升高时，作为评价卵子质量重要指标的浮卵率、受精率、孵化率均有升高趋势（Li et al., 2005；Sink et al., 2010）。和上述结果不同，在本试验中（见表5-6-3、图5-6-1和图5-6-2），随着饲料中牛磺酸含量的增加，性腺指数、卵径长度和初孵仔鱼体长均无显著差异。但是，卵巢组织学结构显示，饲料中添加牛磺酸后，卵巢成熟度优于对照组。

表 5-6-3　饲料牛磺酸水平对彭泽鲫性腺指数、卵径和后代质量的影响

项目	T0 组	T1 组	T2 组
性腺指数/%	8.15 ± 0.25	8.68 ± 0.74	8.54 ± 0.53
卵径长度/μm	646.48 ± 44.40	619.44 ± 38.80	622.05 ± 37.61
初孵仔鱼体长/mm	4.55 ± 0.28	4.45 ± 0.38	4.55 ± 0.13

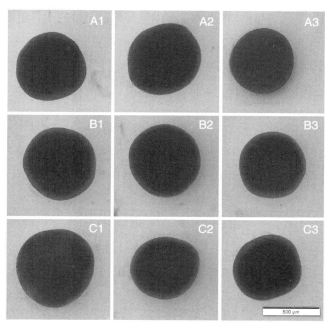

A1、A2、A3 为 T0 组卵粒；B1、B2、B3 为 T1 组卵粒；

C1、C2、C3 为 T2 组卵粒。

图 5-6-1　饲料牛磺酸水平对彭泽鲫卵径长度的影响

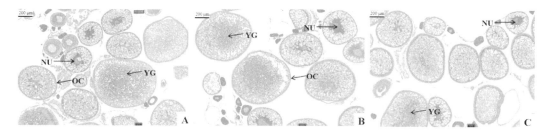

A、B、C 分别为 T0 组、T1 组和 T2 组的彭泽鲫卵巢组织切片；

NU：细胞核；OC：卵母细胞；YG：卵黄颗粒。

图 5-6-2　饲料牛磺酸水平对彭泽鲫卵巢组织学结构的影响

5.6.2.3 饲料牛磺酸水平对彭泽鲫卵巢组织氨基酸含量的影响

胚胎发育、生长所需的能量和营养完全依赖卵黄，亲鱼的营养为卵黄提供全部或大多数的必需营养物质，氨基酸是调节鱼苗性腺发育的一种重要的能源（高文，2008）。在本试验中（见表5-6-4），彭泽鲫卵巢中17种氨基酸成分齐全，含量最高的是谷氨酸，这和银鲳亲鱼（黄旭雄等，2009）和鳜鱼（马林等，2023）等的研究结果一致。在本试验中，T1组和T2组的总必需氨基酸和总氨基酸含量显著高于T0组。在对尼罗罗非鱼（Al-Feky et al.，2016）和南美白对虾（Yue et al.，2013）的研究中，也发现类似结果。在鱼类性腺发育过程中，卵粒的成熟需要积累更多的氨基酸参与卵黄的生成，氨基酸积累量越高，卵巢成熟度就越高（周海，2018）。这说明饲料中补充适量牛磺酸可以有效改善彭泽鲫亲鱼卵巢氨基酸组成，促进氨基酸沉积，从而提高其性腺的发育程度。

表 5-6-4　饲料牛磺酸水平对彭泽鲫卵巢氨基酸组成的影响（湿重）

单位：%

项目	饲料牛磺酸水平		
	T0 组	T1 组	T2 组
精氨酸	1.02 ± 0.07	1.13 ± 0.07	1.12 ± 0.04
组氨酸	0.69 ± 0.02[b]	0.79 ± 0.01[a]	0.78 ± 0.04[a]
缬氨酸	0.82 ± 0.05[b]	1.06 ± 0.06[a]	1.07 ± 0.03[a]
苯丙氨酸	0.76 ± 0.04	0.79 ± 0.03	0.80 ± 0.05
亮氨酸	1.61 ± 0.09	1.80 ± 0.10	1.78 ± 0.08
异亮氨酸	0.59 ± 0.04[b]	0.83 ± 0.06[a]	0.83 ± 0.04[a]
苏氨酸	0.86 ± 0.03[b]	1.02 ± 0.06[a]	1.01 ± 0.02[a]
甲硫氨酸	0.31 ± 0.06	0.29 ± 0.03	0.27 ± 0.03
赖氨酸	1.23 ± 0.05[b]	1.4 ± 0.05[a]	1.39 ± 0.04[a]
色氨酸	0.18 ± 0.02	0.19 ± 0	0.19 ± 0.02
总必需氨基酸	8.08 ± 0.41[b]	9.29 ± 0.43[a]	9.23 ± 0.23[a]
天冬氨酸	1.60 ± 0.06	1.58 ± 0.06	1.56 ± 0.03
丝氨酸	1.41 ± 0.07	1.59 ± 0.06	1.58 ± 0.09
谷氨酸	3.42 ± 0.18[b]	4.04 ± 0.22[a]	3.99 ± 0.23[a]
丙氨酸	1.74 ± 0.08	1.81 ± 0.07	1.75 ± 0.06
甘氨酸	1.56 ± 0.05	2.08 ± 0.03	2.09 ± 0.37
酪氨酸	0.79 ± 0.04	0.84 ± 0.04	0.84 ± 0.01
脯氨酸	0.98 ± 0.08	1.07 ± 0.03	1.03 ± 0.04
总非必需氨基酸	11.51 ± 0.54[b]	13.02 ± 0.49[a]	12.83 ± 0.72[ab]
总氨基酸	19.58 ± 0.95[b]	22.31 ± 0.92[a]	22.07 ± 0.62[a]

注：同一行数据上标不同字母表示差异显著（$P < 0.05$）。

5.6.2.4 饲料牛磺酸水平对彭泽鲫卵巢组织脂肪酸组成的影响

脂肪作为生物体重要的组成成分，为生物活动提供足够的能量和相应的生理功能作用，无论是在鱼类的性腺发育过程中，还是在胚胎发育过程中，都起到了重要的作用（Tocher，2003）。相关研究表明，卵母细胞生长时，大量的脂肪以油球（中性脂肪）或乳化的卵黄蛋白（极性脂肪）形式在卵母细胞质中沉积，这些脂肪用来满足胚胎发育和幼鱼生长所需的能量及营养的需求（Wiegand，1996；Johnson，2009）。在本试验中，彭泽鲫亲鱼卵巢中含量最高的 SFA 是 C16:0，这一研究结果与鲟鱼的研究结果一致（Song et al.，2014）。在本试验中，C18:1 n9 是主要的单不饱和脂肪酸，这一结果与 C18:1 n9 在其他鱼类的卵及其组织中含量的分析结果一致（Czesny et al.，2000；Group 2005；Ovissipour & Rasco，2011）。C16:0 和 C18:1 n9 这两种脂肪酸可能是参与组织特异性的代谢反应，这还需要进一步研究。C20:4 n6（ARA）、C20:5 n3（EPA）和 C22:6 n3（DHA）是鱼类性腺发育所需的重要营养因子，在对金头鲷（Fernández-Palacios et al.，1997）、牙鲆（Furuita et al.，2000）和西伯利亚鲟（Luo et al.，2015）的研究中发现 C20:4 n6、C20:5 n3 和 C22:6 n3 含量越高，性腺发育和后代质量越好，充分证明其对繁殖性能的重要影响。本试验结果表明（见表 5-6-5），随着饲料中牛磺酸水平的增加，T1 组 C20:4 n6、C20:5 n3、C22:6 n3、∑ HUFA、∑ PUFA 和 ∑ n-3PUFA 含量均显著高于 T0 组和 T2 组。相关研究发现，长链多不饱和脂肪酸是影响鱼类卵黄发生、卵巢成熟的重要因素（温海深和林浩然，2001），在性腺发育的过程中，机体中的 LC- 多不饱和脂肪酸通过代谢途径从脂肪组织转运至肝脏，促进肝脏合成卵黄蛋白原（Bransden et al.，2007）。在对西伯利亚鲟雌、雄亲鱼的研究中发现，卵巢中 n-3 长链多不饱和脂肪酸含量越高，繁殖性能和后代的品质就越好（Luo et al.，2017）。在对牙鲆的研究中，也发现类似结果（Furuita et al.，2000）。所以，给彭泽鲫投喂添加了适量牛磺酸的饲料，可显著促进高不饱和脂肪酸在其卵巢中的沉积，这进一步表明牛磺酸可促进彭泽鲫亲鱼卵巢的发育。

表 5-6-5 饲料牛磺酸水平对彭泽鲫卵巢组织脂肪酸组成的影响

单位：%

脂肪酸	饲料牛磺酸水平		
	T0 组	T1 组	T2 组
C14 : 0	1.04 ± 0	0.98 ± 0.01	1.03 ± 0.06
C15 : 0	0.17 ± 0.03	0.19 ± 0.01	0.17 ± 0.01
C16 : 0	16.36 ± 0.84	17.56 ± 0.83	15.81 ± 0.40

续表

脂肪酸	饲料牛磺酸水平		
	T0 组	T1 组	T2 组
C17：0	0.24 ± 0.06	0.23 ± 0.01	0.23 ± 0.05
C18：0	4.01 ± 0.31	4.64 ± 0.47	4.38 ± 0.46
C20：0	0.09 ± 0.01	0.10 ± 0.01	0.12 ± 0.02
C21：0	0.17 ± 0.04	0.15 ± 0.03	0.12 ± 0.02
∑ SFA	22.09 ± 1.22	23.86 ± 1.24	21.86 ± 0.84
C16：1	3.33 ± 0.31	3.65 ± 0.24	3.03 ± 0.24
C18：1 n-9c	40.1 ± 0.84[a]	35.93 ± 0.95[b]	37.27 ± 0.81[b]
C20：1	1.99 ± 0.12	2.10 ± 0.27	2.09 ± 0.36
C22：1 n-9	0.28 ± 0.06	0.25 ± 0.05	0.30 ± 0.05
∑ MUFA	45.7 ± 0.80[a]	41.92 ± 0.86[b]	42.69 ± 1.10[b]
C18：2 n-6c	21.15 ± 1.64[a]	16.51 ± 0.87[b]	22.33 ± 2.00[a]
C18：3 n-6	0.26 ± 0.01	0.25 ± 0.03	0.26 ± 0.03
C18：3 n-3	1.28 ± 0.09[a]	0.88 ± 0.09[b]	1.24 ± 0.07[a]
C20：2 n-6	0.55 ± 0.03[b]	0.64 ± 0.01[a]	0.65 ± 0.05[a]
C20：3 n-6	1.05 ± 0.06	1.27 ± 0.10	1.18 ± 0.21
C20：4 n-6	2.02 ± 0.19[b]	2.62 ± 0.03[a]	2.08 ± 0.28[b]
C20：5 n-3	0.69 ± 0.15[b]	1.21 ± 0.14[a]	0.81 ± 0.22[ab]
C22：6 n-3	5.21 ± 0.79[b]	10.83 ± 0.57[a]	6.91 ± 1.80[b]
∑ HUFA	8.97 ± 1.07[b]	15.93 ± 0.73[a]	10.98 ± 2.47[b]
∑ PUFA	32.21 ± 0.83[b]	34.22 ± 0.43[a]	35.46 ± 0.61[a]
∑ n-3PUFA	7.18 ± 0.85[b]	12.92 ± 0.64[a]	8.96 ± 1.97[b]
∑ n-6PUFA	25.03 ± 1.6[a]	21.3 ± 0.83[b]	26.5 ± 1.46[a]
∑ n-3/∑ n-6	0.29 ± 0.05[b]	0.61 ± 0.05[a]	0.34 ± 0.10[b]

注：同一行数据上标不同字母表示差异显著（$P < 0.05$）。∑ SFA：总饱和脂肪酸；∑ MUFA：总单不饱和脂肪酸；∑ PUFA：总多不饱和脂肪酸；∑ HUFA：总高度不饱和脂肪酸。

5.6.3 结论

综上所述，饲料中添加牛磺酸后可在一定程度上促进彭泽鲫亲鱼的性腺成熟，并显著提高其卵巢中氨基酸含量和脂肪酸水平。根据本试验数据及从饲料生产成本等因素考虑，建议彭泽鲫亲鱼饲料中牛磺酸的添加水平为 0.5%。

6 彭泽鲫性腺发育的分子生物学机制

6.1 调控鱼类性腺分化基因的研究进展

雌雄异体鱼类的性别决定类型主要分为遗传决定型和环境决定型，后者以温度决定型的研究居多。不同于存在 *Sry* 的哺乳动物，温度依赖型的爬行类以及存在性别决定 *Dmrt*1 基因的鸟类，鱼类不仅是物种分布最广的低等脊椎动物（包含 32900 种，其中中国有 3862 种），且其性别决定机制也几乎涵盖了所有的动物类型（Devlin& Nagahama，2002）。某些鱼类具有性染色体或者雌雄特异性的性别决定基因，也有一些鱼类是通过常染色体控制的。水温、pH、光照、养殖密度、溶氧量、盐度、食物丰度、群体信号和环境内分泌干扰物等都可以在不同程度上影响鱼类性别（Devlin & Nagahama，2002）。但也有一些鱼类，如银鲫存在雌核发育和两性生殖双重生殖方式（桂建芳和周莉，2010），不但增加了性别决定机制研究的复杂性，也进一步验证了低等鱼类性别决定和性别分化的可塑性。不管怎样，外界因素对性腺分化的影响最终可能是通过影响性腺分化相关基因的表达来实现的（Leet et al.，2013）。

关于鱼类性别决定与分化分子机制的研究主要借鉴哺乳动物展开，研究的主要目的是找寻鱼类中雌雄特异基因、偏好性基因或者为了维持内源性激素平衡而调控芳香化酶 *cyp*19*a* 的转录因子。目前，发现的性别决定基因有青鳉（Matsuda et al.，2002）、银汉鱼（Hattori et al.，2012）、河豚（Kamiya et al.，2012）和虹鳟（Yano et al.，2012）等。大多数研究是通过同源克隆方法获得鱼类基因组中的性别决定与分化相关基因，随后进行功能研究和验证，但对起关键作用的基因或者染色体区域还不是很清楚。下面，从性腺分化、核受体家族、类固醇合成酶类和卵母细胞结构基因四大类对调控鱼类性腺分化基因的研究进展进行综述，为水产学科鱼类的性腺分化机制研

究提供基础性资料。

6.1.1 性腺分化基因

6.1.1.1 DM 结构域转录因子 1

*Dmrt*1 是果蝇的 *doublesex* 基因和线虫的 *mab*3 基因编码一种转录因子，该转录因子含有一个保守锌指样结构的 DNA 结合结构域，称之为 DM 结构域。鱼类中含有 6 个 *dmrt* 家族成员：*dmrt*1、*dmrt*2、*dmrt*3、*dmrt*4、*dmrt*5 和 *dmrt*2b。其中，*dmrt*1 基因在性别控制、性别分化调节和雄性不育等方面有重要作用，其拷贝 *dmrt*1*bY* 是青鳉两个属的性别决定基因（Leet et al., 2013）。青鳉 *dmrt*1*bY* 基因是一个进化上年轻的雄性性别决定基因，依靠常染色体上 *dmrt*1 基因复制、转移到 Y 染色体上而形成，在鱼类中不存在普遍性，而在其他一些近缘物种中只存在不具备雄性决定的 *dmrt*1*bY* 假基因。*dmrt*1*bY* 基因能诱导遗传雌性个体（XX）性反转为雄性。野生青鳉种群中约存在 1% 性反转个体（XY 雌性），证实它们中一部分是由携带突变的 *dmrt*1*bY* 基因引起，另一部分是由于 *dmrt*1*bY* 的低水平表达所致。最近有人证实青鳉与其近缘种浅红青鳉的性染色体是各自独立起源的。

目前，雄性罗非鱼 *dmo*（*dmrt*1 的一个拷贝）、半滑舌鳎精巢 *dmrt*4（董晓丽和陈松林，2013）及牙鲆 *dmrt*4 精巢表达量远高于卵巢，以及 *dmrt*4 在雌性奥尼罗非鱼中特异存在（Cao et al., 2010）。而在斑马鱼中，已确认有 5 个 *dmrt* 基因家族成员的存在，且有 13 个不同亚型在稀有鉤鲫中被克隆到，在黄鳝中发现 8 个 *dmrt* 基因，在刺鳅中发现 6 个 *dmrt* 基因，在大鳞副泥鳅中发现 3 个 *dmrt* 基因，在红鳍东方鲀中发现 3 个 *dmrt* 基因。我们在彭泽鲫中发现 *dmrt*1 基因的 3 种不同亚型（郑尧等，2014）。这些结果不仅表明，*dmrt*1 在很多鱼类中呈现雄性偏好性表达，即在性腺分化时专一性地在精巢中表达，而在卵巢中没有表达，同时也从侧面说明 *dmrt* 家族在鱼类中确实存在诸多拷贝。基因敲除试验证实 *dmrt*1 对小鼠睾丸分化是必须的，但对于卵巢的发育不是必需的。也有学者发现，*dmrt*1 在斑马鱼精巢和卵巢发育过程中都有表达，这可能意味着 *dmrt*1 不只与精巢发育相关，还与卵巢发育有关，后在大鳞副泥鳅中得到证实。一方面，*dmrt*1 呈现偏好型表达，另一方面，利用雄激素诱导尼罗罗非鱼幼鱼发生性逆转，在其性腺中也能检测到 *dmrt*1 的表达，且雌激素能抑制其表达。已经在黑鲷（Wu et al., 2012）、黄鳝、银汉鱼、尼罗罗非鱼（Li et al., 2013）、石斑鱼、细棘海猪鱼、鲇鱼、青鳉（Masuyama et al., 2012）、半滑舌鳎（李亚亚等，2014）、剑尾鱼、银鲫（Li et al., 2014）和红鳍东方鲀等鱼类中开展了 *dmrt*1 基因的克隆和鉴定工作。

这些研究结果都表明，*dmrt*1 对鱼类性别决定和精巢的功能维持都起着重要作用，而其他部分成员对已分化性腺的正常发育和功能维持可能也具有重要作用。

6.1.1.2　抗缪勒氏管激素

抗缪勒氏管激素（*amh*）是转化生长因子 TGF–β 超家族的一员，不仅在雄性胚胎形成时期起始缪勒氏管的退化，而且还能够阻止雌性生殖器官的发生，且在雄性性别分化中起到重要作用。*amh* 专一性地在性腺中表达，*amh* 主要通过 *Amh/Amh* II 通路在性腺分化和发育中发挥作用。2002 年 Miura 等从日本鳗鲡中分离出一种精子发生相关物质 21（*eSR21*），它具有抑制精子形成的作用并被归类为 *amh* 的同源基因。到目前为止，*amh* 的同源基因已在很多鱼类中被克隆到，例如日本鳗鲡、牙鲆、虹鳟、斑马鱼、青鳉、欧鲈、罗非鱼（Poonlaphdecha et al., 2013）和彭泽鲫（Li et al., 2013）等，不仅呈现出保守的表达模式，且在它们的性别决定调控中具有重要作用。*Amh* 之所以吸引研究者兴趣，是因为只有某些古老的鱼类如鲟才存在缪勒氏管结构，近代硬骨鱼类中不存在此结构。目前关于 *amh* 基因及在 *AmhR–II* 信号通路中的功能在鱼类中的研究还较少，需要进一步研究。

6.1.1.3　叉头框样蛋白 2

叉头框样蛋白 2（*foxl2*）是 Forkhead/HNF–3 相关转录因子家族中的一员，它参与卵巢分化过程和许多包括细胞分化在内的发育过程。*Foxl2* 通过它的叉头结构与 Ad4BP/S$_{F1}$ 的配体结合区域相结合成为异源二聚体，强化和促进 *cyp19a1a* 的转录表达（Wang et al., 2007）。如果 *foxl2* 功能缺失，雌性小鼠就会表现不育，导致生成睾丸小管和精原细胞的形成，因为 *foxl2* 会抑制那些可以启动 *sox9* 表达的调控元件来抑制精巢分化及性反转。*foxl2* 是颗粒细胞分化和卵巢的维持所必需的，目前已在虹鳟、尼罗罗非鱼、青鳉、斑马鱼、欧洲鳗、三斑海猪鱼、南方鲇、稀有鮈鲫、黑鲷、朝鲜石头鱼、裸盖鱼、大西洋鲑、暗色颌须鮈和黄鳝等水生动物中开展了基因克隆和鉴定工作，在各自性腺中的表达量要高于其他组织中的表达量，且有卵巢中的表达量高于精巢的趋势。如 *foxl2* 基因在南方鲇不仅呈现出性别二态性的表达方式（卵巢远高于精巢）（Raghuveer et al., 2011），还可通过雌性特有方式调控 *cyp19a* 的表达（Wang et al., 2007）。因此，*foxl2* 已被证明是雌性发育过程中的一个关键因子，是目前发现的脊椎动物卵巢决定和分化的一个标志性启动基因（Raghuveer et al., 2011）。

6.1.1.4　sox 基因家族

sox 基因家族含有一个 *SRY* 样的 HMG 盒结构，其结构高度保守。目前，*sox* 基因家族已经广泛地在哺乳类、鸟类、爬行类、昆虫及鱼类中被克隆得到，在雌、雄性

别个体的基因组中都存在。该基因家族的很多成员被鉴定为转录因子，其表达又具有组织特异性，且在不同发育过程均能表达。*sox*4、*sox*5、*sox*6 和 *sox*9 基因在雄性中的表达与精子发生相关，其中 *sox*9 最为重要。已有研究结果表明，*sox*9 主要在性腺分化时期精巢中表达，对哺乳动物的睾丸分化具有重要作用，能使支持细胞的前体细胞分化成有功能的塞托利细胞。与哺乳动物不同，斑马鱼中存在 2 个 *sox*9 同源基因：*sox*9*a* 和 *sox*9*b*，这可能是硬骨鱼类种系发生过程中的一次大规模基因组复制导致。斑马鱼 *sox*9*a* 和 *sox*9*b* 基因的组织表达图谱具有差异性，前者在脑和精巢组织中广泛表达，而后者只在卵巢中表达。后来也在黄颡鱼、鲤鱼、黄鳝和河豚等的卵巢中同时分离到 *sox*9*a* 和 *sox*9*b* 基因，这说明 *sox* 基因家族成员尤其是 *sox*9 可能在性腺分化和发育中起重要作用。

6.1.1.5 DEAD-box RNA 解旋酶

DEAD-box RNA 解旋酶（*vasa*）是一个依赖 ATP 的 RNA 解旋酶大家族，该家族是以具有保守的 DEAD（Asp-Glu-Ala-Asp）序列来命名的，Vasa 蛋白是 DEAD-box 蛋白家族的重要成员，是决定生殖系发育的重要调控因子之一。*vasa* 在果蝇中首次报道，并发现其是腹节形成和生殖细胞发育过程所必需的成分之一。由于该基因仅在大多数物种的生殖细胞中特异表达，因此已经被作为一种分子标记物来研究原始生殖细胞的起源、迁移、分化及配子发生过程。斑马鱼 *vasa* 在原始生殖细胞中特异性表达，与其受精卵的早期分化及性腺发育过程有关，这一结果也在青鳉上得到验证（Yuan et al.，2014）。目前，已在异育银鲫、青鳉、草鱼（Li et al.，2010）、稀有鮈鲫（Cao et al.，2012）、欧鲈（Blázquez et al.，2011）、大西洋鳕（Presslauer et al.，2012）、罗非鱼（Xiao et al.，2013）、舌鳎（Wang et al.，2014）和牙鲆（Wu et al.，2014）等鱼类中进行了 *vasa* 克隆和鉴定工作，且胚胎发育早期 *vasa* 表达量较为丰富。此外，有研究还发现，罗非鱼 *vasa* 基因在两性生殖细胞发育过程中的表达存在明显差异，表明 *vasa* 不仅与生殖质迁移相关，还对鱼类精子、卵子的发生具有调控作用。

6.1.1.6 威廉姆斯瘤基因

威廉姆斯瘤基因（*wt*1 基因）是从 Wilms' 瘤细胞染色体 llp13 分离的一种抑癌基因。由于鱼类特有的基因组复制，其具有两个 *wt*1 拷贝（*wt*1*a* 和 *wt*1*b*），它们都有多种不同的选择性剪接产物，且从胚胎期开始就在肾脏和性腺中表达（在孵化后 5 d 表现出明显的性别差异）。Wt1 蛋白可能直接调节或通过不同类型甚至不同的剪切形式，在雌雄性腺中分别调节 *foxl*2 和 *dmrt*1 的表达，间接调节 *cyp*19*a* 基因的表达和雌激素的生成。

目前，已经从黄鳝（胡青等，2014）、半滑舌鳎（张红等，2014）等水生动物中克隆获得了 *wt1* 基因。*wt1* 在性腺、肾、肠、脾和心脏等组织中都有表达。半滑舌鳎性腺中 *wt1* 的表达量极显著高于其他组织中的表达量（张红等，2014），黄鳝 *wt1* 在各时期雌性、间性和雄性性腺中的表达量有先升高后降低的趋势（胡青等，2014），而在半滑舌鳎雄鱼中的表达量显著高于雌鱼中的表达量，雌鱼中的表达量显著高于伪雄鱼中的表达量（张红等，2014）。由此说明，*wt1* 可能对性腺的分化过程并不起决定作用（张红等，2014）。

6.1.2 核受体家族

核受体超家族成员包含类固醇受体、前列腺素受体、甲状腺素受体、维生素 D_3 受体、孤寡受体以及异生物质受体等，它们是一类配体依赖性的转录因子，在核受体信号通路中发挥作用。其中，类固醇受体包括雌激素受体（ER）、雄激素受体（AR）、盐皮质激素受体、糖皮质激素受体、孕激素受体等，且其成员在进化上相当保守。其主要有 4 个不同的结构域：N- 末端转录激活域、高保守的 DNA 结合域（DBD）、铰链区、配体结合域（LBD）（Segner et al.，2013）。

6.1.2.1 雌激素受体

在鱼体内，普遍存在 3 种雌激素受体（ERα、ERβ1 和 ERβ2，分别由 *esr1*、*esr2b*、*esr2a* 编码）进行雌激素介导作用，参与鱼类的生殖发育。从人乳腺癌细胞中成功克隆得到第一种雌激素受体 ERα，而鱼类第一个 ERα 是从虹鳟中克隆得到的。随着研究的深入，ERβ 相继从各种鱼中被克隆到，在对虹鳟的研究中，后又发现了 ERα 的一个亚型 ERα2。雌激素受体家族蛋白的一级结构从 N 端到 C 端依次可分成 6 个不同的功能结构域 A、B、C、D、E 和 F，具有转录激活或阻遏、核定位、DNA 结合、激素结合等多种功能，其中，C 结构域 DBD 和 E 结构域 LBD 在不同物种之间是很保守的，具有基因和物种的特异性。目前，除虹鳟以外，研究报道的鱼类雌激素受体已达到 10 余种，如不同品种罗非鱼、斑点叉尾鲴、金鱼、斑马鱼、黑头软口鲦和底鳉等（Segner et al.，2013）。相关研究表明，在大多数鱼类中存在 3 种 ER 亚型 ERα、ERβ1 和 ERβ2；只在虹鳟、大西洋鲑、蓝鳃太阳鱼、鲫鱼、倒刺鲃等鱼类中发现 ERα 的亚型（ERα1 和 ERα2）。

6.1.2.2 雄激素受体

雄激素在组织和细胞发挥作用首先要和靶细胞膜上或核内的雄激素受体结合，由雄激素受体介导，通过不同的途径将信号传入细胞内，从而产生一系列生物学效应。

雄激素介导的雄激素受体信号途径对雄性胚胎发育、雄性性成熟及雄激素依赖性靶组织的分化发育是必需的。雄激素受体同样是一种配体依赖型的转录因子，不仅在结构和功能上高度相似，而且可作为一种调节蛋白。脊椎动物雄激素受体发现存在 2 种亚型，称为 ARα 和 ARβ，最早的报道见于非洲爪蟾。在鱼类已发现存在两种亚型的并不多，已有报道在硬骨鱼类中虹鳟、日本鳗鲡、食蚊鱼等鱼类中发现了亚型，而在鲫鱼等中只存在一种亚型（郑尧等，2013）。

6.1.2.3 X 染色体上剂量敏感性反转和先天性肾上腺发育不全决定区基因

X 染色体上剂量敏感性反转和先天性肾上腺发育不全决定区基因 1（dax1），是位于 X 染色体上剂量敏感性反转决定区上的一个候选基因，又称为 nr0b1，是孤核受体超家族中的一员。人 Xp21 染色体上 dax1 基因重复可导致剂量敏感性的性反转综合征 DSS，产生由雄性向雌性的性反转现象，并在小鼠上得到证实，且可以调控许多类固醇合成相关酶类的产生。此外，dax1 基因突变还会引起先天性肾上腺皮质发育不全AHC 现象，后来在其他哺乳类、鸟类、爬行类、两栖类和鱼类中也都发现了该基因。相关研究表明，Dax1 可以作为一种转录抑制子与雌激素受体或雄激素受体参与调节性腺和肾上腺中的类固醇合成能力和发育过程。dax1 在鱼类中表达与哺乳动物相似，在成鱼的多数组织中都有表达。鱼类 dax1 基因结构中较为保守且在多种鱼类的性别决定时期都已被检测到，如处于精巢发育中虹鳟、罗非鱼等。目前，已在罗非鱼、斑马鱼、狼鲈和青鳉等硬骨鱼类上进行了 dax1 基因的相关研究（Li et al.，2013；郑尧等，2013；Li et al.，2012），但 dax1 的作用机制还不是很清楚。

6.1.2.4 类固醇调控因子

类固醇调控因子 1（sf1），即 ftz-f1 基因，属于核受体超家族成员，最早在控制果蝇体节分化基因中被发现（Kuroiwa et al.，2013）。相继克隆得到的 sf1 同源基因命名为不同的名字，包括肾上腺 4 结合蛋白（Ad4bp）和肝脏受体激素 1 基因（lrh1）等。后来被归为 nr5a 基因亚家族，含有两个 ftz-f1 家族成员（nr5a1 与 nr5a2）。nr5a1 包括与类固醇的合成 sf1 相关基因，参与性腺分化期间的精巢决定途径（Ikeda et al.，2013）。nr5a2 基因在肝脏、胰腺和肠中进行表达，参与调节与雌激素结合的 α - 胎球蛋白（Galarneau et al.，2013），可能主要参与胆固醇代谢过程而不是类固醇的合成和性别决定过程。硬骨鱼类 Ad4BP/sf1 可以通过与 cyp19a 基因启动子部分结合，调控芳香化酶基因的表达，进而调节性激素的生成（Zhang et al.，2013）。在稀有鮈鲫、尼罗罗非鱼和海鲈等 cyp19a1a 的启动子区域，预测到了 sf1 的结合位点（Li et al.，2012；Wang et al.，2010），sf1 同时也是 amh 基因的转录调节因子，提示该基因与性别分化和雄性生殖系统的发育相关联。

6.1.3 类固醇合成酶类基因

6.1.3.1 芳香化酶基因

芳香化酶基因 cyp19a1 对于脊椎动物的性腺分化和发育起到重要作用（Devlin & Nagahama，2002；Guiguen 等，2010），其编码的芳香化酶属细胞色素 P450 家族成员，是雌性激素生物合成过程中的限速酶，催化某些雄激素（如睾酮和雄烯二酮）转化为雌激素。除鳗鲡外，硬骨鱼类芳香化酶基因的两个亚型，分为主要在性腺中表达的 cyp19a1a 和主要在脑中表达的 cyp19a1b，它们不仅具有独特的功能，且其表达特异受到不同调节因子的影响。芳香化酶基因 cyp19a1a 已经在许多种硬骨鱼中被分离得到（Shanthanagouda et al.，2012），并在卵巢发育过程中有重要作用，被认为是鱼类卵巢分化一个可信的早期生物标志物（Guiguen et al.，2010）。目前，cyp19a1a 已在青鳉、狼鲈、罗非鱼、斑马鱼、稀有鮈鲫（Wang et al.，2010）和石斑鱼等鱼类中被发现。有研究结果表明，cyp19a1a 基因只在卵巢中表达，而在精巢中基本上没有表达，且 cyp19a1 表达水平及活性与雌激素的合成紧密相关。

6.1.3.2 其他细胞色素 P450 酶类

游离胆固醇需经线粒体外膜转运至内膜，在细胞色素 P450 胆固醇侧链裂解酶（cyp11a1）的作用下发生羟化和侧链裂解。目前，此基因在青鳉（Nakamoto et al.，2010）、pejerrey（Blasco et al.，2010）、斑马鱼、大西洋鲑、海葵、黄貂鱼、日本鳗鲡和稀有鮈鲫（Liu et al.，2012）等鱼类上获得了克隆，且在性腺（尤其是精巢）中的表达量较高，发现 cyp11a2 基因在斑马鱼类固醇合成起始和维持中发挥重要作用（Parajes et al.，2013）。Cyp11a1 催化孕酮成孕烯醇酮，孕酮经过 17α 羟化酶 /17,20 碳链裂解酶 P450c17（cyp17a1）的催化作用，被催化成为雄烯二酮（Skolness et al.，2011）。cyp17a1 是一种微粒体细胞色素 P450 酶，具有两种催化功能，即 17α，β - 羟化酶和 17,20- 裂解酶的活性，在皮质醇和性激素的生物合成中起着重要作用。目前，cyp17a1 已经在韩国石头鱼（Mu et al.，2013）、牙鲆（Ding et al.，2012）、条斑星鲽（Jin et al.，2012）、半滑舌鳎（Chen et al.，2010）、青鳉和罗非鱼（Li et al.，2012）等鱼类上获得了克隆，其在精巢中表达量较高，并且跟性腺组织的甲基化模式相关（Ding et al.，2012；Ding et al.，2013）。余红仕研究发现，黄鳝 cyp17a1 除在脑中有少量表达外，在其他组织中没有表达，表明该基因与性别发育相关。该基因在雌、雄黄鳝中都有表达，而在间性表达量较低，说明该基因不是雄性发育或是雌性发育特异的基因，

而是性腺发育所必需且功能不同的基因。

6.1.3.3　羟基类固醇脱氢酶

3β羟基类固醇脱氢酶（3βHSD）属于膜结合蛋白，参与激素生成组织中固醇类激素第3位酮基与羟基之间的相互转换，因具有较多亚型，在不同组织中表达也有所差异，雄激素能抑制肾上腺皮质细胞和睾丸间质细胞3bhsd表达。目前，3bhsd已经在斑马鱼、黄貂鱼、罗非鱼（Li et al.，2012）、青鳉和稀有鮈鲫（Liu et al.，2012）等上获得了克隆。11β羟基类固醇脱氢酶（11βHSD）为糖皮质激素的代谢酶，它催化糖皮质激素C11位的酮基与羟基之间的氧化还原反应，目前在稀有鮈鲫（Liu et al.，2014）、斑马鱼（Alderman et al.，2012）、pejerrey（Fernandino et al.，2012）、南方鲇（Rasheeda et al.，2010）等上获得了克隆。11βHSD是决定盐皮质激素受体特异性的关键因素，并与遗传性表观盐皮质激素增多症有关，该酶分为11βHSD1和11βHSD2两型，调节组织中的皮质醇浓度，进而调节糖皮质激素受体和盐皮质激素受体的激活，起到控制血压及水、电解质平衡的作用。

雄烯二酮在17β羟化类固醇脱氢酶（17β-HSD）的作用下被催化成了T，在雌鱼体内，睾酮被芳香化酶芳香化成了雌激素E2（Callard et al.，2011），在精巢中，睾酮被11β羟化酶（cyp11b1）和11β-HSD催化成雄鱼特有的11-KT（Baker et al.，2010），最后合成可以被利用的E2和11-KT等激素。雌素酮（Estrone）和E2的互相转化时需要17β-HSD催化。17bhsd能在雌雄虹鳟鱼的中特异性表达，且在不同时期肝脏中的表达出现差异（Castro et al.，2009）。20β羟化类固醇脱氢酶（20βHSD）是卵巢中卵细胞成熟的催化酶，主要作用是催化17α-羟基孕酮转化成17α,20β-双羟孕酮（Jeng et al.，2012），此激素诱导卵母细胞生发泡破裂进而促进排卵。作为一种在肾上腺糖皮质激素代谢中发挥特殊功能的新基因（Tokarz et al.，2012），在斑马鱼应激代谢中发挥重要功能（Tokarz et al.，2013）。这些类固醇代谢酶类基因目前已在其他鱼类物种中被相继克隆，研究这些基因在性腺分化中的功能将成为未来一段时期的热点。

6.1.4　卵母细胞结构基因

6.1.4.1　组蛋白H3伴侣蛋白

在彩鲫（杜新征，2006；Du et al.，2008）、银鲫（杜新征，2006；Du et al.，2008；王孟雨，2011）和红鲫（刘志鹏，2012）等雌核发育鲫属的研究中，组蛋白H3伴侣蛋白Hira在精核解凝和胚胎发育中发挥重要作用。研究发现母源性组蛋白H2a的变

体 *H2aflo* 和乙酰化组蛋白 H4 可能是导致异源精核在银鲫卵细胞中不能解除浓缩状态的原因（王孟雨，2011；李卫，2012），利用 Morpholino 敲除证明 *hira* 对斑马鱼发育必不可少（李卫，2012）。

6.1.4.2　卵黄原蛋白

卵黄原蛋白（Vtg）即卵黄蛋白的前体，是一种大分子量的磷酸酯糖蛋白。在 E2 刺激下，Vtg 能在肝脏中合成，通过血液运输，最后被运送到卵巢中作为胚胎发育的营养源。鱼类生殖细胞发育成熟间接受外源或者内源的促性腺激素的促进作用，主要是直接通过类固醇激素来实现的。比如，在雌鱼的卵黄形成期，垂体分泌促性腺激素作用于卵巢滤泡，在滤泡膜细胞层合成雄烯二酮，雄烯二酮再转化为可芳香化的雄激素。睾酮再扩散到滤泡颗粒细胞层，在芳香化酶的作用下转化为 E2，随即从卵巢中释放出来，刺激肝胰脏合成和释放 Vtg。最后，Vtg 在促性腺激素作用下进入发育的卵母细胞，形成卵黄颗粒。在鱼类中，一般认为 Vtg 是雌鱼的特异蛋白，但是雄鱼的肝脏中也有 *vtg* 基因的存在。因此，雌二醇、乙炔雌二醇和雌酮等雌激素可以诱导雄鱼肝脏合成 Vtg 并且发挥作用。

6.1.4.3　透明带蛋白

透明带蛋白（ZP）主要在顶体反应等与生殖相关的生命活动中发挥作用，包含 4 种亚型：ZP1（ZPB）、ZP2（ZPA）、ZP3（ZPC）和 ZPX。在硬骨鱼类中，对 *zpb* 和 *zpc* 基因及其功能的研究相对较多。一般来说，卵母细胞能够合成 ZP 蛋白，且在体内无卵母细胞存在时，机体也能够合成 ZP 蛋白。在硬骨鱼中，ZP 蛋白主要在肝脏和卵巢中合成，其表达模式分为卵巢特异性表达、肝脏特异性表达或在卵巢和肝脏组织中共同表达。雌激素能够调控青鳉肝脏中 ZP 蛋白的合成；斑马鱼卵巢 ZP 蛋白表达则较为灵活，受雌激素的调控影响较小。*zp* 表达与卵细胞的发生有重要的关系，青鳉中卵巢特异性表达的 *zp* 在卵细胞直径达到 45 μm 时就可检测到表达；鲤 *zpb* 的表达在卵黄囊泡阶段就有较高水平的表达。雄性青鳉肝脏特异性表达的 *zp* 基因在正常情况下几乎不表达，当受到雌激素影响时，ZP 蛋白会被诱导有较高的表达。

6.1.5　展望

虽然鱼类性别决定机制复杂，参与性别决定的基因很多，基因表达又受多因素调控，*dmrt*1 基因往往处于级联反应的上游，但 *dmrt*1"新成员"的发现及如何通过试验验证其功能？类固醇合成途径在雄激素向雌激素转化途径及鱼类特有雄激素 11-KT 合成中发挥重要作用，部分性腺分化基因、胰岛素样生长因子（Li et al.，2012）也都

能调控类固醇合成酶类基因的表达，但怎么调控？核受体是一类配体依赖性转录因子超家族，与机体的生长发育、细胞分化等众多生理、代谢过程息息相关，但孤儿核受体是否也存在相应配体以及它们的转录活性是否也受可逆结合配体的调节？当前更加急迫的是，工业生产（造纸、钢铁等行业）、畜禽规模化养殖、农药大量使用等带来的污水，以及人类生活污水的肆意排放，造成水体中存在大量有毒有害的内分泌干扰物。内分泌干扰物不仅会影响鱼类的生殖发育，也能通过鱼体富集被食用最终对人体造成伤害，在水产品质量安全方面存在潜在的隐患。我们以稀有鮈鲫（Wang et al.，2010；Wang et al.，2012；Liu et al.，2012，2014）和雌核发育物种彭泽鲫（郑尧等，2013，2014；Li et al；2013；郑尧，2014）为研究对象对调控性腺分化基因进行了克隆，并从基因表达层面证实这些基因的表达易收到内分泌干扰物的影响（郑尧，2014），并发现试验动物体内激素水平发生紊乱，鱼类的生殖细胞受到不同程度的抑制（Liu et al.，2014）。当然，内分泌干扰物在体内可通过葡糖醛酸转移酶和磺酸基转移酶来进行代谢和转运，但找到调控网络中的关键节点分子尚需时日。从居民消费水产品的质量安全方面来看，海、淡水主要养殖水产品，地域性及进出口水产品品种的安全管控体系亟待建立和完善。因此，对水产养殖全过程中风险危害因子的排查，水体中有毒有害物质的检测及其对鱼类生殖毒害的分子生物学机制的研究，内分泌干扰物在鱼体内的残留及消除规律、次生代谢产物的检测以及探究有毒有害物质的降解途径十分有意义。随着基因编辑（梅洁和桂建芳，2014）、测序技术和基因组学研究的推进，利用好这些技术将有利于破译转录因子、辅激活因子和辅抑制因子、DNA 等之间形成的复杂调控网络，加快研究进程。部分调控鱼类性腺分化基因及功能汇总表见表 6-1-1。

表 6-1-1　部分调控鱼类性腺分化基因及功能汇总表

编号	基因名称	基因功能	物种名称
		性腺分化	
1	*dmrt*1	参与性别决定的转录因子家族成员，参与雄性生殖发育及精子维持，调控精原细胞向精母细胞发育	日本青鳉、弓背青鳉、奥利亚罗非鱼、稀有鮈鲫、彭泽鲫、罗非鱼、虹鳟、斑马鱼、大鳞副泥鳅、黑棘鲷、黄鳝、银汉鱼、点带石斑鱼、细棘海猪鱼、红剑尾鱼、红鳍东方鲀、异育银鲫、高身丽脂鲤、绿天使、牙鲆、许氏平鲉、蓝镖鲈、牙鲆、颌须鮈、腋孔蟾鱼、银鳕、花鳍海猪鱼、西伯利亚鲟、大西洋鳕、黑鲷、细棘海猪鱼等

续表

编号	基因名称	基因功能	物种名称
2	dmrt2	调节体节形成	斑马鱼(dmrt2b)、大西洋鳕(dmrt2a和dmrt2b)、红鳍东方鲀(dmrt2a和dmrt2b)、青鳉、吕宋青鳉等
3	dmrt3	神经系统发育,可能参与性腺发育调控	大西洋鳕、青鳉、红鳍东方鲀等
4	dmrt4	参与调控嗅觉系统的神经形成	半滑舌鳎、扁口鱼、奥尼罗非鱼、罗非鱼、日本青鳉、红鳍东方鲀等
5	dmrt5	脑发育及调控精子发生	大西洋鳕、红鳍东方鲀等
6	amh	雄性性别分化	日本鳗鲡、扁口鱼、虹鳟、斑马鱼、日本青鳉、欧鲈、鲨鱼、罗非鱼、彭泽鲫、鲈鱼等
7	foxl2	卵巢分化及功能维持	虹鳟、日本青鳉、斑马鱼、阿拉巴马铲鲟、三斑海猪鱼、尖齿胡鲇、稀有鮈鲫、黑鲷、许氏平鲉、银鳕、大西洋鲑、黄鳝、吕宋青鳉、金钱鱼、蜂巢石斑鱼、小点猫鲨、牙鲆、彭泽鲫等
8	sox3	中枢神经系统发育和卵子发生	黑鲷、点带石斑鱼等
9	sox9	性腺分化和发育	斑马鱼、黄颡鱼、鲤鱼、黄鳝、虹鳟、红鲫、彭泽鲫、西伯利亚鲟、脂鲤、吕宋青鳉等
10	vasa	原始生殖细胞标志	异育银鲫、日本青鳉、草鱼、稀有鮈鲫、欧鲈、大西洋鳕、奥利亚罗非鱼、半滑舌鳎、牙鲆、罗非鱼等
11	wt1a	肾脏和性腺发育	半滑舌鳎、黄鳝、斑马鱼等
核受体			
12	erα	参与雌激素受体信号通路	斑马鱼、斑点叉尾鲴、欧鲈、青鳉、牙鲆、大西洋鳕、鲫鱼、稀有鮈鲫、塔氏油白鱼、绵鳚、粗唇龟鲻、牙汉鱼、大鳞副泥鳅、泥鳅、金头海鲷、日本大鳂、彭泽鲫等
13	erβ1	雌激素受体信号通路,脑发育	欧鲈、斑马鱼、半滑舌鳎、青鳉、大西洋鳕、银汉鱼、斑点叉尾鲴、稀有鮈鲫、彭泽鲫等
14	erβ2	雌激素受体信号通路,脑发育	欧鲈、斑点叉尾鲴、斑马鱼、半滑舌鳎、日本青鳉、大西洋鳕、稀有鮈鲫、彭泽鲫等

续表

编号	基因名称	基因功能	物种名称
15	*ar*	参与雄性发育	斑马鱼、日本青鳉、斑点雀鳝、大西洋鲑、斑纹隐小鳉、罗非鱼、食蚊鱼、三刺鱼、蓝鲇鱼、斑点叉尾鮰、齿蝶鱼、斑马宫丽鱼、伯氏朴丽鱼、女王燕尾、澳洲彩虹、呆鲦、鲫鱼(某鲫属、彭泽鲫)、日本鳗鲡、黑鳕鱼、波纹绒须石首鱼、黄鳝、虹鳟、大西洋鳕、斜带石斑鱼、欧鲈、大黄鱼、云纹犬牙石首鱼、真鲷、黑鲷、金头海鲷、西氏拟隆头鱼、剑尾鱼、剑尾鱼、印度青鳉、红背天使、半滑舌鳎、白斑狗鱼、胡瓜鱼、鲟、史氏鲟、杂交鲟、墨西哥丽脂鲤、稀有鮈鲫、倒刺鲃、欧洲鳗、猫鲨、盲鳗等
16	*dax*1	生殖发育调控	半滑舌鳎、斑马鱼、日本青鳉、大西洋鲑、彭泽鲫、欧鲈、罗非鱼等
17	*sf*1	性腺分化及调控,调节激素	斑马鱼、日本青鳉、欧鲈、罗非鱼、奈里朴丽鱼、斑鮰、尖齿胡鲇、虹鳟、彭泽鲫、稀有鮈鲫、日本鲈鱼等

类固醇合成

18	*cyp*19*a*1	雄激素向雌激素转化	大西洋鳕、斑马鱼、腹大眼非鲫、黄金提灯、红金天使、杜氏颅盔丽鱼、黑颚龙王鲷、达氏橙腹鲷、多齿岩丽鱼、红珍珠蝴蝶鲷、十二间虎、红身蓝首鱼、拟扁鼻丽鱼、慈鲷、橙色尖嘴丽鱼、女王燕尾、青鳉、黑点青鳉、底鳉、银汉鱼、布隆迪六间鱼、全颚颌丽鱼、慈鲷、航空母舰、格氏渊丽鱼、缘边孔丽鲷、罗非鱼、赤图塔霓虹剑沙、勒氏亮丽鲷、凯利贝、霍氏栉丽鱼、蓝点狐狸、小鳞奇齿丽鱼、黄金鲈、驼背鲈、虎皮鹦鹉、宽纹叶鰕虎鱼、大弹涂鱼、尖吻鲈、鲤鱼、欧洲鳗、彭泽鲫、稀有鮈鲫、欧鲈等
19	*cyp*11*a*1	胆固醇侧链羟化	斑马鱼、日本青鳉、大西洋鲑、鳉鱼、斑点叉尾鮰、南美江魟、银汉鱼、稀有鮈鲫、胡鲇、锯隆头鱼、日本鳗鲡、克氏双锯鱼等
20	*cyp*17*a*1	皮质醇和性激素的生物合成	斑马鱼、许氏平鲉、牙鲆、条斑星鲽、半滑舌鳎、日本牙鲆、罗非鱼、红鳍东方鲀、三刺鱼、日本鲈鱼、稀有鮈鲫等
21	3β hsd	固醇类激素酮基与羟基转化	南美江魟、罗非鱼、斑马鱼、十三线地松鼠、白鱀豚、虎鲸、虹鳟、日本青鳉、稀有鮈鲫等
22	11β hsd	雄激素(11-KT)合成	斑马鱼、罗非鱼、银汉鱼、女王燕尾、大西洋鲑、虹鳟、尖齿胡鲇、蓝鲇、呆鲦、脂鲤、稀有鮈鲫等

续表

编号	基因名称	基因功能	物种名称
23	17β hsd	雄激素的催化	斑马鱼、胡鲇、鳟、河鲈、稀有鮈鲫等
24	20β hsd	卵细胞成熟	虹鳟、罗非鱼、尖齿胡鲇、网纹花鳉种、地中海鳎、香鱼、斑马鱼、鲤鱼、黄颡鱼等
结构基因			
25	hira	精核解凝	斑马鱼、罗非鱼、鲫鱼(某鲫属、彭泽鲫和异育银鲫)、墨西哥丽脂鲤、女王燕尾、维多利亚湖慈鲷、红鳍东方鲀、斑点雀鳝、大西洋鲑等
26	vtg	卵母细胞发育，生长发育营养源供给	斑马鱼、泥鳅、罗非鱼、北方蓝鳍金枪鱼、斑点雀鳝、美洲狼鲈、剑尾鱼、海鲈、食蚊鱼、太阳鱼、艾氏异仔鳉、鲻、维多利亚湖慈鲷、女王燕尾、小长臂鰕虎鱼、溪鳉、蛇河精斑鳟鱼、鲤鱼、黑线鳕、大西洋大比目鱼、条斑星鲽、弓背青鳉、青鳉、青沙鮻、黄鳍刺鰕虎鱼、红点鲑、稀有鮈鲫、金丝鱼、日本姥、大菱鲆、黑双锯鱼、黑尾红茶壶、褐菖鲉、黑点青鳉、大口黑鲈、呆鲦、朝鲜鳑鲏、鲮鱼、卡特拉鱼、朝鲜鲮、尖头鲹、墨西哥脂鲤、大头荨麻鳗鲇、大西洋鲱、虹鳟、印度丽丽、大黄鱼、韩国冷冻星鳗、黄尾蓝魔、鲫鱼(某鲫属、彭泽鲫)等
27	zp	顶体反应及受精作用，卵母细胞功能维持	斑马鱼、罗非鱼、斑点雀鳝、女王燕尾、青鳉、墨西哥丽脂鲤、剑尾鱼、稀有鮈鲫、虹鳟、太平洋鲱、青鳉、黑点青鳉、非洲凤凰、鳗、鲤鱼、遮目鱼、大西洋鲑、鲦、大西洋狮子鱼、半滑舌鳎、欧洲鳗、短鳍南乳鱼、埃氏南乳鱼、平头南乳鱼、大鼻南乳鱼、大洋洲南乳鱼、翘嘴鲌、海鲈、鮻、黄盖鲽美洲拟鲽、海鳗、鲫鱼(某鲫属、彭泽鲫和异育银鲫)等

6.2 彭泽鲫性腺分化相关基因的克隆与时空表达

人工雌核发育彭泽鲫后代理论上全部为雌性个体。可以利用雌核发育这一生殖特点，避免对性别进行区分，有助于专一地研究性腺发育有关基因在卵巢发育过程中发挥的作用。

芳香化酶 cyp19a1a 是雄激素向雌激素转化的关键酶，诸多的转录因子能够调控芳香化酶的活性，调节内源 E2 的生成，如 dmrt1（Wu et al., 2010b; Li et al., 2013c）。

结构高度保守的雌、雄激素受体在性腺发育中发挥重要作用（Segner et al., 2013），且外/内源性激素能直接通过胞内的雌、雄激素受体激活基因调控通路，调控着E2信号的性腺分化基因及类固醇合成酶类通路，同样调控着内源性E2的合成，参与性腺发育（Wu et al., 2010b）。此外，在经雌核发育方式获得的鲫属鱼类精核解凝和胚胎发育中，组蛋白H3伴侣蛋白Hira发挥重要作用。卵母细胞特异结构基因（卵黄蛋白原*vtg*基因和透明带蛋白*zp*基因）被认为是卵母细胞特异表达的，但也在雄鱼中被发现，且和生殖发育相关（Modig et al., 2006; Gomez-Requeni et al., 2010; Groh et al., 2011）。

目前，彭泽鲫Pcc-*amh*、Pcc-*dax*1和Pcc-*cyp*19a1a全长序列已经有报道（Li et al., 2013a），但关于其他性腺分化及发育基因的时空表达特征及其分子生物学机制研究还未见系统性的报道。本试验首次对彭泽鲫性腺发育有关基因进行克隆、序列分析及时空表达分析，这些基因包括性腺分化相关基因（Pcc-*dmrt*1a、Pcc-*dmrt*1b、Pcc-*dmrt*1c、叉头框因子2 Pcc-*foxl*2、类固醇调控因子1d Pcc-*nr*5a1b、*SRY*样HMG盒结构基因9a Pcc-*sox*9a和DEAD-box RNA解旋酶Pcc-*vasa*）；雌、雄激素受体基因（雌激素α1 Pcc-*esr*1、雌激素α2 Pcc-*er alpha*2、雌激素β2 Pcc-*esr*2a、雌激素β1 Pcc-*esr*2b和雄激素Pcc-*ar*）；类固醇合成相关基因（3β羟化类固醇脱氢酶Pcc-*3bhsd*、11β羟化类固醇脱氢酶2 Pcc-*11bhsd*2、胆固醇侧链裂解酶1 Pcc-*cyp*11a1、17α羟化酶/17,20碳链裂解酶a1 Pcc-*cyp*17a1和类固醇急性调节蛋白Pcc-*star*）和结构基因（Pcc-*hira*、Pcc-*vtg B*和Pcc-*zp*2），探讨它们在彭泽鲫这种雌核发育鱼类的性腺分化过程中发挥的作用。

6.2.1　材料与方法

6.2.1.1　试验材料

人工雌核发育F_1代操作于2011年4月20日进行（水温18℃），子代3～4d出膜，半月龄带回实验室，1月龄内喂食蛋黄。1～2月龄按0.1%的重量比喂食卤虫，之后选择商品化的鱼用饲料。卤虫孵化方法为盐度10～15 mg/kg，pH 7.5～8.5，水温控制在28℃，充氧培养第2天收卵，喂食之前用清水洗净。彭泽鲫养殖条件为水温（25±1）℃，光周期为白天14 h、夜晚10 h，置于125 L大玻璃缸中进行养殖。

6.2.1.2　试验方法

6.2.1.2.1　雌核发育F_1代的获得及取样

人工雌核发育F_1代于2011年进行，父本选择湖北荆州窑湾养殖基地3～5

龄兴国红鲤（1600±175）g，母本选择基地2龄经雌核发育繁殖的彭泽鲫成鱼（50±15）g（n=300），雌、雄鱼采用腹部检查法分辨，试验用鱼采用1雄1雌进行繁殖并重复2次，人工催产雌鱼采用hCG（400 IU/kg鱼），LRH-A（6 μg/kg鱼）和鲤垂体干粉（1 mg/kg鱼，w/w，用0.7% NaCl溶解）剂量配合进行，两次注射间隔时间为6～8 h，雄鱼用量减半。彭泽鲫的受精卵是以红鲤的精子来激活彭泽鲫成熟卵细胞得到的，然后转入20 ℃左右的孵化桶中。每一次操作的F₁代一部分带回实验室采用玻璃大缸养殖（长120 cm、宽40 cm、高80 cm），一部分放在湖北荆州窑湾基地室外大水泥池塘进行养殖（长30 m、宽12 m、水深1.5 m）。

彭泽鲫组织样品：挑选2龄健康彭泽鲫雌鱼进行解剖（n=9），规格为体长（21.01±2.10）cm；体重（226.23±23.29）g，分别取脑、眼、鳃、肝胰脏、肠、肾脏、肌肉、卵巢和脾脏9个组织，先快速置于液氮中，用锡箔纸包好冻存于-80 ℃冰箱中。

彭泽鲫发育阶段样品：取幼鱼20 dph、24 dph、28 dph、32 dph、36 dph、40 dph、44 dph、48 dph、52 dph、56 dph、60 dph 11个发育阶段的幼鱼样品（n=9）。为了获得足够的RNA，20～40 dph选择3尾混合为一个样品，40 dph之后选择2尾混为一个样品。

6.2.1.2.2 组织切片的制备与观察

解剖2龄成熟彭泽鲫雌、雄鱼，取其性腺固定于4%的多聚甲醛24 h后，分别包在纱布内，流水冲洗12 h后进行脱水、透明、石蜡包埋等步骤。

组织脱水：把冲洗12 h的性腺从纱布里小心取出，用吸水纸吸去性腺上的水分，然后将它们分别置于事先准备好的三角烧瓶或者小烧杯中。依次进行如下步骤进行脱水：50%乙醇1.5 h、70%乙醇1.5 h、80%乙醇1 h、90%乙醇Ⅰ 30 min、90%乙醇Ⅱ 30 min、100%乙醇Ⅰ 20 min、100%乙醇Ⅱ 20 min。

组织透明：本试验选择二甲苯为透明剂，首先用二甲苯和乙醇混合液（体积比二甲苯：乙醇=1∶1）浸泡性腺组织10 min，然后再用二甲苯浸泡5～10 min。该过程要经常观察性腺的透明情况，组织一经透明，立刻从二甲苯中取出。

组织浸蜡与包埋：将处理好的性腺分别侵入下列蜡中：1/2二甲苯1/2软蜡10 min、软蜡Ⅰ（熔点为54～56 ℃）10 min、软蜡Ⅱ 10 min、硬蜡Ⅰ（熔点为56～58 ℃）10 min、硬蜡Ⅱ 10 min，包埋，4 ℃保存。

切片、展片：待蜡块完全凝固后，从纸盒里拿出包埋有组织的蜡块用小刀修整蜡块。用切片机切出6 μm的连续蜡带，将切好的蜡带放于烧杯的水面上进行展片（水

温 55 ℃），然后用事先洗干净的载玻片捞起展开的蜡带，最后置于 37 ℃恒温箱中过夜烘片。

脱蜡：将 37 ℃烘过夜的载玻片置于染色缸中，将二甲苯Ⅰ倒入染色缸中静置 10 min，然后回收二甲苯Ⅰ，再将二甲苯Ⅱ倒入染色缸中静置 10 min，以便下一步染色。

染色：依如下步骤进行：无水乙醇Ⅰ 5 min、无水乙醇Ⅱ 5 min、95％乙醇 3 min、80％乙醇 2 min、70％乙醇 2 min、自来水冲洗两次、蒸馏水 2 min、苏木精 10 min、自来水洗浮色 1 min、盐酸分化 20 s、自来水冲洗 20 min、蒸馏水浸泡 2 min、伊红 2 min、蒸馏水洗浮色两次、70％乙醇 30 s、80％乙醇 30 s、90％乙醇 30 s、95％乙醇 30 s、无水乙醇Ⅰ 2 min、无水乙醇Ⅱ 2 min、二甲苯Ⅰ 5 min、二甲苯Ⅱ 5 min。

封片：在载玻片上滴加中性树胶，然后用盖玻片封片子，这个过程要从盖玻片的一侧慢慢放下，防止产生气泡，影响后续观察。

最后镜检、拍照。

6.2.1.2.3 Trizol 一步法提取总 RNA

试验中所用枪头、离心管等试验用品经过 0.1％浓度的 DEPC-H$_2$O 于通风橱中处理过夜，高压灭菌 121 ℃条件下 20 min，然后置于烘箱中烘干备用；玻璃仪器洗净 180 ℃烘烤 6 h 以上。Trizol 一步法提取总 RNA 操作步骤如下：①匀浆。取重量约 100 mg 的组织放入含有 1 mL TRizol 试剂的 1.5 mL 的离心管中，用研磨棒进行充分研磨后充分裂解细胞。②裂解研磨充分后，室温（12～28 ℃）条件下温浴 3 min 完全解离蛋白复合体，4 ℃条件下 12000 g 离心 10 min，去除组织碎屑。③分离。将上清液转移到新离心管中，加入 0.2 mL 氯仿后剧烈摇动 20 s，室温条件下放置 3 min，4 ℃条件下 12000 g 离心 15 min。④沉淀。将上清液小心抽吸到新的离心管中，加入等体积的异丙醇（约 0.5 mL），颠倒混匀（约 15 次），室温放置 10 min，4 ℃条件下 12000 g 离心 10 min。⑤洗涤弃去上清液，加入 1 mL 75％乙醇溶液洗涤，4 ℃条件下 7500 rpm 离心 5 min。⑥溶解。弃去乙醇，置于通风橱中空气干燥至透明状态，加适量（20～50 μL）的 DEPC-H$_2$O 溶解 RNA 样品，-80 ℃超低温条件下保存备用。

所获得的总 RNA 的质量鉴定及浓度测定：用 2％浓度的琼脂糖凝胶检测彭泽鲫 9 个组织及 11 个发育阶段总 RNA 样品的完整性。用微量核酸测定仪（NanoDrop 2000）测定其在 260 nm 和 280 nm 波长处的吸光度，通过分析获得的 OD$_{260}$/OD$_{280}$ 的值，OD$_{260}$/OD$_{280}$ 宜介于 1.8～2.0 之间，从而综合确定获得的总 RNA 的质量及浓度。

OD$_{260}$/OD$_{280}$ < 1.8 说明可能有蛋白污染；OD$_{260}$/OD$_{280}$=1.8～2.0 说明 RNA 纯度较好；OD$_{260}$/OD$_{280}$ > 2.0 说明 RNA 已发生降解。

6.2.1.2.4 基因克隆

（1）反转录。用 DNase I 去除 DNA 的污染后，反转按照 M-MLV First Strand cDNA Kit（Invitrogen）说明书进行操作。使用 5 μg 总 RNA 用于 20 μL 反应体系，先将以下组分加入无核酸酶的微量离心管中：Oligo（dT）$_{12-18}$（500 μg/mL）1 μL，1～5 μg 总 RNA 或 1～500 ng mRNA，10 mM dNTP 混合物 1 μL，加入无菌水至总体积 12 μL。混合物在 65 ℃条件下加热 5 min 后，迅速置于冰上冷却。短暂离心后，加入以下组分：5× 第一链缓冲液 4 μL，0.1 M DTT 2 μL，RNaseOUT™ 核酸酶抑制剂（40 U/μL）1 μL。

在离心管中轻轻将各种成分混合，并在 37 ℃下孵育 2 min，在室温下加入 1 μL（200 U）M-MLV 逆转录酶，轻轻吹打混匀。如果使用随机引物，需要将离心管在 25 ℃孵育 10 min，在 37 ℃孵育 50 min，在 70 ℃加热 15 min 以终止反应。

（2）引物设计及中间片段 PCR 扩增。从 GenBank 上下载其他相近物种（斑马鱼、鲫鱼、鲤鱼）相应的 20 个性腺发育有关基因的 mRNA 序列，通过多重比较，分别在各性腺发育有关基因的保守区域并通过 Primer 5.0 软件来设计中间片段 / 兼并引物。以彭泽鲫肝胰脏、卵巢组织的总 RNA 进行反转录生成第一链 cDNA，并将该 cDNA 作为模板，使用 20 个性腺发育有关基因的上、下游引物，对基因进行 PCR 扩增。PCR 体系（总体积为 20 μL）及各组分如下：取 2 μL 反转录的 cDNA 作为模板，反应体系各组分分别为：10× PCR Buffer 5 μL、10 mM dNTP1 μL、10 μM 上游引物 F$_1$ μL、10 μM 下游引物 R1 μL、Ex Taq DNA 聚合酶（5 U/μL）0.2 μL、双蒸水 9.8 μL。

PCR 扩增条件：94 ℃进行预变性 3 min；35 次循环反应（94 ℃ 30 s，X ℃ 30 s，72 ℃ 30～90 s）；72 ℃进行总延伸 10 min。其中退火温度 X 参照设计不同引物时获得的 Tm 值进行设置，一般设置在 53～63 ℃。72 ℃条件下的延伸时间根据所克隆的 20 个性腺发育有关基因长度而定，一般将 DNA 聚合酶的聚合能力默认为 1 min 可延伸 1000 bp，根据扩增产物的长度来设定各个基因的延伸时间。PCR 扩增反应结束后，用 1% 的琼脂糖凝胶电泳进行检测是否含有目的基因片段条带。若有，则要及时进行切胶回收。

彭泽鲫 Pcc-*dmrt*1 s 引物、性腺分化有关基因引物、雌 / 雄激素受体基因引物、类固醇合成相关酶类基因引物和结构基因引物分别见表 6-2-1、表 6-2-2、表 6-2-3、表 6-2-4、表 6-2-5。

（3）cDNA 末端序列 PCR 扩增。除了类固醇合成酶类 5 个基因外，为了得到完整的 CDS 区，根据已得到的基因的中间片段核苷酸序列，通过 Primer 5.0 软件设计相应的基因特异性引物（GSP），接头引物 AUAP 退火温度一般设定在 60～65 ℃。采取 cDNA 末端快速扩增方法（RACE），使用接头引物（AP）（3'RACE）或基因特异性引物（5'RACE）反转录得到的 cDNA 模板，采用基因特异性引物与接头引物 AUAP 进行巢式 PCR 反应，选用 TD-PCR 程序，分别扩增获得各目的基因的 3' 和 5' 末端核苷酸序列。巢式 PCR 反应退火温度一般选择 60 ℃，其他操作方法按照试剂盒说明书进行。

（4）连接转化挑克隆测序。PCR 反应结束后取 3～5 μL PCR 产物，结合 1 μL 6×Loading Buffer，用 2% 琼脂糖凝胶进行电泳检测。若有相应目的片段后扩大体系至 100 μL，切胶回收依天恩泽基因科技有限公司（北京）的柱式 DNA 片段回收试剂盒说明书进行。连接时，将纯化回收的 cDNA 片段连接到 pMD$_{18}$-T 载体，连接体系为 20 μL，按 Takara 试剂盒说明书进行，反应体系 4 ℃ 过夜放置连接 12～16 h。转化使使用的感受态细胞按照本实验室的制备方法进行，转化方法参考王厚鹏（2011），挑取阳性克隆用已经高压灭菌的牙签挑取白色单个菌落溶解于 20 μL 经过高压灭菌的去离子水中，把粘有单克隆菌落的牙签在水中搅匀，然后以此菌液为模板，用 T 载体通用引物 M13R 和 RVMF（均为 10 μM）进行普通 PCR，以筛选阳性克隆。T 载体通用引物序列如下：M13R：5'-CGCCAGGGTTTTCCCAGTCACGAC-3'；RVMF：5'-GAGCGGATAACAATTTCACACAGG-3'。采用 20 μL 的 PCR 反应体系，PCR 反应程序中，退火温度跟所获得片段保持一致。电泳检测后是阳性克隆则进行扩大培养，取 2 mL 加有 Amp 的 LB 液体培养基加入经过高压灭菌的 10 mL 的玻璃试管中，然后将 20 μL 含有目的基因的菌液加入其中，以 180 r/min 的转速 37 ℃ 过夜培养 12～14 h（根据菌的生长情况确定培养具体时间）。取 500 μL 菌液加入经过高压灭菌的 1.5 mLPCR 管中，加入等体积的 50% 的甘油，封口膜封好送测序。

测序结果经 NCBI（http://www.ncbi.nlm.nih.gov/）在线软件 ScreenVec 比对去除测序结果两端的载体序列，经 BLAST 在线进行多重比对以确定测序正确性。跟近缘物种（鲤鱼、鲫鱼及斑马鱼）相对应的序列进行 Megalign 比对，突变的碱基查看峰图进行确定，不确定的碱基或者造成编码框终止的通过送多个克隆确保序列的准确性。

表 6-2-1　Pcc-*dmrt*1 *s* 引物

引物	序列（5' to 3'）	位置	目的
Pcc-*dm*rt1*b*-F1	ATGTGGGAGGAAGAGCAGAG	1-20	
Pcc-*dmrt*1*b*-R1	TAATAGGATGAGTATGGTG	482-500	
Pcc-*dmrt*1*b*-F2	ATGGTGGACGCCTCCTATTAC	445-465	*dmrt*1b 中间片段克隆
Pcc-*dmrt*1*b*-R2	GACACTATCTGTGCCAAGACCAT	1431-1453	
Pcc-*dmrt*1a-5 gsp1	TTGGGCATCTGGTATTGCTGG	519-539	
Pcc-*dmrt*1a-5 gsp2	TAATAGGATGAGTATGGTG	482-500	*dmrt*1*a*5' RACE
Pcc-*dmrt*1a-3 gsp1	GCCGTCGGTGATAATGTGTTT	289-309	
Pcc-*dmrt*1a-3 gsp2	GTCCTGCGGCGACCAGCAG	398-416	*dmrt*1*a*3' RACE
AP	GGCCACGCGTCGACTAGTACTTTTTTTTTTTTTTTTTT		
AAP	GGCCACGCGTCGACTAGTACGGGⅡGGGGⅡGGGⅡG		
AUAP	GGCCACGCGTCGACTAGTAC		

表 6-2-2　性腺分化有关基因引物

引物	序列（5' to 3'）	位置	目的
Pcc-*foxl*2-F	GAGCCTTGGAGCTTAAACGA	1-20	Pcc-*foxl*2 中间片段克隆
Pcc-*foxl*2-R	CTATATATCAATTCGCGC	1060-1077	
Pcc-*nr*5*a*1*b*-F	CCTCTACGCATCCAGTTCC	492-510	Pcc-*nr*5*a*1*b* 中间片段克隆
Pcc-*nr*5*a*1*b*-R	CAGGGTTGAAGAGGATGAGG	1239-1258	
Pcc-*nr*5*a*1*b*-5 gsp1	GGTACTGTGCTGGCAGAGG	544-562	Pcc-*nr*5*a*1*b*5' RACE
Pcc-*nr*5*a*1*b*-5 gsp2	GGGAACTGGATGCGTAGAGG	492-511	
Pcc-*nr*5*a*1*b*-3 gsp1	CACCGTCTGCAGGAGCTTC	1186-1204	Pcc-*nr*5*a*1*b*3' RACE
Pcc-*nr*5*a*1*b*-3 gsp2	ACCTCATCCTCTTCAACCCTG	1238-1258	
Pcc-*sox*9*a*-F1	GCTGTGGACTGTGGTTGGTTTG	1-22	Pcc-*sox*9*a* 中间片段克隆
Pcc-*sox*9*a*-R1	ACTGAGGGCTCCGACTGAC	1083-1101	
Pcc-*sox*9*a*-3 gsp1	GCGTTCATCGGTCTCTTCACG	1012-1032	Pcc-*sox*9*a*3' RACE
Pcc-*sox*9*a*-3 gsp2	GCTCGATCCGTTCACTCTCAC	1047-1067	
Pcc-*vasa*-F	GCAGGCAAGGTAGATCAAGA	1-20	Pcc-*vasa* 中间片段克隆
Pcc-*vasa*-R	GTAACACGCAAGTAAGGGAC	929-948	

表6-2-3 雌/雄激素受体基因引物

引物	序列（5' to 3'）	位置	目的
Pcc-esr1-F1	GGATCAGTTCCTCTCTCAACT	57-77	
Pcc-esr1-R1	GACACGATCTTCATTACCG	748-766	
Pcc-esr1-F2	GTGCTATCAGGGGTGCACAGGAGGA	720-743	Pcc-esr1中间片段克隆
Pcc-esr1-R2	CGGCGGGACTGTAGCTGCA	1428-1446	
Pcc-esr1-F3	TACGGGCATCAGTCAGTAAATCGGGT	1400-1420	
Pcc-esr1-R3	GTGTTTGGGAGCCCTTGTTCTTAT	1883-1905	
Pcc-esr1-5RT	ACTCCATAATGATAGCCG	514-531	Pcc-esr15' RACE
esr1-5 gsp1	AGCTGGGTAGTATCCGAACGA	149-169	
esr1-5 gsp2	GCCGAAGGTCTCTGAGAGGTTT	103-124	

引物	序列（5' to 3'）	位置	目的
Pcc-er alpha2-F1	CCTACGGAGTTCCCAAACCCCAC	90-111	
Pcc-er alpha2-R1	GCGGCTCCTTACGAATACCTC	681-700	
Pcc-er alpha2-F2	TTGTCCAGCGACCAACCAGT	583-602	Pcc-er alpha2中间片段克隆
Pcc-er alpha2-R2	GACAAAGGAATTCCTCCAGC	1249-1268	
Pcc-er alpha2-F3	GCCGACCGTGGCTCCGTTCCG	1214-1233	
Pcc-er alpha2-R3	GGTCTTTCTCACTCTGTGC	1724-1742	
Pcc-er alpha2-5RT	AGTAGGACCGCCTGCTGG	295-311	
er alpha2-5 gsp1	ATGGCTCAGGTATGGGACA	255-274	Pcc-er alpha25' RACE
er alpha2-5 gsp2	CGACCCGAGGCAGACTCGGCGG	135-155	

续表

引物	序列(5' to 3')	位置	目的	引物	序列(5' to 3')	位置	目的
esr1-3 gsp1	CCCCATCTACACCCACAAACC	1635-1654	Pcc-esr13' RACE	er al-pha2-3 gsp1	TGCAGCTACAGTCCCGCCG	1416-1434	Pcc-er al-pha23' RACE
esr1-3 gsp2	ATAAGAACAAGGCTCCCAAACAC	1883-1905		er al-pha2-3 gsp2	TCTTGTGGAACGGCTCTGG	1577-1595	
Pcc-esr2a-F1	TGGGATATTTATTCGACTCAGAG	59-80	Pcc-esr2a中同片段克隆	Pcc-esr2b-F1	GGGTCAGCCTCCCCTGTCCAGG	57-78	Pcc-esr2b中同片段克隆
Pcc-esr2a-R1	TGGTGGCCAGGGCCAGATCTA	950-968		Pcc-esr2b-R1	TGTCGATGCTGCACTGGTTGGTG	656-678	
Pcc-esr2a-F2	TCCAACTGGTGGACCTGGG	712-731		Pcc-esr2b-F2	ACGGCTTCTTGGGTATCATTATG	559-579	
Pcc-esr2a-R2	GGCCCGATCTCCACAAAACC	1379-1397		Pcc-esr2b-R2	CACATGTTTGGAGTTGAGAAGGAT	1356-1378	
Pcc-esr2a-F3	TGACCAACCTGGGGGACAA	1320-1338		Pcc-esr2b-F3	GATGAAGGCAGCTGCTGTGCA	1239-1258	
Pcc-esr2a-R3	TGGTTCAGGCTACATGAGACCA	2236-2257		Pcc-esr2b-R3	TTAAGTCCCACCATGCTG	1916-1934	
Pcc-esr2a-5RT	CCGAGGTCTGTCTGTAAGG	518-534	Pcc-esr2a5' RACE	Pcc-esr2b-5RT	CATCACCATCCAGTTGC	473-489	Pcc-esr2b5' RACE
esr2a-5 gsp1	CCCTCGGCATACTTGGACAT	371-390		esr2b-5 gsp1	CCCAGGTGGCTGTGTGCATGT	389-408	
esr2a-5 gsp2	GTTGCAATCGATGTTTAGTTG	109-129		esr2b-5 gsp2	GGTAAGATGTTAGGCGAGTTCCC	87-109	

续表

引物	序列（5' to 3'）	位置	目的
esr2a-3 gsp1	CTGGACGCCTCATATCATGCACG	1913–1934	Pcc-esr2a3' RACE
esr2a-3 gsp2	GGAGAATGGGCAACAAAATAGAC	2094–2116	
Pcc-ar-F1	TGAAGACTATTGGATTGTTCCGGG	62–83	Pcc-ar中间片段克隆
Pcc-ar-R1	TCCTCAGAGGACGACGATGGGCA	1663–1684	
Pcc-ar-F2	CCTCCTTGTCGTCTGAGGAAGTGTTT	1670–1691	
Pcc-ar-R2	GGTGGCAGAGACTGAGCCTGACA	2460–2484	
Pcc-ar-F3	CACCAGTTCACCTTTGACCTCTT	2437–2459	
Pcc-ar-R3	TTCACCACCTCGCCGCTCAATTGACT	3256–3280	
Pcc-esr2b-3 gsp1	GGAGATGCTGGATGCCAACAC	1625–1645	Pcc-esr2b3' RACE
Pcc-esr2b-3 gsp2	GCTGAAGGGACAGCTGGATAAGACA	1788–1811	
Pcc-ar-5RT	CATGACAGGGACGTGTCG	339–356	
Pcc-ar-5 gsp1	CTCGGCCACTCTTTCTTGGGGCAGC	275–297	Pcc-ar5' RACE
Pcc-ar-5 gsp2	CGGGCGTTGCTCGCTCTCCGCGAC	151–172	
Pcc-ar-3 gsp1	CACCAGTTCACCTTTGACCTCTT	2437–2459	Pcc-ar3' RACE
Pcc-ar-3 gsp2	AGTCCATTGAGCCGAGGTTGCTGAA	3256–3280	

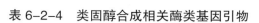

表 6-2-4 类固醇合成相关酶类基因引物

引物	序列（5' to 3'）	位置	目的
Pcc-3bhsd-F	CATTGAGGTGGCTGGTCCCA	1-20	Pcc-3bhsd 中间片段克隆
Pcc-3bhsd-R	TCTTCCCATTCATAGCGAGG	653-672	
Pcc-11bhsd2-F	TGCAATGGGGTTTGAAGTGTTC	1-22	Pcc-11bhsd2 中间片段克隆
Pcc-11bhsd2-R	CACGAGGCATCACTTTCTT	800-818	
Pcc-cyp11a1-F	GCCGACCGATGTATCCAGA	1-19	Pcc-cyp11a1 中间片段克隆
Pcc-cyp11a1-R	AGTGGTTTGATGGTCAGTATG	687-707	
Pcc-cyp17a1-F	TTGCAAAGGACAGCTTGGTGG	1-21	Pcc-cyp17a1 中间片段克隆
Pcc-cyp17a1-R	CCGAGACAAACACGCACTCCTG	679-700	
Pcc-star-F	TGGCATTTCTTACAGACACATG	1-22	Pcc-star 中间片段克隆
Pcc-star-R	TTTGTCTTATTGGGATCTTCTAC	656-678	

表 6-2-5 结构基因引物

引物	序列（5' to 3'）	位置	目的
Pcc-hira-F1	ATGAAGCTGTTGAAGCCGA	1-19	Pcc-hira 中间片段克隆
Pcc-hira-R1	TGAGTTTGGGCGTCTGGT	1271-1288	
Pcc-hira - F2	CAGAACATCTATGGAAAGAGTCT	1126-1148	
Pcc-hira - R2	AGTTGGCTGTACTGGAATCCGAAG	1496-1519	
Pcc-hira - F3	AAGCAGGTGGAGACCAGAAC	1342-1361	
Pcc-hira - R3	CGAGGAAACGTGCGTAGAT	3009-3028	
Pcc-vtg B-F1	ATGAGAGCTGTTGTGCTTGCC	1-21	Pcc-vtg B 中间片段克隆
Pcc-vtg B-R1	CGATCTGGGCTGGAGCATC	811-829	
Pcc-vtg B-F2	GAGATTCTTCAGACCCCCATTC	772-793	
Pcc-vtg B-R2	GCACAGCCAACTCCGATACTAA	2695-2716	
Pcc-vtg B-3 gsp1	GAAGAGCCTTCTGCTGAGAG	2665-2684	Pcc-vtg B3' RACE
Pcc-vtg B-3 gsp2	TTAGTATCGGAGTTGGCTGTGC	2695-2716	
Pcc-zp2-F1	ATGGCTGGAAGTTGGTGTT	1-19	Pcc-zp2 中间片段克隆
Pcc-zp2-R1	GTGATGGAACCATACGGTC	1400-1418	
Pcc-zp2-F2	GGAGGACAGCGGATATGTGGTG	1338-1259	
Pcc-zp2-R2	TTACATGACCATAGTAACTTC	2068-2088	

（5）序列拼接。使用 Lasergene 软件的 SeqMan 程序进行拼接，用 MegAlign 及 Mega 4.0（Tamura et al.，2007）进行多重序列比对，将 20 个性腺发育有关基因中间片段各测序结果与 3'RACE 和 5'RACE 各测序结果进行拼接。若拼接不上或者序列拼接出现困难，通过与 NCBI 数据库中斑马鱼基因组进行比配确认其片段总长度已经跨越了 2 个以上的外显子，能够用来跨内含子设定定量引物，则可以考虑不获得基因的全长序列。

6.2.1.2.5　实时荧光定量 PCR 引物的设计、合成与定量检测

为了防止残存的少量基因组 DNA 污染（之前使用 DNase 处理过），qRT-PCR 引物仍然考虑跨内含子设计，内参基因和 20 个性腺发育有关基因的引物见表 6-2-6。将合成的 qRT-PCR 引物溶解、10 倍稀释，首先进行普通 PCR 扩增，模版采用性腺或肝胰脏组织 RNA 反转后的产物，经 2% 琼脂糖凝胶电泳检测，如果条带单一且片段大小与设计引物时的大小一致，呈现单一条带，再进一步实时荧光定量 PCR 仪进行引物检测，模版同样采用性腺 / 肝胰脏组织 RNA 反转后的产物，反应体系（25 μL）如下：SYBR *Premix Ex Taq* Ⅱ（2×）12.5 μL，上、下游引物各 0.5 μL，cDNA 模板 2 μL，ddH$_2$O 8.5 μL。为了确定引物及 PCR 反应是否正常进行熔解曲线的绘制，仪器使用 BioRad CFX96 实时荧光定量 PCR 系统进行扩增。PCR 反应程序为：94 ℃ 30 s，94 ℃ 30 s，60 ℃ 30 s，共 40 个循环；60 ℃ 30 s，95 ℃ 15 s，溶解曲线绘制；4 ℃ forever。

经过 qRT-PCR 检测，内参基因和目的基因扩增产物的熔解曲线的峰值单一，说明可以扩增出特异的 PCR 产物，每个 PCR 反应的扩增效率（E）是采用 cDNA 浓度 10 倍稀释法（5 个点）进行，计算公式为 $E=10^{-1/\text{slope}}$。E 值在 1～2 之间都认为引物的工作性能良好（理论值为 2），可以用于后续试验。

6.2.1.2.6　内参基因的筛选

不同的内参基因在不同的试验处理的时候，其稳定性不尽相同。本试验选取了 4 个看家基因（*ef1a*，*tubulin*，β-actin 和 *gapdh*），同时对这 4 个常用的内参基因进行筛选，选出在 9 种不同组织和 11 个不同发育阶段中表达最稳定的那个看家基因作为我们用来计算目的基因的相对表达量。将获得的 4 个内参基因的试验数据根据计算内参稳定性的在线软件 RefFinder（http://www.leonxie.com/ referencegene.php）的要求输入该网站的相应区域内，然后它会根据目前用于检测内参稳定性的主要计算软件包括 geNorm（Vandesompele et al.，2002），NormFinder（Andersen et al.，2004），BestKeeper（Pfaffl et al.，2004）和 Comparative Delta CT 法（Silver et al.，2006）在内的软件所给出的表达稳定值（M），对所检测的各个候选内参基因的稳定性进行比较和排名，M 值越

低，说明对应的内参基因的稳定性越高。

6.2.1.2.7 qRT-PCR 检测彭泽鲫性腺发育有关基因的组织表达

取彭泽鲫雌鱼（n=9）的 9 个组织（脑、眼睛、鳃、肝胰脏、肠、肾脏、肌肉、卵巢、脾脏），提取总 RNA 后，用 NanoDrop2000 检测 RNA 浓度，同时 RNA 质量经 2% 琼脂糖凝胶电泳合格，然后选择 OD_{260}/OD_{280} 介于 1.8～2.0 之间的 RNA 样品，用反转录试剂盒以 5000 ng，20 μL 体系进行反转录。反转后的不同 cDNAs 模板采用 NanoDrop2000 检测用 DEPC-H$_2$O 稀释为同一浓度，测定有关基因的组织表达规律，共设置 3 个重复，个体中每个组织选择 4～6 个样本。

6.2.1.2.8 qRT-PCR 检测彭泽鲫性腺发育有关基因的发育阶段表达

取彭泽鲫幼鱼（n=9）11 个发育阶段（20 dph、24 dph、28 dph、32 dph、36 dph、40 dph、44 dph、48 dph、52 dph、56 dph 和 60 dph）样品提取总 RNA 后，设置 3 个重复。

6.2.1.2.9 统计学分析

应用 SPSS（18.0 版本）统计学分析软件对试验数据进行整理分析。试验数据采用相对表达量的计算方法，即相对表达量 =$2^{-\Delta\Delta Ct}$ 方法（Livak & Schmittgen，2001）。所谓相对表达量即目的基因在高表达组中的表达量相对于其在低表达组中的表达变化量，在计算组织表达 $^{-\Delta Ct}$ 时选择表达量最高的组织去减其他组织所对应的值，而发育阶段以 20 dph 去减其他值，数据结果均用 "Mean ± SD" 的表示方法，使用单因素方差分析和 Duncan 多重比较进行显著性分析。$P < 0.05$ 表明差异显著，用不同大写字母表示。

6.2.2 结果

6.2.2.1 彭泽鲫基因克隆

采用 NanoDrop2000 检测彭泽鲫 9 个组织及 11 个发育阶段的总 RNA 样品质量，进行检测分析，测得 OD_{260}/OD_{280} 在 1.85～1.98 之间，完全符合试验要求。

除了 3 个性腺分化基因（Pcc-amh、Pcc-dax1、Pcc-cyp19a1a）在之前的试验中有报道之外（Li et al. 2013a），其他基因都是本试验第一次克隆获得。发现 20 个性腺发育有关基因中有 12 个中间片段各测序结果均能与 3' RACE 和 5' RACE 各测序结果拼接上，11 个具有完整的 CDS 区，这些基因分别是 Pcc-dmrt1a、Pcc-foxl2、Pcc-nr5a1b、Pcc-esr1、Pcc-er alpha2、Pcc-esr2a、Pcc-esr2b、Pcc-ar、Pcc-hira、Pcc-vtg B 和 Pcc-zp2。其中 11 个性腺发育有关基因的片段长度已经跨越了 2 个以上的外显子，

彭泽鲫饲料营养与健康养殖技术

可以用来跨内含子设定定量引物，故没有进一步获得基因的全长序列。

表 6-2-6　内参和彭泽鲫性腺发育有关基因定量引物

定量引物	序列（5' to 3'）	大小 /bp
Pcc-β-actin-F	GCTCCCCTCAATCCCAAAG	366
Pcc-β-actin-R	GGTTCCCATCTCCTGCTCG	
Pcc-*ef1a*-F	TGGAGGTATTGGAACTGTGCC	422
Pcc-*ef1a*-R	CAGATTTGAGAGCCTTGGGGT	
Pcc-*gapdh*-F	AAAGTTGTCAGCAATGCCTCCT	163
Pcc-*gapdh*-R	CATCCCTCCACAGTTTCCCA	
Pcc-*tubulin*-F	CCAGGGCTGTGTTTGTAGACC	144
Pcc-*tubulin*-R	CAATAGTGTAGTGTCCACGGGC	
Pcc-*dmrt1a*-F	GTCGCCTGTCCAGCCATAA	306
Pcc-*dmrt1a*-R	CGATGGAGTTGATGGAGAAGGT	
Pcc-*dmrt1b*-F	GGTCGCCATAACGTGTCC	144
Pcc-*dmrt1b*-R	GATGGAGTCGACAGAGAAGGTT	
Pcc-*dmrt1c*-F	TATCACCTCAGAACCACCGTC	146
Pcc-*dmrt1c*-R	TCGGAGAAAACCTGGTATTGC	
Pcc-*amh*-F	CTCACAGAGTGGAGGTGACA	220
Pcc-*amh*-R	AACAGCAAAACGGATCGGTA	
Pcc-*dax*1-F	ACTTCGGAGACACAAGAAACCA	232
Pcc-*dax*1-R	TTCAGGTGTGACAGTGTACCAAGT	
Pcc-*foxl*2-F	TTTATTTCAGTCAAAAGTCTCGTC	124
Pcc-*foxl*2-R	CAAAGCCATTGCGTCATC	
Pcc-*nr5a1b*-F	GATAAAACCCAGAGGAAACGCT	354
Pcc-*nr5a1b*-R	GCTGGAAGGATGCGAGGA	
Pcc-*sox9a*-F	CTGAGGACGGCAGTGAGCA	452
Pcc-*sox9a*-R	GCTCTTGCTCTCCAGGGCT	
Pcc-*vasa*-F	TACAGGACCCAAGGTTGTCTATG	234
Pcc-*vasa*-R	TGTTTCTGGACAGGAGTAGGCT	
Pcc-*esr*1-F	TACGGCATCAGTAAATCGGGT	111
Pcc-*esr*1-R	GTGCTCCATTCCTTTGTTGCTC	

续表

定量引物	序列（5' to 3'）	大小/bp
Pcc–*er alpha*2–F	TAGGCAGCCCTCGCATCTT	155
Pcc–*er alpha*2–R	TGCCTGCTGAGAAGATACCACA	
Pcc–*esr2a*–F	TATCATTATGGTGTGTGGTCGTG	254
Pcc–*esr2a*–R	ATCCTGCCAGAGAATCGTGTC	
Pcc–*esr2b*–F	CACACTCTACGCCGTCTCTGC	134
Pcc–*esr2b*–R	CCCTAACAGCTTTGCATGAGTAA	
Pcc–*ar*–F	ATGGCAGGTTTGATGGAGGG	125
Pcc–*ar*–R	TCCACAAGTGAGGGCTCCATA	
Pcc–*3bhsd*–F	GAGGAATGGAATCCGCAATG	271
Pcc–*3bhsd*–R	CAGAAGTGAGAAGGGCAGAACG	
Pcc–*11bhsd*2–F	GTTTGGCATCATACGGGGC	322
Pcc–*11bhsd*2–R	TGGGGTTGAGGAGAGAGGAGT	
Pcc–*cyp11a1*–F	AGGAGCCCCGAAGGAAAC	139
Pcc–*cyp11a1*–R	ACGACCCATAGCGTACAGACC	
Pcc–*cyp17a1*–F	GGCTGCAGATATTCCCAAATAAAG	144
Pcc–*cyp17a1*–R	TCAGAAGTGCGTCCAAGAGGT	
Pcc–*cyp19a1a*–F	AGACTGGCCTGGTGGTTGC	174
Pcc–*cyp19a1a*–R	AGTGCTCAGCTCCCCGTG	
Pcc–*star*–F	CCACATCCGAAGAAGAAGC	130
Pcc–*star*–R	CTGGTTACTGAGGATGCTGAT	
Pcc–*hira*–F	TAATGGATGTCGCCTGGTCAC	246
Pcc–*hira*–R	AAGGTTTGGTGATGTTTGTCTCC	
Pcc–*vtg B*–F	AGCGCACCCTGAGAGCACTC	180
Pcc–*vtg B*–R	AGCCGCCTTCAACATTTCACGT	
Pcc–*zp2*–F	TTCTCTGCACTTAACCTTCAC	214
Pcc–*zp2*–R	CTGCTCACCATCACGCT	

6.2.2.2 组织及发育阶段表达中最稳定内参基因筛选结果

本试验对 9 个组织和 11 个发育阶段进行 4 个内参基因的 qRT–PCR 试验，内参结筛选果显示 *tubulin* 综合排名第一，可以作为组织表达试验中的最稳定的内参基因（见

表 6-2-7），而 *ef1a* 可以作为 11 个不同发育阶段表达试验中的最稳定的内参基因（见表 6-2-8）。

表 6-2-7　根据内参基因在不同组织中的表达稳定性对它们的稳定性进行排名

Comprehensive gene stablity（Gene/stability）	Delt CT	BestKeeper	geNorm	NormFinder
tubulin 1.00	*tubulin* 3.44	*tubulin* 1.84	*tubulin* 2.30	*tubulin* 1.15
ef1a 1.68	*ef1a* 3.72	*ef1a* 2.98	*ef1a* 2.30	*ef1a* 1.42
gapdh 3.00	*gapdh* 4.94	*gapdh* 4.21	*gapdh* 3.45	*gapdh* 4.32
β-actin 4.00	β-actin 5.20	β-actin 4.36	β-actin 4.33	β-actin 4.70

表 6-2-8　根据内参基因在不同发育阶段的表达稳定性对它们的稳定性进行排名

Comprehensive gene stablity（Gene/stability）	Delt CT	BestKeeper	geNorm	NormFinder
ef1a 1.32	*ef1a* 1.82	*ef1a* 1.59	*ef1a* 1.01	*ef1a* 0.50
tubulin 1.68	*tubulin* 1.83	*tubulin* 1.23	*tubulin* 1.01	*tubulin* 0.50
gapdh 2.28	*gapdh* 2.37	*gapdh* 0.79	*gapdh* 1.33	*gapdh* 2.02
β-actin 4.00	β-actin 3.36	β-actin 2.83	β-actin 2.35	β-actin 3.27

6.2.2.3　彭泽鲫性腺发育有关基因的组织表达结果及分析

采用实时定量 PCR 的方法对 20 个基因在彭泽鲫成鱼 9 个组织中表达分布情况进行分析。在被检测的组织（脑、眼、鳃、肝胰脏、肠、肾、肌肉、卵巢、脾脏）中，大部分性腺发育有关基因均有表达，表现为组织内的重叠表达现象，但是在表达量之间存在差异。

6.2.2.3.1　性腺分化相关基因

性腺分化相关基因中 Pcc-*dmrt*1a（见图 6-2-1A）在脑组织中的表达显著高于其他组织；Pcc-*dmrt*1b（见图 6-2-1B）和 Pcc-*dmrt*1c（见图 6-2-1C）在肝胰脏组织中的表达显著高于其他组织；Pcc-*foxl*2（见图 6-2-1D）和 Pcc-*nr5a*1b（见图 6-2-1E）分别在肌肉、脑和肝胰脏组织中的表达显著高于其他组织；Pcc-*sox*9a（见图 6-2-1F）在肾脏、肝胰脏和肠组织中的表达显著高于其他组织；Pcc-*vasa*（见图 6-2-1G）在

卵巢中的表达量显著高于其他8种组织。

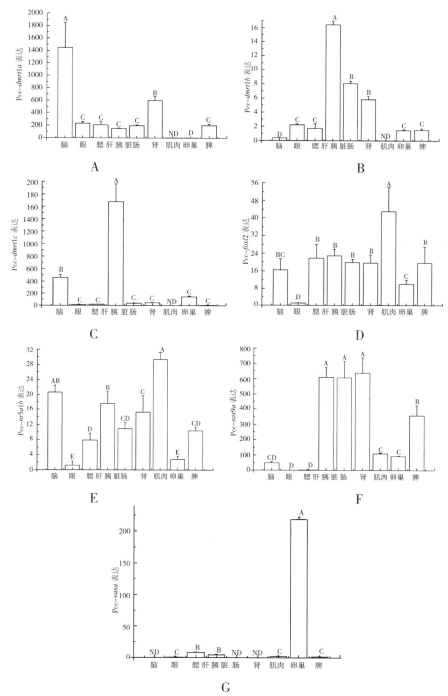

A：Pcc-*dmrt1a*，B：Pcc-*dmrt1b*，C：Pcc-*dmrt1c*，D：Pcc-*foxl2*，E：Pcc-*nr5a1b*，
F：Pcc-*sox9a*，G：Pcc-*vasa*；不同大写字母表示差异显著（$P < 0.05$），ND 表示未检测到。

图 6-2-1　性腺分化基因组织表达

6.2.2.3.2　雌、雄激素受体基因

雌、雄激素受体中 Pcc-*esr*1（见图 6-2-2A）、Pcc-*esr2a*（见图 6-2-2C）、Pcc-*esr2b*（见图 6-2-2D）和 Pcc-*ar*（见图 6-2-2E）在肝胰脏组织中的表达量显著高于其他组织，Pcc-*er alpha*2（见图 6-2-2B）在肝胰脏、肠中的表达量显著性高于其他组织中的表达量。

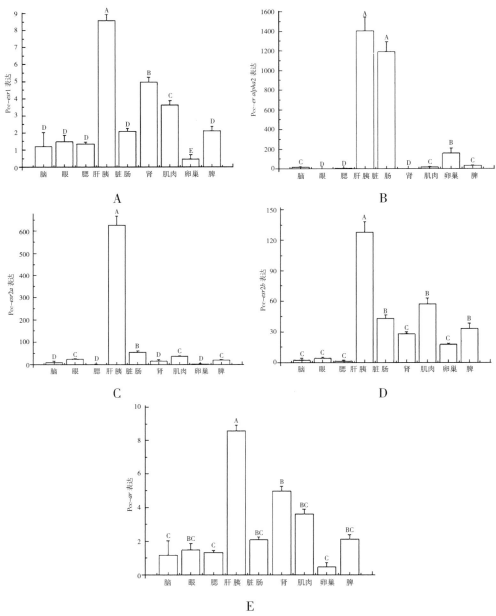

A：Pcc-esr1，B：Pcc-*er alpha*2，C：Pcc-*esr2a*，D：Pcc-*esr2b*，
E：Pcc-*ar*；不同大写字母表示差异显著（$P < 0.05$）。

图 6-2-2　雌、雄激素受体基因组织表达

6.2.2.3.3　类固醇合成酶类基因

类固醇合成酶类基因中，Pcc-3*bhsd*（见图 6-2-3A）在脑组织中的表达显著高于其他组织；Pcc-11*bhsd*2（见图 6-2-3B）在脾脏、肌肉和脑组织中的表达显著高于其他组织；Pcc-*cyp*11a1（见图 6-2-3C）在肝胰脏和脾脏组织中的表达显著高于其他组织；Pcc-*cyp*17a1 在卵巢中的表达量显著高于其他被检测组织中的表达量（见图 6-2-3D），Pcc-*star* 在肌肉和脾脏中的表达量显著高于其他组织（见图 6-2-3E）。

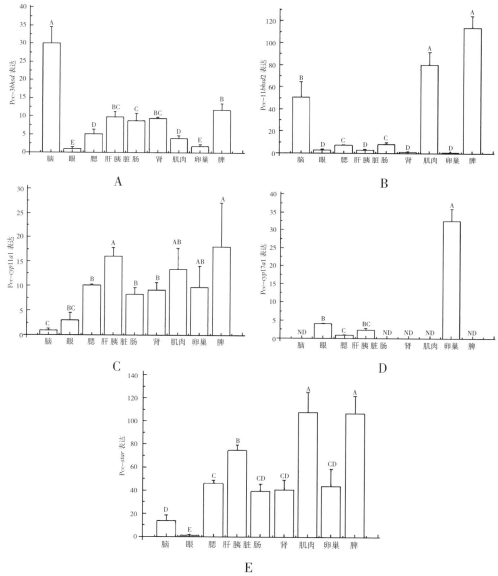

A：Pcc-3*bhsd*，B：Pcc-11*bhsd*2，C：Pcc-*cyp*11a1，D：Pcc-*cyp*17a1，E：Pcc-*star*；

不同大写字母表示差异显著（$P < 0.05$），ND 表示未检测到。

图 6-2-3　类固醇合成酶类基因组织表达

6.2.2.3.4 结构基因

结构基因中 Pcc–*hira* 在脑组织中的表达显著高于其他组织（见图 6-2-4A）；Pcc–*vtg B* 在肝胰脏组织中的表达显著高于其他组织（见图 6-2-4B）；Pcc–*zp*2 广泛表达，在眼、肌肉中的表达量极显著低于其他组织（见图 6-2-4C）。

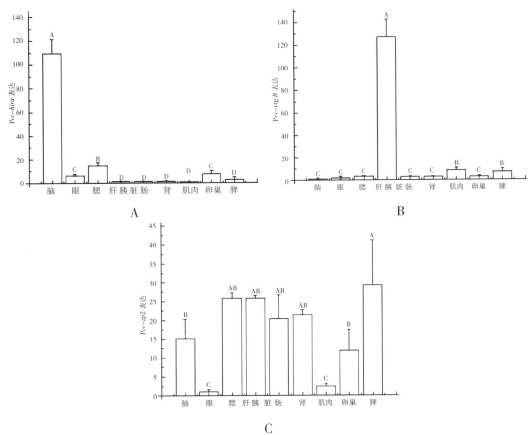

A：Pcc–*hira*，B：Pcc–*vtg B*，C：Pcc–*zp*2；不同大写字母表示差异显著（$P < 0.05$）。

图 6-2-4　结构基因组织表达

6.2.2.4　彭泽鲫性腺发育有关基因的发育阶段表达

6.2.2.4.1　性腺分化相关基因

采用实时定量 PCR 的方法对性腺发育有关基因在彭泽鲫幼鱼 11 个发育阶段中的表达分布情况进行分析，Pcc–*dmrt*1a 在 56 dph 时达到最高（见图 6-2-5A）；Pcc–*dmrt*1b 在 60 dph 时达到最高（见图 6-2-5B）；Pcc–*dmrt*1c 在 56 dph 时达到最高（见图 6-2-5C）；Pcc–*foxl*2 在 48 dph 时达到最高（见图 6-2-5D）；Pcc–*nr*5a1b（见图 6-2-5E）和 Pcc–*sox*9a（见图 6-2-5F）在 48 dph 时达到最高；Pcc–*vasa* 在 24 dph 时达到最高（见图 6-2-5G）。

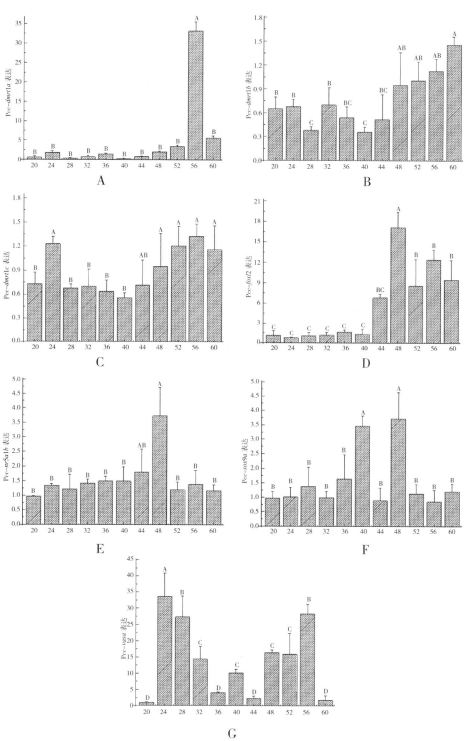

A：Pcc-*dmrt1a*，B：Pcc-*dmrt1b*，C：Pcc-*dmrt1c*，D：Pcc-*foxl2*，E：Pcc-*nr5a1b*，
F：Pcc-*sox9a*，G：Pcc-*vasa*；不同大写字母表示差异显著（*P* < 0.05）。

图 6-2-5　性腺分化基因发育阶段表达

6.2.2.4.2 雌、雄激素受体基因

Pcc-*esr*1（见图 6-2-6A）、Pcc-*er alpha*2（见图 6-2-6B）、Pcc-*esr2a*（见图 6-2-6C）、Pcc-*esr2b*（见图 6-2-6D）、Pcc-*ar*（见图 6-2-6E）分别在 48 dph、56 dph、56 dph、40 dph 和 40 dph 达到峰值（$P < 0.05$）。

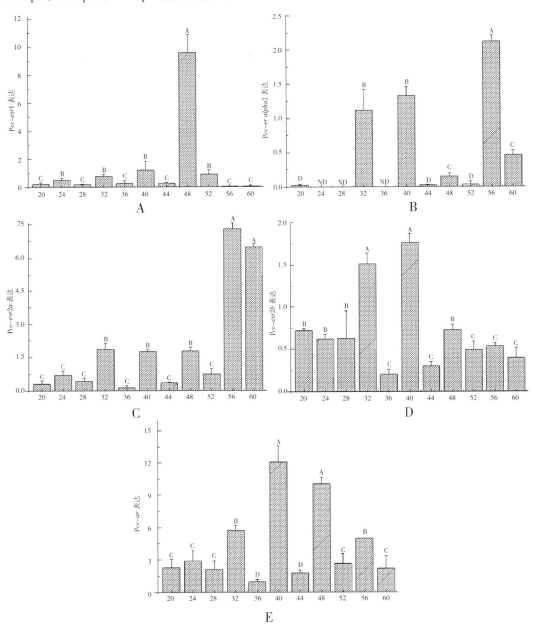

A：Pcc-*esr*1，B：Pcc-*er alpha*2，C：Pcc-*esr2a*，D：Pcc-*esr2b*，
E：Pcc-*ar*；不同大写字母表示差异显著（$P < 0.05$）。

图 6-2-6　雌、雄激素受体基因发育阶段表达

6.2.2.4.3 类固醇合成酶类基因

Pcc-3*bhsd*（见图 6-2-7A）、Pcc-11*bhsd*2（见图 6-2-7B）、Pcc-*cyp*11*a*1（见图 6-2-7C）、Pcc-*cyp*17*a*1（见图 6-2-7D）、Pcc-*star*（见图 6-2-7E）分别在 20 dph、60 dph、48 dph、60 dph 和 60 dph 达到峰值，且达到显著水平。

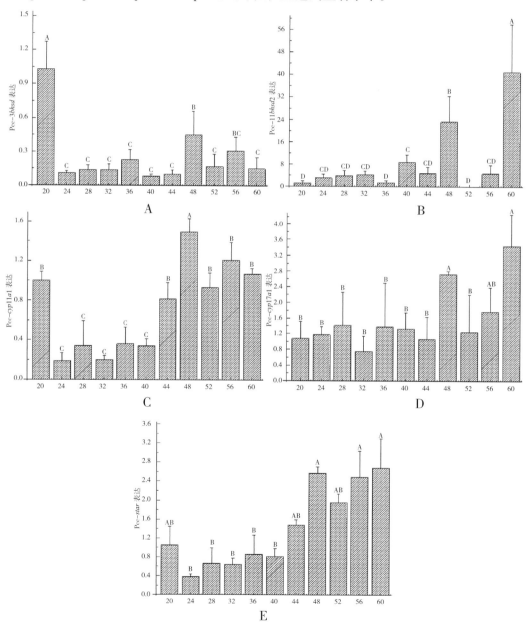

A：Pcc-3*bhsd*，B：Pcc-11*bhsd*2，C：Pcc-*cyp*11*a*1，D：Pcc-*cyp*17*a*1，

E：Pcc-*star*；不同大写字母表示差异显著（$P < 0.05$）。

图 6-2-7 类固醇合成酶类基因发育阶段表达

6.2.2.4.4　结构基因

Pcc–*hira*（见图 6-2-8A）、Pcc–*vtg B*（见图 6-2-8B）和 Pcc–*zp2*（见图 6-2-8C）分别到 36 dph、60 dph、和 56 dph 达到了显著高的水平。

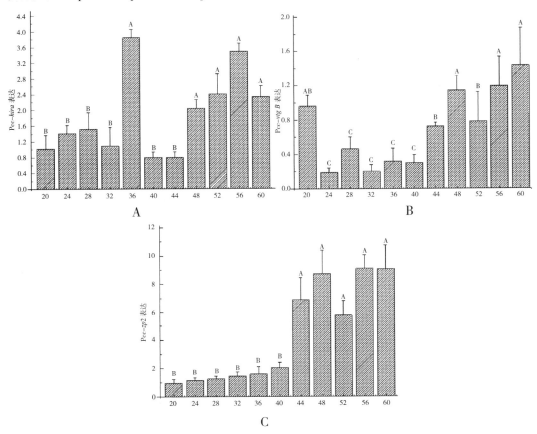

A：Pcc–*hira*，B：Pcc–*vtg B*，C：Pcc–*zp2*；不同大写字母表示差异显著（$P < 0.05$）。

图 6-2-8　结构基因发育阶段表达

6.2.3　分析与讨论

6.2.3.1　组织表达

6.2.3.1.1　性腺分化相关基因

*dmrt*1*bY* 是青鳉的性别决定基因，特异性在雄鱼精巢中表达，目前也被认为是爬行类、鸟类（ZW）的性别决定基因，后来在雄性罗非鱼中发现了 *dmo*，其家族成员 *dmrt*4 能在雄性牙鲆和雌性半滑舌鳎中特异性存在，说明了 *dmrt*1 从高等脊椎动物到低等鱼类的保守性，然而除了青鳉，其他鱼类的 *dmrt*1 并不是性别决定基因（Volff et al.，2003），*dmrt*1 也能在除了性腺以外的其他组织中存在，如 *dmrt*1 能在哺乳动物的

非性腺组织中表达（Bratuś & Słota，2009），这种表达在鱼类中也有类似的报道，但功能目前还不是很清楚（Ohmuro-Matsuyama et al.，2003；Johnsen & Andersen，2012）。在本试验中，Pcc-dmrt1 s 除了在性腺中有表达，还在其他组织中广泛表达，说明 Pcc-dmrt1 s 除了参与性腺发育，还在其他组织中发挥作用。

foxl2 的功能十分广泛（Caburet et al.，2012），本试验除脑和性腺有 Pcc-foxl2 表达之外，眼中 Pcc-foxl2 表达量极显著低于其余 6 种组织。一般认为 nr5a1 在雄鱼中表达量高于雌鱼。除眼之外，本试验卵巢中 Pcc-nr5a1b 极显著低于其他组织。目前，关于鱼类 sox9a 的报道不多（Nakamoto et al.，2005；Rodriguez-Mari et al.，2005），但已经发现两种 Sox9（Sox9a 和 Sox9b/a2）在斑马鱼（Chiang et al.，2001）、青鳉（Nakamoto et al.，2005）和黄颡鱼（俞菊华等，2005）中被克隆到。在本试验中，Pcc-sox9a 在诸多组织中表达量都较高，这与其他鱼中的表达也类似，能在三倍体鲫的脑、肾、心脏等器官中发挥作用（Guo et al.，2010）。此外，Sox9 也在鱼卵巢中表达（Yokoi et al.，2002）。vasa 是决定生殖系发育的重要调控因子之一，作为一种分子标记物来研究原始生殖细胞的起源、迁移、分化的过程及应用于配子发生过程（Braat et al.，1999）。研究表明，在最初的斑马鱼胚胎中 Vasa 蛋白是母源性表达，其存在贯穿于整个胚胎发育过程中，后来在银鲫中也得到了证实（徐红艳等，2005）。vasa 也受到各种激素及药物的调节，Cardinali et al（2004）发现经 E2 和生长激素（GH）分别暴露处理金头鲷可以促进 vasa 表达水平提高，但单独用 GnRH 或者 E2 和 GH 混合处理后，则导致 vasa 表达水平降低，从而影响金头鲷卵母细胞成熟过程。GnRH 对卵母细胞减数分裂起负作用，同时对胰岛素样生长因子（IGFs）起负调控作用，用来抑制 vasa 的表达。除此之外，斑马鱼幼鱼受到处理还能引起特异性表达 vasa 的生殖细胞数量增多，从而导致幼鱼体内 vasa 表达量升高（尹德玉，2009）。本试验 Pcc-vasa 在卵巢中表达量极显著高于其他组织，充分证明了其在性腺发育中的作用。

6.2.3.1.2 雌、雄激素受体基因

雌、雄激素受体广泛表达，且在肝脏中的表达量极显著高于其他被检测的组织，跟黑头软口鲦和虹鳟中表达一致（Filby 和 Tyler，2005；Nagler et al.，2007），同时在肠等消化器官中表达，证实了雌、雄激素受体在消化、渗透压调节中的作用（Kramer et al.，2009；Al-Jandal et al.，2011），ar 在成熟雌性斑马鱼（Hossain et al.，2008）、海鲈（Blázquez & Piferrer，2005）和稀有鮈鲫（胡晓齐等，2011）中表达量较高，本试验雌、雄激素受体在彭泽鲫卵巢中表达量比较低，这可能与雌核发育这种独特的生殖方式有关。

6.2.3.1.3 类固醇合成酶类基因

类固醇合成酶类基因在鱼类组织中广泛表达。如11*bhsd*2 在鲇鱼精巢、肝脏、肾脏和鳃中表达较高（Rasheeda et al.，2010）。*cyp*11*a*1 的同源拷贝基因 *cyp*11*b*1 和 *cyp*11*a*2 在雄激素合成中发挥重要作用（Blasco et al.，2010；Parajes et al.，2013），两者都在诸多鱼类性腺分化中发挥作用（Miura et al.，2008），*cyp*11*a*1 还能受*ff*1*b*（*nr*5*a*1*a*）的调控（Quek & Chan，2009）。*cyp*17*a*1 基因在青鳉（Zhou et al.，2007b）、罗非鱼（Zhou et al.，2007a）、斑马鱼（Hinfray et al.，2011）、半滑舌鳎脑和性腺（Chen et al.，2010）、条斑星鲽精卵巢（Jin et al.，2012）、石斑鱼性腺和肾脏（Mu et al.，2013）中被克隆到，能被雌激素诱导（Hinfray et al.，2013），被证明是卵母细胞成熟的关键因子（Sreenivasulu & Senthilkumaran，2009）。此外，也被证明脑中 *cyp*17*a*1 的表达跟黑鲷性反转有关（Tomy et al.，2007）。本试验 Pcc-3*bhsd* 和 Pcc-11*bhsd*2 除了在肾脏中的表达量很高之外，在脑中的表达量极显著高于其他被检测组织，与之前研究结果差别较大；Pcc-*cyp*11*a*1 在肾脏、肝胰脏和脾脏中的表达量高于其他组织，极显著高于脑和鳃组织；Pcc-*cyp*17*a*1 只在卵巢和肝脏、眼和鳃中被检测到；Pcc-*star* 在肾脏、肌肉、肝胰脏中表达量都比较高。这些证实了类固醇合成酶类基因在彭泽鲫性腺（Nakamoto et al.，2010）、肝胰脏、肾脏和脾脏发育中能发挥重要作用（Hsu et al.，2009；Evans & Nunez，2010）。

6.2.3.1.4 结构基因

组蛋白 H3 伴侣蛋白 *hira* 最早是从酵母中发现，后从人迪格奥尔格综合征中被分离出来，鱼类则是在河豚中最早被克隆出来（Llevadot et al.，1998）。*hira* 在鱼类精核解凝和胚胎发育中发挥重要作用，且 *hira* 突变能影响原肠胚形成（Roberts et al.，2002），在雄性精核的染色体组装中发挥作用（Pchelintsev et al.，2013），最近研究还表明脊椎动物 *hira* 跟细胞循环有关（Ahmad et al.，2005）。Pcc-*hira* 在脑中的表达量极显著高于其他被检测组织，这与同是雌核发育的银鲫（卵巢和脑）和彩鲫（卵巢、脑、心、肝、脾脏、肾）相同，本试验第一次报道 Pcc-*hira* 在鳃、眼中均有表达，其次在卵巢、眼中表达量极显著高于剩下的组织（肝胰脏、肠、肾、肌肉、脾脏）。

卵母细胞特异结构基因（*vtg* 和 *zp*）之前被认为是雌性特异性表达的基因，最近也在雄鱼中被发现，且和生殖发育相关（Modig et al.，2006；Gomez-Requeni et al.，2010；Groh et al.，2011）。E2 能通过 ER 途径诱导核内 *vtg B* 和 *zp*2 的转录，在肝脏中大量合成，最后运输到性腺发挥作用。*zp* 在鱼类组织中表达分为肝脏特异性表达和卵巢特异性表达，或是在肝脏和卵巢中均有表达，其在肝脏中的合成与表达受雌激素的影响和调控，而在卵巢中 *zp* 的表达和调控机制则尚未研究清楚（Wu et al.，2012b）。本试验 Pcc–*vtg B* 在肝脏中的表达量极显著高于其他 8 种组织，Pcc–*zp2* 在脑、肝胰脏、肾、卵巢中的表达量都很高，这跟稀有鮈鲫上的报道类似，但稀有鮈鲫 *zp2* 表达为卵巢特异性表达。在斑马鱼、鲤鱼和金鱼中则仅存在卵巢特异性表达的 *zp*（Chang et al.，1997）。有研究发现，在日本青鳉和河豚的肝脏和卵巢中均存在 *zp*（Kanamori et al.，2003）。本试验 Pcc–*zp2* 为肝胰脏和卵巢均有表达的类型。

6.2.3.2 发育阶段表达

6.2.3.2.1 彭泽鲫性腺发育时间

斑马鱼性腺分化时间为 19 dph，南方鲇在 30～40 dph 左右性腺分化完成（Raghuveer et al.，2011），研究表明野外彭泽鲫性腺分化时间为 20 dph 左右（李丽 2010）。关于发育阶段时间的选择，参照野外养殖彭泽鲫的时间，考虑到野外养殖鱼性腺分化比实验室养殖要早，本试验将孵出后 15 dph 的彭泽鲫带回实验室进行养殖。斑马鱼 *dmrt*1 在 10 dph 出现了极显著的升高说明早期精巢的形成（Jørgensen et al.，2008），罗非鱼 6 dph 开始表达，到 25 dph 达到最高，这时候输精管已经出现（Kobayashi et al.，2008），由鲇鱼 *dmrt*1 的表达推算出鲇鱼性腺分化时间为 40～50 dph（Raghuveer& Senthilkumaran，2009）。依目前的数据还不能准确知道彭泽鲫的性腺分化时间。*vasa* 是原始生殖细胞的分子标记，在本试验中，Pcc–*vasa* 从 20 dph 之后才开始上升，原始生殖细胞可能已经开始了迁移，说明在本试验中的采样点并没有错过彭泽鲫性腺分化的时期。

3*bhsd* 编码的酶属于膜结合蛋白，主要存在于线粒体及其内膜上，幼鱼时期线粒体活动比较频繁，从 48 dph 之后类固醇合成有所增强，而 3β 羟基类固醇脱氢酶是肝脏中激素代谢和失活的主要作用酶类。除了 Pcc–3*bhsd* 外，性腺分化基因、类固醇合成酶类基因、Pcc–*hira*、Pcc–*vtg B* 和 Pcc–*zp2* 都在 40 dph 和 48 dph 这两个时间点达到了极显著水平，且类固醇合成基因和结构基因一直持续升高到本试验中能检测到的 60 dph。说明 40 dph 和 48 dph 是彭泽鲫性腺发育的两个关键点；从 48 dph 开始，幼鱼性腺组织类固醇激素的合成和结构基因开始活跃。

6.2.3.2.2 性腺分化相关基因

*dmrt*1 又是雄性特异性表达或者说精巢偏好性表达的性别分化相关基因，本试验中 Pcc–*dmrt*1 *s* 一直到发育阶段取样点末端才达到最高，特别是表达量最高的 Pcc–*dmrt*1a 56 dph 表达量达到最高（为最低量 40 dph 时的 128 倍）。与之前 Li et al（2013a）的研究结果一致，性腺分化基因（Pcc–*foxl*2，*nr5a1b*，*sox9a*）都是在 48 dph 左右达

到最高。斑马鱼 *amh* 17 dph 开始表达，到达 31 dph 时表达量升高，达到跟成熟斑马鱼一致的水平，但是这时候却没有 *cyp19a1a* 的表达（Rodríguez-Maríet et al., 2005），直到 30 dph 才极显著高于其他时间段（Jørgensen et al., 2008），原因在于斑马鱼是雌雄同体鱼类，需要经历雄性到雌性的性反转过程。关于彭泽鲫 *amh*、*dax*1 和 *cyp19a1a* 基因发育阶段的表达在之前发表的文章中叙述过（Li et al., 2013a），为了使得试验数据更加可靠，本试验添加了 56 dph 和 60 dph 这两个时间点，结果表明 Pcc-*amh* 在 56 dph 时达到最高，Pcc-*dax*1 也是在 56 dph 达到最高峰，而 Pcc-*cyp19a1a* 却是在 60 dph 达到最高，且不同天数差别较大，呈现波浪式上升，这跟非雌核发育的物种斑马鱼（Jørgensen et al., 2008）、罗非鱼（Kobayashi et al., 2008）、鲇鱼（Raghuveer 和 Senthilkumaran, 2009；Raghuveer et al., 2011）相一致，也跟具有 GSD 性别决定类型的虹鳟一致（Hale et al., 2011）。斑马鱼雌鱼 *dax*1 和 *cyp19a1a* 在 33 dph 就已经极显著高于雄鱼的表达量，从而得出斑马鱼后期发育对 *dax*1 和 *cyp19a1a* 需求量增大（Hale et al., 2011）的结论。

6.2.3.2.3 雌、雄激素受体及类固醇合成酶类基因

很多学者利用雌雄差异标志基因的表达作为研究性腺分化时间的突破口。研究 *sox9a* 的鱼类则较多，比如斑马鱼 *sox9a* 分别在 18 dph 和 22 dph 出现了两个峰（Jørgensen et al., 2008），而另一研究表明斑马鱼在 31 dph 时跟 *amh* 一样达到最高（Rodríguez-Marí et al., 2005），罗非鱼 *sox9a* 直到 25 dph 在雌雄鱼上才能够看到差别（Kobayashi et al., 2008），*sox9a* 在鲇鱼 30～40 dph 时达到最高，这些都证明了 *sox9a* 可以作为一个特别强的雄性标志基因。有人认为 *sox9a* 和 *foxl2* 控制鱼体内激素的平衡（Hersmus et al., 2008），认为他们之间是拮抗的关系（battle of sex, Veitia, 2010），但是可以肯定的是 *foxl2* 能调控 *cyp19a1a*（Sridevi & Senthilkumaran, 2011；Sridevi et al., 2012），也有人认为是 *dmrt*1 和 *foxl2* 在拮抗调控着 *cyp19a1a* 的表达（Liu et al., 2007；Li et al., 2013c），通过改变鱼体内激素水平改变鱼类性别。斑马鱼 *nr5a1* 在发育早期 9～19 dph 就与雌鱼产生了显著性差别。

斑马鱼是雌性先熟鱼类，后向雄鱼发生逆转，雄性标志基因 *sox9a* 和雄激素受体都在斑马鱼 22 dph 时达到最高峰（Jørgensen et al., 2008），证明了斑马鱼的性腺分化时间在 22 dph 左右。我们统计了雌、雄激素受体基因在海鲈（Blázquez et al., 2008）、黑头软口鲦（Filby & Tyler, 2005）、拟鲤（Lange et al., 2008）、鲫鱼（Nelson & Habibi, 2010）、稀有鮈鲫（Wang et al., 2011）、大鳞副泥鳅（Zhang et al., 2012）等几种鱼类中的表达，发现雌、雄激素受体基因都在性腺分化的某一时间点达到最高

值。本试验中雌、雄激素受体基因都是在 48 dph 达到最高值，类固醇合成酶类及结构基因都是在 48 dph 先达到一个小高峰，然后在检测的最末端 60 dph 再达到一个高峰，预示着雌、雄激素受体和类固醇合成酶类基因可能在彭泽鲫性腺发育中发挥重要作用，通过类固醇激素合成以维持体内的激素水平。

6.2.3.2.4　Pcc-hira 的表达

Hira 蛋白含有 7 个 WD40 结构，是 WD 家族的成员之一。WD40 重复蛋白可同时与 G 蛋白的 β 亚基、E3 泛素连接酶和 TAF Ⅱ 转录因子等多种蛋白之间发生相互作用，利用其结构域作为支架而介导的多种蛋白相互作用。Ⅱ 时相初级卵母细胞开始减数分裂，*hira* 基因的大量转录也可能与其在 CAF-1 因子相互作用下促进核小体组装（Adams & kamakaka，1999），形成染色质高级结构有关。卵黄颗粒的大量增多需要大量相关基因的转录及蛋白翻译，而 Hira 蛋白的 WD 基元在蛋白运输、转录、染色体修饰等过程中介导蛋白质之间相互作用有着某种关联（段红英等，2007）。该时期卵黄颗粒 Hira 蛋白的大量增加可能为细胞内多种母源性基因的转录、蛋白质翻译提供一定的物质基础。

6.2.4　结论

本试验共克隆 20 个性腺发育有关基因，其中的 11 个具完整 CDS 区的基因具有与鱼类及脊椎动物一致的保守结构域；进化关系表明彭泽鲫与鲫聚为一支，可能为鲫属的一个亚种。内参筛选结果表明 *tubulin* 和 *ef1a* 可分别作为 9 种组织和 11 个发育阶段表达试验中最稳定的内参基因。除了个别基因（Pcc-dmrt1 s、Pcc-vasa、Pcc-cyp17a1）具有组织特异性表达模式外，其他性腺发育有关基因在被检测的 9 种组织中都有表达，且在脑、肝胰脏、卵巢中的表达量最高。40 dph 和 48 dph 是彭泽鲫性腺发育的两个关键点。

6.3　不同养殖模式下雌核发育彭泽鲫雌雄鱼性别分化相关基因的表达差异

本实验室前期将彭泽鲫 F_1 仔鱼分批在实验室和野外进行养殖，发现野外池塘养殖出现极少数雄鱼，在实验室条件下获得了较大比例的雄鱼。本试验将从实验室和池塘养殖彭泽鲫雌、雄鱼性腺分化相关基因的表达差异入手，分析造成雄鱼较多的可能原因，为研究雌核发育鱼类的性腺分化机制提供参考依据。目前，彭泽鲫 Pcc-amh、Pcc-dax1 和 Pcc-cyp19a1a 基因的全长序列已有报道（Li et al.，2013b），我们在前期

工作中已获得 3 大类彭泽鲫性腺发育有关基因，这些基因包括：（1）性腺分化相关基因（Pcc-dmrt1a、Pcc-dmrt1b、Pcc-dmrt1c、叉头框因子 2 Pcc-foxl2、类固醇调控因子 1 d Pcc-nr5a1b、SRY 样 HMG 盒结构基因 9a Pcc-sox9a 和 DEAD-box RNA 解旋酶 Pcc-vasa）；（2）雌、雄激素受体基因（雌激素 α1 Pcc-esr1、雌激素 α2 Pcc-er alpha2、雌激素 β2 Pcc-esr2a、雌激素 β1 Pcc-esr2b 和雄激素 Pcc-ar）；（3）类固醇合成相关基因（3β 羟化类固醇脱氢酶 Pcc-3bhsd、11β 羟化类固醇脱氢酶 2 Pcc-11bhsd2、胆固醇侧链裂解酶 1 Pcc-cyp11a1、17α 羟化酶 /17,20 碳链裂解酶 a1 Pcc-cyp17a1 和类固醇急性调节蛋白 Pcc-star）。本试验将对这些基因进行差异表达分析，探讨这些差异表达基因在彭泽鲫这种雌核发育鱼类性腺分化过程中发挥的作用。

6.3.1　材料与方法

6.3.1.1　试验材料

人工雌核发育彭泽鲫半月龄 F_1 鱼苗分别在实验室（120 cm×40 cm×80 cm 玻璃缸）和水泥池塘中（30.0 m×12.0 m×1.5 m）进行养殖（各 600 尾）。1 月龄内喂食蛋黄。1～2 月龄按 0.1%（m/m）喂食卤虫，之后选择商品化的鱼用饲料。卤虫孵化方法：盐度 10～15，pH 7.5～8.5，水温控制在 28 ℃，充氧培养第 2 天收卵，喂食之前用清水洗净。彭泽鲫养殖条件为水温（25±1）℃，光周期为白天 14 h、夜晚 10 h。

6.3.1.2　PccF₁ 雌、雄鱼比例统计

从湖北荆州窑湾基地 F_1 中选择 300 尾池塘养殖 2 龄 $PccF_1$ 进行雌、雄性别比例的统计，按照传统的腹部检查法（轻压腹部是否能挤出精液，卵巢腹部柔软）初步将鱼分为两类，并进行性别比例的统计。对实验室养殖的 202 尾 2 龄 $PccF_1$ 进行性别统计，3 个雌雄配合试验中抽样样本量分别为 67、67、68 尾。统计后按 10% 比例抽取个体，采用组织切片学观察进行验证。

6.3.1.3　F₁ 雌、雄鱼生物学指标测定及总 RNA 的提取、检测与反转录试验

从实验室养殖 F_1 分别取雌（$n=11$）、雄（$n=9$）个体，从池塘养殖 F_1 分别取雌（$n=10$）、雄（$n=10$）个体，进行生物学指标的测量，性体指数 GSI= 性腺重 / 全重 ×100%，肝体指数 HSI= 肝重 / 全重 ×100%，参照文献（郑尧等，2013）进行性腺总 RNA 提取、质量检测及反转录操作。

6.3.1.4　F₁ 性腺发育有关基因表达差异分析

参照文献（郑尧等，2013）报道，选取 Pcc-tubulin 基因为内参基因，对试验鱼和野外池塘的试验鱼进行 3 类相关基因的表达分析，第一类是性腺分化相关基因（Pcc-

*dmrt*1*a*、Pcc–*dmrt*1*b*、Pcc–*dmrt*1*c*、Pcc–*foxl*2、Pcc–*nr*5*a*1*b*、Pcc–*sox*9*a* 和 Pcc–*vasa*）；第二类是雌、雄激素受体基因（Pcc–*esr*1、Pcc–*er alpha*2、Pcc–*esr*2*a*、Pcc–*esr*2*b* 和 Pcc–*ar*）；第三类是类固醇合成相关基因（Pcc–3*bhsd*、Pcc–11*bhsd*2、Pcc–*cyp*11*a*1、Pcc–*cyp*17*a*1 和 Pcc–*star*）。参见文献（郑尧等，2013）进行荧光实时定量 PCR 的操作。

6.3.1.5　数据分析

应用 SPSS（18.0 版本）统计学分析软件对试验数据进行整理分析。试验数据采用相对表达量的计算方法，即相对表达量 $=2^{-\Delta\Delta Ct}$ 方法（Livak & Schmittgen，2001），数据结果均用"平均值 ± 标准差"的表示方法。基因表达和激素含量测定使用 *t* 检验，$P < 0.05$ 认为差异显著，$P < 0.01$ 认为差异极显著。

6.3.2　结果与分析

6.3.2.1　雌、雄鱼生物学指标及性别比例

实验室养殖 F_1 雌、雄鱼在体长、体重指标上有显著性的差异（见表 6–3–1），但雄鱼性体指标极显著低于雌鱼，但肝体指标极显著高于雌鱼。F_1 池塘养殖雌鱼体长、体重极显著高于雄鱼（见表 6–3–1），雄鱼性体指标极显著低于雌鱼，但肝体指标雌、雄鱼没有显著性的变化。

表 6–3–1　实验室和池塘养殖 F_1 生物学指标

养殖环境		体重 /g	全长 /cm	性体指标 /%	肝体指标 /%
实验室	雄	7.755 ± 1.470^{B}	7.032 ± 1.323^{B}	0.679 ± 0.236^{B}	6.492 ± 1.068^{b}
	雌	7.978 ± 1.124^{A}	7.392 ± 1.406^{A}	2.167 ± 1.195^{A}	4.565 ± 2.549^{a}
池塘	雄	379.165 ± 11.627^{B}	32.01 ± 2.10^{B}	1.421 ± 0.364^{B}	6.790 ± 0.684
	雌	450.259 ± 15.256^{A}	38.45 ± 4.05^{A}	2.087 ± 0.591^{A}	6.556 ± 0.951

注：不同大写字母表示差异极显著（$P < 0.01$），不同小写字母表示差异显著（$P < 0.05$）。

从实验室采集的样本数据（n=202）看，在 3 种不同的雌雄配对组合（n=67、67、68 尾）中分别获得了 27、31、30 尾总共 88 尾雄鱼，雌鱼共 114 尾；而池塘养殖群体中在 3 种不同的雌雄配对组合（n=100 尾每缸）中分别获得了 4、4、6 尾总共 14 尾雄鱼，雌鱼共 286 尾；雄、雌统计的比例实验室养殖 $PccF_1$ 为（43.6±3.0）%，而野外养殖 $PccF_1$ 为（4.7±1.2）%。

性类固醇激素与鱼类雌、雄鱼生长速度的差异相关（Mandiki et al.，2004），而且也证实性激素可能是尼罗罗非鱼雄鱼生长速度快于雌鱼的原因之一（Toguyeni et al.，2002）。一般来讲，雄激素的作用较为明显，但在对黄金鲈的研究中发现，雄激素没

有促进其生长的作用，而雌激素通过提高食物摄入量促进雌鱼生长（Simone，1990）。本试验中雄鱼全重、全长和性体指标极显著低于雌鱼，雌鱼有高于雄鱼的性体指标，可以解释为雌鱼需要更多的代谢能量为繁殖做准备（Toguyeni et al.，1997）。卵黄蛋白原 *vtg* 和透明带蛋白 *zp2* 基因是在肝胰脏中合成并运送到性腺中发挥作用的，雄鱼没有像雌鱼一样的卵巢用来储存卵黄蛋白原和透明带蛋白（Mommsen et al.，1991），造成了合成的蛋白在肝脏中的积累，这与结果中雄鱼具有显著增高的肝体指标对应，但是否和激素相关需要进一步的研究。

6.3.2.2 实验室养殖 PccF₁ 雌、雄鱼性腺中性腺分化相关基因表达差异

PccF₁ 实验室养殖雌、雄鱼性腺中性腺分化相关基因表达差异见图 6-3-1，结果表明雄鱼 Pcc-*dax*1、Pcc-*dmrt*1a、Pcc-*nr5a1b*、Pcc-*sox*9a 表达量极显著高于雌鱼（$P < 0.01$），雄鱼 Pcc-*dmrt*1b 和 Pcc-*dmrt*1c 表达量显著高于雌鱼（$P < 0.05$），但雄鱼 Pcc-*vasa* 表达量极显著低于雌鱼（$P < 0.01$）。雄鱼 Pcc-*er alpha*2、Pcc-*esr*2a 表达量极显著高于雌鱼，雄鱼 Pcc-*ar* 表达量显著高于雌鱼，但是雄鱼 Pcc-*esr*1 和 Pcc-*esr*2b 表达量分别极显著和显著低于雌鱼。雄鱼 Pcc-*3bhsd*、Pcc-*11bhsd*2、Pcc-*cyp*11a1、Pcc-*cyp*17a1 和 Pcc-*star* 表达量极显著高于雌鱼，但是雌、雄 Pcc-*cyp*19a1a 表达量却没有显著性的变化。

关于性腺发育有关基因在性腺维持中的作用已经引起了广泛的关注（Devlin & Nagahama，2002）。之前的研究一直是以单个基因为基础进行研究的，如 *amh*，*dax*1，*dmrt*1（Kobayashi et al.，2008），*foxl*2，*NR5 A1b*（von Hofsten et al.，2005）和 *sox*9a（Kobayashi et al.，2008）。在这些基因中 *sox*9a 能够和 *NR5 A1b* 上调 *amh* 表达（von Hofsten et al.，2005），赛托利细胞分化的分子标志物（*sox*9a，*dmrt*1，*amh*）和精巢发育的标志物（*dax*1）都被证明能够抑制 *NR5 A1/foxl*2- 介导的 *cyp*19a1a 基因的转录和卵母细胞的发育（Devlin & Nagahama，2002）。此外，*foxl*2 能够直接或间接调控 *NR5 A1* 诱导 Pcc-*cyp*19a1a 的转录从而激活 E2 产生（Wang et al.，2007），但是目前还很少有研究在雌核发育物种上从分子生物学、激素水平研究基因的调控机制（Sun et al.，2010）。转录因子能参与期间芳香化酶活性的调控，比如说核受体 *nr5a*（Zhang et al.，2013）、*dax*1（Martins et al.，2013）、*amh*、*dmrt*1 及 *foxl*2（Segner et al.，2013；Wang et al.，2007）都能调控其表达以及酶活力（Devlin & Nagahama，2002）。一般来说，*sox*9a 能结合 *NR5 A1b* 上调 *amh* 的表达（von Hofsten et al.，2005），但是到目前为止，鱼类 *amh* 的功能还不是很清楚，一般认为 *amh* 在两性鱼类的性别形成和功能维持中都能发挥作用（Klüver et al.，2007）。

6.3.2.3 池塘养殖 PccF₁ 雌、雄鱼性腺中性腺分化相关基因表达差异

PccF₁ 池塘养殖雌、雄鱼性腺中性腺分化相关基因表达差异见图 6-3-2，结果表明雄鱼 Pcc-dax1、Pcc-nr5a1b、Pcc-sox9a 表达量显著高于雌鱼；雄鱼 Pcc-amh 表达量极显著低于雌鱼，Pcc-dmrt1b、Pcc-dmrt1c 和 Pcc-vasa 表达量显著低于雌鱼；但是 Pcc-dmrt1a 表达量雌、雄无差异。PccF₁ 实验室养殖雄鱼 Pcc-esr1、Pcc-er alpha2、Pcc-ar 表达量极显著高于雌鱼，但是雄鱼 Pcc-esr2b 表达量显著低于雌鱼，而 Pcc-esr2a 表达量雌、雄鱼没有显著性差别。PccF₁ 实验室养殖雌、雄鱼性腺中性腺分化有关基因表达差异比较见图 6-3-1，雄鱼 Pcc-cyp11a1 表达量极显著高于雌鱼，雄鱼 Pcc-11bhsd2、Pcc-cyp17a1、Pcc-cyp19a1a 和 Pcc-star 表达量极显著低于雌鱼。

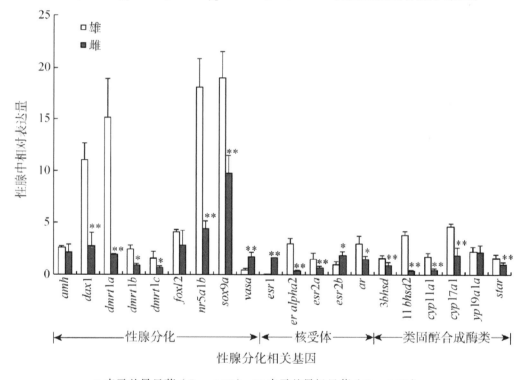

* 表示差异显著（$P < 0.05$），** 表示差异极显著（$P < 0.01$）。

图 6-3-1　PccF₁ 实验室养殖雌、雄鱼性腺中性腺分化有关基因表达差异比较

在本试验中，实验室养殖 F₁ 雄鱼中 Pcc-dax1、Pcc-dmrt1a、Pcc-nr5a1b 和 Pcc-sox9a 表达极显著高于雌鱼（见图 6-3-1），雄鱼类固醇合成酶类基因表达（见图 6-3-1）均极显著高于雌鱼。虽然鱼自身能够通过 HPG 轴自分泌和旁分泌的作用来维持体内激素（E2/T）的平衡（Luckenbach et al.，2013），但这样一来可能会导致 E2 合成减少（von Hofsten et al.，2005；Wang et al.，2007）。在本试验中，雌性化方

向上的两个基因 Pcc-foxl2 和 Pcc-cyp19a1a 在实验室养殖 F₁ 雌、雄鱼表达上却没有显著性变化，我们推测其原因可能是通过激素反馈机制来进行调节的（Luckenbach et al., 2013）。再看池塘中的雌雄差异（见图 6-3-2），池塘养殖雌鱼中的 Pcc-ers1、Pcc-amh、Pcc-dmrt1s、Pcc-foxl2、Pcc-zp2 表达以及类固醇合成相关基因表达（Pcc-3bhsd、Pcc-11bhsd2、Pcc-cyp17a1、Pcc-cyp19a1a 和 Pcc-star，见图 6-3-2）都出现了增高的趋势，且极显著高于雄鱼中的水平。结果表明雌鱼类固醇合成增多，与调控 Pcc-cyp19a1a 的转录因子表达（Pcc-amh、Pcc-dmrt1s、Pcc-foxl2）增多相呼应。总之，实验室和池塘养殖出现的雌、雄鱼在性腺分化相关基因表达上的差异，除了可能与雌核发育这种特殊的鱼类有关，还可能会通过类固醇合成酶类及转录因子的表达来影响内源性激素的合成，进而改变雌、雄鱼比例，从侧面说明内源性 E2 对于彭泽鲫性腺发育的重要性（Segner et al., 2013；Wang et al., 2007）。

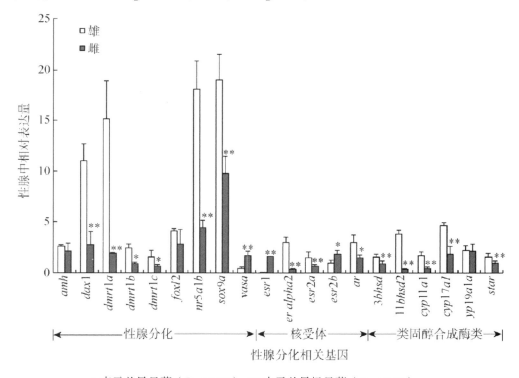

* 表示差异显著（P < 0.05），** 表示差异极显著（P < 0.01）。

图 6-3-2　PccF₁ 池塘养殖雌、雄鱼性腺中性腺分化相关基因表达差异比较

6.4 高密度养殖彭泽鲫造成雄鱼较多的分子机制及成因分析

我们在前期工作中已获得 3 大类彭泽鲫性腺发育相关基因，这些基因包括：（1）性腺分化相关基因（*dmrt1a*、*dmrt1b*、*dmrt1c*、*foxl2*、*nr5a1b*、*SRY* 样 HMG 盒结构基因 9a *sox9a* 和 DEAD-box RNA 解旋酶 *vasa*)；（2）雌、雄激素受体基因（雌激素受体 α1 *esr1*、雌激素受体 α2 *er alpha2*、雌激素受体 β2 *esr2a*、雌激素受体 β1 *esr2b* 和雄激素受体 *ar*)；（3）类固醇合成相关基因（3β 羟化类固醇脱氢酶 3*bhsd*、11β 羟化类固醇脱氢酶 2 11*bhsd2*、胆固醇侧链裂解酶 1 *cyp11a1*、17α 羟化酶 /17,20 碳链裂解酶 a1 *cyp17a1* 和类固醇急性调节蛋白 *star*)。本实验室前期将经人工雌核发育技术繁育的彭泽鲫 F_1 仔鱼置于实验室和野外进行养殖，野外池塘养殖出现极少数的雄鱼，而在实验室条件下获得了较大比例的雄鱼（实验室养殖雄鱼比例为 43.6%，池塘养殖则为 4.7%）。实验室养殖 $PccF_1$ 精巢中类固醇合成酶类基因的表达量显著高于卵巢中对应基因的表达量，但池塘养殖的 $PccF_1$ 精巢中绝大部分类固醇合成酶类基因的表达量极显著低于卵巢中对应基因的表达量。

前期研究结果说明，实验室和池塘养殖 $PccF_1$ 雌、雄鱼出现差别的基因，主要为类固醇合成酶类基因及调控芳香化酶的转录因子；且这些基因的差异表达可能与彭泽鲫体内性激素的合成或调控相关，从而产生出现不同比例雄鱼的现象。本试验分别选择高、低密度养殖条件下 $PccF_2$ 雄、雌鱼，采用实时定量 PCR 技术对上述候选的差异表达基因进行了比较研究，从基因表达方面分析造成雄鱼较多的可能原因，为研究雌核发育鱼类的性腺分化机制提供参考依据。

6.4.1 材料与方法

6.4.1.1 试验材料

人工雌核发育彭泽鲫 F_1 参照 6.2.1，人工雌核发育 $PccF_2$ 操作参照文献（尤锋等，2008）中的方法于 2012 年 4 月 10 日进行，母本选择 2 龄 $PccF_1$ 代雌鱼，父本选择和催产等与 $PccF_1$ 操作相同。彭泽鲫的受精卵是以红鲤的精子来激活彭泽鲫成熟卵细胞得到的，然后转入 20 ℃左右的孵化桶中。子代 3～4 d 出膜，半月龄 $PccF_2$ 带回实验室采用 125 L 大玻璃缸养殖 600 尾，将 F_2 按高、低养殖密度分别放置 160 尾、80 尾进行养殖，从 2012 年 4 月 15 日开始养殖，到 2014 年 1 月 15 日止，喂食和试验条件同 6.2.1。

6.4.1.2 $PccF_2$ 雌、雄鱼生物学指标测定及雌、雄鱼比例统计

分别选取高、低密度养殖组中的雄、雌鱼各 10 尾，进行生物学指标（全长、全

重、肝重和性腺重）的测定，性体指数 = 性腺重 / 全重 ×100%，肝体指数 = 肝重 / 全重 ×100%，肥满度 =（全重 / 全长³）×100%。从 F₂ 高、低密度养殖组中分 3 批连续抽取 80 尾、40 尾鱼进行雌、雄性别比例的统计，按照传统的腹部检查法（轻压腹部是否能挤出精液，卵巢腹部柔软）初步将鱼分为两类，并进行性别比例的统计（按总数计算）。统计后按 20% 比例抽取个体，采用组织切片法进行验证。

6.4.1.3　PccF₂ 雌、雄鱼组织学切片观察

解剖彭泽鲫 F₂，取其性腺固定于 4% 的多聚甲醛 24 h 后分别包在纱布内，流水冲洗 12 h 后，将固定好的卵巢用自来水冲洗 12 ～ 24 h，经上行梯度乙醇 70%、80%、95%、100% Ⅰ、100% Ⅱ脱水，后经二甲苯透明，置于石蜡中进行包埋。采用石蜡切片机连续进行 6 μm 厚切片，将切片贴在处理好的载玻片上，50 ℃烘片 3 h 后，置于 37 ℃烘箱中，次日进行常规组织学苏木精 – 伊红染色（HE）染色。组织切片染色步骤：已烘干的切片脱蜡步骤为在二甲苯Ⅰ溶液中放置 5 min，在二甲苯Ⅱ溶液中放置 10 min；复水步骤为在 100% 乙醇Ⅰ溶液中放置 2 min，在 100% 乙醇Ⅱ溶液中放置 3 min，在 95% 乙醇溶液中放置 3 min，在 95% 乙醇溶液中放置 3 min，在 80% 乙醇中放置 2 min，在 70% 乙醇中放置 2 min；再经蒸馏水洗 2 min；37 ℃苏木精染核 10 min；自来水洗 10 s 后置于 1% 盐酸酒精处理 20 s，再进行蓝化（即自来水冲洗 10 min）。采用伊红染细胞质 5 min；蒸馏水洗浮色 10 s；再经下行梯度乙醇脱水：70% 乙醇 30 s，80% 乙醇 30 s，90% 乙醇 1 min，95% 乙醇 2 min，100% 乙醇Ⅰ 2 min，100% 乙醇Ⅱ 2 min；二甲苯透明（二甲苯Ⅰ 2 min →二甲苯Ⅱ 2 min）；中性树胶封片。采用光学显微镜观察切片，并用 NIKON TE2000–U 系统进行拍摄。

6.4.1.4　PccF₂ 雌、雄鱼性腺中总 RNA 的提取、质量检测及反转录试验

分别取低、高密度养殖组中的雌、雄鱼（各 $n=10$）进行解剖，再进行性腺总 RNA 提取、质量检测及反转录操作。

6.4.1.5　PccF₂ 不同密度养殖组雌、雄鱼性腺中性腺发育有关基因表达差异

参照内参基因筛选办法，在本试验中，内参基因采用 *tubulin*。本试验将实验室养殖下雌、雄鱼之间的差异基因记为组合Ⅰ；将池塘养殖下雌、雄鱼之间的差异基因记为组合Ⅱ。检测的基因选择组合Ⅰ和Ⅱ中存在变化的基因，这些变化的基因包括性腺分化相关基因（*dmrt1a*、*dmrt1b*、*dmrt1c*、*amh*、*foxl2*）、雌激素受体基因（*esr1* 和 *esr2a*）、类固醇合成酶类相关基因（*3bhsd*、*11bhsd2*、*cyp17a1*、*cyp19a1a* 和 *star*）。参见文献（郑尧等，2013）中的方法进行荧光实时定量 PCR 的操作。

6.4.1.6 数据分析

应用 SPSS（18.0 版本）统计学分析软件对试验数据进行分析。试验数据采用 $2^{-\Delta\Delta Ct}$ 方法（Livak & Schmittgen，2001），数据结果均用"平均数 ± 标准差"的方法表示。数据分析使用单因素方差分析，$P < 0.05$ 表明差异显著，用不同字母 a、b 表示。

6.4.2 结果

6.4.2.1 实验室不同密度养殖组 PccF$_2$ 雌、雄鱼生物学指标及雌、雄鱼比例

实验室养殖 F$_2$ 群体低密度养殖组中雌鱼和雄鱼的全长、全重、GSI 显著高于高密度养殖组中的雌鱼和雄鱼（见表 6-4-1）。对 F$_2$ 分组养殖的雌、雄鱼进行统计，发现高密度养殖组中出现了高比例的雄鱼（雄鱼所占总比例为 25%），而低密度养殖组出现的雄鱼数量较少（雄鱼所占总比例为 3.3%）。

表 6-4-1 实验室不同密度养殖 PccF$_2$ 雌、雄鱼生物学指标

处理	全长 /cm	全重 /g	肥满度 /%	性体指数 /%	肝体指数 /%
高密度养殖组雌鱼	6.12 ± 0.36^b	4.82 ± 0.40^b	2.74 ± 0.15	1.41 ± 1.21^b	4.95 ± 0.34
高密度养殖组雄鱼	5.93 ± 0.61^b	4.65 ± 0.56^b	2.69 ± 0.25	1.34 ± 1.20^b	4.65 ± 0.55
低密度养殖组雌鱼	7.78 ± 0.49^a	7.02 ± 1.22^a	2.75 ± 0.35	1.72 ± 0.76^a	4.14 ± 0.76
低密度养殖组雄鱼	7.49 ± 0.32^a	6.74 ± 0.35^a	2.47 ± 0.17	1.52 ± 0.45^a	4.05 ± 0.38

注：同一列数据上标不同字母表示差异显著（$P < 0.05$）。

6.4.2.2 实验室不同密度养殖组 PccF$_2$ 雌、雄鱼组织学

实验室高、低密度养殖组中的雄性 F$_2$ 鱼出现了未成熟的精原细胞（见图 6-4-1A），对应的高、低密度养殖组中雌鱼出现了未成熟的卵母细胞（见图 6-4-1B）。

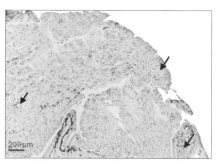 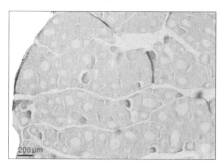

A   B

A. 实验室高密度养殖组精巢（80×），箭头表示未成熟精原细胞；

B. 实验室低密度养殖组卵巢（80×）。

图 6-4-1 实验室养殖 F$_2$ 雌、雄鱼组织学观察

6.4.2.3 实验室不同密度养殖组 PccF$_2$ 雌、雄鱼性腺中性腺分化相关基因表达差异

在实验室不同密度养殖组 PccF$_2$ 雌、雄鱼性腺中，我们对相关基因进行了检测，差异见图 6-4-2。针对不同性别彭泽鲫来说，在高、低密度养殖组中，雌鱼 *dmrt1c*、*cyp19a1a* 表达量显著高于雄鱼中对应基因的表达量（见图 6-4-2、6-4-4）；*amh* 在不同密度雌、雄鱼之间的差异相反；雌鱼 *dmrt1a*、*dmrt1b*、*3bhsd* 和 *11bhsd2* 的表达量显著低于雄鱼中对应基因的表达量（见图 6-4-2、6-4-4）。

针对不同养殖密度来说，高密度养殖组中 *dmrt1c* 基因表达量显著低于低密度养殖组中的表达量；而高密度养殖组中 *cyp17a1* 和 *star* 基因表达量显著高于低密度养殖组中的表达量。*foxl2*、*esr1* 和 *esr2a* 表达在不同养殖密度、不同性别彭泽鲫中的表达量无显著性变化（见图 6-4-2、6-4-3）。总体上讲，实验室养殖的 F$_2$ 雌、雄鱼基因表达差异主要为类固醇合成酶类基因。与实验室养殖的 F$_1$ 雌、雄鱼基因表达差异相比，F$_2$ 的 *dmrt1a/b* 基因表达和类固醇合成酶类基因表达（*3bhsd*、*11bhsd2*、*cyp17a1* 及 *star*）在雌、雄鱼差异表达上是一致的，且在雄鱼中表达量高。

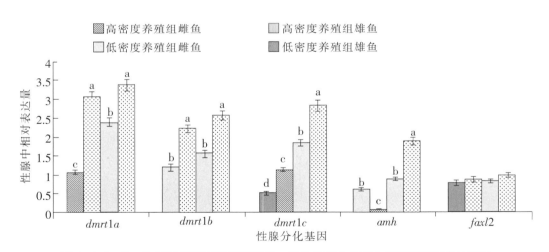

图 6-4-2　PccF$_2$ 实验室不同密度养殖雌、雄鱼性腺中性腺分化有关基因表达差异

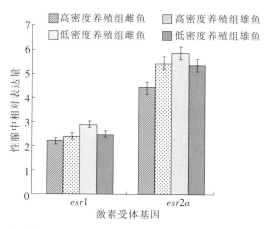

图 6-4-3　PccF$_2$ 实验室不同密度养殖雌、雄鱼性腺中雌、雄激素受体基因表达差异

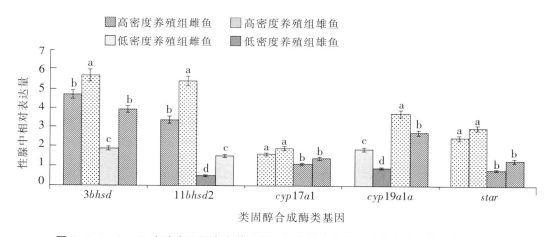

图 6-4-4　PccF$_2$ 实验室不同密度养殖雌、雄鱼性腺中类固醇合成酶类基因表达差异

6.4.3　分析与讨论

6.4.3.1　实验室高密度养殖组造成 PccF$_2$ 雄鱼过多的分子机制

在前期研究中，实验室和池塘养殖 F$_1$ 雌、雄鱼在类固醇合成酶类基因表达上存在差异，实验室养殖下的 PccF$_1$ 雄鱼类固醇合成较为活跃，而池塘养殖下的 PccF$_1$ 雌鱼类固醇合成较为活跃，导致产生几乎接近于全雌彭泽鲫雌核发育群体。不管是针对不同密度，还是针对同一养殖密度下的雌、雄鱼，差异表达基因主要是 *dmrt*1 *s*（除 *dmrt*1*c*）和类固醇合成酶类基因，和实验室养殖的 PccF$_1$ 雌、雄鱼差异结果一致。此结果说明雄鱼类固醇合成活动虽较雌鱼活跃，但雌鱼体内的芳香化酶基因的表达始终要高于雄鱼体内相应基因的表达，一方面与基因表达相呼应，同时说明雌

鱼为了维持自己的第二性征需要足够量的雌激素，而雄鱼没有卵巢器官，活跃的性激素合成途径让雄鱼体内积累了足够多的雌激素，雄鱼收到反馈抑制，芳香化酶基因的表达被显著抑制；另一方面，还说明实验室分不同密度养殖的雌、雄鱼类固醇合成途径不同，体现在 F_1、F_2 雄鱼类固醇合成酶类基因表达始终要极显著高于雌鱼，这可能与雌核发育这种特殊的鱼类有关。不管是雄鱼还是雌鱼，高密度养殖组鱼体内类固醇合成酶类基因（cyp17a1 和 star）的表达量始终要高于低密度养殖组，说明拥挤会改变鱼体内激素合成的方向，密度高可能会引起子代向雄鱼方向转化，这些差异可能主要是通过类固醇合成酶类基因的表达影响内源性激素的合成，进而改变雌、雄鱼的比例。

转录因子能参与期间芳香化酶活性的调控，如赛托利细胞分化的分子标志物（sox9a，dmrt1，amh）和精巢发育的标志物（dax1）都被证明能够抑制 NR5 A1/foxl2– 介导的 cyp19a1a 基因的转录和卵母细胞的发育（邓思平等，2007）；foxl2 能够直接或间接调控 NR5 A1 诱导 cyp19a1a 的转录从而激活 E2 产生（Wang et al.，2007）。在本试验中，雌鱼 amh 和 cyp19a1a 表达量极显著高于雄鱼。截至目前，鱼类 amh 的功能还不是很清楚，一般认为 amh 在两性鱼类的性别形成和功能维持中都能发挥作用（Klüver et al.，2007）。amh 在雌鱼中的高表达量抑制了雌鱼类固醇合成途径，减少内生雌激素的合成，但是鱼自身具有自分泌和旁分泌调控及脑—垂体—性腺轴的反馈抑制（Wu et al.，2010；邓思平等，2007；Wang et al.，2007），以维持体内激素的平衡。

6.4.3.2 造成雄鱼较多的其他因素分析

目前，有研究采用性别判定方程（周丽青等，2005；郭弘艺等，2011）、核型（徐冬冬等，2012；杨东和余来宁，2006）等方法来鉴定雌、雄鱼，且产生高比例雄鱼的原因较多（桂建芳，2007）。从遗传学角度看，微小染色体的产生能对鱼类的性腺分化造成影响（Felip et al.，2001），也有杂交的因素（覃钦博等，2014）。最近，在半滑舌鳎上的研究表明，伪雄鱼后代中90%以上的 ZW 个体性转变为伪雄鱼，且伪雄鱼后代中的伪雄鱼保留了父本伪雄鱼的甲基化模式，造成了养殖苗种中生理雄鱼比例明显偏高（Chen et al.，2014）。前期研究中利用流式细胞仪检测 $PccF_1$、$PccF_2$ 子代 DNA，结果表明子代 DNA 值在 134～162，且已经有研究表明经雌核发育的彭泽鲫后代为三倍体（李名友等，2002），排除存在因紫外照射导致精子 DNA 损伤造成微小染色体的产生（Ihssen et al.，1990）。关于环境和激素对鱼类的性别决定影响也有不少报道，温度（姚延丹等，2009）、密度、pH、盐度、光照、溶氧、群体信号和食物丰度等都可以在不同程度上影响鱼类性别（邓思平等，2007）。前期研究中在实验室养殖 F_1、F_2 中出现较大比例雄鱼，可能跟水温有关。实验室养殖温度较高，高温能够抑制芳香化酶的活力（Wu et al.，2010；Karube et al.，2007），使鱼体内雄激素过高，从而产生更多的雄性鱼。不能确定温度是彭泽鲫性腺分化主要因素的原因，在于相同温度处理下金鱼性别易受到父、母本的影响（Conover & Kynard，1981），也就是说温度决定性别也需要依赖一定的遗传背景。前期研究实验室养殖彭泽鲫使用的饲料来自商品化饲料，粗蛋白质含量丰富，利用率和转化效率很低。但池塘水体中浮游植物丰度较高，浮游动物主要有原生动物、轮虫、枝角类、桡足类。利用 F_2 对 F_1 进行的验证试验中，对 F_2 按照不同养殖密度分开进行养殖，采用相同水体积和相同投饵等管理，能够排除温度和营养等因素的影响。与此同时，1 雄 1 雌也能保证同组后代的一致性。但鱼的密度增加所造成的后果可能有溶解氧不同、排泄物量（如氨、硝酸盐）不同等。前期研究也表明实验室环境下氨氮含量较池塘高，最近有研究表明营养和氨氮也能够改变南亚野鲮体内雌、雄激素和甲状腺激素的水平（Ciji et al.，2013）。高浓度氨氮跟鲫鱼激素水平也有关（Sinha et al.，2012）。高浓度氨氮能否改变彭泽鲫体内的激素水平，需要进一步研究。

6.5 彭泽鲫 F_1 和 F_2 雌、雄鱼 *Vtg B* 和 *ZP*2 表达及卵黄蛋白原含量差异研究

卵黄蛋白原（Vtg）即卵黄蛋白的前体，是一种大分子量的磷酸酯糖蛋白。在雌二醇（E2，17β-Estradiol）的刺激下，卵黄蛋白原能在肝脏中合成，通过血液运输，最后被运送到卵巢中作为胚胎发育的营养源（Zhang et al.，2011）。透明带蛋白（ZP）包含 4 种亚型：ZP1（ZPB）、ZP2（ZPA）、ZP3（ZPC）和 ZPX。在硬骨鱼类中，对 *zpb* 和 *zpc* 基因及其功能的研究相对较多。一般来说，卵母细胞能够合成 ZP 蛋白，且在体内无卵母细胞存在时，机体也能够合成 ZP 蛋白（Skinner et al.，1984）。在硬骨鱼中，ZP 蛋白主要在肝脏和卵巢中合成，其表达模式分为卵巢特异性表达、肝脏特异性表达或在卵巢和肝脏组织中共同表达（Modig et al.，2006）。*zp* 的表达与卵细胞的发生有重要的关系，青鳉中卵巢特异性表达的 *zp* 在卵细胞直径达到 45 μm 时才可检测到表达；雄性青鳉肝脏特异性表达的 *zp* 基因在正常情况下几乎不表达，当受到雌激素影响时，ZP 蛋白会被诱导有较高的表达（Lee et al.，2002；Murata et al.，1997）。雌激素能够调控青鳉肝脏中 ZP 蛋白的合成（Ueno et al.，2004）；但斑马鱼卵巢 ZP 蛋白表达则较为灵活，受雌激素的调控影响较小（Modig

et al., 2008；Liu et al., 2006）。在鱼类中，一般认为 Vtg 和 ZP 蛋白是雌鱼的特异蛋白，且都能被雌激素 E2 诱导，但是雄鱼的肝脏中也有 *vtg* 和 *zp* 基因的存在（Rotchell et al., 2003）。

目前，有研究表明雄激素也能诱导 *vtg* 和 *zp* 基因的表达（Chikae et al., 2004），且不同的内分泌干扰物对雌、雄鱼 *vtg* 和 *zp* 基因的诱导机制不一（Ann Rempel et al., 2006）。而目前 Vtg 是环境激素污染检测试剂盒中使用最为成功的生物标志物（顾海龙等，2013；温茹淑等，2008）。也有观点认为，将 Vtg 和 ZP 蛋白联合起来使用，更能提高鉴定的准确度（Rotchell et al., 2003）。本试验将比较 F_1、F_2 代雌核发育彭泽鲫雌雄鱼特定器官（性腺和肝胰脏）中 *vtg B* 和 *zp*2 基因的表达差异，同时采用 ELISA 检测性腺和肝胰脏中 Vtg 的含量，探究 *vtg B* 和 *zp*2 基因及 Vtg 含量在不同养殖方式、密度下的表达模式，为雌核发育物种卵黄发生机制研究提供基础性资料。

6.5.1 材料与方法

6.5.1.1 试验材料

人工雌核发育彭泽鲫 $PccF_1$ 和 $PccF_2$ 操作按文献（郑尧等，2013）进行，母本选择 2 龄 $PccF_1$ 雌鱼，父本选择、催产与 $PccF_1$ 操作相同。彭泽鲫的受精卵是以红鲤的精子来激活彭泽鲫成熟卵细胞得到的，之后转入 20 ℃左右的孵化桶中。子代 3～4 d 出膜，半月龄 $PccF_2$ 带回实验室采用 125 L 大玻璃缸（规格为 120 cm×40 cm×80 cm，可养殖 600 尾）养殖，将 F_2 按不同养殖密度分两个密度组进行养殖，分别在低密度养殖组、高密度养殖组放置 80 尾、160 尾 $PccF_2$，养殖到能镜检分出雌、雄为止（约 7 个月，雌、雄鱼分别处于性腺发育的Ⅱ期）。

6.5.1.2 $PccF_1$ 和 $PccF_2$ 雌、雄鱼性腺、肝胰脏中总 RNA 的提取、质量检测及反转录试验

分别取实验室和池塘养殖的 F_1（雌、雄鱼分别处于各自性腺发育的Ⅱ期），低、高密度养殖组中的 F_2 雌、雄鱼（雌、雄鱼分别处于各自性腺发育的Ⅱ期，各 n=10）进行解剖，参照文献进行性腺总 RNA 提取、质量检测及反转录操作。

6.5.1.3 $PccF_1$ 和 $PccF_2$ 雌、雄鱼性腺、肝胰脏中 *vtg B* 和 *zp*2 基因表达

按照文献对内参基因进行筛选，本试验内参基因采用 *tubulin*，检测 $PccF_1$ 和 $PccF_2$ 雌、雄鱼性腺、肝胰脏中 *vtg B* 和 *zp*2 基因的表达。参考文献（郑尧等，2013）进行荧光实时定量 PCR 的操作，前期研究获得了 *vtg B*（KF373229）和 *zp*2（KF373231）

基因完整编码区。

6.5.1.4　PccF₁ 和 PccF₂ 雌、雄鱼 Vtg 含量测定

取每尾鱼的性腺、肝胰脏组织（实验室养殖 F₁ 因个体小，所以取全鱼组织），用于 Vtg 含量测定。用于 Vtg 含量测定试验的组织先称重，然后置于 −80 ℃冰箱中冻存，第 2 天按照 1 ∶ 20（m/v）的比例添加 0.1 M PBS 缓冲液（pH 7.4），用塑料研磨棒在冰上研磨充分，在 3000 r/min 和 4 ℃条件下离心 10 min，取上清液，分装后一份待检测，其余于 −80 ℃冰箱中冻存备用。抗体采用纯化的银鲫卵黄蛋白原（VTG）抗体包被微孔板，检测按照上海恒远生物科技有限公司生产的试剂盒说明书进行，检测限为 3～150 ng/mL。

6.5.1.5　数据分析

应用 SPSS（18.0 版本）统计学分析软件对试验数据进行整理分析。试验数据采用相对表达量的计算方法，即相对表达量 =$2^{-\Delta\Delta Ct}$ 方法（Livak & Schmittgen，2001），数据结果均用"平均数 ± 标准差"的表示方法。基因表达和 Vtg 含量测定使用 t 检验，$P < 0.05$ 表明差异显著，用一个星号表示；$P < 0.01$ 表明差异极显著，用两个星号表示。

6.5.2　结果

6.5.2.1　实验室、池塘养殖 PccF₁ 代雌、雄鱼性腺中 *vtgB* 和 *zp2* 基因表达差异

PccF₁ 实验室养殖精、卵巢中 *vtg B* 相对表达量（与内参相比，下同）分别为 35.08 ± 11.76 和 3.97 ± 2.77，精、卵巢中 *zp2* 相对表达量分别为 30.24 ± 2.08 和 10.61 ± 0.96，PccF₁ 实验室养殖精巢 *vtg B* 和 *zp2* 表达量分别极显著和显著高于卵巢中的表达量（见图 6-5-1A）。PccF₁ 池塘养殖精、卵巢中 *vtg B* 相对表达量分别为 1.68 ± 0.37 和 0.65 ± 0.18，精、卵巢中 *zp2* 相对表达量分别为 1.69 ± 0.20 和 1.94 ± 0.48，PccF₁ 池塘养殖精巢 *vtg B* 和 *zp2* 表达量分别显著高于和显著低于卵巢中的表达量（见图 6-5-1B）。PccF₂ 实验室养殖精、卵巢中 *zp2* 相对表达量分别为 2.39 ± 0.13 和 1.73 ± 0.11，PccF₂ 实验室高、低密度养殖卵巢 *zp2* 表达量极显著低于高密度养殖组精巢中的表达量（见图 6-5-1C）。

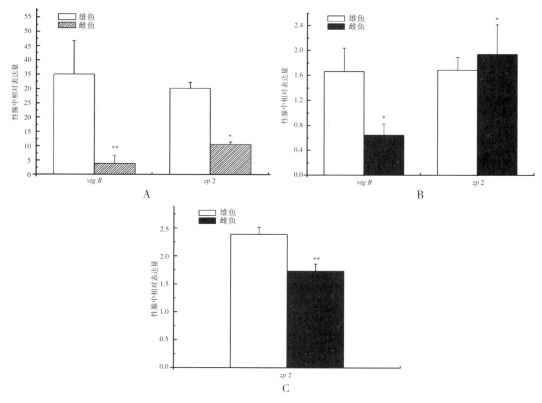

A：实验室养殖 F₁，B：池塘养殖 F₁，C：实验室养殖 F₂；一个星号表示差异显著
（$P < 0.05$），两个星号表示差异极显著（$P < 0.01$）。

图 6-5-1　PccF₁ 和 PccF₂ 代雌、雄鱼性腺中 *vtgB* 和 *zp*2 基因表达差异比较

6.5.2.2　实验室高、低密度养殖组 PccF₂ 雌、雄鱼肝胰脏中 *vtg B* 和 *zp*2 基因表达差异

PccF₁ 实验室养殖雄、雌鱼肝胰脏中 *vtg B* 相对表达量分别为 5592.27 ± 314.24 和 148.42 ± 17.16，雄、雌鱼肝胰脏中 *zp*2 相对表达量分别为 11.33 ± 2.91 和 75.12 ± 9.59，PccF₁ 实验室养殖雄鱼肝胰脏中 *vtg B* 和 *zp*2 表达量分别极显著高于和极显著低于雌鱼中的表达量（见图 6-5-2A）。PccF₁ 池塘养殖雄、雌鱼肝胰脏中 *vtg B* 相对表达量分别为 0.15 ± 0.33 和 99.06 ± 16.00，雄、雌鱼肝胰脏中 *zp*2 相对表达量分别为 0.98 ± 0.11 和 25.16 ± 4.60，PccF₁ 池塘养殖雄鱼肝胰脏中 *vtg B* 和 *zp*2 表达量均极显著低于雌鱼中的表达量（见图 6-5-2B）。PccF₂ 实验室养殖雄、雌鱼肝胰脏中 *vtg B* 相对表达量分别为 1.45 ± 0.21 和 0.61 ± 0.13，雄、雌鱼肝胰脏中 *zp*2 相对表达量分别为 2.60 ± 0.23 和 0.82 ± 0.10，PccF₂ 实验室养殖雄鱼肝胰脏中 *vtg B* 和 *zp*2 表达量均极显著高于雌鱼中的表达量（见图 6-5-2C）。

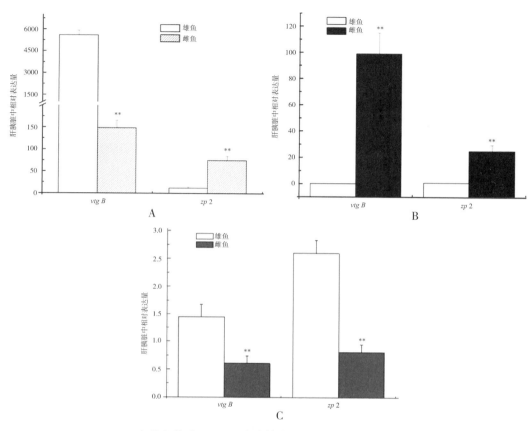

A：实验室养殖 F_1；B：池塘养殖 F_1；C：实验室养殖 F_2。

图 6-5-2　$PccF_1$ 和 $PccF_2$ 雌、雄鱼肝胰脏中 *vtgB* 和 *zp*2 基因表达差异比较

vtg B 和 *zp*2 都是在肝胰脏中合成并运送到性腺中发挥作用的（Zhang et al.，2011）。在本试验中，池塘养殖 F_1 雌鱼肝胰脏中的 *vtg B* 和 *zp*2 表达极显著高于雄鱼（见图 6-5-2B），与实验室养殖的 F_1 不同（见图 6-5-1A），原因可能在于鱼卵母细胞成熟程度不同，对卵黄蛋白原的需求不同。

实验室养殖 F_1 雌鱼全鱼组织和池塘养殖 F_1 雌鱼肝胰脏中 Vtg 都极显著高于雄鱼（见图 6-5-3A、6-5-3B）较为容易理解，因为未发育成熟的雌鱼需要累积卵黄蛋白原为性腺发育提供能量供应（朱晓鸣等，2001），同时池塘养殖雌鱼采集样品时间正好是繁殖季节，肝胰脏中卵黄蛋白原较多可能与产卵有关。但池塘养殖 F_1、实验室养殖 F_2 卵巢 Vtg 极显著低于精巢，且 $PccF_2$ 雌鱼肝胰脏 Vtg 极显著低于雄鱼肝胰脏（见图 6-5-3B、6-5-3C），原因可能在于雄鱼没有像雌鱼一样的卵巢用来储存卵黄蛋白原和透明带蛋白（Mommsen et al.，1991），造成了合成的蛋白质在肝脏中的积累。本试验中，实验室养殖 F_1 的 Vtg 水平采用全鱼组织，主要是因为鱼太小，无法分离组织（<10 g），之前也有

研究采用全鱼组织证实全鱼 Vtg 含量和激素相关（Kroon et al.，2003）。除了不同发育时期对 Vtg 需求不一致之外，还说明 Vtg 跟血液循环到肝胰脏和性腺中的 E2 浓度有关（Heidari et al.，2010）。本试验结果表明，彭泽鲫 *vtg B* 和 *zp2* 基因并非雌性特异性表达，且不同的养殖方式、密度会影响彭泽鲫雌、雄鱼 *vtg B* 和 *zp2* 表达及 Vtg 含量。

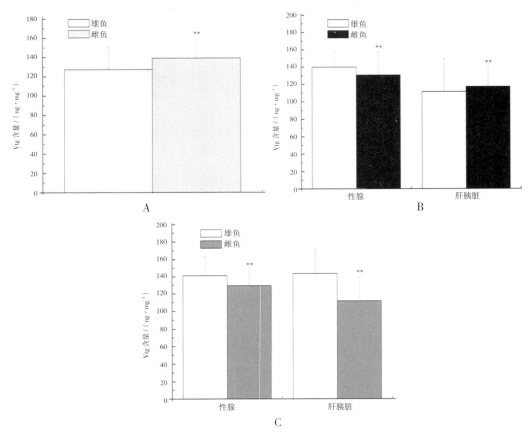

A：实验室养殖 F_1 全鱼组织；B：池塘养殖 F_1 性腺、肝胰脏组织；
C：实验室养殖 F_2 性腺、肝胰脏组织。

图 6-5-3　PccF$_1$ 和 PccF$_2$ 雌、雄鱼 Vtg 含量差异比较

6.5.2.3　PccF$_1$ 和 PccF$_2$ 雌、雄鱼 Vtg 含量差异

Vtg 的标准曲线为 $y= 67.574x-6.5429$（R^2=0.9981），可以用于后续试验的计算。实验室养殖 F_1 雄、雌鱼全鱼组织中 Vtg 含量分别为 127.38 ± 23.71 ng/mL、139.32 ± 20.70 ng/mL，雌鱼 Vtg 含量极显著高于雄鱼中的表达量（见图 6-5-3A）。池塘养殖 F_1 精、卵巢组织中 Vtg 含量分别为 140.16 ± 17.26 ng/mL、130.93 ± 26.03 ng/mL，池塘养殖 F_1 卵巢中的 Vtg 含量极显著低于精巢中的表达量（见图 6-5-3B）；但是池塘养殖 F_1 雄、雌鱼肝胰脏组织中 Vtg 含量分别为 111.44 ± 8.34 ng/mL、127.19 ± 4.26 ng/mL，

雌鱼肝胰脏中 Vtg 含量极显著高于雄鱼中的表达量。实验室养殖 F_2 精、卵巢组织中 Vtg 含量分别为 141.51 ± 5.82 ng/mL、129.57 ± 9.89 ng/mL，F_2 雄、雌鱼肝胰脏组织中 Vtg 含量分别为 144.10 ± 7.93 ng/mL、111.78 ± 8.46 ng/mL，PccF$_2$ 雄鱼性腺、肝胰脏组织中 Vtg 含量均极显著高于雌鱼中的表达量（见图 6-5-3C）。

繁殖 F_2 是为了验证密度是否跟雄鱼过多有关，不管是从 F_1、F_2 性腺、肝胰脏中 vtg B 表达还是从 Vtg 水平来看，雄鱼都要高于雌鱼，这说明实验室养殖雄鱼肝胰脏积累较多的 Vtg，导致雄鱼精巢出现异常，肝脏肿大。除雌性卵生动物外，雄性及幼鱼（如斑马鱼、剑尾鱼、孔雀鱼等）肝脏也存在卵黄蛋白原基因，但只有在环境雌激素化学物的作用下才可以产生 Vtg（Zhang et al.，2011；Lee et al.，2002；Modig et al.，2008；Chikae et al.，2004；顾海龙等，2013；温茹淑等，2008）。因此，雄鱼或幼鱼经诱导产生的 Vtg 可作为一个敏感的环境雌激素暴露标记物。而 Vtg 的合成将消耗体内一定的能量，因而使到原本应该用在性腺发育的能量大部分转向合成 Vtg，而致使性腺出现明显滞后现象（Länge et al.，2001）。也有研究表明，孔雀鱼雄鱼性腺系数（GSI）的下降幅度与 Vtg 生成量呈负相关（Li et al.，2005）。这些结果均表明体内激素含量可能影响 vtg B 和 zp2 表达，提示实验室和池塘养殖的彭泽鲫雌、雄鱼体内激素含量上存在差异，这一点在之前的研究中已经得到证实（郑尧等，2015）。

6.6 彭泽鲫 F_1 和 F_2 雌、雄鱼激素含量及芳香化酶活力差异研究

目前，在鱼类性别分化机制研究中，比较成熟的学说有平衡假说和缺失假说。前者认为鱼类性别分化取决于哪一种性类固醇占优势，性腺分化早期，如果雄激素合成水平比雌激素高，则发育成精巢，外源激素能破坏这种平衡，进而完全改变遗传因素决定的分化通路；后者只强调雌激素在性腺分化中的作用。相关研究认为，内源性雌激素是卵巢发育的天然诱导物，一旦有雌激素合成，都将发育成卵巢，若发育早期缺乏类固醇合成，则性腺分化进入雄性通路，这种观点最近通过 TALENS 和 CRISPR/Cas9 技术在罗非鱼上得到了证实（Li et al.，2014）。高水平的雌二醇（E2）能促进雌雄同体石斑鱼的卵巢分化，低水平 E2 及高水平睾酮（T）能促进精巢分化；在雄性先熟黑鲷上的研究表明，E2 在雄性向雌性性腺反转中起着重要作用（Lee et al.，2004）；而对于雌核发育的银鲫来说，Zhou et al（2010）认为其存在双重生殖方式（有性生殖和雌核发育生殖）。彭泽鲫跟银鲫同是三倍体，在进化上相近（Yang et al.，2003），但在银鲫、彭泽鲫等种群中又存在少量的雄鱼（Jiang et al.，2013），因而在自然水体中

发现不同倍性的鲫鱼（Xiao et al.，2011）。雌核发育方式产生的鱼类大多性腺比较小，肝胰脏比较大，且在经雌核发育方式获得的后代中检测到较高的激素水平（紊乱）（Sun et al.，2010）。这些事实都说明鱼类的性别分化跟激素水平密切相关。

性腺是雌鱼激素合成的主要部位，脑是雄鱼激素合成的主要部位（Hiraki et al.，2012）。内源性 E2 与芳香化酶基因（*cyp19a1a*）表达密切相关，也被证明与卵巢发育相关（郑路程等，2014）。在鱼类中存在两种芳香化酶基因，卵巢型和脑型（邵康等，2013）。芳香化酶（脑部）能参与脑—垂体—性腺轴上的反馈调控，能够通过芳香化酶调节体内内生激素的平衡（Wang et al.，2007）。雌核发育彭泽鲫后代理论上应为全雌群体，但本实验室前期将彭泽鲫 F_1 仔鱼分批在实验室和野外养殖，后又在繁殖 F_2 时设置高、低密度养殖组进行验证（前者放置鱼苗密度为后者的 2 倍），发现实验室养殖彭泽鲫 F_1（相比池塘养殖）和实验室高密度养殖 F_2 组中均出现了高比例的雄鱼。从营养角度看，池塘和实验室养殖都喂以同批次商品化饲料，但池塘中还存在浮游动植物等活饵，并且实验室养殖密度较高，养殖密度也能对鱼类的生理学指标造成不同程度的影响，如生长和消化、免疫酶指标（赵霞，2010）。Davey et al（2005）发现在日本鳗鲡中高密度的养殖会导致较高的雄性比例。此外，前期组织学鉴定结果表明，池塘养殖彭泽鲫雄鱼（约 380 g）精巢中存在成熟精子和初、次级精母细胞以及空泡状组织，雌鱼（约 450 g）卵巢发育处于 Ⅴ 期；实验室养殖条件下 F_1 和 F_2 雄、雌鱼（约 8 g）均以各自发育阶段的 Ⅰ~Ⅱ 期为主。有研究表明，鲫鱼在不同发育时期激素含量不同（Liasko et al.，2010），且水质指标和营养条件能改变鲫鱼体内的激素水平，从而影响性别比例（Sinha et al.，2012），环境条件也能通过影响体内芳香化酶的活力来改变鱼类性别分化的方向（Karube et al.，2007）。因此，要想分析造成雄鱼较多的可能原因，仅比较不同养殖环境下雄（雌）鱼生理学指标可能欠妥。本试验从激素含量及芳香化酶活力方面对同一养殖环境下和同一发育时期的雌、雄鱼进行比较，以探究雌、雄鱼差异的分子生物学机制，为研究雌核发育鱼类的性腺分化机制提供参考依据。

6.6.1 材料与方法

6.6.1.1 试验材料

人工雌核发育彭泽鲫 $PccF_1$ 操作于 2011 年 4 月 20 日在湖北荆州窑湾养殖基地进行（水温 18 ℃），选择基地养殖池中 3~5 龄兴国红鲤（1600±175）g 为父本，选择 2 龄经雌核发育繁殖的（450±15）g 彭泽鲫成鱼（$n=300$）为母本。雌、雄鱼采用腹部检查法分辨，在本试验中，采用 1 雄 1 雌进行繁殖并重复 2 次，人工催产雌鱼采用人工注射 hCG（400 IU/kg）、LRH-A（6 μg/kg）和鲤垂体干粉（1 mg/kg，用 7 mg/mL NaCl 溶解）进行，雄鱼用药量减半。人工雌核发育 $PccF_2$ 操作按文献（郑尧等，2013）于 2013 年 4 月 10 日进行，母本选择 2 龄 $PccF_1$ 雌鱼，父本的选择、催产与 $PccF_1$ 操作相同。彭泽鲫的受精卵是以红鲤的精子来激活彭泽鲫成熟卵细胞得到的，之后转入 20 ℃左右的孵化桶中。子代 3～4 d 出膜。将半月龄 $PccF_2$ 带回实验室，采用 125 L 大玻璃缸养殖（规格 120 cm×40 cm×80 cm）。将 F_2 分两个密度组进行养殖，分别在低、高密度养殖组各放置 80 尾和 160 尾，养殖到能镜检分出雌、雄为止。1 月龄内喂食蛋黄，1～2 月龄按 1 kg 鱼体重 1 g 的标准喂食卤虫，之后选择商品化的鱼用饲料。卤虫孵化方法：水体盐度 10～15 mg/L，pH 7.5～8.5，水温 28 ℃，充氧培养，第 2 天收卵。喂食之前用清水洗净。彭泽鲫养殖条件：水温（25±1）℃，光周期为白天 14 h、夜晚 10 h，pH 7.1±0.5，溶解氧（7.16±0.16）mg/L，总磷（2.16±0.17）mg/L，总氮（0.52±0.15）mg/L，氨氮（0.44±0.06）mg/L，总硬度（194.3±13.0）mg/L（按 $CaCO_3$ 计算）。

6.6.1.2 $PccF_1$ 雌、雄鱼激素含量和芳香化酶活力测定

取全部的池塘养殖 F_1 的性腺、脑组织用于激素（E2、T）含量和芳香化酶活力测定；而实验室养殖 F_1 因个体小，所以取全鱼组织进行测量。用于激素含量和芳香化酶活力测定的试验组织先称重量，后置于 -80 ℃冰箱中冻存，第 2 天按照 1：9（质量体积比）添加 0.1 mol/L PBS 缓冲液（pH 7.4），用塑料研磨棒在冰上研磨充分，3000 r/min、4 ℃离心 10 min，取上清液，分装后一份待检测，其余置于 -80 ℃冰箱中冻存备用。标准曲线制定、样品检测均按照上海恒远生物科技有限公司试剂盒说明书进行。T 和 E2 检测范围分别为 10～300 ng/mL 和 1～45 ng/L，芳香化酶活力检测限为 2～80 IU/L。

6.6.1.3 $PccF_2$ 代雌、雄鱼激素含量和芳香化酶活力测定

选择 F_2 高密度养殖组中的雄鱼、低密度养殖组的雌鱼，取每尾鱼性腺、脑组织，用于 E2、T、11- 酮基睾酮（11-KT）含量和芳香化酶活力测定。其中 11-KT 检测范围为 2～80 ng/mL。

6.6.1.4 数据分析

应用 SPSS 18.0 统计学分析软件对试验数据进行整理分析，数据结果均用"$\bar{x}$±SD"的表示方法。激素含量和芳香化酶活力数据差异显著性检测分析使用 t 检验。

6.6.2 结果与分析

6.6.2.1 彭泽鲫 F_1 雌、雄鱼激素含量及芳香化酶活力的差异

彭泽鲫 F_1 雌、雄鱼 T 和 E2 含量的标准曲线分别为 $y=128.420x-15.003$（$R^2=0.999$）、

y=22.629x–3.589（R^2=0.999），芳香化酶的标准曲线为 y= 44.839x–0.665（R^2=0.998），R^2 均大于 0.99，可以用于后续试验的计算。试验结果（见图 6-6-1）表明，PccF$_1$ 实验室养殖雌鱼全鱼组织中雌二醇（E2）水平极显著高于雄鱼（见图 6-6-1 A），而在睾酮（T）水平上没有差异（见图 6-6-1B）。PccF$_1$ 池塘养殖雌鱼脑中 E2 和 T 含量极显著高于雄鱼，而两者性腺中 E2 及 T 含量没有差异（见图 6-6-1A、6-6-1B）。PccF$_1$ 实验室养殖雌、雄鱼全鱼组织中的芳香化酶活力没有显著性的差异，而卵巢中的芳香化酶活力极显著低于雄鱼（见图 6-6-1C）。

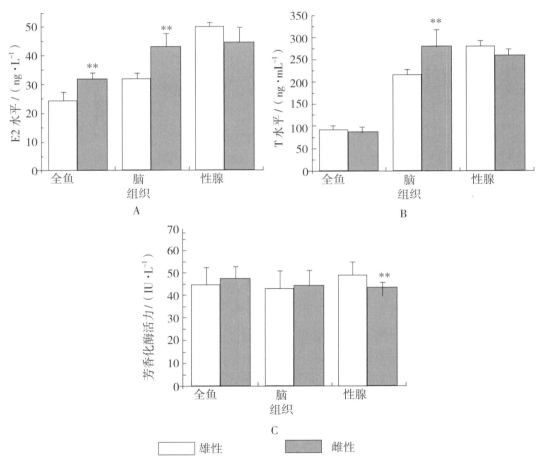

图 6-6-1　PccF$_1$ 雌、雄鱼激素雌二醇（E2）、睾酮（T）含量及芳香化酶活力（**P < 0.01）

E2 被证明与卵巢发育相关（邵康等，2013；Wang et al.，2007），内源性 E2 还与芳香化酶基因（$cyp19a1a$）表达密切相关，$cyp19a1a$ 编码的蛋白负责将体内的雄激素转化为雌激素，芳香化酶的活力也受到温度（Karube et al.，2007）、调节因子等诸多因素影响，所以血液中低水平的 E2 可能与雄激素转化为雌激素的效率有关。比如，核受体类固醇调控因子基因（nr5a）、抗缪勒氏管激素基因（amh）、DM 结构域相关转录因子 1 基因（dmrt1）及叉头框样蛋白 2 基因（foxl2）都能调控 cyp19a1a 的表达以及酶活力（Wang et al.，2007）。雌核发育鱼类常被检测出较高的雄激素水平（包括 T、11-KT 和雄烯二酮），但在雌性虹鳟和牙鲆中却检查不到（Sun et al.，2010）。在本试验中，池塘养殖的 F₁ 雌鱼脑中的 E2 和 T 含量极显著高于雄鱼，虽然脑中芳香化酶活力雌、雄鱼没有差别，但是卵巢中芳香化酶活力极显著低于精巢中的芳香化酶；在 F₂ 中，实验室低密度养殖组 F₂ 雌鱼卵巢、脑中的 E2 含量极显著高于雄鱼，对应卵巢中芳香化酶活力高于精巢，但雌鱼脑中芳香化酶活力极显著低于雄鱼脑中的芳香化酶。之前也有高密度养殖导致较高雄性比例的报道。也有研究表明，环境因素能够影响芳香化酶的活力，从而改变鱼类性别（Karube et al.，2007）。众所周知，性腺是雌鱼激素合成的主要部位，脑是雄鱼激素合成的主要部位（Hiraki et al.，2012）。这些结果表明激素合成不仅受到调控芳香化酶的转录因子的调节（Wang et al.，2007），同时还受到"脑—垂体—性腺轴"这一反馈系统的调节。脑和性腺中的芳香化酶共同维持体内激素水平的平衡，雄鱼存在原因可能与实验室和池塘养殖 F₁，高、低密度实验室养殖 F₂ 雌、雄鱼激素含量和芳香化酶活力差异表达有关。"脑—垂体—性腺轴"中有诸如性腺分化、核受体、类固醇合成酶及卵母细胞结构类基因，其均能够通过调控鱼类内生激素的合成进而影响性腺分化过程（郑尧等，2015），本试验将为进一步找寻调控芳香化酶基因及酶活力的转录调控因子提供理论支撑。

6.6.2.2 彭泽鲫 F₂ 雌、雄鱼性腺、脑中激素含量和芳香化酶活力差异

彭泽鲫 F₂ 雌、雄鱼 11-KT、T 和 E2 含量的标准曲线分别为 $y=45.039x-0.829$（$R^2=0.998$）、$y=134.030x-19.234$（$R^2=0.997$）、$y=22.699x-3.496$（$R^2=0.998$），芳香化酶的标准曲线为 $y=44.839x-0.665$（$R^2=0.998$），R^2 均大于 0.99，可以用于后续试验的计算。PccF₂ 实验室低、高密度养殖雌、雄鱼激素水平及芳香化酶活力差异见图 6-6-2。低密度养殖组中卵巢 T 含量极显著低于高密度养殖组精巢中的含量（见图 6-6-2B）；低密度养殖组雌鱼脑、性腺中 E2 含量均极显著高于高密度养殖组雄鱼中的含量（图 6-6-2C）。低密度养殖组雌鱼脑中的芳香化酶活力极显著低于雄鱼脑中的芳香化酶活力，但其卵巢中的芳香化酶活力极显著高于精巢中的芳香化酶活力（见图 6-6-2D）。

国内外关于 11-KT 精确功能的研究还不是特别多。首先 T 和 11-KT 是硬骨鱼类占优势的雄性激素，前者主要在雄性性别分化和维持第二性征中发挥功能。精巢产生 11-KT 和滤泡分泌产生 E2 分别诱导精子和卵母细胞的生长发育。在精巢中，睾酮被 11β 羟化酶（cyp11b1,）和 11β-HSD 催化成雄鱼特有的 11-KT（Baker et al.，2010），

最后合成可以被利用的 E2 等激素，且后者对精子发生作用更大。也有学者（Aguila et al., 2012）认为，11-KT 和 T 在硬骨鱼中能发挥各自作用，且 11-KT 在卵黄发生前期作用更大（Kohn et al., 2012）。从本试验结果可以看出，彭泽鲫 F_2 在 11-KT 水平上没有差异，池塘养殖 F_1 雌、雄鱼性腺中 E2、T 差异不明显，这可能与两者在特定时间段发挥的功效不同所致。此外，血浆中性激素结合球蛋白（SHBG）含量对于游离雄激素的浓度有重要的影响（Bobe et al., 2011）。本试验测定了实验室养殖 F_1 采用幼鱼全鱼组织中的激素含量，但是循环在血液中的激素是可以转运到全身各个组织器官中去的，反推出血液中雌、雄鱼在激素水平平衡上肯定出现了不一致，从而导致了性腺发育上出现差别。有学者分别利用黑眼虾虎鱼和虾虎鱼（Kroon et al., 2003）体部研究激素和性腺分化的关系，在本试验中，因为鱼小没法分离组织而采用全鱼进行激素含量测定，在方法上虽是可行的，但是分离组织后再进行激素含量测定可能会更准确。

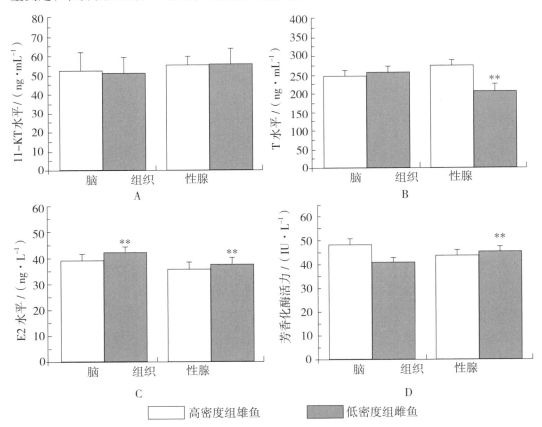

图 6-6-2　PccF₂ 实验室低、高密度养殖雌、雄鱼脑、性腺组织中的激素水平
（11-KT、T 和 E2）和芳香化酶活力

7.1 自然繁殖

自然繁殖比较简单，只需把挑选的亲鱼放入清整好的产卵池中，然后安置好鱼巢即可。这种方法简单易行，但产卵率不高、产卵时间长，不易得到大批同期卵。

7.1.1 亲鱼的选择和培育

7.1.1.1 亲鱼培育池的准备

1月初，选择面积 $0.33 \sim 0.67$ hm²，池深 2 m，淤泥深 10 cm 左右，有独立进、排水系统，配备有投饵机的池塘作亲鱼培育池。用生石灰清塘消毒，加入 0.8 m 深清水备用。

7.1.1.2 亲鱼的选择

1月底至2月初，严格按彭泽鲫国家标准，从后备亲鱼中挑选体形、体色、侧线鳞等符合标准且发育良好、鳞片完整、无伤无病的个体作亲鱼，并要求雌性个体体重在 500 g 以上、雄性个体体重在 250 g 以上，按雌雄配比为 8∶1 放入培育池，总放养量为 $400 \sim 500$ kg/667 m²。

7.1.1.3 强化培育

亲鱼培育的好差直接关系繁殖能否成功，所以必须注重这一阶段的喂养。当水温上升到 10 ℃以上、天气晴好时，给亲鱼投喂全价配合饲料，要求饵料的粗蛋白质含量在 38%～40%；每天投喂量和投喂次数根据水温、天气和亲鱼吃食情况而定，以确保亲鱼吃好、吃饱。前期天气晴朗时，每隔 $5 \sim 6$ d 向池内注入微流水，每次注入 $1 \sim 2$ h，以刺激亲鱼性腺发育（水温升到 13 ℃后不再注水）。

7.1.2 产卵与受精

在自然条件下，每年 3—7 月为彭泽鲫繁殖期。当水温达到 17 ℃以上彭泽鲫便开始产卵，并持续到 7 月。在江西，彭泽鲫的最佳繁殖期在 4 月上、中旬，最适宜水温在 20～25 ℃。

在繁殖季节，雌鱼在江、湖、池塘中均能自然产卵，实际生产中为了不影响亲鱼的发育，常把亲鱼培育池当作产卵受精池，减少拉网、转池等操作环节，以免刺激亲鱼造成流产。实行自然产卵和自然受精。

7.1.2.1 鱼巢制作

由于杉树枝叶之间缝隙较大，有利于受精卵附着，同时杉树枝叶之间的间隙构造可以防止产卵巢结块霉变，还能使受精卵空间分布均匀，防止受精卵缺氧，进而影响孵化。因此可用竹片和杉树枝条扎制鱼巢（不用柳树根须）。鱼巢扎好后，用清水冲洗干净，在水中浸泡 5～6 h 捞起备用。使用前用 10 mg/L 的强氯精或 20 mg/L 的高锰酸钾溶液浸泡消毒，晒干备用。

7.1.2.2 鱼巢的布置

在水温升到 18 ℃左右，观察亲鱼有产卵迹象时，立即将鱼巢沿池边并列布置，用小竹竿把鱼巢固定在离池边 60 cm 左右、水面下 10～15 cm 处。

7.1.2.3 产卵

当春季水温升高到 18 ℃左右时，彭泽鲫即开始产卵繁殖。雌雄分养的亲鱼需要并池配组，自然条件下彭泽鲫雌雄比高达（10～12）：1。宜在晴暖无风，或雨后初晴的天气，选择成熟较好的雌、雄亲鱼，并入产卵池产卵。在傍晚时分，向池内注入细小流水（注入时间 2～3 h），给亲鱼一定的刺激，促使亲鱼在次日凌晨集中产卵，一般午夜开始到翌日早晨 6—8 时产卵最盛，到中午停止。产卵期间确保池水溶氧量在 5.6 mg/L 以上，pH 7.2～8.0；避免天气闷、气压低，造成亲鱼缺氧。

7.1.3 孵化

当鱼巢布满受精卵后，及时移入孵化池内孵化。

7.1.3.1 自然孵化

当水温为 18～20 ℃，催产时间为 9～16 h，整个群体产卵过程持续 6～20 h。亲鱼发情追逐常在水面以下，水浪和击水声较小。当鱼巢布满受精卵后，及时移入孵化池内孵化。孵化池面积以 667 m² 左右为宜，水深大约 0.6 m。事先应清塘消毒，加注新水，一般 667 m² 放受精卵 20 万～30 万粒，在水温 18～20 ℃ 的条件下，50～55 h

可孵化出鱼苗，出苗后 3～4 d 可将鱼巢移走。

7.1.3.2 室内水泥池孵化

采用室内井水，用锅炉加温孵化。室内孵化池条件：长方形，面积 20～60 m²，池深 1.0～1.2 m，水深 0.8～1.0 m。有独立进、排水管，池上方另架一进水管，进水道壁上凿有两排小孔（以便加入微流水）。

孵化前将水泥池洗净、消毒，放入井水 0.4～0.5 m 深，使室内池水温逐步提升（可加入一定量的温水）到与室外池水温持平（温差不能超 1.5 ℃），同时放置气泡石，每池放置 6～8 个，用鼓风机充氧。

仔细观察室外池塘受精卵的发育情况，当受精卵开始出现眼点时，立即把布满受精卵的鱼巢快速移入室内水泥池，每平方米水面放 5 万粒卵，鱼巢用绳固定在竹竿上，微流水孵化。向池内徐徐加入温水，使整个池水水温可平缓均衡上升，在 24 h 内逐步提高不超过 2.0 ℃，将水温整体控制在 21～22 ℃，受精卵在此温度下经 50～61 h 孵化后开始破膜出苗，待鱼苗出膜完游离鱼巢后把鱼巢移出。

7.1.4 出膜

刚出膜的鱼苗会短时附着在鱼巢上，然后抱团附着于池壁或池底，此期间主要以卵黄为营养来源，经 2 d 左右鱼苗卵黄囊消失，开始分散平游、开口摄食，此时可投喂蛋黄或奶粉，注意水质管理，防止水质变坏。平游后鱼苗即可出售或下池培育夏花。采用上述方法，可极大提高彭泽鲫的产卵率、受精率和出苗率（产卵率和受精率在 90% 左右，出苗率在 85% 左右）。

7.2 人工繁殖技术

彭泽鲫的繁殖习性与普通鲫鱼相似，即能在静水中自然繁殖。但由于彭泽鲫自然繁殖存在产卵时间分散、产卵量少和鱼苗规格不整齐等缺点，因此要想获得大批量鱼苗，必须采用人工繁殖。

7.2.1 环境条件和设施

7.2.1.1 养殖场环境

养殖场环境应交通便利、水源充足、无污染，水质应符合国家渔业水质标准的要求，pH 7.0～8.5，DO 在 5 mg/L 以上。若采用地表水，则需沉淀、砂滤，经双层 [外

层 60 目（250 μm）、内层 200 目（孔径 75 μm）] 筛绢网袋或脱脂棉过滤袋过滤；若采用地下水，则只需曝气。

7.2.1.2 微孔增氧设施

养殖场繁育车间微孔增氧设施包括罗茨鼓风机、充气管道、充气支管、微孔管等。应配 2 台以上鼓风机，交替使用，鼓风机每分钟充气量为水体总体积的 2.5%，一般选用风压为 3500～5000 mm 水柱的风机。

7.2.1.3 增温设施

增温设施主要为锅炉及加温管道。锅炉的供热能力应满足整个育苗生产的热量需求，孵化池内的加热管等材料应符合国家环保要求。

7.2.1.4 供电设施

除正常的电力设施外，还应配备满足育苗生产用电量的发电机组。

7.2.1.5 池塘配套设施

每口池塘都应具有进、排水系统，进、排水分流，且操作方便。每口池塘按 1334～2668 m²/kW 的标准配置增氧机。

7.2.2 亲鱼的来源和选择

7.2.2.1 亲鱼的来源

彭泽鲫亲鱼应来自成鱼池混养或苗种池套养的 1～2 龄成鱼。一般选用省级或国家级良种场提供的优质彭泽鲫亲鱼。目前，江西省有国家级、省级良种场各 1 家。

7.2.2.2 亲鱼的选择

不能从自行繁育的同一批子代中选留后备亲鱼，应由从不同地区、不同良种场购进的鱼苗培育后，再从中选择符合要求的成鱼作为后备亲鱼，避免近亲繁殖造成性状退化。亲鱼要经过 3 次筛选，第一次是在年终干塘时，第二次是越冬后雌、雄亲鱼分塘时，第三次是在催产前进行催产亲鱼的选择。

选作亲鱼的个体应符合《彭泽鲫》（GB/T 18395—2010）的要求，体色鲜亮、体质健壮、体形丰满、规格整齐、无病无伤。彭泽鲫最适繁殖年龄在 2～3 龄，雌性腹部膨大柔软，卵巢轮廓明显，体重在 0.5 kg/尾以上；雄性特征明显，轻压腹部有乳白色精液流出，入水即散，体质健壮，个体重在 0.3 kg/尾以上。

7.2.2.3 雌、雄鱼的鉴别

在非生殖季节，胸鳍尖长、末端达到腹鳍基部的是雄鱼，达不到的是雌鱼。除此以外，生殖季节还有其他鉴别方法：雌性个体体表光滑柔软，体形较丰满，卵巢轮廓

明显，挤压下腹常能挤出卵粒；雄性个体头部和胸鳍有追星，体表手感粗糙，腹部较瘪，轻压腹部有乳白色液流出。

7.2.3　亲鱼的培育

亲鱼的培育是人工繁殖苗种的基础。要获得性腺发育充分成熟、催产率高、怀卵量大、卵子质量好的亲鱼，必须采取各种有效措施培育优良亲鱼。

7.2.3.1　亲鱼培育池

亲鱼选留好后，要用专池培育越冬。越冬池要求背风向阳，光照好，池底平坦，面积宜在 $0.33 \sim 0.53 \ hm^2$，水深 2 m 左右。根据实际天气、气温等情况，排干池水，清理淤泥，暴晒池底后，再用生石灰全池泼洒消毒（用量为 $1500 \ kg/hm^2$）。放亲鱼前 7 d 加水至 1.5 m 深，进水口须用 60 目的密网过滤。

7.2.3.2　亲鱼放养

亲鱼放养宜在 12 月至翌年 1 月底进行，池塘消毒后 15 d 左右投放，下塘前用 3% ～ 5% 的食盐水浸浴 5 ～ 10 min 消毒，每 667 m^2 放养密度为 300 ～ 400 kg，雌、雄亲鱼分塘饲养。

7.2.3.3　亲鱼的培育管理

亲鱼的培育管理对于其后期繁殖至关重要。可投喂彭泽鲫亲鱼专用饲料，蛋白质含量（CP）32% 左右。按照定时、定位、定质、定量的"四定"原则投喂。

7.2.3.3.1　越冬培育

11 月中下旬至翌年 2 月，要保证亲鱼安全越冬，饲料投喂量控制在培育池放养亲鱼体重总量的 1%。其间，要注重水质调控，控制水深 1.8 ～ 2.0 m，保持水深、水质稳定。从 3 月初开始，每隔 10 d 放水、注水、降低水位 1 次，每次放水深 30 ～ 40 cm，同时注入新水深 15 ～ 20 cm。饲养期间每月用生石灰溶水后全池泼洒 1 次，以改良水质，用量为 20 ～ 25 g/m^3。可搭配放养少量鲢、鳙鱼，以起到调节水质的作用。经常巡塘，注意水温和水质的变化情况。

7.2.3.3.2　春季培育

开春至产卵前，这一阶段是亲鱼人工繁殖强化培育、性腺发育的关键时期，将促使亲鱼体内营养成分大量转移到卵巢和精巢发育上。开春之后，水温逐渐上升，亲鱼的摄食量将随着水温上升而日趋旺盛，水温在 10 ℃ 左右时，每天投饲 1 次，投饲时间在 12 : 00—13 : 00，日投饲量为亲鱼重量的 1%；水温 15 ℃ 以上时，每天投饲两次，在天晴较好情况下投喂，日投用量为亲鱼体重的 2%，10 : 00—11 : 00 投喂 40%，

15：00—16：00 投喂 60%。也可以适当加喂谷芽、麦芽和维生素 E，以促进亲鱼性腺更好地发育。

7.2.3.3.3　产后饲养管理

产后的亲鱼体质虚弱，尤其是人工催产的亲鱼，容易感染疾病。因此，产后放养前，亲鱼须用 2% 的食盐水进行消毒，同时培育池也需进行消毒。并且将产后亲鱼放养在水质好、环境安静的培育池中，投喂粗蛋白质含量高、营养较全面的配合饲料，每天投喂量为鱼体总重的 2%～4%，以利于产后亲鱼及时恢复体质。

7.2.3.3.4　夏、秋季饲养管理

夏秋季节，产后亲鱼逐渐恢复体况，7 月至 11 月中下旬，是亲鱼育肥和性腺开始发育的季节。因此，这一阶段应强化培育，使亲鱼充分积累营养物质，以利于亲鱼越冬和翌年性腺发育。要求投喂质优量足的精饲料，日投喂量一般以亲鱼总重的 3% 为宜。

7.2.4　繁殖前准备

7.2.4.1　产卵池的选择

产卵池面积以 333～1667 m² 较好，水深 1.0～1.5 m。应选择避风，向阳，淤泥少，注、排水方便，环境安静的池塘。在产卵池四周吊挂鱼巢，根据亲鱼产卵情况及时收换鱼巢，避免鱼卵的密度过大。产卵池最好有微流水。

催产前 8～10 d，产卵池应用生石灰清塘消毒，经过 3～5 d 晒塘后，再注入深 70 cm 左右的新水备用。注水要求水质清新、含氧量高，并严格用 80 目筛绢布过滤。

7.2.4.2　孵化池的选择

一般用鱼苗培育池兼作孵化池，鱼苗在其中孵出后，就地进行饲养，要求池塘面积 1334～3335 m²，水深 0.7～1.2 m。也可以用水泥池，面积 20～100 m²，池深 1.2 m 左右，蓄水深 80 cm。

7.2.4.3　鱼巢的制作及放置

彭泽鲫是在浅水缓坡洲滩产草黏性卵的鱼类。雌鱼产黏性卵，需要有附着物，以便受精卵黏附在上面发育。通常将人工设置的供产卵繁殖和稚（幼）鱼栖息生长的附着物称为鱼巢。人工做的鱼巢要求所用的材料无毒、耐用、来源广，质地柔软、分支细多且附着面广，卵易黏着，不会伤鱼体，不易腐烂。

生产中常用的制作人工鱼巢的材料包括杉树枝条、松树叶、金鱼藻、杨柳叶、棕片、芦苇、竹叶和石松（春耕草）等天然材料和仿真水草、尼龙网布等合成材料。在南方地区，常用杉树枝条做彭泽鲫繁殖鱼巢，受精率和孵化率高于传统材料棕榈树皮

鱼巢，且取材方便、成本较低。杉树叶在枝条上呈披针状生长，有均匀空隙，不粘连，叶面光滑不伤卵膜，鱼卵附着均匀，受精概率大；产卵附着后的杉树枝条像雾淞状，鱼卵分布松散，不易重叠，不易粘连结块，溶氧好，不易发生水霉病，因此孵化率高。

鱼巢材料使用前，宜用 5% 的食盐水浸泡 2～3 h，或用 2～3 mg/L 的漂白粉喷洒，然后晾干。杨柳根须和棕榈树皮需用 3% 的石灰水浸泡 15 min，或沸煮 30 min，以除去单宁酸等有毒物质，然后洗净晒干，扎成小束状备用。

鱼巢材料经消毒处理、梳理后扎制成束，大小合适，不疏不密，之后将其固定于长 4～6 m、直径 3～5 cm 的竹竿上，束间隔 15～20 cm。再将多根竹竿连成排，竹竿间隔 30～40 cm，并绑在细竹竿上。鱼巢常见的设置方式有悬吊式和平列式两种，一般鱼巢布置在离岸边 1 m 左右的浅水处，将竹竿沉入水下 10～15 cm，使鱼巢呈漂浮状态。管理时根据着卵情况，注意鱼巢的及时换取。

7.2.5　人工催产

人工催产就是人为促使卵巢由第Ⅳ期向第Ⅴ期过渡。亲鱼经培育，性腺达到成熟（Ⅳ期末），为了让亲鱼集中产卵，便于集中对受精卵进行孵化，生产上常对较好的亲鱼进行催产。催产技术的适当与否直接影响亲鱼催产率和产后的成活率，以及卵的受精率和孵化率。

7.2.5.1　催产期的确定

亲鱼的性腺发育是随着季节、水温变化而呈现周期性的变化，从性腺成熟到开始退化之前的这段时向，是亲鱼的催产期。

决定彭泽鲫催产期的主要因素是水温。我国地域辽阔，各地气候差异较大，所以催产期也不同。彭泽鲫产卵盛期南方地区为 2—3 月，长江流域为 3—4 月，黄河流域为 4—5 月，东北地区为 5—6 月。产卵期一般可持续 2 个月左右。同一地区的产卵盛期也会因地理环境、海拔的不同而不同，海拔高的地方比海拔低的地方晚，水库中的亲鱼比池塘培育的亲鱼晚一些。此外，已多次成熟的鱼，催产期可能提前，初产鱼催产期则较晚。

最佳催产期的确定：

（1）气候及水温变化：天气晴好，气温回升就快，当早晨最低水温持续稳定在 18 ℃以上，就预示催产期的到来。

（2）根据当地地理气候条件。

（3）亲鱼食量：亲鱼食量明显减退，甚至不吃东西，便是亲鱼性腺成熟的表现。

（4）根据性腺发育情况：有选择地拉网检查亲鱼性腺发育情况，如雄鱼有精液、雌鱼腹部饱满，水温适宜时即可催产。

7.2.5.2　催产亲鱼的选择

严格按照《彭泽鲫》（GB/T 18395—2010）的要求逐尾选择。雌、雄比例为8：1。

7.2.5.2.1　催产用雄亲鱼的选择

从头向尾方向轻挤腹部即有精液流出，若精液浓稠，呈乳白色，入水后能很快散开，则为性成熟的优质雄亲鱼；若精液量少，入水后呈线状不散开，则表明雄亲鱼尚未完全成熟；若精液呈淡黄色近似膏状，表明性腺已过熟。

7.2.5.2.2　催产用雌亲鱼的选择

一是通过外观察看，进入最佳催产期的雌亲鱼的腹部明显膨大，后腹部生殖孔附近饱满、松软且有弹性，生殖孔红润。二是通过挖卵观察，将挖卵器轻轻插入亲鱼生殖孔，然后偏向左侧或右侧，旋转几圈后抽出，便可得到少量卵粒。若挖卵器在靠近生殖孔就能得到卵粒，且卵粒大小整齐、饱满、光泽好、易分散，大多数卵核已极化或偏位，则表明雌亲鱼性腺发育进入最佳催产期；若雌亲鱼后腹部小而硬，卵巢轮廓不明显，生殖孔不红润，卵粒不易挖出，且大小不整齐，不易分散，则表明雌亲鱼性腺成熟度不够；若亲鱼腹部过于松软，无弹性，卵粒扁塌或呈糊状，则表明雌亲鱼性腺已退化。

7.2.5.3　催产药物和剂量

7.2.5.3.1　种类

催产剂是在鱼类人工繁殖中使用的促进亲鱼成熟与产卵的制剂的总称，目前市面上常见的催产剂主要有3种，即鱼类脑垂体（PG）、绒毛膜促性腺激素（HCG）、促黄体素释放激素类似物（LRH-A）。此外，还有一些提高催产效果的辅助剂，如多巴胺排除剂（商品名利血平）（RES）、多巴胺拮抗物（商品名地欧酮）（DOM）。以上催产剂在彭泽鲫催产中的效果均较好。

绒毛膜促性腺激素（HCG）一般为市售成品，商品名称为鱼用（或兽用）促性腺激素，为白色、灰白色或淡黄色粉末，易溶于水，遇热易失活，使用时应现配现用。这种激素催熟作用不及脑垂体和促黄体素释放激素类似物。

促黄体素释放激素类似物（LRH-A）为市售成品，是人工合成的，目前市售的商品名称叫鱼用促排卵素2号（LRH-A$_2$）和鱼用促排卵素3号（LRH-A$_3$），为白色粉末，易溶于水，阳光直射会使其变性，故应现配现用。它作用于鱼类脑垂体，使其分泌促性腺激素，进一步促使卵母细胞发育成熟并排卵，具有对主要养殖鱼类的催产效果好、副作用小、可人工合成、药源丰富等优点，现已成为主要的催产剂。

7.2.5.3.2 剂量

催产剂的注射剂量一般为 1 kg 雌鱼重注射 HCG 500～800 国际单位，或 LRH–A 20～30 μg，或 DOM 2～4 mg，或 PG 2～3 mg；雄鱼注射剂量减半。其他药物按使用说明催产。以上药物既可单独使用，也可两种以上混合使用，效果较好。

7.2.5.3.3 注射液配制

注射用水一般用生理盐水（0.7%的氯化钠溶液）或蒸馏水，释放激素类似物和绒毛膜激素均为易溶于水的商品制剂，只需注入少量注射用水，摇匀使其充分溶解后，再将药物完全吸出并稀释到需要的浓度即可。垂体注射液配制前应取出垂体晾干，再在干净的研钵内充分研磨，研磨时加几滴注射用水，磨成糊糊状，再分次用少量注射用水稀释并同时吸入注射器，直至研钵内不留激素为止。最后将注射液稀释到所需浓度。

还需注意的是，配制注射液一般即配即用，以防失效，若 1 h 以上不用，则应放入 4 ℃冰箱保存。配制的注射液量需多于总用量，以弥补注射时和配制时的损耗。稀释剂量以便于注射时换算为好，但一般应控制在每尾亲鱼注射剂量不超过 5 毫升。

7.2.5.3.4 注射催产剂

当水温上升到 17 ℃时，即可选择晴朗天气进行人工催产。催产时将选好的雌、雄亲鱼按（3～5）：1 的比例配组，进行注射催产。注射时间以 15：00—17：00 为好，这样可使亲鱼次日早晨产卵。注射药剂的当天傍晚应放好鱼巢。

注射催产剂可分为一次注射法和二次注射法两种。亲鱼成熟好、水温适宜时通常采用一次注射法，但一般二次注射法效果较一次注射法更好，其产卵率、产卵量和受精率都较高，亲鱼发情时间较一致，特别适用于早期催产或亲鱼成熟度不够的情况催产，因为第一针有催熟的作用。二次注射法第一次只注射少量的催产剂，若干小时后再注射余下的全部剂量，2 次注射的间隔时间为 6～24 h。一般来讲，水温低或亲鱼成熟不够好时，间隔时间要长些，反之则应短些。

注射前，先用鱼夹子提起亲鱼称重，然后算出实际需注射的剂量，再进行催产剂注射。注射器用 5 ml、10 ml 或兽用连续注射器，针头采用 6～8 号均可，使用前需煮沸消毒。注射部位有下列几种：胸腔注射鱼胸鳍基部的无鳞凹陷处，注射角度以针头朝鱼体前方与体轴呈 45°～60°，深度一般为 1.5～2.0 cm，不宜过深，否则会伤及内脏；腹腔注射腹鳍基部，注射角度为 30°～45°，深度为 1～2 cm；肌内注射一般在

背鳍下方肌肉丰满处，用针顺着鳞片向前刺入肌肉 1～2 cm 进行注射。注射完毕迅速拔出针头，并用碘酒涂擦伤口消毒。

7.2.5.3.5　效应时间

亲鱼注射完催产剂后（两次或三次注射从最后一次注射完成算起）到开始发情所需的时间叫效应时间，根据不同情况从几小时到 20 多小时不等。胸腔一针注射的情况下，当水温为 18～20 ℃时，彭泽鲫的效应时为 9～16 h；当水温达到 20 ℃左右，彭泽鲫的效应时间为 6～10 h。效应时间的长短主要由水温决定，水温高，则效应时间就短；反之则较长。一般二次注射比一次注射效应时间短。

7.2.6　产卵和人工授精

人工催产后的亲鱼，如果亲鱼的成熟度较好，即可进行产卵。根据效应时间（6～10 h），观察亲鱼的发情情况，把即将产卵的雌亲鱼捞起来进行人工挤卵，同时对成熟的雄亲鱼进行采精，卵和精液混合后加入清水或者生理盐水均匀搅拌，使精、卵充分结合之后，将受精卵移到鱼巢上或经过脱黏后放入孵化容器进行孵化。

亲鱼产卵后，由于自身消耗以及在产卵中受伤等原因，自身对外界不良环境的适应能力很差，因此应加强产后护理。产后对受伤的亲鱼应进行消毒处理（抹抗菌药或注射抗菌药针剂），然后放入清水中静养。

7.2.7　孵化

受精卵在一定环境条件下，经过胚胎发育最后孵出鱼苗的全过程叫孵化。人工孵化就是要创造合适的孵化条件，使胚胎正常发育成鱼苗。

7.2.7.1　孵化设施

孵化设施的种类有很多，生产上常用的有孵化桶（缸）、孵化环道及孵化槽等。孵化工具的基本原理是造成均匀的流水条件，使鱼卵悬浮于流水中，在溶氧量充足、水质良好的水流中翻动孵化，因而孵化率均较高（80% 左右）。一般要求内壁光滑，没有死角，不会积卵和鱼苗。每立方米水可容卵 100 万～200 万粒。

7.2.7.1.1　孵化环道

孵化环道分圆形和椭圆形两种，是一种大型孵化设施，适用于大规模生产使用，按环数又可分为单环型、双环型、三环型等几种。一般认为椭圆形环道比圆形环道好，因其减少了水流循环时的离心力，从而减少了环道的内壁死角。整个环道孵化系统由蓄水池、环道、过滤窗、进水管道、排水管道、集苗池组成。

7.2.7.1.2　孵化桶

孵化桶适用于小批量的鱼卵孵化，一般由白铁皮或塑料制成，容水量200～400 kg，100 kg水可孵化20万粒卵。孵化桶具有放卵密度大、孵化率高、使用方便等优点。

7.2.7.1.3　孵化缸

孵化缸是小规模人工繁殖鱼苗最普遍使用的一种孵化工具，一般用普通水缸改制而成，要求缸形圆整、内壁光滑，以容水量200 kg左右为宜。可按100 kg水放卵10万粒进行孵化。

7.2.7.2　孵化管理

7.2.7.2.1　前期准备工作

催产前必须对孵化设施进行一次彻底的检查、试用，若有不符合要求的，就要及时修复，特别是检查进、出水系统，水流情况，进水水源情况，排水滤水窗纱有无损坏，进水过滤网布是否安好，所用工具是否备齐等。然后将有关工具及设施清洗干净或消毒后备用。随时清洗排水过滤窗纱，以保证排水畅通。调节孵化容器的流速，使流速大致控制在不使卵粒、仔鱼下沉堆集为度；鱼苗平游后，应适量减低流速。

7.2.7.2.2　注意防止出现早脱膜现象

早脱膜会导致胚胎大量死亡。导致早脱膜的常见原因有：①不同批产的鱼卵在同一环道内套孵，早批卵正常出膜时生成的孵化酶引起后一批鱼卵出现溶膜。②循环使用孵化用水，致使孵化酶在水体中的浓度增大，从而导致早脱膜。③孵化水溶氧量太低或pH较低（pH低于6.5），从而使孵化酶活性提高，进而产生早脱膜。④孵化密度太大，使孵化酶浓度提高，从而引起早脱膜。⑤卵粒质量太差，有时也会早脱膜。

对于早脱膜现象，生产中应根据具体情况进行预防和及时解决。当出现少量脱膜现象时，可从孵化工具底部缓缓加入高锰酸钾溶液，使卵膜变为黄色，可抑制早脱膜现象的发生。

7.2.7.2.3　防治病虫害

（1）若孵化水体中剑水蚤量较大时，可用0.1 mg/kg的晶体敌百虫水溶液泼洒或采用生物措施防除。

（2）注意防治水霉病。导致水霉病发生的原因一般有下面几种：①水温较低。②鱼卵、鱼苗质量较差，受精率较低，从而使水体中死卵、死苗较多，并大量感染水霉。③水质较差。若鱼卵孵化过程中水霉病发生严重，可用15 mg/L的美婷溶液泼洒，使水体呈深绿色。连续用药两次。

（3）注意预防气泡病。气泡病是在鱼卵或仔鱼身上形成若干个气泡，使其漂浮于水面不下沉。发病的主要原因是水中浮游植物较多，导致水中溶氧量过饱和，因此可从改善水质方面予以解决，如立即改用较清洁的瘦水或冲注部分井水等。

7.2.7.3 孵化方式

彭泽鲫受精卵的孵化有四种方式：池塘孵化、淋水孵化、脱黏流水孵化和环道孵化。

7.2.7.3.1 池塘孵化

将粘有受精卵的鱼巢取出，放入事先清塘的孵化池中孵化；或者将原先的产卵池放干，捞走亲鱼，稀疏散开着卵鱼巢，加注新水，在原产卵池中进行孵化。将鱼巢置于避风向阳、离池边 50 cm 左右、水面下 10～15 cm 的水层中，鱼巢间距 20～30 cm，每 667 m² 放受精卵 100 万粒。若在原池培育夏花，每 667 m² 水面放 15 万～20 万粒受精卵。孵化水温 18～32 ℃，以 25 ℃ 为最适宜。刚孵化出来的鱼苗吸附在鱼巢上生活，它们靠卵黄囊提供营养，因此不可以立即将鱼巢取出。当鱼苗能主动游泳觅食时，才能去掉鱼巢。鱼苗经过 2～4 d 培育达到 4 mm 左右长时，每 667 m² 可以出售80 万尾水花苗。按照每 667 m² 20 万尾分塘培育夏花。

7.2.7.3.2 淋水孵化

将着卵的鱼巢放在室内悬吊或平铺在架子上，用淋水的方法使鱼巢保持湿润，这种孵化方法叫做淋水孵化。在孵化过程中，室温控制在 20～25 ℃，相对湿度 60%～70%，空气新鲜，保持受精卵湿润。当胚胎发育到发眼期时，应立即将鱼巢移到孵化池内孵化，注意室内温度与水池温度相差不要超过 5 ℃。

7.2.7.3.3 脱黏流水孵化法

雌鱼产的黏性卵在人工授精后，将其黏性除掉，再用孵化设备进行流水孵化，这种孵化方法叫做脱黏流水孵化法。脱黏流水孵化法可以避免敌害的侵袭，保持水质清新，溶氧量丰富，适于大规模生产，还不用制作鱼巢，可节约材料。常用的脱黏方法有：①泥浆脱黏法。先用黄泥土和水混合成稀泥浆水，一般 5 kg 水加 0.5～1.0 kg 黄泥，经 40 目网布过滤；将受精卵缓慢倒入泥浆水中，不停地翻动泥浆水 2～3 min。②滑石粉脱黏法。将 100 g 滑石粉和 20～25 g 食盐溶于 10 L 水中，搅拌成混合悬浮液，即可用来脱黏鱼卵 1.0～1.5 kg。

脱黏时，选成熟的亲鱼注射催产剂，到效应时间挤出卵和精液，人工授精 5 min后，徐徐倒入黄泥浆水或滑石粉食盐溶液于受精卵盆中，同时不断搅动脱黏液，经0.5 h 后，受精卵呈分散颗粒状。受精卵脱黏后连同脱黏液倒入小网箱，在清水中轻轻清洗数次，然后将卵过数，并置于孵化器或孵化环道中孵化。

7.2.7.3.4 环道孵化

在环道内放受精卵 80 万～100 万粒 /m³，引流水孵化，开始时水流较缓，流速控制在 8 cm/s 左右即可。孵化 70 h 以后，水流速度可逐渐加快，仔鱼要出膜时，水流速度可达 12 cm/s。

7.2.7.4 出苗

当水温 18～22 ℃时，彭泽鲫受精卵历时 4～5 d 出膜。在鱼卵孵化 24～48 h 后，应用水霉净对鱼卵进行防霉处理。刚孵出的仔鱼身体透明，不能游泳，靠卵黄囊提供所需的营养物质；鱼苗出膜 2～3 d 后，鳔充气，可自由游泳；鱼苗孵出 4 d 左右能平游，卵黄消失，转入乌仔和夏花培育阶段。

7.3 工厂化规模繁殖技术

工厂化苗种繁殖技术具有占地少、单产高、受自然环境影响小、可全年连续生产、经济效益高、操作管理自动化等诸多优点，而且不易对环境造成污染，耗水少，是一种环境友好的绿色养殖方式。因此，工厂化规模繁殖技术是符合淡水鱼类繁育发展趋势的较佳养殖方式之一。

7.3.1 选址

宜选择环境安静、水资源充足、周围无污染源、交通供电便利、公共配套设施齐全的地点建繁育场。要求水质清新、无污染，溶氧量在 6 mg/L 以上，透明度在 40 cm 左右，pH 7～9。

7.3.2 工厂化繁育设施

7.3.2.1 繁育车间

繁育车间多为一层结构，长方形，单跨或多跨，每跨间距 9～15 m，主要用于亲鱼排卵、受精卵孵化及鱼苗暂养等。车间墙体高度宜在 3.5～5.0 m。车间四周为水泥砖混墙体，外墙厚 24 cm，屋顶采用三角尖顶或拱形结构，目前拱形结构采用较为普遍，屋顶为钢架、木架或钢木混合架，顶面为石棉瓦、玻璃钢瓦或用塑料薄膜覆盖。车间采光可通过屋顶设透明带或在墙体上开窗来实现。

繁育车间应具备产卵水泥池、孵化环道或孵化器、集苗池、增氧设备等设施，具

备独立的进、排水系统，水处理系统，水温控制系统，增氧系统，发电系统和监控系统等。

7.3.2.2 培育池

培育池一般为混凝土、砖混合玻璃钢结构，形状按水流转动流畅、排污清洁彻底和地面利用率高的原则设计，以圆形和方形去角为宜。

培育池分为鱼苗培育池和亲鱼培育池。其中：鱼苗培育池面积 $30 \sim 50 \ cm^2$，水深 $60 \sim 100 \ cm$；亲鱼培育池面积 $340 \sim 670 \ m^2$，水深 $150 \sim 200 \ cm$。培育池以长方形为宜，池底呈圆锥状，坡度 $3° \sim 10°$，池底淤泥厚度不超过 $20 \ cm$。池中央设置排水口，排水口安装多孔排水管。进水管沿池壁方向进水，以便将池底残饵、粪便冲起，及时排污。污水经过处理后再引入养殖池。培育池应配备完整的供水、供气和增氧设备。

7.3.2.3 产卵池

产卵池一般为圆形水泥池，直径 $8 \sim 10 \ m$，池深 $0.8 \sim 1.0 \ m$。池壁光滑，池底呈锅底状，具备独立的进、排水循环系统，底部布设微孔增氧盘 $3 \sim 4$ 个。

7.3.2.4 孵化池

孵化池一般为单环形水泥池，外径大于 $5 \ m$，宽 $0.8 \sim 1.0 \ m$，池深 $0.6 \sim 0.8 \ m$，配备流水设施，进、排水通畅，靠近产卵池，布设圆形或长方形微孔增氧曝气盘 $3 \sim 4$ 个。

7.3.2.5 孵化器

孵化池一般用白铁皮焊接而成的或用 PVC 塑料制作的漏斗形孵化器，容水量 $100 \sim 300 \ L$，窗纱网目 $80 \sim 120$ 目。

7.3.2.6 增氧设备

车间配备 $3 \ kW$ 罗茨风机 2 台，产卵池底部均匀布设圆形或长方形微孔增氧曝气盘 $3 \sim 4$ 个。

7.3.3 亲鱼的培育

7.3.3.1 亲鱼的来源和选择

每年 10 月以后直接从彭泽鲫成鱼中选择 $1 \sim 2$ 龄的个体作为亲鱼。选择的亲鱼要求体质健壮、体色正常、无外伤、无疾病；雌鱼个体在 $500 \ g$ 以上，雄鱼个体在 $300 \ g$ 以上。

7.3.3.2 亲鱼的放养

雌、雄亲鱼可分池培育，亲鱼放养密度为每 $667 \ m^2 \ 500 \sim 800$ 尾，培育池搭配放养少量鲢、鳙鱼。

7.3.3.3 饲养管理

亲鱼入池后，每隔 3～7 d 冲水 1 次，以刺激亲鱼性腺发育。水温 10 ℃以上时开始投喂全价配合饲料，饲料粗蛋白质含量要求在 33％以上。根据水温变化，调整日投饵率，一般日投饵率为 0.5％～2.0％，每天投喂 2～3 次。坚持每天巡塘，查看水质和亲鱼生长情况。

7.3.4 人工催产

7.3.4.1 催产前准备

催产前 8～10 d，产卵池应清池消毒，然后注水深 70 cm 左右备用。注水时，要用密筛绢过滤。鱼巢用棕榈皮或柳树根扎成，使用前用 10 mg/L 的强氯精或 20 mg/L 的高锰酸钾溶液浸泡消毒，然后晒干备用。

7.3.4.2 亲鱼选择与配组

彭泽鲫的繁殖在每年 3 月中旬至 4 月上旬水温在 18 ℃以上时进行，可选择 1～2 龄的亲鱼鱼种，雌鱼体重 400 g 以上，雄鱼体重 300 g 以上。此时亲鱼雌、雄性特征十分明显，容易鉴别。可选择腹部膨大，有明显的卵巢轮廓，下腹部松软有弹性，生殖孔突出、微开的雌性亲鱼用于人工催产；选择腹部狭小，胸鳍和鳃盖有明显的"珠星"，手摸有粗糙感，轻压其后腹部，生殖孔有乳白色精液流出的雄性亲鱼用于人工催产。

7.3.4.3 人工催产

当水温上升到 17 ℃时，即可选择晴朗天气进行人工催产。催产时，将选好的雌、雄亲鱼按 3∶1 的比例配组，催产药物为绒毛膜促性腺激素（HCG）、促黄体素释放激素类似物（LRH-A）与马来酸地欧酮（DOM）3 种，注射剂量一般为 1 kg 雌鱼体重注射 HCG 500～800 Iu，或 LRH-A 20～30 ug，或 DOM 2～4 mg，其他药物按使用说明催产，雄鱼注射剂量减半。以上药物既可单独使用，也可两种以上混合使用，效果更好。注射时间以 15:00—17:00 为好，水温 18～20 ℃，催产效应时间为 9～16 h，这样可使亲鱼次日早晨产卵。采用胸鳍基部注射，注射方法为一次注射法。

在催产操作过程中，应保持亲鱼不离水，并有适当的流水刺激，以降低亲鱼的应激反应。注射后的亲鱼分放在不同的产卵池中，在接近效应时间时，注意观察亲鱼的活动情况，并随时检查催熟情况。待轻压雌亲鱼腹部有卵粒流出，即可进行人工授精。

7.3.5　人工授精

由于彭泽鲫卵具有黏性，因此在人工授精过程中主要采用干法授精。其具体做法是：雌、雄鱼配组比例为（2～3）：1。根据测算出的效应时间和亲鱼发情状态，首先将雄鱼捕出，用注射器将精液吸入备用，防止在狭小的空间内操作不便影响受精效果。随即将雌鱼捞出，让其露出生殖孔，用干毛巾擦干雌鱼身体上的水，随后用手轻柔地挤压腹部，从上至下轻捏腹部，使鱼卵自然地流入准备好的干燥容器中，同时将注射器中的精液挤入盆中。为防止鱼卵短时间内形成团状，可加入适量的生理盐水，并用干羽毛刷轻轻搅拌 1～2 min，使精液与鱼卵充分混合，静置 10～15 min，过数后，置于孵化池或孵化环道。操作过程中应避免阳光直射。

7.3.6　孵化

彭泽鲫受精卵孵化主要采取微流水和静水孵化相结合方式。其管理重点一是及时剔除霉卵；二是调节好水质，控制好水温；三是采用微孔增氧，在孵化过程中，由于受精卵需氧量增大，脱落的卵膜分解需要消耗大量氧气，孵化池内的 DO 将急剧下降，此时需要进行适当的增氧，但出气量应进行控制，不宜过大，需使用微孔增氧。

7.3.6.1　控温静水孵化

将产卵鱼巢置于室内孵化池中，放受精卵 30 万～35 万粒 /m³，控制水温在 24～26 ℃，经过 72 h 孵化后基本出苗，出苗之后不必加温。待鱼苗平游之后，将产卵巢移出。出苗 48 h 左右，加入预先培育好的含有生物饵料的肥水，水位控制在 40 cm 左右，170 h 后可下塘培育乌仔、夏花。

7.3.6.2　环道微流水孵化

在环道内放受精卵 80 万～100 万粒 /m³，引流水孵化，开始是水流较缓，流速控制在 8 cm/s 左右即可。孵化 70 h 以后，水流速度可逐渐加快，仔鱼要出膜时，水流速度可达 12 cm/s。

7.3.6.3　控温

为了提高彭泽鲫的产卵率、受精率、孵化率和出苗率，应根据彭泽鲫的生态习性特点，始终将水温控制在最佳范围内。在整个繁殖生产阶段，工厂化育苗车间室内水温应始终控制在 17～23 ℃。由于实行精准控温（18±1）℃，因此可较准确地测算出催产效应时间一般为 20～25 h。

7.3.7　出苗

当水温在 18～22 ℃时，彭泽鲫受精卵历时 4～5 d 出膜。在鱼卵孵化 24～48 h 后，应用水霉净对鱼卵进行防霉处理。

7.3.8　早期苗种培育

刚脱膜的鱼苗靠卵黄囊提供所需的营养物质，呈半透明状，进入内源性营养期，生命力脆弱。鱼苗出膜 2～3 d 后，鳔充气，可自由游泳，在此过程中，可利用智能温控设施的优势对初孵鱼苗进行护理和强化培育，每天用虹吸法清除沉淀在孵化设施底部的污物，剔除畸形苗和死苗；适时调整淋水、滴注水流的流量，以免鱼苗受过强的水流冲击成团。由于水温、水质、溶解氧控制在最佳范围内，水体用 UV 紫外线杀菌，孵化率和成活率达到了较高水平。鱼苗孵出后 4 d 左右能平游，卵黄消失，进入外源营养期，此时可将鱼苗转入培育池内进行仔鱼培育，转入乌仔和夏花培育阶段。

7.4　苗种培育技术

鱼苗、鱼种的培育，就是从孵化后 3～4 d 的鱼苗，养成用于池塘、湖泊、水库、河沟等水体放养的鱼种。

苗种培育一般分两个阶段：鱼苗经 18～22 d 培养，养成 3 cm 左右的稚鱼，此时正值夏季，故通称夏花（又称火片、寸片）；夏花再经 3～5 个月的饲养，养成 8～20 cm 长的鱼种，此时正值冬季，故通称冬花（又称冬片），北方鱼种秋季出塘称秋花（秋片），经越冬后称春花（春片）。

7.4.1　夏花培育

7.4.1.1　池塘条件

鱼苗池的选择标准：要求有利于鱼苗的生长、饲养管理和拉网操作等。具体应具备下列条件：

（1）水源充足，注、排水方便，水质清新，无任何污染，符合国家渔业用水标准。因为鱼苗在培育过程中，要根据鱼苗的生长发育需要随时注水和换水，这样才能保证鱼苗的生长。

（2）池塘方正、排列整齐，鱼池最好为向阳、长方形东西走向。这种鱼池水温易升高，浮游植物的光合作用较强，浮游植物生长繁殖旺盛，因此对鱼苗生长有利。

（3）池塘面积和水深适宜。池塘面积一般在 2668～5333 m^2，水深以 1.0～1.5 m 为宜。如果面积过大，则饲养管理不方便，水质肥度较难调节控制；如果面积过小，则水温、水质变化难以控制，而且相对放养密度小、生产效率低。

（4）堤坝牢固，不漏水，底质以壤土最好，沙土和黏土均不适宜。有裂缝漏水的鱼池，易形成水流，鱼苗顶水流集群，会消耗其体力，影响其摄食和生长。同时要求池底平坦，淤泥深度一般低于 20 cm。设有进、排水系统，进、排水系渠道分开，配套增氧机，增氧机按 1334～2668 m^2/kW 的标准配置。

7.4.1.2　放养准备

7.4.1.2.1　整池清塘

放水花苗种前，必须进行严格的整池清塘消毒，须在放苗前 20 d 进行干法清塘消毒。如果池塘是多年使用的老池，池底淤泥过多，则必须清整，先把池水排干，再清出过多淤泥。一般保持淤泥深 10～20 cm 即可，同时把池底整平，并向出水口一方倾斜。填好池埂的漏空和裂缝，清理杂物、杂草，修补进、出水口及沟渠。排水整池后必须进行暴晒，池塘底部需在强烈阳光下进行暴晒，暴晒之后再用生石灰（块灰）消毒，每 667 m^2 用量为 100 kg，化浆全池泼洒；老池塘则每 667 m^2 用 150 kg 新烧制的块状石灰放入坑内，加水化开并搅拌成乳状，然后全池均匀泼洒。

7.4.1.2.2　注水

清池 7 d 后向池中注水，注水深度一般为 40～50 cm，进入池子的水用 60 目的密网过滤，以防野杂鱼类进入池中。

7.4.1.2.3　培育生物饵料

注水后，立即向池中施用有机肥料，以繁殖适量的天然饵料，让鱼苗下池后便可吃到足够的适口食物，这种方法称为"肥水下塘"。注水 2 d 后进行肥水，可用生物制剂（肥水宝、芽孢杆菌、EM 菌等）进行肥水，培肥水质，培育生物饵料，一般每 667 m^2 用 EM 菌 500 g ＋ 生物肥水宝 400 g 全池泼洒，或者用其他的生物制剂和生物肥。3～4 d 后再追施 EM 菌、单细胞藻类激活素等，以增强肥水、净水效果。6～8 d 后可见池中有大量的轮虫、枝角类、桡足类等浮游生物繁殖起来，可为刚入池的彭泽鲫水花鱼苗提供天然的开口饵料。

7.4.1.3　鱼苗放养

鱼苗宜在 3 月下旬至 4 月中旬投放，一个池塘须放养同一批孵化出的鱼苗，按每 667 m^2 投放 15 万～25 万尾的标准，每口池塘一次放足。鱼苗下池时，调节好水温，使放养时水温相差不超过 2 ℃。

凡是运输的鱼苗，须先放入暂养箱中暂养 0.5 h 左右，并在箱外划动池水，以增加箱内水的溶氧量，使鱼苗血液中过多的二氧化碳排出体外。当暂养箱中的鱼苗能集群在箱内逆水游动，即可下塘。

鱼苗开食下塘：鱼苗应在暂养池或池塘网箱暂养喂食，以提高鱼苗下塘后的觅食能力和成活率。可用豆浆投喂，每万尾鱼苗用黄豆 200 g 浸泡 8～10 h 后磨浆 2～3 kg 投喂，20 min 后即可拆除网箱让鱼苗自行游入池中。如果池塘中生物饵料丰富，购买运输的鱼苗静止在池塘 0.5 h 后，可直接放入池塘。应选择晴天下塘放苗，避开阴雨天或气候突变天，选择连续晴天的中午，在池塘的上风口放养，这样鱼苗适应环境速度快，成活率也高。

7.4.1.4　科学投喂

采用精细化科学管理，根据彭泽鲫鱼苗在不同发育阶段对饵料的需求不同，将彭泽鲫鱼苗生长分为 3 个阶段进行强化培育。掌握适口天然饵料轮虫的高峰期对水花培育的存活率至关重要，一般采用天然生物饵料、豆浆、彭泽鲫鱼苗专用配合粉末饲料三者有机结合进行投喂，这样能够加快促进鱼苗生长和提高鱼苗的成活率。为了使鱼苗规格整齐、生长迅速、体质健壮，应对鱼苗进行驯化培育。

7.4.1.4.1　轮虫阶段

此阶段在鱼苗下池 1～5 d 后，以天然饵料为主、豆浆为辅。每天需泼豆浆 1 次，连续泼洒 5 d。每次每 667 m² 用黄豆 4 kg，浸泡 8～10 h，磨浆 40～60 kg，沿池边浅水处泼洒。

7.4.1.4.2　水蚤阶段

此阶段在鱼苗下池 6～10 d 后。鱼苗生长 10 d 后，此时鱼苗主要以水蚤等大点的浮游动物为食。每天需泼豆浆 2 次：在 9：00—10：00 和 14：00—15：00，每次每 667 m² 用黄豆 6 kg 磨浆 55～80 kg，沿池边浅处水泼洒。如水质过清，每 667 m² 可以追加泼洒 EM 菌 200 g 或生物肥水宝 200 g，以培养大型的浮游动物。

7.4.1.4.3　精料阶段

此阶段鱼苗已经培育了 11～13 d，随着摄食浮游动物量的减少，浮游生物饵料很难满足鱼苗的生长需求，此时可用彭泽鲫鱼苗专用粉末饲料进行投喂，一般选择蛋白质含量 35% 左右的彭泽鲫鱼苗配合饲料 0 号专用料，配合饲料应符合《饲料卫生标准》（GB 13078—2017）和《无公害食品 渔用配合饲料安全限量》（NY 5072—2021）的要求。按照定时、定位、定质、定量的"四定"原则，每天投喂 2 次，一般每次每 667 m² 投喂 4～8 kg，具体投喂量视水面吃食鱼群而定，沿池塘四周均匀泼洒，连续

投喂 10 d，同时在饲料中定期拌入维生素 C 和免疫增强剂。

7.4.1.4.4 驯化培育

鱼苗下池前 3 d，因鱼苗具有正趋光反应，此时的鱼苗多匍匐于池壁附近活动，沿池塘周围游动，如果一直这样投喂，不仅浪费饲料，而且还会严重污染养殖水体。因此在培育后期阶段，应对鱼苗进行驯化培育，以提高饲料利用率，减少养殖水体污染，保持良好的水体环境，还可以促使鱼苗规格整齐、生长加快、体质健壮和成活率提高，也方便鱼苗后期养殖。

驯化彭泽鲫鱼苗集中投喂，在苗种培育饲养后期非常重要。当鱼苗摄食相对集中时，可逐渐人为地去定点投喂驯化。首先沿着池塘 3 边进行定点投喂，驯化时间大概 5 d 左右，5 d 之后逐渐驯化到 2 边投喂，同时在饲料中定期拌入维生素 C 和免疫增强剂。

在饲养过程中，饲料中需不间断添加复合维生素等具有保肝护胆作用的有益营养成分。在培育过程中，当水质不良时，应及时注入新水，并利用网片罩住出水管口，逐步水平溢出原池水。根据水质变化情况适时加入生物制剂，以调控水质。每天早、晚各测量 1 次水温和溶氧量，每天观察、记录好鱼苗摄食、生长情况及死亡情况。

7.4.1.5 水质管理

在彭泽鲫苗种培育过程中，池塘水质管理主要采取分期注水和定期使用微生态制剂进行水质调节。

7.4.1.5.1 施肥

每隔 3～5 d 追肥 1 次，同时使用微生态制剂进行水质调节。微生态制剂是一种利用正常微生物或促进微生物生长的物质制成的活的微生物制剂，具有无残毒、不污染水质、能抑制或杀死有害菌、提高养殖水生动物免疫力、改善水质等优点。水质透明度应控制在 30～40 cm。

7.4.1.5.2 分期注水

鱼苗下塘时，水深控制在 60 cm。鱼苗放养 7 d 后，每隔 4～5 d 注入新水 1 次，每次注水深度 10～15 cm。培育期间共注水 5～6 次，最后注水至最高水位。

鱼苗放养初期水温不高，为了提高水的肥度和温度，可将水深保持在 60 cm 左右。随着鱼体的长大，投饵量增加，应逐步加注新水。通过分期注水，可以节约饵料和生物肥料。前期水少有利于水温快速提升，可促进鱼苗生长；其次易掌握和控制水质变化情况，可根据鱼苗的生长情况和水质状况，适时加入一部分新水，以提高池水的水位和透明度，增加水体溶氧量，改善水质，扩大鱼苗生长空间，同时促进浮游生物繁殖和鱼苗生长，保持池水"肥、活、爽、嫩"。

注水时，在进水口用密网布拦阻，或在抽水机的管子出口处用密网拦阻，防止野杂鱼和其他敌害生物进入鱼池；同时，注水时切忌在水中形成旋流，应使水垂直落下，且进水口用细网布过滤，一方面严防敌害的进入，另一方面也可缓冲水流，防止底质被冲起。另外，注水时应注意时间不能过长，以免鱼长时间顶流，消耗体力，影响其生长或引发跑马病。

7.4.1.6 日常管理

日常管理要求每天巡塘 3 次，早、中、晚各巡塘 1 次，做到"三查"和"三勤"。巡塘的目的是观察水质肥瘦，来决定投饵、追肥和注水的时间和数量等。早上查看鱼苗是否浮头，勤捞蛙卵，消灭有害昆虫及其幼虫，勤除杂草；午后查看鱼苗活动情况，看有无气泡病；傍晚查看池水水质、天气、水温、投饵施肥数量、加水情况和鱼苗的活动情况。此外，应定期检查有无鱼病发生，并及时防治；每天白天开启增氧机 1 h 左右，保持池塘内水体的循环，改善水质。

7.4.1.6.1 浮头情况

如果早晨鱼苗成群浮头，受惊后就下沉，稍停后又浮上来，日出后停止，这种情况属轻微浮头，是正常现象，水质肥瘦适中。若 8：00—9：00 后鱼苗仍浮头，受惊后反应迟钝，则表明水质过肥，应立即注入新水，直至浮头停止，而且要适当减少当天投饲量，不应再施肥。

7.4.1.6.2 吃食情况

如果傍晚时投喂的饵料已吃光，次日投饵可酌情加量；若傍晚时饵料剩余较多，则第 2 天投饵可酌情减量。

7.4.1.6.3 检查鱼病

如果发现鱼苗活动不正常，应立即采取防治措施。

7.4.1.7 鱼病防治

经常观察，定期检查。坚持"以防为主、防重于治"的原则，及时清除敌害生物，检查鱼苗摄食、生长及病害情况。主要防治措施：一是通过调控水质，抑制有害细菌繁殖生长，每隔 15 d 施用一次"解毒护水爽"，全池泼洒，浓度为 0.3 g/m^3；定期用 0.7 g/m^3 的硫酸铜、硫酸亚铁合剂（硫酸铜：硫酸亚铁为 5 ： 2）或 0.2～0.5 g/m^3 的敌百虫全池泼洒，预防寄生虫病的发生。二是采用在饲料中拌入多维、多糖、保肝护肠制剂等来提高鱼苗的免疫力和消化吸收能力。

7.4.1.8　拉网锻炼

在夏花分塘和运输之前，要进行拉网训练，目的是增强夏花体质，提高鱼苗运输成活率。拉网过程会使鱼苗受惊吓，从而使其运动量增加，黏液大量分泌，粪便排出，使鱼苗鳞片紧密、肌肉结实。同时拉网过程也是一种密集过程，增强了鱼苗的耐低氧能力。

拉网时速度要慢，尽量与鱼苗前进速度一致，不可使鱼苗贴网受伤。具体方法是先将鱼苗围集于网箱短暂停留之后拆除，让鱼苗自由游出。如果天气晴好，第 2 天再进行第二次拉网。这次可以让鱼苗在网箱中的时间长一点，持续 1 h 左右。密集过程中要观察鱼苗活动情况，如有异常，应立即将鱼苗放出。另外，拉网前应停食，并清除池中杂草和污物。

7.4.1.9　分塘

鱼苗经过约 20 d 培育至体长 3 cm 左右时，应及时拉网锻炼，准备出池。夏花分塘时，先将夏花集中拦在网箱中一端，用鱼筛舀鱼并不停摇动，使小鱼迅速游出鱼筛，将不同规格的鱼苗分开。出池时若夏花规格参差不齐，需用鱼筛分选，使用容量法或重量法计数。

筛完后计数出筛。夏花鱼种的出塘计数通常采用杯量法。量鱼杯选用 250 ml 的直筒杯，杯为锡、铝或塑料制成，杯底有若干个小孔，用以漏水。计数时，用夏花捞海捞取夏花鱼种，迅速装满量鱼杯，然后立即倒入空网箱内。任意抽查一量鱼杯的夏花鱼种数量，根据倒入鱼种的总杯数和每杯鱼种数推算出夏花鱼种的总数。

7.4.2　冬片培育

鱼苗养成夏花后，可以按适当的密度合理搭配，进一步饲养成大规格鱼种，以备投入鱼塘、网箱或其他大水面中养成成鱼。冬片鱼种培育的目的是提高鱼种的成活率和培养大规格鱼种。规格大的鱼种与小规格鱼种相比，其食谱范围、对疾病和对不良环境的抵抗能力以及逃避敌害生物的能力均有不同程度的提高和增强。彭泽鲫冬片的培育要求体长达到 8～20 cm，规格整齐，体质健壮，无病无伤，冬片全长与体重的比例应符合《彭泽鲫》（GB/T 18395—2010）的要求。

7.4.2.1　池塘条件

池塘条件与鱼苗池相似，要求水源充足，水质应符合国家渔业水质标准要求。每口池塘面积适宜在 1334～6667 m²，要求池塘方正、排列整齐，池塘水深 2.0～2.5 m，池底平坦，淤泥深度低于 20 cm，并设有进、排水系统，进、排水系渠道分开，配套增氧机。

7.4.2.2　放养前准备

7.4.2.2.1　清整和消毒

鱼种池整塘、清塘方法同鱼苗培育池。放养前30 d排干池水，让其暴晒，清理杂物、杂草，修补进、出水口及沟渠。用生石灰消毒，每667 m² 用量为150 kg，全池泼洒。放夏花前7 d加水至1.2 m深，加水须用60目密网过滤。

7.4.2.2.2　施肥、培肥水质

夏花阶段尽管鱼种的食性已开始分化，但对浮游动物均喜食，且生长迅速。因此，鱼种池在夏花下塘前应施有机肥料或生物制剂，以培养浮游生物，这是提高鱼种成活率的重要措施。施用时，一般要求水温在15 ℃以上。无论是有机肥还是生物制剂，都需提前施用。但过早施用，肥效易过早消失，饵料生物高峰期出现过早；过迟施用，则饵料生物还未能培养出来，产生不了肥效。如施用有机肥料，则必须严格控制施肥量，一般每667 m² 施200～400 kg粪肥，避免施用过量，造成水质败坏。有机肥料需要经过发酵腐熟后施用，这样肥效快且较稳定，并可杀死寄生虫卵和降低池水中氧的消耗。如利用水产微生物制剂进行肥塘，在水产微生物制剂的作用下，浮游生物迅速大量繁殖，使水体变得肥绿、嫩爽，可达到肥水的效果。一般在放夏花前3 d，利用肥水宝、芽孢杆菌、EM菌等培肥水质和培育生物饵料。

7.4.2.2.3　鱼种放养

宜在4月中旬至5月下旬投放夏花。要求放养的夏花规格整齐、健壮、无病无伤，放在手上弹跳有力。夏花放养的密度主要依据鱼种池水体情况和计划养成鱼种的规格而定，一般每667 m² 投放1.0万～1.2万尾。注意观察天气和水温情况，放养时水温相差不宜超过2 ℃。

7.4.2.4　饲养管理

饲料要求使用彭泽鲫专用饵料，饲料的粗蛋白质含量为32%～35%。日投饵量为池内鱼种重量的3%～10%。按照定时、定位、定质、定量的"四定"投喂原则，每天分三次投喂：第一次在9：00—10：00，占日投喂量的30%；第二次在12：00—13：00，占日投喂量的30%，第三次在16：00—17：00，占日投喂量的40%。采用投饵机定时、定位投饵，驯化鱼种集中摄食。驯食方法：先停食2 d，以后每天在定时喂食前，先敲物，后少量投喂，驯化时间约7 d。

一般每天早、中、晚各巡塘1次，检查鱼的摄食、活动情况，清除池边杂草，及早发现鱼病预兆，及时采取防范措施，并做好详细记录。

7.4.2.5 水质管理

7.4.2.5.1 透明度

透明度宜控制在 20～40 cm，最佳在 25～35 cm，大于 40 cm 时适量施肥，增加浮游植物量，以提高初级生产力和水中溶氧量；若透明度 < 20 cm，水质呈灰浑、蓝灰、黄灰等水色时，应及时换水，排除底层水，排水量在 40% 以上，然后加注新水。

7.4.2.5.2 溶氧量

水中溶氧量宜保持在 5 mg/L 以上。利用增氧机在每天早晨和晴天中午开机 1～2 h 增氧。非鱼类缺氧浮头的情况下，禁止在晴天傍晚或阴雨天开增氧机。

定期检测池塘水质的理化指标，比如 pH、DO、$NH4^+-N$、NO^{2-} 等。定期使用水质调节剂，降低 $NH4^+-N$、NO^{2-} 等有毒有害物质浓度。

7.4.2.5.3 注水

鱼苗放养后 7 d 后，每隔 15 d 注入新水 1 次，每次注水深 10～15 cm，使养殖水质达到《无公害食品 淡水养殖用水水质》（NY 5051—2001）的水质要求。在 7 月、8 月、9 月，每隔 15 d 注水 1 次，每次注水深 10～15 cm，注水时用密网过滤。

7.4.2.6 施肥

为了不断补充水中的营养物质，使池水的肥度和水质稳定，鱼池必须施追肥。施追肥的原则为"及时、适量、多次"。当池水刚开始由肥变瘦时，一般观察到水质透明度在 45 cm 以上，就应及时适当追肥，以保持水质相对稳定。可采用生物制剂（肥水宝、芽孢杆菌、EM 菌等）进行追肥，这类肥料更具有针对性，能够培养出大量适口的藻类和浮游动物。水质透明度则宜控制在 20～40 cm。

采用无机肥追肥的优点是肥水效果快，缺点是元素单一，培养出来的浮游生物种类也单一。为了培养出种类丰富的浮游植物，最好是氮、磷、钾肥搭配施用，一般使用尿素和过磷酸钙，可每 667 m^2 施用尿素 2 kg、过磷酸钙 5 kg。施肥时间以晴天中午为主。将肥料溶化稀释后泼洒，先施磷肥后施氮肥，施磷肥时不可与石灰等碱性物质一起使用。若已使用生石灰，须在 10～15 d 后水质呈弱酸性时再施用磷肥。施肥次数视水质肥瘦、季节、天气、鱼类活动情况而定，尽量少施或不施无机肥。

7.4.2.7 鱼种筛选

10 月底，采用拉网检查彭泽鲫冬片鱼种的生长情况，如果鱼种规格相差过大，需进行拉网筛选分养，并调整投喂数量，以保证鱼种出塘规格整齐。

7.4.2.8　鱼病防治

7.4.2.8.1　鱼病预防

虽然彭泽鲫的抗病能力强，但由于是高密度养殖，因此应做好鱼病的预防工作。经常观察，定期检查，坚持"以防为主、防重于治"的原则，及时清除敌害生物，检查苗种摄食、生长及病害发生情况，发现问题及时采取有效措施，并做好记录。在鱼病流行季节，每隔15 d每667 m^{2}用20～30 kg生石灰化浆全池泼洒（平均水深1 m时）。在5月初和7月底，用90%晶体敌百虫各泼洒1次，使用浓度为0.2～0.3 mg/kg，忌与碱性物质同时使用。

7.4.2.8.2　鱼病治疗

彭泽鲫一旦发病，就要对症下药，及早治疗，具体治疗方法参照相关资料，并严格按照渔用药物使用准则执行。使用的渔用药物必须标有生产厂家、地址、有效期、主要成分、批准文号、功能主治、用法用量及注意事项等，禁止乱用药物，禁止使用国家规定禁用的药物。用药量应严格按照药物说明书中的用量，准确计量水体体积或用药饵对象的总重量，防止超量用药。

防治鱼病还应做好用药品种、用量、用法、用药时间、用药池号及用药后效果等记录。

7.4.2.9　鱼种的运输

运输时，鱼种处于高度密集状态下，一旦操作不当，就易造成鱼种的大批量死亡。

7.4.2.9.1　运输方法

（1）尼龙袋充氧运输：适用于水、陆、空所有的运输工具。其特点是溶氧量充足、鱼种成活率较高。

（2）帆布容器运输：适用于汽车、船只、火车等交通工具运输。对于运输距离远、运输鱼种多的，而且车船可通行的地区，多使用此方法。

（3）活水船运输：在航运发达的地区可采用此方法。其特点是运输量大、操作简便、鱼种成活率高。

7.4.2.9.2　运输注意事项

（1）运输过程中应该时刻关注水中的溶氧量和水质变化情况，若有变化，应及时采取应变措施。

（2）运输最好选择在春、秋两季，温度高于25 ℃或低于5 ℃都不宜运输。

8 彭泽鲫病害防治技术

8.1 彭泽鲫病害的流行现状及发病原因

8.1.1 彭泽鲫病害的流行现状

当前，彭泽鲫已经在我国各地得到了大规模的推广养殖，也取得了巨大的经济效益和社会效益。然而，很多养殖户希望在不扩大养殖面积的前提下提高经济效益，因此不断增加彭泽鲫的养殖密度。这种做法看似会提升经济效益，但是随着彭泽鲫养殖密度的提高，投饵量也在逐渐增加，养殖水质也受到了很大的影响。在这种情况下，如果没有做好彭泽鲫病害的防治工作，就很可能导致病害大范围爆发，进而导致养殖区域内彭泽鲫大量快速染病，甚至死亡，给养殖户带来巨大的经济损失。

彭泽鲫常见病害包括各种细菌类疾病、寄生虫疾病及其他病害。彭泽鲫是否存在病害风险、存在何种类型的病害风险与养殖过程中的多种因素有关。因此，一定要结合具体养殖环境及日常养殖管理方式进行分析，以做好病害的防治工作。

8.1.2 彭泽鲫病害的发生原因

8.1.2.1 环境影响

水体是鱼类生活的环境，要想养好鱼，首先要养好水，因为水体环境的好坏会直接影响鱼类的健康和生长。造成彭泽鲫发病的环境因素主要有：

（1）水温变化：首先，彭泽鲫在不同的生长阶段对水温有不同的要求。其次，如遇暴雨、寒潮等不良天气，往往会造成水温突变，影响彭泽鲫的生长和健康。另外，鱼苗运输和下塘时的水温相差不能超过 2 ℃，鱼种则不能超过 3 ℃。

（2）水质变化：养殖水体的 pH 以 7.0～8.5 为宜，如果 pH 低于 4 或超过 10，就会引起彭泽鲫发病甚至死亡；鱼塘水体中的溶氧量以 5 mg/L 以上为好，低于 1 mg/L 会引起彭泽鲫浮头，甚至出现窒息死亡。

（3）水体污染：工厂废水中往往含有强酸、强碱、重金属盐类和其他有害物质，若养殖水体被污染，则易引起彭泽鲫发病，甚至造成彭泽鲫死亡。

8.1.2.2 人为因素影响

养殖鱼类主要在人工控制的环境条件下生活，因此有些鱼病的发生是人为因素造成的。如果鱼类放养的密度过大或搭配比例不当，就会造成饵料不足，鱼体营养不良，体质瘦弱，进而导致各种疾病发生和流行；如果投喂的饵料不新鲜，或投饵不均匀，或投饵时多时少，或投喂的时间不当，鱼类就易患肠炎病；如果池塘施肥不得当，就会为各种病原体生存和繁殖创造条件，甚至可以直接引发鱼病。如果施了未经发酵的肥料，则常引发鱼苗的气泡病；鱼在运输或网捕过程中，如果操作不细致，就易使鱼遭受机械性损伤，继而感染病原体发病。干塘起捕的鱼一般容易发生赤皮病；经过长途运输，受了伤的亲鱼和鱼种容易发生水霉病。

8.1.2.3 致病生物影响

一般常见的鱼病大都是由致病生物引起的。引起鱼类患病的生物主要有微生物（如病毒、细菌、霉菌、藻类等）和寄生虫（如原生动物、吸虫、绦虫、线虫、甲壳动物等）。它们寄生在鱼的体表或体内，破坏鱼的组织器官，吸收鱼体的营养，影响鱼的健康。鱼的敌害有水鸟、水生昆虫、凶猛鱼类、水蛇、水老鼠、青蛙等，这些敌害生物也能直接伤害或吞食鱼类。还有一些生物，如水网藻、水绵等，它们在池塘大量繁殖，消耗水体肥料，使水质变瘦，影响鱼的活动，妨碍拉网操作，有时甚至会把鱼缠死。此外，水蚤、椎实螺、鸥鸟等是鱼类寄生虫的宿主，对鱼病的发生和发展影响也很大。

8.1.2.4 内在因素影响

鱼体本身对疾病也具有抵抗能力，这种抵抗能力因鱼的年龄、个体而不同。在养殖生产中，饲养条件好，鱼体肥壮健康，鱼病发生就少；相反，如果饲养不当，鱼体瘦弱，就易感染鱼病。因此，对鱼病的发生，不能只考虑单个方面的因素，而要把外界环境条件和鱼体本身的内在因素综合起来考虑，这样才能正确了解鱼病发生的原因，有针对性地采取治疗措施。

8.2 彭泽鲫病害的诊断

鱼类不会说话，又群栖在水中，这给鱼病的诊断带来了一定的困难。因此，诊断

鱼病要通过现场察看或问诊，以及临床检查，综合各方面的信息来确诊鱼病。

8.2.1　现场察看

现场察看主要是观察这几个方面：一是观察养殖水体的形状及大小；二是观察养殖水体周边的环境，看是否有污染源污染养殖水体；三是观察池塘中的鱼类，观察鱼在养殖水体内的活动情况，有无靠边慢游、"跑马"等现象，摄食是否正常，发病鱼的种类、规格及数量，其体表是否有充血、脱鳞、溃疡、寄生虫及体色变化等症状；四是观察水色是否有红水、黑水、混浊水、铁锈水等不良水质，养殖水域下风区是否有悬浊物及因浮游动物集群而产生的"红虫"等不良情况。

8.2.2　问询

在通过现场察看获取初步的信息后，还要通过询问养殖从业者来寻找进一步的线索，包括养殖管理、饲喂情况、水质变化等，为正确分析病情、推断疾病原因等提供可靠依据。问询首先要抓住病鱼的主要病症，然后围绕主要病症进行有目的、有步骤的询问，既要突出重点，又要全面了解。同时，问询时要认真负责，过程要详细，针对养殖户的年龄层次、文化水平不同，问诊方法也要有所不同，要用通俗易懂的话语，引导养殖户准确、详细地描述彭泽鲫的发病情况。

8.2.3　临床检查

8.2.3.1　水质检测

鱼类生存需要适合的水体环境，水质的好坏直接决定鱼的生长发育和抵抗疾病的能力。当某些水质指标超出鱼的适应和忍耐范围时，程度轻微会使鱼生长缓慢，饲料系数升高，严重的可造成鱼类发病，成活率降低，甚至大量死亡。水体中水质参数有很多，下面介绍几种主要的水质参数，通过检测这些参数并对照其在水体环境中的阈值，来判断是否因水质参数超标引起了鱼发病甚至死亡。

8.2.3.1.1　溶氧

养殖水体中溶氧的含量一般应在 5～8 mg/L，至少应保持在 4 mg/L 以上。缺氧会使鱼烦躁不安，呼吸加快；缺氧严重时，鱼大量浮头，甚至窒息而死。如果水体中的溶氧量充足，则可抑制水体生成有毒物质，降低有毒物质的含量；而当水体中的溶氧量不足时，氨和硫化氢就难以分解转化，极易达到危害鱼类健康生长的程度。溶氧量过饱和时，一般没有什么危害，但有时会引起鱼类的气泡病，特别是在苗种培育阶段。水体中的溶氧量可以用化学方法或仪器测定。经典的化学测定方法是碘量法，此法测定结果准确度高，也被用来检验其他方法的可靠程度。碘量法测定水中溶氧量需要配制多种试剂溶液，测定步骤也比较烦琐，耗时较长，因此多用于实验室测定，在实际养殖生产条件下应用多有不便。市场上常见的溶氧测定试剂盒，是另外一种以化学法为基础、根据目视色差来大体判断水中溶氧范围的现场快速测定方法，比较实用。但目前所见的大多数此类试剂盒的灵敏度太低，导致测定结果的实用性降低。仪器测定法是一种操作简便、结果可靠的快速测定方法。养殖现场可使用便携式溶氧仪，只要将溶氧探头置于待测水体并轻轻晃动，结果很快就会以数字的形式显示出来。由于溶氧仪相对较贵，且很多情况下因维护不当导致使用寿命大大缩短，使得仪器测定法在我国实际养殖生产中使用很少。但随着养殖集约化程度的提高和管理水平的上升，便携式溶氧仪将会成为养殖现场主要的测定仪器。

8.2.3.1.2　pH

鱼类最适宜的水体 pH 为 7.5～8.0。当 pH 低于 6.5 时，鱼血红蛋白载氧功能易发生障碍，导致鱼体组织缺氧，尽管此时水中溶氧量正常，鱼类仍然表现出缺氧的症状。而当 pH 过高时，NH_4^+ 离子易转变成分子氨 NH_3，毒性增大，而且强碱性水体会腐蚀鱼类的鳃组织，造成鱼类呼吸障碍，严重时会使鱼类窒息。水体的 pH 也可以用化学方法或仪器测定：一是使用 pH 试纸，想大致了解水质酸碱度时，可以使用 pH 试纸，如果需要精确一些，则可以选用精密 pH 试纸进行测量；二是采用 pH 测定试剂盒，将指示剂滴入已简单处理过的水样时，可以随水的酸碱度不同产生不同的颜色，从而判断水体的 pH，这种方法可以在现场快速测定，简单实用；三是使用便携式 pH 测定仪，将仪器的探测头直接插入水中，可立刻从仪器上读出 pH，但同溶氧仪的情况一样，由于仪器相对较贵，且因维护不便及容易损坏探头，使得仪器测定法在实际养殖生产中使用很少。

8.2.3.1.3　氨氮

水体中的氨氮以分子氨和离子铵的形式存在，分子氨对鱼类有很大毒性，而离子铵不仅无毒，还是水生植物的营养源之一。水体中分子氨浓度过高时，会使鱼类产生毒血症，长期过高则会抑制鱼类的生长、繁殖，严重中毒者甚至会死亡。氨氮毒性也受池塘的 pH 影响，pH 越高，氨氮的毒性也越强，同时氨氮也能转化成亚硝酸盐，氨氮高的池塘水体亚硝酸盐含量一般也会偏高。氨氮的测定方法通常有纳氏比色法、水杨酸－次氯酸盐比色法等。纳氏试剂比色法具有操作简便、灵敏度高等特点，是目前氨氮测定中普遍使用的一种方法。依据纳氏试剂比色法原理制成的水质检测仪或快速

测定试剂盒可以较为简便地进行测定，将指示剂按顺序滴入处理过的水样中，可以产生不同的颜色，根据颜色的深浅，可以判断水体的氨氮含量。

8.2.3.1.4　亚硝酸盐

当水体中的亚硝酸盐浓度过高时，可通过渗透与吸收作用进入鱼类血液，从而使血液丧失载氧能力。一般情况下，亚硝酸盐含量（以氮计）低于 0.1 mg/L 时，对鱼类不会造成损害；当亚硝酸盐含量达到 0.1～0.5 mg/L 时，鱼类摄食降低，鱼鳃呈暗紫红色，鱼呼吸困难，游动缓慢，躁动不安；而当硝酸盐含量高于 0.5 mg/L 时，鱼类就会游泳无力，某些器官功能衰竭，严重时可导致鱼类死亡。水体亚硝酸盐含量可以利用快速测定试剂盒或水质检测仪进行快速测定，将指示剂加入处理过的水样中，通过产生颜色的深浅来得出水体中亚硝酸盐的含量。

8.2.3.2　鱼体检查

一般而言，鱼病都具有典型的病理症状，这一重要特点为临床诊断提供了诊断基础，可根据鱼体表现的症状和分离到的病原体进行诊断。

8.2.3.2.1　目检

目检是临床诊断鱼病的主要方法之一，尤其在养殖过程中，目检对常见病的早期诊断非常重要。用肉眼直接观察患病鱼的各个部位即为目检。目检主要以观察症状为主，要熟悉疾病的临床症状。特别要注意的是，一种疾病可以产生几种不同的症状，同一种症状也可以出现在几种不同的疾病中。

进行鱼病诊断时，要选择要死不活或濒临死亡的新鲜鱼，首先对其体表进行仔细观察，以确定疾病的症状。患病鱼的体色，一般都会发生变化；有些病鱼的体形，也会发生明显变化。如患烂鳃病时，鱼的体色就发黑，特别是头部在水中看得更为明显；患肝胆综合征时，鱼鳍条的末端常发白；患竖鳞病时，鱼鳞片竖立。鱼体表上的一些大型病原体，如水霉、线虫、锚头蚤、鲺等，凭肉眼就能看到。有些看不到病原体的，可根据临床症状进行诊断。一般病毒性、细菌性疾病病灶部位常表现出充血、发炎、腐烂、脓肿、竖鳞等症状，寄生虫病的病灶部位常表现出黏液过多、出血、溃疡、有点状或块状的胞囊等症状。体色发黑，口腔充血，剥皮可见肌肉出血，鳍基充血，肛门红肿甚至流脓，为病毒性出血或肠炎；头部乌黑，鳃盖骨腐蚀成小洞或鳃丝发白腐烂，为烂鳃病；体表生有旧棉絮状白色物，为水霉病；体表有红点，且有针状虫体，为锚头蚤病。

鳃部重点是检查鳃丝。首先应观察鳃盖是否张开，然后用剪刀剪去鳃盖，观察鳃片的颜色是否正常，黏液是否增多，鳃丝末端是否有肿大和腐烂现象。如果是细菌性烂鳃病，则鳃丝末端腐烂，黏液增多；如果是鳃霉病，则鳃片颜色较白，略带红色小点；如果是车轮虫、斜管虫、指环虫和三代虫等寄生虫疾病，则鳃片上有较多黏液；如果是中华鳋、指环虫等大型寄生虫，则会造成鳃丝肿大、鳃盖张开等症状。如果运输中鱼鳃大量出血，鱼陆续死亡，甚至全部死光，则一般是应激综合征。

内脏检查一般应先以肠道为主，从肛门往上沿侧线鳞将鱼腹一侧的腹壁剪掉，不要损伤内脏，先观察是否有腹水和肉眼可见的寄生虫（如线虫等）。其次，应仔细观察各内脏的表观是否正常。最后，用剪刀把鱼咽喉部的前肠和肛门部位的后肠剪断，将内脏全部取出，置于白瓷盘中，把肝、脾、胆、鳔等器官逐个分开，再把肠道从前肠至后肠剪开，置于盘内，仔细观察肠道和粪便中是否有吸虫、绦虫等。然后把肠道中的粪便除去，观察肠壁上是否有黏孢子虫胞囊或球虫，若有则会在肠壁上有成片或分散的小白点。观察肠壁是否有充血、发炎、溃烂等症状，若有溃烂和白色瘤状物，则往往是大量球虫寄生；如果是细菌性肠炎，就可以发现肠内壁发炎、充血、肛门红肿等症状。

目检主要以症状为依据，但往往会出现以下两种情况：一种情况是一种病有几种症状同时表现出来，如肠炎病，会同时出现鳍条基部充血、蛀鳍、肛门红肿、肠壁充血等症状；另一种情况为一种症状在好几种疾病中都会出现，如体色变黑、鳍条基部充血、蛀鳍等，这些症状是赤皮病、烂鳃病、肠炎病等细菌性疾病所共有的。因此，在目检中，应做到认真细致，分析全面，并做好记录，为诊治鱼病提供正确的依据。

8.2.3.2.2 显微镜检查

当肉眼检查不能确诊或症状不明显的疾病，可用显微镜做进一步检查。同时，由于鱼病错综复杂，有时会出现几种并发症，要诊断其中都有哪些疾病，单凭目检可能是不够的，甚至可能会出现误诊，因此也需要用显微镜进行确诊。一般先镜检目检确定下来的典型病变部位，然后再做全面检查，着重检查体表、鳃丝和肠道3部分。检查方法是从病变部位取少量组织或黏液置于载玻片上，滴加少量无菌生理盐水，再盖上盖玻片，去掉气泡，由低倍镜到高倍镜仔细观察。

寄生在鱼体表的小型寄生虫种类有很多，有车轮虫、斜管虫、小瓜虫等，若生有白点，则压碎后可看到黏孢子虫。

寄生在鳃丝上的小型寄生虫有隐鞭虫、车轮虫、斜管虫、舌杯虫、黏孢子虫、指环虫等。镜检时，每边鳃至少要检查两片，取鳃组织时，从第一片鳃的鳃片接近两端的位置和病变部位各剪取一小块，由实践经验可知，病原体在这3个位置较多。而且鳃组织不能剪取太多，要使鳃丝在盖玻片下能分散开，这样才能看到全部的寄生虫，

不至于漏检。

肠道也取肠壁黏液镜检，可镜检到黏孢子虫、微孢虫、球虫、纤毛虫等小型寄生虫。若前几个部位没检查到病原体，就要进一步检查肝、脾、眼、脑、心脏和血液等。如血液，镜检时可发现锥体虫、隐鞭虫等原生动物，又如肝、脾、胆囊，可发现鞭毛虫、黏孢子虫、微孢虫等的孢子或胞囊。用显微镜检查，当发现某种寄生虫大量寄生时，一般就可诊断为这种疾病，若镜检到几种寄生虫，则要根据寄生虫数量和危害程度的不同来诊治。

8.2.4 实验室诊断

实验室诊断常用于致病菌的分离、鉴定，病毒性疾病的诊断。常用的实验室诊断方法有以下两种：

8.2.4.1 免疫诊断技术

通过免疫学诊断、病理学诊断，或进行病原体的分离、培养、鉴定等方法，对细菌病或病毒病进行确诊。免疫学三大标记技术（荧光标记、放射标记和酶标记）具有高特异性、高灵敏度，已广泛应用于鱼类病害诊断。它的优点在于不要从患病个体中分离、培养病原，只需取鱼的肝、肾或病灶组织，匀浆涂片即可，从而大大缩短了培养时间，且准确度高、灵敏度好。

8.2.4.2 分子生物学技术

PCR 技术是体外酶促合成迅速扩增特异 DNA 片段的一种方法，已用于鱼病原体检测的实际操作。除应用于病原体检测外，PCR 技术还可与其他分子生物学技术联用，广泛应用于病害检测等诸多领域。单克隆抗体技术是利用杂交瘤细胞制备大量针对某一抗原决定簇的特异性抗体的技术。单克隆抗体特异性强，能识别单一抗原决定簇，且容易制备，能通过保持细胞系重复获得相同抗体，因而也在病害检测中得到广泛应用。

8.3 常见彭泽鲫病害防治技术

8.3.1 养殖池塘水质调控技术

好水出好鱼，池塘水体应"肥、活、嫩、爽"，即水体中的浮游植物以隐藻、硅藻、甲藻等易消化、个体大、营养价值高的藻类为主，蓝藻较少；浮游植物生物量在 20～120 mg/L，细胞处于旺盛的生长期，未老化。如果浮游植物生物量过多、营养元素比例不当或缺失，或者代谢废物特别是氨积累太多、水体偏酸或偏碱等原因引起养殖水质恶化，就易造成鱼类发病，因此须经常对池塘水质进行检测和调控。调控水质的方法主要有以下几种：

8.3.1.1 物理方法

（1）使用增氧机：开增氧机是池塘养殖中最常用的手段，可起到增氧、曝气、搅水的作用。使用增氧机要遵守"三开、二不开"的原则，即晴天中午开、阴天次日早晨开、连续下雨天傍晚开，阴天中午不开、傍晚不开。

（2）加、换水：加、换水是解决池水老化的有效途径。加注的新水必须无污染、水质良好。加、换水的时间和次数按照看水色、看透明度的"二看"原则灵活掌握，每次换水量为池水的 1/3 为宜。

（3）清塘、晒塘：利用冬休时节，对池底进行清淤，通过风干日晒来杀灭病菌、分解有机物、改善底质，是养殖过程中最常用的方法。

（4）搅动底泥：搅动底泥有利于释放底泥中的营养元素参与水体物质循环，提高氮、磷肥的利用率。搅动底泥应在晴天中午有风时进行，一次搅动全池 1/5 左右的面积，间隔一段时间逐次进行，并随时观察溶氧量和鱼类的活动情况。

8.3.1.2 化学方法

化学方法是调控水质的常用方法，效果迅速、明显，但作用时间短，副作用大，且不能从根本上解决水质问题。常用的化学物质有：

（1）生石灰：生石灰是水产养殖中使用最广泛的水质调节改良剂，主要作用是调节 pH、硬度、碱度，增加钙离子含量。每 667 m^2 用量为 5～15 kg，于晴天上午 9 时左右使用，不宜在下午使用。

（2）络合剂：络合剂能与水中有毒物质发生络合、螯合反应，形成络合物和螯合物。一方面可缓冲 pH，减少营养元素（如磷）的沉淀；另一方面可降低水中有毒物质（如超标重金属离子）的浓度和毒性，达到调节和改良水质的作用。常用的络合剂、螯合剂有活性腐殖酸、黏土、膨润土等。

（3）沉淀剂：能絮凝、沉淀有机质和有毒物质，从而达到在一段时间内改良水质的作用。常用的沉淀剂有石膏和明矾等。

（4）调节浮游生物量药剂：如果池中浮游动物过多，威胁到池塘溶氧平衡时，可用敌百虫溶液全池泼洒，敌百虫杀灭各种浮游动物的有效浓度各不相同，因此可选择性杀灭；池水中蓝藻过多时，可全池泼洒硫酸铜，但硫酸铜毒性大，因此最好不使用，如果使用，则用后要进行大换水。

（5）增氧剂：能释放氧气，从而氧化有机物，消除有毒物质，有效增加水体溶氧量。一般用于池塘严重浮头时增氧。

8.3.1.3 生物方法

通过生物方法来控调水质，是一种环保、绿色的技术。

（1）混养滤食性鱼类：当水质过肥、浮游生物过多时，可以放养鲢鱼、鳙鱼来控制浮游生物数量。

（2）培育水草及有益微生物：有益微生物在水体中具有吸收有毒物质、分解有机物、增加溶氧量、抑制致病菌繁殖等作用。常见的有光合细菌、芽孢杆菌、硝化细菌、EM菌、酵母菌、放线菌等。

8.3.1.4 施肥

在喂饲料或施有机肥为主的养殖水体中，经过一段时间的投饵施肥后，往往有机质积累过多，有些营养元素有效成分不足，营养不均衡，物质循环速度慢，水质老化。这些水体通常需要施速效无机肥料（主要是磷肥）和微量元素肥料，来补充缺乏的营养物质，使水体营养达到平衡，加速物质循环，使水质转为"肥、活、嫩、爽"。

8.3.2 彭泽鲫常见病害防治技术

8.3.2.1 水霉病

（1）病原：水霉病的病原是水霉或绵霉。鱼体受伤脱鳞或越冬放养密度过高等都易引发水霉病。此病多发于春季3—5月，水温在10～20℃之间，也常发生鱼卵孵化过程中。一般内菌丝侵入卵膜内，外菌丝在卵膜外大量丛生，呈放射状。

（2）症状：发病初期无异常症状，随着病情的发展，病鱼体表黏液增多并附有白色棉毛状菌丝向外生长。病鱼开始焦躁不安，常与其他固体物发生摩擦，鱼体负担过重，游动缓慢，食欲减退，死亡率较高。

（3）防治方法：①冬季清塘时挖去池底过多淤泥，只留20～30 cm厚的淤泥，并用生石灰清塘消毒。②加强饲养管理，提高鱼体抗病力。尽量避免高密度条件暂养时造成鱼类挤压、碰撞、脱鳞。③在低温季节，在鱼种捕捞、转运过程中，应尽量细致操作，以减少机械损伤；放养时应用2%～4%的食盐水浸洗5～10 min，同时控制好水质，使水体不过肥，可泼洒3 mg/L美婷制剂进行预防。④亲鱼人工繁殖过后，用15～20 mg/kg的高锰酸钾溶液浸洗10～15 min后再下塘。

8.3.2.2 疱疹病毒

（1）病原：疱疹病毒的病原为疱疹病毒。

（2）症状：病鱼早期体表出现小斑点，随后斑点逐渐变厚增大，严重时融合成片，鱼体表面由光滑变得粗糙，多发于冬季、早春（水温 10～15 ℃）水质较肥的养殖水域，在越冬后期可引起病鱼死亡，影响鱼体生长和鱼的商品价值。

（3）防治方法：提高水温，降低养殖密度，水温升高后可自愈。

8.3.2.3 细菌性败血症

（1）病原：细菌性败血症的病原为嗜水气单胞菌、豚鼠气单胞菌等革兰氏阴性短杆菌。

（2）症状：病鱼体表充血、出血，眼球突出，肛门红肿，腹部膨大，腹腔内充有淡黄色或红色腹水，肝、脾、肾肿大、贫血，有的病鱼鳞片竖起，有的病鱼病症不明显就死亡，属急性传染病，对鱼类养殖威胁大。

（3）防治方法：治疗该病需内外兼治，主要方法有两种。①养殖水域遍洒消毒药，如二氧化氯、聚维酮碘或戊二醛等。②将恩诺沙星、氟苯尼考或三黄粉等中草药添加到饲料中，然后投喂给鱼内服。

8.3.2.4 细菌性烂鳃病

（1）病原：细菌性烂鳃病的病原为柱状嗜纤维菌。

（2）症状：病鱼体色发黑，尤以头部为甚，又称"乌头瘟"。病鱼游动缓慢，反应迟钝，呼吸困难，鳃丝肿胀并有大量白色黏液，病情严重时鳃丝末端缺失，软骨外露，鳃盖内"开天窗"，最后窒息而死。细菌性烂鳃病可危害鱼种和成鱼，在10～30 ℃的范围内，水温越高，该病流行越快。

（3）防治方法：①检测养殖水体水质是否超标，如果超标，就要先调节水质。②镜检鱼鳃部是否有寄生虫，如果有，就需对症用药，杀灭寄生虫。③全池泼洒三氯异氰脲酸或戊二醛等杀菌药剂，治疗细菌性烂鳃病。④在饲料中拌入恩诺沙星或氟苯尼考、电解多维等进行投喂，让鱼内服药饵。

8.3.2.5 竖鳞病

（1）病原：竖鳞病的病原是水型点状极毛杆菌或嗜水气单胞菌等。发病原因与鱼体受伤、水体污浊及鱼体抗病力降低有关。一般 4 月下旬至 7 月上旬为主要流行季节，有时在越冬后期也有发生，病鱼死亡率达 50% 以上。

（2）症状：病鱼体表粗糙，鳞片向外张开像松球，鳞囊内积有半透明或含有血的渗出液，致使鳞片竖立，手指轻压鳞片，渗出液从鳞片下喷射出来，鳞片随之脱落，有时伴有鳍基充血，皮肤轻微发炎，脱鳞处形成红色溃疡；病鱼眼球突出，鳃盖内表皮出血，腹部膨胀，腹腔常积有大量腹水；病鱼鳃、肝、脾、肾颜色变淡、贫血，离

群独游，游动缓慢，呼吸困难，继而腹部向上，2～3 d后易死亡。

（3）防治方法：①加强越冬前培育，缩短停食期。越冬后投喂营养丰富的饲料，以增强鱼的体力和抗病力。②在捕捞、运输、放养等操作过程中，应细心，尽量避免鱼体受伤，以免造成细菌感染。放养时鱼苗可用2%～3%的食盐水浸浴5～10 min。③发病初期可加注新水，使池塘水成微流状，可减轻和缓解病情。

8.3.2.6 肠炎

（1）病原：肠炎的病原为肠型点状气单胞菌和豚鼠气单胞菌等。该类菌是条件致病菌，在池塘水体及池底淤泥中常大量存在，也存在于健康鱼体的肠道中，但数量不多。病原菌随病鱼的粪便排到水中，污染饲料，经鱼口感染。鲫鱼在温度适宜、气压过低、鱼类饥饱不均时易患肠炎病。

（2）症状：病鱼食欲减退，游动缓慢，常离群独游，鱼体发黑。肠道有气泡及积水，病鱼的直肠至肛门段充血红肿；严重时整个肠道肿胀，呈紫红色，轻压腹部有黄色黏液和血脓流出。

（3）防治方法：①做好清塘和池塘的消毒工作。定期使用生石灰和强氯精消毒。②控制合理的放养密度，加强饲养管理，保持良好水质，投喂新鲜饲料。③选择优良健康的鱼种，鱼种放养前用2%～3%的食盐水浸浴5～10 min。④发病时全池泼洒三氯异氰脲酸或聚维酮碘等杀菌药剂治疗，并在饲料中拌入恩诺沙星或氟苯尼考、电解多维等进行投喂，让鱼内服药饵。

8.3.2.7 车轮虫病

（1）病原：车轮虫病的病原为车轮虫。车轮虫病是一种鱼苗、鱼种常见的疾病，一般四季都会发生，在4—7月较为流行，此期的水温一般在20～28 ℃，直接接触是造成该病大量传染的原因，发生严重时会引起鱼类大量死亡。

（2）症状：车轮虫主要寄生在鱼的体表或鳃瓣上，寄生数量少时症状并不明显，也不容易发现，一旦达到一定的数量，就会使得寄主分泌大量的黏液，尤其是寄生较为密集时，鱼的鳍、头部、体表就会出现一层较为明显的白点，很容易在水中辨识。刮取体表少量黏液或剪取少量鳃丝做成水浸片放在显微镜下观察，如在一个视野中观察到10个以上的虫体时，即可确诊为车轮虫病。

（3）防治方法：鱼种和鱼苗在放养前用2%～3%的食盐水浸泡5～10 min；发病时可用硫酸铜硫酸亚铁合剂（硫酸铜∶硫酸亚铁为5∶2）0.7 mg/kg进行全池泼洒，也可用苦楝素、苦参碱等中药制剂进行全池泼洒。

8.3.2.8　指环虫病

（1）病原：指环虫病的病原为指环虫或三代虫。该病是一种常见的多发病，主要以卵及幼虫传播，流行于春末夏初，适宜水温为 20～25 ℃，大量寄生时可使鱼苗、鱼种大批死亡。指环虫病流行 3～5 d 后可导致病原微生物感染而引起暴发性烂鳃病，尤其在养殖环境恶化、高水温、低溶氧、高氨氮等条件下，指环虫病极易发生。

（2）症状：指环虫主要寄生在鱼鳃上。发病早期、指环虫少量寄生时，没有明显症状；但当发病严重、指环虫大量寄生在鱼鳃上时，由于指环虫的大钩和边缘小钩钩在鱼的鳃上，用前固着器黏附在鱼鳃上，且在鱼鳃上不断爬动，因此会使鳃组织受到严重损伤，可引起鳃丝肿胀、贫血，呈花鳃状，鳃上有大量黏液，病鱼极度不安，跳跃、狂游，有时上下窜动，最后因呼吸困难而死。当鱼苗、鱼种严重感染时，由于鳃丝肿胀，可引起鳃盖张开。

（3）防治方法：放养时可用高锰酸钾为鱼种消毒，水温 10～25 ℃时，用药浓度为 15 mg/kg，浸洗 10～15 min，以杀死鱼种上的寄生虫。发病后，可用 90%晶体敌百虫或甲苯咪唑溶液杀虫。

8.3.2.9　锚头鳋病

（1）病原：该病由锚头鳋引起，一般流行于水温 12～33 ℃的水体中，主要是放养前清塘不彻底或放养的鱼种携带病原虫体所致。

（2）症状：肉眼可见针状虫体寄生于病鱼体表、口腔、鳍及眼上，虫体寄生部位红肿发炎，病鱼烦躁不安，食欲缺乏，鱼体消瘦，病灶处鳞片松动或者脱落，体表黏液增多，有的形成明显的溃疡，大量寄生时，鱼体好似披了一层蓑衣。

（3）防治方法：鱼种放养前用生石灰彻底清塘消毒，以杀灭水体中的锚头鳋的卵及幼虫。放养时用 15 mg/kg 的高锰酸钾浸洗 10～15 min，以杀死鱼种上的寄生虫。发病后，可全池泼洒 90%晶体敌百虫，或溴氰菊酯溶液，或阿维菌素溶液杀虫。

8.3.2.10　孢子虫病

（1）病原：孢子虫病由原生动物门孢子虫纲的黏孢子虫寄生在鱼的鳃部或体表上引起。危害最大的要属黏孢子虫侵入鱼口腔上的咽部软组织，病鱼的死亡率较高。

（2）症状：病鱼体表无明显症状，鳞片完整无损，通常表现为离群独游，鱼体发黑，反应迟钝。孢子虫主要寄生于鱼鳃、体表和体内肝脏等部位，引起鳃组织局部充血呈紫色、红色，或溃烂，有时整个鳃瓣上布满孢囊，体表鳞片底部也可看到白色孢囊。

（3）防治方法：在鱼种和鱼苗放养前彻底清塘，清除池底过多的淤泥，全池泼洒

生石灰，每 667 m² 生石灰用量 150 kg，能杀灭冬眠孢子，最好进行冬季晒塘。放养时用 15 mg/kg 的高锰酸钾溶液浸洗 10～15 min，以杀死鱼种上的寄生虫。发病后，可全池泼洒 90% 晶体敌百虫。

8.3.2.11　舌状绦虫病

（1）病原：舌状绦虫病的病原为舌状绦虫的裂头蚴，其虫体为白色带状、肉质，俗称"面条虫"。

（2）症状：病鱼腹部膨大，鱼体失去平衡，侧游上浮或腹部朝上，腹腔内充满大量白色带状虫体，内脏因受压而出现损伤、萎缩，丧失繁殖能力，最终因消瘦、贫血而导致慢性死亡。舌形绦虫病危害持续时间长，会使鱼产量降低。

（3）防治方法：在舌状绦虫的生活史中，第一中间寄主是细镖水蚤，第二中间寄主是彭泽鲫，终末寄主是鸥鸟。如果养殖水域面积不大，可采取清塘消毒，以杀灭虫卵、蚴虫及第一中间寄主，以及驱赶终末寄主等措施防治舌状绦虫病。

9 彭泽鲫高产高效养殖模式

9.1 彭泽鲫传统池塘健康养殖技术

彭泽鲫当年苗可长成商品鱼，生长速度为一般鲫鱼的 3.5 倍，目前发现的彭泽鲫最大个体体重达 6.5 kg；彭泽鲫对水温、pH、溶氧量等水质条件有很强的耐受力，能在各种水体中生长繁殖，具有很强的生命力；其肉质鲜美，具有很高的营养价值。因彭泽鲫具有生长速度快、个体大、产量高、抗逆性强、病害少、优良性状稳定、易繁殖、易运输、营养丰富等优点，现已成为我国淡水养殖的一个重要品种，并已在全国大面积推广养殖，获得了较高的经济效益和较好的社会效益。彭泽鲫适合各种水体养殖，故其成鱼养殖方式多样，有池塘养殖、网箱养殖、水库养殖、稻田养殖等多种养殖方式。本节主要介绍最为常见的传统池塘健康养殖技术。

9.1.1 基本条件

9.1.1.1 池塘

池塘面积以选择 0.33～1.33 hm² 为宜，水深 2.0～2.5 m；要求电力配套，水源充足，无污染，排灌方便，注、排水渠道分开。

9.1.1.2 设备配置

每 0.33 hm² 池塘配备 3 kW 叶轮式增氧机 1 台，每个池塘配备自动投饵机 1 台（也可人工投喂）。

9.1.1.3 池塘清整

对于新建的池塘，先进水浸泡，然后进行药物消毒。对于老塘，应在干塘后，清除过多的淤泥和杂草，整平池底，堵塞漏埂，进行耕耙，然后暴晒 20～30 d，以杀死

病原菌、氧化有机物。在鱼种下塘前 10～15 d，每 667 m² 池塘用生石灰 75～125 kg 或漂白粉 3～5 kg 干法清塘，可起到消毒除野、改良土壤、调节酸碱度的作用。

9.1.1.4　水质要求

在池塘消毒 5～7 d 后，注入 70～80 cm 深的水。注水时用 60 目聚乙烯网过滤，以防野杂鱼及其卵进入。水质要符合养殖用水的水质要求，pH 7.5～8.5，溶氧量一般在 5 mg/L 以上，最低不能低于 3 mg/L，有机物耗氧量在 30 mg/L 以下。

9.1.1.5　施基肥

一般在鱼种下塘前 7～10 d 施肥，每 667 m² 施发酵好的有机肥 150～300 kg（人畜粪用量可多些，禽粪用量则可少些）作基肥，以培肥水质，为彭泽鲫提供丰富的浮游生物及有机物碎屑等适口饵料，提高其成活率。

9.1.2　鱼种的选择与放养

9.1.2.1　鱼种选择

应选择到信誉较好的良种场（扩繁场）购进鱼种，或者自行培育。购买鱼种时，应选择规格大小整齐、无畸形、无病态、无伤痕、体形完整、体色正常、活动迅捷、溯水力强并经国家检疫检验部门检验合格的健康鱼种。

9.1.2.2　放养时间

鱼种投放宜早不宜晚，清塘后立即着手投放。一般在水温低于 10 ℃时放养，在南方地区以春节前为宜。选择无风的晴天，入水的地点应选在向阳背风处，将盛鱼种的容器倾斜于池塘水中，让鱼种自行游入池塘。

9.1.2.3　鱼种的消毒

鱼种入池时，可用 3%～5% 的食盐溶液对鱼种进行浸洗消毒。在对鱼种进行消毒操作时，动作要轻、快，以防鱼体受伤。浸洗的浓度和时间须根据不同的情况灵活掌握，一般浸洗 10～15 min。

9.1.2.4　放养规格和数量

投放大规格彭泽鲫鱼种，每 667 m² 水面放养规格为 50～100 g 的鱼种 2000～2500 尾，另外搭配规格为 100 g 的白鲢 200 尾、规格为 150 g 的花鲢 50 尾。

9.1.3　饲养管理

9.1.3.1　饲料选择

面积小于 0.67 hm² 的池塘设一个投料点，大池塘设两个投料点。鱼种下塘后 7 d

开始驯化投喂，饵料一般选择信誉较好、质量可靠、供货及时的饲料厂生产的全价配合饲料，蛋白质含量在 30% 以上、粒径 2～3 mm（前期粒径小些，后期粒径大些）。饲料应符合《无公害食品 渔用配合饲料安全限量》（NY 5072—2002）的安全要求。

9.1.3.2　投喂

投喂要做到"四定"，即定时、定位、定质、定量。定时就是每天在固定时间投喂，一般每天投喂 2～4 次；定位就是在池塘较为安静、方便、适中的位置搭设料台投喂，颗粒饲料以扇形喷撒方式投入水中，尽量扩大投饵范围；定质就是饲料要新鲜、不霉变、不腐烂且营养含量适宜鱼类生长的每个时期；定量就是按照鱼的摄食情况来确定投喂量，一般日投饵量为鱼体重的 3%～5%，每次的投喂量以 80% 被鱼吃完为宜。投饵量应根据水温、天气情况、水质肥瘦、鱼吃食情况灵活掌握。一般在水温下降、阴天无风、天降暴雨、水质浑浊、溶氧量降低时，应适当减少投饵量。

9.1.4　水质调控

鱼种放养时，水深宜为 1 m，以后每隔 7～10 d 注入部分新水，每次注入水深 30～40 cm，高温季节每隔 10 d 左右换水 1 次，换水量为 30～40 cm 水深，保持水体良好的肥度和溶氧量。养殖期始终控制池水透明度在 30～40 cm，水色以黄绿色和绿褐色为好。根据水质情况，定期监测水质指标，观察水体变化，做到有问题早发现，定期使用微生物制剂和水质改良剂，以分解鱼类粪便和残饵，降低水中有害物质的含量，调节水中浮游生物的种类和数量，使池塘水质保持"肥、活、嫩、爽"，符合《无公害食品 淡水养殖用水水质》（NY 5051—2001）的要求。水体缺氧时要及时增氧，增氧方法有机械、生物、化学 3 种。机械增氧是利用增氧机、水泵或潜水泵进行搅水、加水、冲水和换水，以增加水体中的溶氧量，高温季节要每天定时打开增氧机；生物增氧是利用浮游植物光合作用增氧和采用药物杀灭过多的浮游动物来控制耗氧；化学增氧是将化学药品（过氧化钙、过碳酸钠等）施于水中分解增氧，一般用于应急救治鱼类严重浮头和泛塘。

9.1.5　日常管理

坚持每天多次巡视池塘，坚持每天做好养殖记录，主要包括饲料的投放、水质变化、天气变化、鱼的活动情况、鱼的病情等。注意鱼池环境卫生，勤除池边杂草，勤除敌害生物及中间寄主，并及时捞出残饵和死鱼。注意改善水体环境，定期清理、消毒食场。根据掌握的情况，及时采取换水、消毒、投喂药物等措施。

9.1.6 鱼病防治

彭泽鲫的主要优点是抗病能力强，但在养殖阶段也有可能发生病害。养殖期间，应严格按照"防治结合"的原则，做到无病预防、有病早治。在高温季节，每隔 15 d 用二氧化氯、生石灰等消毒剂对水体进行消毒 1 次。每月泼洒 1 次杀虫剂，以防治寄生虫病；也可定期投喂添加了内服中草药和微生物制剂的药饵，以提高鱼体免疫力。每天早、中、晚巡塘，观察鱼的摄食和生长情况，发现问题及时采取措施。在发病高峰期，定期对鱼体进行健康检查，争取早发现、早治疗；一旦发现病害，及时诊断病因，并对症用药，用药量科学计量，杜绝使用抗生素。

9.2 彭泽鲫"轮捕轮放"养殖模式试验

传统养殖模式一般采取"春放秋捕"的方式养殖彭泽鲫。随着养殖时间的增加，鱼体长和体重会不断增加，池塘水体的承载压力也会逐渐增加。如果池塘水体承载压力过大，就会抑制鱼体的生长速度，甚至会导致鱼死亡（李万宝，2014）。加上市场鱼价波动较大、塘租高等因素，对彭泽鲫的养殖产量和养殖效益将会产生负面影响。而采用"轮捕轮放"的养殖模式，可以一次性放足鱼苗，分批次捕捞，捕大补小。这样既可降低养殖水体的承载压力，使水体保持合适的养殖密度，提高养殖产量，还可机动回收养殖成本，灵活控制资金流动，降低养殖风险（朱瑞云等，2022）。"轮捕轮放"养殖模式在对虾（任治安，2013）、罗氏沼虾（张枫等，2011）、松浦镜鲤（田照辉等，2020）、罗非鱼（郭忠宝等，2011）等上都有研究，但针对彭泽鲫目前还没有学者进行该养殖模式的研究。为解决彭泽鲫采用传统养殖模式存在的问题，提高养殖产量和养殖效益，笔者在江西省九江市彭泽县的彭泽鲫养殖基地开展彭泽鲫"轮捕轮放"养殖模式的试验，旨在为彭泽鲫健康高效养殖提供新方法和参考依据。

9.2.1 材料与方法

9.2.1.1 苗种

彭泽鲫苗种均购于彭泽鲫良种场。

9.2.1.2 池塘条件及配置

（1）池塘条件：在彭泽县泽彭泽鲫养殖基地挑选一个长方形试验塘，东西向，面积 1 hm²，池水深 2 m，保水好，池底淤泥厚 50 cm，池塘紧邻河水，水源充足，水质达到养殖水质要求，排、灌口分开，进水管口用 40 目筛网包裹，防止异物和杂鱼进入池塘。

（2）配套设施：池塘配备 2 台自动投饲机、1 台 3 kW 叶轮式增氧机和 2 台 1.5 kW 变频叶轮式增氧机。为便于轮捕轮放模式作业，特定制一张吊网放置在饵料台前，规格为 50.0 m×30.0 m×1.5 m，网上系有钢绳，在塘边放置 4 根钢管柱子，用于固定吊网四角，柱子上有滑轮，钢绳连接卷扬机的一侧，转角处有 2 个滑轮，钢绳通过滑轮连接钢索，钢索连接在卷扬机上，通过电机带动，在 5～10 s 内即可吊起吊网。选择靠近池塘中央的吊网一面设置一个 50 cm×100 cm 的"出口"，"出口"用小号钢筋制成栏栅，钢筋外套同型号 PVC，本试验以鱼体重 0.3 kg 为标准设置间距，便于体重低于 0.3 kg 的鱼从"出口"离开吊网，避免其受伤。

9.2.1.3　池塘消毒

彭泽鲫放养前 15 d，将池水排干，留水 10 cm 深，每 667 m² 用 100 kg 生石灰加水后搅拌成浆状，均匀泼洒在池底和池壁上，对池塘进行全面消毒，不仅可有效消杀池中的有害病菌、寄生虫等，还能改善池塘酸碱度，使水体呈弱碱性，为彭泽鲫提供一个良好的水环境。10 d 后池塘注水 1 m 深。

9.2.1.4　鱼种放养

挑选优质苗种是彭泽鲫养殖高产、高效的关键。本试验挑选规格整齐、光滑无伤、鱼体丰满、体质健壮的彭泽鲫鱼苗，根据当地气候条件，在 1 月 25 日放养。因彭泽鲫口裂径小，不宜套养鲤鱼、草鱼等抢食性较强的鱼类，所以池塘采用套养鲢鱼、鳙鱼的方式来提高鱼产量和进行生物调水。具体放养情况见表 9-2-1。

表 9-2-1　彭泽鲫"轮捕轮放"养殖模式放养情况

放养品种	放养规格 /（g·尾⁻¹）	放养密度 /（尾·hm⁻²）	放养总量 /kg
彭泽鲫	50	30000	22500
鳙鱼	160	450	1080
鲢鱼	160	450	1080

9.2.1.5　饲料投喂

鱼苗在进入池塘的前 3 d 主要以水体中的浮游生物为食，从第 4 天开始正式投喂，在设有自动投饲机的池边设置多个投喂点，在每天投喂时逐步减少投饵点，几天后集中于投饲机下一处进行投喂，最后使用自动投饲机进行驯化，7 d 左右可驯化成功。驯化后按鱼体重的 1% 投喂粗蛋白质含量为 35% 的鲫鱼全价配合颗粒饲料，粒径 1 mm。投喂时间为每天 10：00 和 15：00，每次投喂时间不低于 40 min。10 d 后，按鱼体重的 3% 投喂粒径 2 mm 的粗蛋白质含量为 35% 的颗粒饲料，投喂时间分别为

10：00、12：00、14：00、16：00 和 17：00，每次投喂时间不低于 40 min，至大部分鱼吃饱游走为止。坚持按照"四定"和"四看"的原则进行投喂，即"定时、定位、定质、定量"和"看季节、看天气、看水色、看鱼类活动"。

9.2.1.6 水质调控

彭泽鲫要达到高产、高效的养殖效果，必须加强对水质的调控。每隔 10 d 换注新水 1 次，每次加注水深 30 cm，保持池塘水体透明度在 35 cm 左右。如水体透明度过低，就需及时注入新水，防止水质老化，保持池水清新，控制水体氨氮含量不高于0.4 mg/L、亚硝酸盐含量不高于 0.01 mg/L。每周定期对池塘水进行采样，测量水温、溶氧量、氨氮、pH 和亚硝酸盐等指标。根据采样结果，合理使用芽孢杆菌、光合细菌和 EM 菌等微生物制剂和氧化钙等改善池塘水质和底质，这样不仅可以优化养殖水环境，还可以提高彭泽鲫的免疫能力。在晴天 12：00—14：00、22：00 至次日 7：00开启增氧机，每天喂食结束后，为防治彭泽鲫因吃食密集而导致缺氧，也应开启增氧机，每次增氧机开启时间不低于 2 h。

9.2.1.7 鱼病防治

严格按照"防治结合"的原则，做到无病预防、有病早治。鱼种放养前用 5 %的食盐水浸浴 10 min。养殖期间，每月用二氧化氯进行全池泼洒；定期在饲料中添加内服中草药和微生物制剂，制成药饵进行投喂，每月投喂 1 次；为防治寄生虫病，每月全池泼洒杀虫剂 1 次。每天早、中、晚巡塘，观察鱼的摄食情况和生长情况，发现问题及时采取措施。发病高峰期定期对鱼体进行健康检查，争取早发现、早治疗。一旦发现病害，及时诊断病因，并对症用药，用药量科学计量，杜绝使用抗生素。

9.2.2 试验结果

9.2.2.1 彭泽鲫"轮捕轮放"养殖模式出鱼和收益情况

根据市场行情，采取两次捕捞上市销售的方式，7 月 20 日用抬网捕捞销售部分彭泽鲫，11 月底起捕销售鲢鱼、鳙鱼和彭泽鲫，具体出鱼和收益情况见表 9-2-2。结果显示，7 月 20 日起捕销售的彭泽鲫规格 350 g/ 尾，11 月底起捕销售的彭泽鲫规格550 g/ 尾。彭泽鲫"轮捕轮放"养殖模式每 667 m² 共产出彭泽鲫 1000 kg，鲢鱼、鳙鱼 90 kg。7 月彭泽鲫售价为 18 元 /kg，11 月底售价彭泽鲫为 17 元 /kg、鳙鱼 13 元 /kg、鲢鱼 6 元 /kg，全年总产值 270450 元，每 667 m² 产值 18030 元。

表 9-2-2　彭泽鲫 "轮捕轮放" 养殖模式捕捞和收益情况

品种	起捕时间 / 月	起捕量 / kg	规格 / （g·尾$^{-1}$）	售价 / （元·kg^{-1}）	每 667 m^2 产量 /kg	每 667 m^2 产值 / 元	总产值 / 元
彭泽鲫	7	2625	350	18	1000	17175	257625
	11	12375	550	17			
鳙鱼	11	675	1500	13	45	585	8775
鲢鱼	11	675	1500	6	45	270	4050
合计		16350			1090	18030	270450

9.2.2.2　彭泽鲫 "轮捕轮放" 养殖模式成本和利润情况

由表 9-2-3 可知，彭泽鲫 "轮捕轮放" 养殖模式全年鱼种费、饲料费、人工费、水电费等成本费用合计 192000 元，全年彭泽鲫总产值 270450 元，总利润为 78450 元，每 667 m^2 利润达 5230 元。

表 9-2-3　彭泽鲫 "轮捕轮放" 养殖模式成本与利润情况

单位：元

放养品种	鱼种费	饲料费	人工费	水电费	渔药费	塘租	成本合计	总利润	每 667 m^2 利润
彭泽鲫	12000	142000	20000	6000	3000	9000	192000	78450	5230

9.2.3　分析与讨论

目前，我国水产养殖品种大部分是以 "四大家鱼" 为主，一般是以草鱼、鳊鱼等鱼类为主养，但近年来，草鱼、鳊鱼价格持续低迷，导致养殖效益降低（徐金根等，2020）。而彭泽鲫具有很强的抗病能力，养殖技术简单，市场价格波动小，深受消费者青睐。因此，彭泽鲫主养模式相对于其他鱼类品种有较为明显优势。

优化养殖模式是彭泽鲫高产高效的关键因素之一。在彭泽鲫传统养殖模式中，鱼的体长和体重会随着养殖时间的增加而增加，池塘水体的载鱼压力也会逐渐增加，7—8 月是夏季高温天气，载鱼量过大易导致鱼体生长减缓，发生缺氧、病害甚至死亡等情况（王文彬，2022）。采用 "轮捕轮放" 养殖模式可以避免养殖密度过大对鱼类生长的制约，使彭泽鲫在较合适的养殖密度下生长，有利于提高养殖总产量。在高温季节到来之前，将彭泽鲫卖大留小，可有效降低池塘的载鱼量，充分利用池塘水体空间，有效减少缺氧和病害的发生，有利于养殖管理。

根据市场调查发现，彭泽鲫的市场价格波动幅度和成鱼的大小、出鱼的季节等因素息息相关，淡季的鱼价比旺季要高很多。可以这样说，养殖要想增加收入、提高利润，关键是要根据市场需求，抢占上市时机，而传统的养殖模式无法做到这一点。采用"轮捕轮放"养殖模式可以改变以往的局面，做到四季有鱼，可以保证根据市场价格的浮动提供不同规格的商品彭泽鲫，不仅可以满足市场需要，而且也提高了养殖的经济效益。本试验结果表明，彭泽鲫"轮捕轮放"养殖模式每 667 m^2 利润为 5230 元，比彭泽鲫池塘主养模式每 667 m^2 利润 3300 元提高了 58.5%（关维维等，2013）。

综上所述，彭泽鲫"轮捕轮放"养殖模式能最大程度地发挥池塘生产潜力，提高养殖产量，是一种高效的养殖模式，但是其对养殖技术有较高的要求，应具备一定的条件才可实施。在彭泽鲫"轮捕轮放"养殖模式中，是否可以通过控制苗种质量、提高养殖密度、改变投喂策略、优化水质调控等方式进一步提高养殖产量和养殖效益，有待进一步研究。

9.3　彭泽鲫"一年两茬"高产高效养殖技术

"一年两茬"养殖模式在异育银鲫（李玉成等，2015）、鳗鳅（刘建朝等，2022）、（南美白对虾）（高斐斐等，2021）、鲤鱼（张开松，2018）、鳜鱼（劳顺健等，2016）和草鱼（张兰，2013）等上都有研究，但彭泽鲫"一年两茬"养殖模式目前还没有学者对其进行研究。近年来，彭泽鲫一般是采用春放秋捕的一年一茬养殖模式，但该养殖模式存在池塘有一短时间的空塘期、土地利用率偏低等不足，再加上市场鱼价波动较大，影响了彭泽鲫池塘产出效率和经济效益。为解决该养殖模式存在的上述问题，笔者在湖口县文桥镇彭泽鲫养殖基地开展了彭泽鲫"一年两茬"养殖模式试验，旨在为彭泽鲫养殖新模式提供方法和参考。

9.3.1　材料与方法

9.3.1.1　苗种

彭泽鲫苗种来自当地的彭泽鲫良种场。

9.3.1.2　池塘条件及配置

在湖口县文桥镇彭泽鲫养殖基地选择一个试验池塘，池塘呈长方形，东西向，面积 1 hm^2，池水深 3.2 m，保水性好，不漏水，池底平整无淤泥，池塘紧邻河水，水源充足，水质达到养殖水质要求，排、灌口分开，进水管口包有 40 目筛绢网，用于防止杂鱼及卵进入池塘。

池塘配备 3 台 3 kW 叶轮式增氧机，包括备用 1 台；自动投饲机 2 台。池塘的东西两侧每隔 5 m 放置一个高 1.5 m 的木桩，木桩顶端连接铅丝，以铅丝为固定，每隔 20 cm 拉设钓鱼线，做成防鸟网。

9.3.1.3 第一茬彭泽鲫养殖

9.3.1.3.1 池塘消毒

彭泽鲫鱼种放养前 15 d，用生石灰对池塘进行全面消毒。池塘留水 10 cm 深，每 667 m² 生石灰用量为 100 kg，加水后将生石灰搅拌成浆状，均匀地泼洒在池底和池壁上，可有效消杀池中有害病菌、寄生虫等，还能改善池塘酸碱度，使水体呈弱碱性。清塘 10 d 后，池塘注水 1 m 深。

9.3.1.3.2 鱼种放养

2 月上旬，挑选光滑无伤、规格整齐、鱼体丰满、体质健壮的彭泽鲫冬片进行放养。因彭泽鲫口裂径小，不宜套养鲤鱼、草鱼等抢食性较强的鱼类，所以池塘采用套养鲢鱼、鳙鱼的方式来提高鱼产量和进行生物调水。具体放养情况见表 9-3-1。

表 9-3-1 彭泽鲫 "一年两茬" 养殖模式第一茬放养情况

放养种类	放养规格 /（g·尾⁻¹）	放养密度 /（尾·hm⁻²）	放养总量 /kg
彭泽鲫	130	67500	8775.0
鳙鱼	450	1200	540.0
鲢鱼	350	2250	787.5

9.3.1.3.3 饲料投喂

鱼种放养后第 2 天开始投喂粗蛋白质含量 35% 的鲫鱼全价配合颗粒饲料，饲料粒径 2 mm，投饲率按鱼种体重的 2.8% 进行计算。坚持按照 "四定" 和 "四看" 的原则进行投喂，每天投喂 3 次，投喂时间分别为 6：50、11：30 和 17：00，每次投喂时间不低于 2 h。

9.3.1.3.4 水质调控

要培育高质量、健康的彭泽鲫商品成鱼，必须加强对水质的调控。池塘配置两台水泵 24 h 不间断地交替工作，保证池塘水长期处于流动状态，防止水质老化，保持池水清新。每周定期对池塘水进行采样，测量水温、pH、溶氧量、氨氮、亚硝酸盐等指标，根据结果合理使用芽孢杆菌、EM 菌、光合细菌等微生物制剂和氧化钙等改善池塘水质和底质，以提高彭泽鲫的免疫能力。保证水体氨氮含量不高于 0.4 mg/L，亚硝酸盐含量不高于 0.01 mg/L。每天喂食结束后，应开启增氧机，防止彭泽鲫因吃食密集

而导致缺氧；在晴天中午需开启增氧机，增氧机开启时间不低于 2 h。

9.3.1.3.5　鱼病防治

严格按照"防治结合"的原则，做到无病预防、有病早治。鱼种放养前，先用聚维酮碘（按药品使用说明书要求配制稀释液）浸泡 1 min；放养 7 d 后，再用聚维酮碘（按药品使用说明书要求配制稀释液）进行全池泼洒，以预防鱼病。每月定期用二氧化氯进行全池泼洒；定期在饲料中添加内服中草药和微生物制剂，制成药饵进行投喂，每月投 2 次，每次持续投饵 3 d，每天投饵 1 次；为防治寄生虫病，每月全池泼洒杀虫剂 1 次。每天早、中、晚巡塘，观察鱼的摄食和生长情况，发现问题及时采取措施。发病高峰期定期对鱼体进行健康检查，争取早发现、早治疗；一旦发现病害，及时诊断病因，并对症用药，用药量科学计量，杜绝使用抗生素。

9.3.1.4　第二茬彭泽鲫养殖

9.3.1.4.1　池塘消毒

第一茬鱼全部出塘后，将池塘水排干，用漂白粉加水混匀后全池泼洒，进行池塘消毒，每 667 m² 漂白粉用量为 5 kg。消毒 2 d 后注水 1 m 深。

9.3.1.4.2　鱼种放养

6 月 30 日，放养彭泽鲫鱼苗，和第一茬一样，池塘套养鲢鱼、鳙鱼夏花。具体放养情况见表 9-3-2。

表 9-3-2　彭泽鲫"一年两茬"养殖模式第二茬放养情况

放养种类	放养规格 /（g·尾⁻¹）	放养密度 /（尾·hm⁻²）	放养总量 /kg
彭泽鲫	25	75000	8775
鳙鱼	夏花	2250	—
鲢鱼	夏花	5250	—

9.3.1.4.3　饲料投喂

鱼苗入池前 3 d 以摄食水体中的浮游生物为主，第 4 天开始投喂饲料，沿装有自动投饲机一侧的池边设多个投喂点，后逐渐减少投饵点，数日后将投喂点集中于投饲机下一处，然后使用自动投饲机进行驯化，7 d 后即可成功驯化。饲料粗蛋白质含量为 35%、粒径 2 mm，投饵率按鱼种体重的 2.8% 进行计算。坚持按照"四定"和"四看"的原则进行投喂，每天投喂 3 次，投喂时间分别为 6:50、11:30 和 17:00，每次投喂时间不低于 2 h，至大部分鱼吃饱游走为止。

9.3.1.4.4　水质调控

由于 7—8 月属于高温季节，因此和第一茬一样，配置两台抽水机 24 h 运行，加快池水更换，保证池水清新。定期对池水进行采样，根据采样结果定期使用微生物制剂和底质改良剂改善池塘水质和底质。投喂结束后开启增氧机，防止彭泽鲫吃食密集导致缺氧；高温天气中午需开启增氧机，增氧机增氧曝气时间每次不低于2 h。

9.3.1.4.5　鱼病防治

和第一茬一样，鱼种放养前用聚维酮碘（按药品使用说明书要求配制稀释液）浸泡 1 min，放养 7 d 后再用聚维酮碘（按药品使用说明书要求配制稀释液）进行全池泼洒，以预防鱼病。8 月初，全池泼洒 0.1 g/m³ 的二氧化氯。定期投喂添加内服中草药和微生物制剂制成的药饵，用于提高鱼体免疫力。为防治寄生虫病，每月全池泼洒杀虫剂 1 次。每天早、中、晚巡塘，观察鱼的摄食和生长情况，发现问题及时处理。

9.3.2　试验结果

9.3.2.1　彭泽鲫"一年两茬"养殖模式出鱼情况

9.3.2.1.1　第一茬出鱼情况

6 月 20 日，第一茬鱼起捕销售，出鱼情况见表 9-3-3。结果显示，彭泽鲫规格为 310 g/ 尾，每 667 m² 产量 1395 kg，总产量 20925 kg。第一茬共出鱼 24675 kg，每 667 m² 产量 1645 kg。

表 9-3-3　彭泽鲫"一年两茬"养殖模式第一茬出鱼情况

类别	品种	总产量 /kg	每 667 m² 产量 /kg	平均规格 / (g·尾⁻¹)
	彭泽鲫	20925	1395	310
第一茬鱼	鳙鱼	1500	100	1250
	鲢鱼	2250	150	1000
合计		24675	1645	

9.3.2.1.2　第二茬出鱼情况

第二茬鱼年底起捕销售，出鱼情况见表 9-3-4。结果显示，彭泽鲫规格为 130 g/ 尾，每 667 m² 产 617.5 kg，总产量 9292.5 kg，第二茬共出鱼 10722.5 kg，每 667 m² 产 714.5 kg。彭泽鲫一年两茬模式两茬每 667 m² 共产出彭泽鲫成鱼 2012.5 kg，鲢鱼、鳙鱼 347 kg。

表 9-3-4　彭泽鲫"一年两茬"养殖模式第二茬出鱼情况

类别	品种	总产量 /kg	每 667 m² 产量 /kg	平均规格 / (g·尾⁻¹)
第二茬鱼	彭泽鲫	9262.5	617.5	130
	鳙鱼	470.0	31.0	220
	鲢鱼	990.0	66.0	200
合计		10722.5	714.5	

9.3.2.2　彭泽鲫"一年两茬"养殖模式收益情况

9.3.2.2.1　第一茬收益情况

由表 9-3-5 可知，第一茬售价为彭泽鲫 18 元 /kg、鳙鱼 15 元 /kg、鲢鱼 4.2 元 /kg，第一茬总产值为 408600 元，每 667 m² 产值 27240 元。

表 9-3-5　彭泽鲫"一年两茬"养殖模式第一茬收益情况

类别	品种	售价 / (元·kg⁻¹)	总产值 / 元	每 667 m² 产值 / 元
第一茬鱼	彭泽鲫	18.0	376650	25110
	鳙鱼	15.0	22500	1500
	鲢鱼	4.2	9450	630
合计			408600	27240

9.3.2.2.2　第二茬收益情况

由表 9-3-6 可知，当年第二茬售价为彭泽鲫 16 元 /kg、鳙鱼 12 元 /kg、鲢鱼 6 元 /kg，第二茬总产值 159780 元，每 667 m² 产值 10652 元。全年两茬鱼总产值共 568380 元，每 667 m² 总产值 37892 元。

表 9-3-6　彭泽鲫"一年两茬"养殖模式第二茬收益情况

类别	品种	售价 / (元·kg⁻¹)	总产值 / 元	每 667 m² 产值 / 元
第二茬鱼	彭泽鲫	16	148200	9880
	鳙鱼	12	5640	376
	鲢鱼	6	5940	396
合计			159780	10652

9.3.2.3　彭泽鲫"一年两茬"养殖模式成本和利润情况

由表 9-3-7 可知，彭泽鲫"一年两茬"养殖模式全年鱼种费、饲料费、人工费、水电费等成本费用合计 415500 元，全年彭泽鲫总产值 568380 元，总利润 152880 元，每 667 m² 利润达 10192 元。

表 9-3-7　彭泽鲫"一年两茬"养殖模式成本与利润情况

单位：元

类别	鱼种费	饵料费	人工费	水电费	渔药费	塘租	成本合计	总利润	每 667 m² 利润
一茬鱼	60000	180000	40000	8000	3000	12000	415500	152880	10192
二茬鱼	22500	90000							

9.3.3　分析与讨论

彭泽鲫的传统养殖模式一般是春季放鱼、秋季捕捞，秋季全部起捕出塘后至翌年 5 月初放养前，有半年时间池塘是空置的。彭泽鲫"一年两茬"养殖模式可以有效提高池塘利用率，节省池塘成本，进而提高彭泽鲫的养殖效益。

6 月下旬，彭泽鲫价格也比传统养殖模式秋季集中上市的时候要高，市场销量也好。彭泽鲫"一年两茬"养殖模式在 6 月下旬彭泽鲫市场价高的时候出第一茬商品鱼，大大提高了养殖效益。试验结果表明，彭泽鲫"一年两茬"养殖模式每 667 m² 综合利润超过 1 万元，和彭泽鲫池塘主养模式每 667 m² 的 3300 元利润相比，提高了 2 倍多。

7—8 月是高温天气，传统养殖池塘载鱼量一般偏大，水质不易管理，易发生缺氧、病害等情况（王文彬，2022）。在"一年两茬"模式中，夏季高温季节之前就已将彭泽鲫出售后放养夏花，降低了池塘的载鱼量，有效减少了缺氧和病害的发生，有利于养殖管理。

综上所述，彭泽鲫"一年两茬"养殖模式可以一年出两批鱼，提高了资金周转率，有利于提高产能和养殖效益，是一种值得推广的养殖模式。今后，彭泽鲫"一年两茬"养殖模式如何通过控制苗种质量、养殖密度、投喂策略、水质等进一步提高养殖产量和养殖效益，还有待进一步研究。

9.4　两种养殖模式下不同饲料对彭泽鲫影响的研究

蛋白水平是影响鱼类生长的关键因素，也是饲料成本中占比最大的一部分（程小飞等，2020）。如果饲料中蛋白水平过低，就会导致彭泽鲫营养不足、生长速度缓慢，影响经济效益；如果饲料中蛋白质含量过高，不仅会提高养殖成本，还会产生大量的氨氮排泄物，破坏养殖水体环境（王冰柯等，2021）。研究蛋白水平对不同养殖模式下彭泽鲫生长及生理生化的影响，对控制饲料成本和高效养殖模式的选择都具有一定

的意义。本试验以蛋白水平为 30% 和 35% 的两种配合饲料投喂网箱养殖和池塘养殖的彭泽鲫，探讨饲料蛋白水平对不同养殖模式下的彭泽鲫生长性能、消化酶活性、血液生化指标和抗氧化能力的影响，为彭泽鲫的高效养殖模式选择和配合饲料的开发提供一定的依据。

9.4.1　材料与方法

9.4.1.1　试验材料

试验用鱼均为当年繁殖的同一批彭泽鲫幼鱼，均取自江西省水产科学研究所黄马基地，其中网箱养殖彭泽鲫的平均初始体重为（20.40±0.94）g，池塘养殖彭泽鲫的平均初始体重为（18.96±0.31）g。

试验饲料委托南昌湘大骆驼饲料有限公司加工制作而成。试验饲料配方见表9-4-1。

表 9-4-1　试验饲料配方及营养成分（风干基础）

单位：%

原料	饲料蛋白水平	
	30% 组	35% 组
进口鱼粉	10.0	20.0
豆粕	20.0	18.0
菜粕	18.5	18.5
棉粕	8.0	8.0
大米	5.0	5.0
小麦	18.0	10.0
面粉	8.0	8.0
大豆油	6.0	6.0
磷酸二氢钙	2.0	2.0
膨润土	2.0	2.0
赖氨酸	0.3	0.3
蛋氨酸	0.1	0.1
多维[1]	0.5	0.5
多矿[2]	1.0	1.0
氯化胆碱	0.5	0.5
丙酸宝	0.1	0.1

续表

原料	饲料蛋白水平	
	30% 组	35% 组
营养水平		
粗蛋白质	30.2	35.8
粗脂肪	7.6	7.8
水分	9.0	9.5

注：1. 多维日粮（mg·kg^{-1}）：硫胺素 15，核黄素 25，吡哆醇 15，维生素 B$_{12}$ 0.2，叶酸 5，碳酸钙 50，肌醇 500，烟酸 100，生物素 2，抗坏血酸 100，维生素 A 100，维生素 D 20，维生素 E 55，维生素 K 5。

2. 多矿日粮（mg·kg^{-1}）：MgSO$_4$·7H$_2$O 4500，FeSO$_4$·7H$_2$O 950，CuSO$_4$·5H$_2$O 10，ZnSO$_4$·7H$_2$O 108，MnSO$_4$·4H$_2$O 40，KI 1.5，NaCl 600，NaH$_2$PO$_4$·2H$_2$O 8500，KH$_2$PO$_4$ 13500，CoSO$_4$·4H$_2$O 0.5。

9.4.1.2 试验方法

采用 2×2 双因子随机区组设计：设置饲料蛋白水平（30% 和 35%），养殖模式（网箱养殖和池塘养殖）。在 0.33 hm^2 的池塘中设置相同规格的网箱（1 m×1 m×2 m），网箱吃水深度 1.5 m，每种饲料设置 3 个平行，每个平行放养彭泽鲫幼鱼 50 尾，共设置 6 个网箱；另选取 2 口 0.33 hm^2 的池塘，池塘水深 2.5 m，投喂不同蛋白水平的饲料，每个池塘放养彭泽鲫幼鱼 2 万尾。试验开始前统一用蛋白水平 30% 的饲料驯化 7 d，试验开始后每天 9：30 和 16：30 各喂饵料 1 次，日投喂量为其体重的 4%。试验期间水温 22～27 ℃、溶氧量 6.5～7.0 mg/L、氨氮浓度 ≤ 1.0 mg/L、pH 7.9～8.3，试验为期 56 d。

9.4.1.3 样品采集与分析

试验结束后，饥饿 24 h，池塘随机取试验鱼 200 尾，网箱取全部试验鱼，逐个测量体长、体重。每个试验组随机取 6 尾试验鱼尾静脉采血，血液置于无菌离心管中，在 4 ℃环境下静置 12 h，4000 r/min 离心 10 min，取上清液，用于检测血清生化指标，随即在冰上进行解剖，分离肠道组织，分装于离心管中，组织样品和血清样品均置于 –80 ℃冰箱中保存待测。

血清生化指标使用日立 7600–110 型全自动生化分析仪进行测定；超氧化物歧化酶采用黄嘌呤氧化酶法，丙二醛采用硫代巴比妥酸缩合比色法，溶菌酶采用比浊法，过氧化氢酶活性、碱性磷酸酶、酸性磷酸酶、谷丙转氨酶、谷草转氨酶、甘油三酯、总胆固醇、高密度脂蛋白胆固醇和低密度脂蛋白胆固醇等均采用南京建成生物工程研

究所有限公司试剂盒检测，按说明书要求操作和计算。

9.4.1.4　计算公式及数据统计方法

增重率 =（终末总重—初始总重）/ 初始总重 ×100%；

特定生长率（% /d）=（ln 终末总重— ln 初始总重）/ 试验天数 ×100%；

肥满度 = 试验末鱼体重 / 试验末鱼体长度^3×100%。

试验数据采用平均数 ± 标准差的方式表示，用 SPSS 25.0 软件的单因素方差进行数据分析，用邓肯氏法进行组间的差异性比较，显著性差异为 $P < 0.05$。

9.4.2　结果

9.4.2.1　饲料蛋白水平对不同养殖模式下彭泽鲫生长性能的影响

由表 9-4-2 可知，饲料蛋白水平对不同养殖模式下彭泽鲫的肥满度存在显著的相互作用（$P < 0.05$）。在同一养殖模式下，投喂 35% 蛋白水平饲料的彭泽鲫的增重率、特定生长率均显著高于投喂蛋白水平 30% 饲料的彭泽鲫（$P < 0.05$）。在同一蛋白水平下，养殖模式的不同对彭泽鲫的增重率和特定生长率影响不显著（$P > 0.05$）。

饲料蛋白水平影响彭泽鲫对饲料的利用率，从而影响其生长性能。蛋白水平过低，不能满足其基本生长需求；蛋白水平过高，又会造成蛋白质的浪费（McGoogan et al.，2000），增加肌肉中氮的含量，同时提高氨氮排泄（李彬等，2014）。

特定生长率、增重率等指标通常是用来评价鱼类生长速率的重要指标。研究表明，不同养殖模式下大口黑鲈的增重率和特定生长率不同，但差异不显著（原居林等，2018）；不同养殖模式下虎龙杂交斑的增重率和特定生长率差异不显著（刘苏等，2019）。本试验发现，投喂蛋白水平相同的饲料，网箱养殖彭泽鲫的增重率和特定生长率高于池塘养殖的，但差异不显著。这与上述研究结果相同。饲料蛋白水平由 30% 增至 35%，相同养殖模式下的彭泽鲫的增重率、特定生长率显著升高。这与对大黄鱼（林淑琴，2013）、团头鲂（蒋阳阳等，2012）、湘云鲫鱼（秦巍仑等，2020）等的研究结果相似，即饲料蛋白水平升高会显著提高鱼体的生长速率。由此可见，饲料中蛋白水平的提高可以显著提高彭泽鲫的生长性能，而在不同养殖模式的情况下，影响差异不显著。

表 9-4-2 饲料蛋白水平对不同养殖模式下彭泽鲫生长性能的影响

项目	饲料蛋白水平				P 值		
	网箱养殖		池塘养殖		饲粮	养殖模式	互作
	30%组	35%组	30%组	35%组			
初始体重/g	20.35 ± 0.82	20.46 ± 1.06	19.04 ± 0.25	18.89 ± 0.37			
终末体重/g	43.20 ± 1.45^{ab}	53.63 ± 2.97^{c}	37.11 ± 3.41^{a}	47.46 ± 1.63^{bc}	*	*	
增重率/%	112.57 ± 12.06^{a}	162.15 ± 5.68^{b}	94.97 ± 18.91^{a}	151.27 ± 7.17^{b}	*		
特定生长率/(%·d^{-1})	1.79 ± 0.13^{a}	2.30 ± 0.05^{b}	1.58 ± 0.23^{a}	2.19 ± 0.07^{b}	*		
肥满度/%	3.33 ± 0.07^{ab}	3.42 ± 0.09^{b}	3.36 ± 0.07^{ab}	3.15 ± 0.13^{a}		*	*

注：同一行数据上标不同字母表示差异显著（$P < 0.05$），上标相同字母或无字母表示差异不显著（$P > 0.05$）；* 表示差异显著（$P < 0.05$）。

9.4.2.2 饲料蛋白水平对不同养殖模式下彭泽鲫血清免疫和抗氧化活性的影响

由表 9-4-3 可知，饲料蛋白水平对不同养殖模式彭泽鲫血清的 AKP 和 SOD 有显著的相互作用（$P < 0.05$）。在相同的蛋白水平下，不同养殖模式对彭泽鲫血清 SOD 和 MDA 活性影响显著，其中网箱养殖的显著高于池塘养殖的（$P < 0.05$）。在 30% 蛋白水平下，不同的养殖模式对彭泽鲫血清 AKP 活性影响不显著（$P > 0.05$）；但在 35% 蛋白水平下，池塘养殖的彭泽鲫血清 AKP 活性显著高于网箱养殖的（$P < 0.05$）。彭泽鲫血清 CAT 活性在 30% 的蛋白水平下，池塘养殖显著高于网箱养殖（$P < 0.05$），但在 35% 蛋白水平下影响不显著（$P > 0.05$）。网箱养殖中的彭泽鲫血清 SOD 活性随饲料蛋白水平升高而显著提高（$P < 0.05$），池塘养殖模式下虽然也是升高趋势，但是差异不显著（$P > 0.05$）。

当机体中活性氧含量过高，抗氧化防御系统无法中和，就会引起氧化应激反应（Kohen et al., 2002）。这时，生物体就会通过酶促抗氧化防御保护系统（如 SOD、CAT 、MDA）来修复损伤组织，所以这些系统通常被用作氧化应激指标（Halliwell et al., 1985）。研究发现，网箱养殖的黄姑鱼，养殖密度是一个潜在的慢性胁迫因子，SOD 活性在显著升高，丙二醛浓度基本呈下降的趋势（王孝杉等，2018）；在翘嘴鳜的试验中，也发现养殖密度的增加会提高 SOD、CAT 的活性，同时减少 MDA 的形成（陆可等，2022）。本试验发现，在相同饲料蛋白水平下，网箱养殖的彭泽鲫 SOD 活性显著高于池塘养殖的，而 MDA 含量则显著低于池塘养殖。在 30% 蛋白水平下，网箱养殖的彭泽鲫 CAT 活性显著高于池塘养殖的（$P < 0.05$），在 35% 蛋白水平下则影

响不显著（$P > 0.05$）。因为网箱容积较小，在试验后期，网箱养殖密度相较池塘偏高，彭泽鲫对密度胁迫产生了应激反应，网箱中MDA浓度低于池塘养殖，可能是鱼体通过调整而适应胁迫，具备一定的抗氧化能力（INAGRE C l et al.，2012）。网箱养殖SOD活性升高，可能是因为鱼体受胁迫后，激活了该诱导酶的活性（SIES et al.，1997）。SOD是一种抗氧化酶，可以清除活性氧的自由基，防止机体受到氧化伤害（洪美玲等，2011）。在本试验中，网箱养殖模式下，投喂35%蛋白水平饲料的彭泽鲫SOD活性显著高于投喂30%蛋白水平饲料的；池塘养殖模式下，虽然不同蛋白水平对彭泽鲫SOD活性影响不显著，但是35%蛋白水平饲料组的彭泽鲫SOD活性也是高于30%蛋白水平饲料的，这一结果与尼罗罗非鱼（杨弘等，2012）、洛氏鲹（杨兰等，2018）和鲤鱼（鹿璇等，2014）等一致。

表9-4-3　饲料蛋白水平对不同养殖模式下彭泽鲫血清免疫和抗氧化活性的影响

项目	饲料蛋白水平				P值		
	网箱养殖		池塘养殖		饲粮	养殖模式	互作
	30%组	35%组	30%组	35%组			
溶菌酶 LZM/(U·ml⁻¹)	143.59 ± 45.07	153.85 ± 27.74	142.53 ± 21.07	151.72 ± 23.89			
碱性磷酸 ALP/(King Unit·100 ml⁻¹)	2.62 ± 0.29^{ab}	1.71 ± 0.30^{a}	3.63 ± 0.62^{bc}	4.03 ± 0.17^{c}		*	*
酸性磷酸酶 ACP/(King Unit·100 ml⁻¹)	304.69 ± 51.64	216.48 ± 45.95	323.15 ± 11.79	290.52 ± 42.47	*		
超氧化物歧化酶 SOD/(U·ml⁻¹)	225.37 ± 8.43^{b}	346.05 ± 38.52^{c}	137.10 ± 6.89^{a}	172.21 ± 2.68^{a}	*	*	*
过氧化氢酶 CAT/(U·ml⁻¹)	2.48 ± 0.50^{a}	2.57 ± 0.36^{ab}	4.48 ± 1.28^{b}	2.55 ± 0.54^{ab}			
丙二醛 MDA/(nmol·ml⁻¹)	8.00 ± 0.66^{ab}	7.48 ± 1.31^{a}	12.25 ± 1.09^{c}	10.12 ± 0.21^{bc}	*	*	

注：同一行数据上标不同字母表示差异显著（$P < 0.05$），上标相同字母或无字母表示差异不显著（$P > 0.05$）；* 表示差异显著（$P < 0.05$）。

9.4.2.3　饲料蛋白水平对不同养殖模式下彭泽鲫血清生化指标的影响

由表9-4-4可知，饲料蛋白水平对不同养殖模式彭泽鲫血清的AST和TG指标有显著的相互作用（$P < 0.05$）。在相同蛋白水平下，网箱养殖的彭泽鲫血清ALT和

AST 指标显著高于池塘养殖的（$P < 0.05$）。在网箱养殖模式下，彭泽鲫血清 AST 和 TG 指标随着蛋白水平的升高而显著降低（$P < 0.05$）。蛋白水平对池塘养殖各指标影响均不显著（$P > 0.05$）。

转氨酶是血液中显示肝脏健康程度的敏感指标。在正常情况下，组织细胞内的转氨酶只有少量被释放到血浆中，因此血清中的转氨酶活性较小。当肝脏受损时，细胞内的转氨酶就会大量释到血液中，使血液中的 ALT 与 AST 活性升高（Refaey et al., 2018）。在本试验中，投喂相同蛋白水平饲料的情况下，网箱养殖的彭泽鲫 ALT 和 AST 指标显著高于池塘养殖的（$P < 0.05$）。这可能是因为网箱养殖的彭泽鲫的养殖密度高于池塘养殖，密度偏高的养殖环境会造成拥挤胁迫，导致鱼体产生应激，进而导致 ALT 和 AST 指标显著升高。这与团头鲂（杨震飞，2019）、褐牙鲆（王腾腾，2016）、大口黑鲈（张奇，2020）等的研究结果相似。在网箱养殖模式下，因为养殖密度偏高，可能导致其肝脏器官受到损害，因此血清中 ALT 与 AST 的水平升高（Ni et al., 2014）。

表 9-4-4　饲料蛋白水平对不同养殖模式下彭泽鲫血清生化指标的影响

项目	饲料蛋白水平				P 值		
	网箱养殖		池塘养殖		饲粮	养殖模式	互作
	30%组	35%组	30%组	35%组			
谷丙转氨酶 ALT/(U·L^{-1})	1.40 ± 0.24[bc]	1.74 ± 0.07[c]	1.01 ± 0.05[a]	1.26 ± 0.11[ab]	*	*	
谷草转氨酶 AST/(U·L^{-1})	24.54 ± 2.19[c]	19.71 ± 2.26[b]	9.77 ± 0.62[a]	10.61 ± 0.82[a]		*	*
甘油三酯 TG/(mmol·L^{-1})	3.69 ± 0.32[b]	2.39 ± 0.39[a]	2.89 ± 0.52[ab]	2.87 ± 0.40[ab]	*		*
胆固醇 TC/(mmol·L^{-1})	7.45 ± 0.21	7.03 ± 0.76	7.29 ± 0.29	6.93 ± 0.21			
高密度脂蛋白胆固醇 HDLC/(mmol·L^{-1})	1.91 ± 0.12	1.82 ± 0.27	1.65 ± 0.04	1.66 ± 0.09		*	
低密度脂蛋白胆固醇 LDLC/(mmol·L^{-1})	3.80 ± 0.19	3.64 ± 0.56	3.64 ± 0.16	3.32 ± 0.07			

注：同一行数据上标不同字母表示差异显著（$P < 0.05$），上标相同字母或无字母表示差异不显著（$P > 0.05$）；* 表示差异显著（$P < 0.05$）。

9.4.2.4　饲料蛋白水平对不同养殖模式下彭泽鲫消化酶活性的影响

由表 9-4-5 可知，饲料蛋白水平对不同养殖模式下的彭泽鲫蛋白酶活性有显著的

相互作用（$P < 0.05$）。投喂相同蛋白水平的饲料，池塘养殖的彭泽鲫的淀粉酶显著高于网箱养殖的（$P > 0.05$）；投喂 30％蛋白水平饲料对不同养殖模式下的彭泽鲫的蛋白酶活性影响不显著（$P > 0.05$），而在投喂 35％蛋白水平饲料下，网箱养殖的彭泽鲫的蛋白酶活性显著高于池塘养殖的（$P < 0.05$）。网箱养殖的彭泽鲫蛋白酶活性随饲料蛋白水平的升高而显著提高（$P < 0.05$），但池塘养殖的彭泽鲫蛋白酶活性差异不显著（$P > 0.05$）。

无胃鱼类的消化主要是依靠体内分泌的消化酶，其活性大小在一定程度上直接反映了鱼类机体的消化生理状况（Kuz'mina et al.，1996）。鱼类的消化酶主要有蛋白酶、淀粉酶和脂肪酶等。本试验发现，网箱养殖模式的彭泽鲫蛋白酶活性随着饲料蛋白水平的增加而显著升高，这与对黑脊倒刺鲃（吕耀平等，2009）、瓦氏黄颡鱼（孙翰昌等，2010）等的研究结果类似。但池塘养殖模式中的彭泽鲫蛋白酶活性随着饲料蛋白水平的增加未显著性提高，原因可能是饲料蛋白水平含量差别不大，各处理组之间彭泽鲫肠道蛋白酶活性差异不显著；也可能是彭泽鲫对于蛋白水平的适应范围较广，试验组饲料的蛋白水平并不会对肠道消化造成负担。饲料蛋白水平对肠道淀粉酶和脂肪酶活性影响不显著，与蒙古鲌（方桂萍，2014）、异育银鲫（Ye et al.，2015）和宝石鲈（邵庆均等，2004）的研究结果一致。在相同蛋白水平下，池塘养殖模式的彭泽鲫淀粉酶活性显著高于网箱养殖，可能是因为池塘养殖范围较大，随着养殖时间的增加，鱼体生长到一定程度后，彭泽鲫摄食的浮游植物、水生植物等生物量显著高于网箱养殖，这与团头鲂（马恒甲等，2021）、刀鲚（袁新程等，2021）的研究结果一致。

表 9-4-5　饲料蛋白水平对不同养殖模式下彭泽鲫消化酶活性的影响

项目	饲料蛋白水平				P 值		
	网箱养殖		池塘养殖		饲粮	养殖模式	互作
	30％组	35％组	30％组	35％组			
蛋白酶/ (U·mgprot^{-1})	18787.48 ± 1991.42[a]	31110.57 ± 6686.43[b]	15040.18 ± 1173.25[a]	16032.45 ± 1205.94[a]	*	*	*
脂肪酶/ (U·gprot^{-1})	3.98 ± 0.97	3.25 ± 0.36	4.61 ± 0.66	4.50 ± 0.55		*	
淀粉酶/ (U·mgprot^{-1})	29.24 ± 4.07[a]	26.11 ± 5.96[a]	74.09 ± 10.88[b]	70.19 ± 8.80[b]		*	

注：同一行数据上标不同字母表示差异显著（$P < 0.05$），上标相同字母或无字母表示差异不显著（$P > 0.05$）；* 表示差异显著（$P < 0.05$）。

9.4.3　结论

综上所述，适当地提高饲料中蛋白水平，对不同养殖模式下的彭泽鲫的生长均有促进作用，在一定程度上可提高其免疫力。在本试验条件下，饲料蛋白水平35％时，网箱养殖模式下的效果更优。

主要参考文献

[1]　AGHAJANIAN P, HALL S, WONGWORAWAT M D, et al. The roles and mechanisms of actions of vitamin C in bone: new developments. Journal of Bone and Mineral Research, 2015, 30: 1945–1955.

[2]　AI Q, MAI K, TAN B, et al. Effects of dietary vitamin C on survival，growth, and immunity of large yellow croaker, *Pseudosciaena crocea*[J]. Aquaculture, 2006, 261(1): 327–336.

[3]　ALZAMORA R, BROWN L R, HARVEY B J. Direct binding and activation of protein kinase C isoforms by aldosterone and 17 β –estradiol[J]. Molecular Endocrinology, 2007, 21(11): 2637–2650.

[4]　ANDERSEN C L, JENSEN J L, ORNTOFT T F. Normalization of real–time quantitative reverse transcription–PCR data: a model–based variance estimation approach to identify genes suited for normalization, applied to bladder and colon cancer data sets[J]. Cancer Res, 2004, 64(15): 5245–5250.

[5]　ANN Rempel M, REYES J, STEINERT S, et al. Evaluation of relationships between reproductive metrics, gender and vitellogenin expression in demersal flatfish collected near the municipal wastewater outfall of Orange County, California, USA[J]. Aquat Toxicol, 2006, 77(3): 241–249.

[6]　ANTONOPOULOU E, KENTEPOZIDOU E, FEIDANTSIS K, et al. Starvation and re–feeding affect Hsp expression, MAPK activation and antioxidant enzymes activity of European Sea Bass (*Dicentrarchus labrax*)[J]. Comparative Biochemistry and Physiology Part A: Molecular & Integrative Physiology, 2013, 165(1): 79–88.

[7]　ARAO Y, HAMILTON K J, GOULDING E H, et al. Transactivating function(AF)2-mediated AF-1 activity of estrogen receptor α is crucial to maintain male reproductive tract function[J]. Proc Natl Acad Sci USA, 2012, 109(51): 21140-21145.

[8]　ASHIDA H, UEYAMA N, KINOSHITA M, et al. Molecular identification and expression of FOXL2 and DMRT1 genes from willow minnow *Gnathopogon caerulescens*[J]. Reproduction Biology, 2013, 13(4): 317-324.

[9]　BABAEI S, ABEDIAN KENARI A, HEDAYATI M, et al. Effect of diet composition on growth performance, hepatic metabolism and antioxidant activities in Siberian sturgeon(*Acipenserbaerii*, Brandt, 1869)submitted to starvation and refeeding[J]. Fish Physiology and Biochemistry, 2016, 42(6): 1509-1520.

[10]　BAKER M E. 11β-Hydroxysteroid dehydrogenase-type 2 evolved from an ancestral 17β-Hydroxysteroid dehydrogenase-type 2[J]. Biochemical and Biophysical Research Communications, 2010, 215-220.

[11]　BERENJESTANAKI S S, FEREIDOUNI A E, OURAJI H, et al. Influence of dietary lipid sources on growth, reproductive performance and fatty acid compositions of muscle and egg in three-spot gourami (*Trichopodus trichopterus*)(Pallas, 1770)[J]. Aquaculture Nutrition, 2014, 20(15).

[12]　BLASCO M, FERNANDINO J I, GUILGUR L G, et al. Molecular characterization of cyp11a1 and cyp11b1 and their gene expression profile in pejerrey(*Odontesthes bonariensis*) during early gonadal development[J]. Comp Biochem Physiol A, 2010, 156(1): 110-118.

[13]　BRANSDEN M, BATTAGLENE S, GOLDSMID R, et al. Broodstock condition, egg morphology and lipid content and composition during the spawning season of captive striped trumpeter, *Latris lineata*[J]. Aquaculture, 2007, 268(1): 2-12.

[14]　BRUCE B MCGOOGAN, DELBERT M Gatlin. Dietary manipulations affecting growth and nitrogenous waste production of red drum, *Sciaenops ocellatus*[J]. Aquaculture, 2000, 182(3).

[15]　CALLARD G V, TARRANT A M, NOVILLO A, et al. Evolutionary origins of the estrogen signaling system: Insights from amphioxus[J]. Journal of Steroid Biochemistry and Molecular Biology, 2011, 127(3): 176-188.

[16]　CASTRO L F, ROCHA M J, LOBO-DA-CUNHA A, et al. 2009. The 17beta-hydroxysteroid dehydrogenase 4: Gender-specific and seasonal gene expression in the liver of

brown trout(*Salmo trutta* f. fario)[J]. Comparative Biochemistry and Physiology B—Biochemistry & Molecular Biology, 2009, 153(2): 157–164.

[17] CHIKAE M, IKEDA R, HASAN Q, et al. Effects of tamoxifen, 17 α –ethynylestradiol, flutamide, and methyltestosterone on plasma vitellogenin levels of male and female Japanese medaka (*Oryzias latipes*)[J]. Environ Toxicol Pharmacol, 2004, 17(1): 29–33.

[18] DEVLIN R H, NAGAHAMA Y. Sex determination and sex differentiation in fish: An overview of genetic, physiological, and environmental influences[J]. Aquaculture, 2002, 208(3): 191–364.

[19] DING L Y, CHEN W J, FU H Y, et al. Estimation of the Optimum Dietary Protein to Lipid Ratio in Juvenile Pengze Crucian Carp (*Carassius auratus* Var. Pengze)[J]. Aquaculture Nutrition, 2022, 2022.

[20] E. SN, A. WE, A. KM, et al. Beneficial effects of soybean lecithin and vitamin C combination in fingerlings gilthead seabream(*Sparus aurata*)diets on; fish performance, oxidation status and genes expression responses[J]. Aquaculture, 2022, 546: 737345.

[21] EINEN O, WAAGAN B, THOMASSEN M S. Starvation prior to slaughter in Atlantic salmon (*Salmo salar*): I. Effects on weight loss, body shape, slaughter–and fillet–yield, proximate and fatty acid composition[J]. IEEE Transactions on Industrial Electronics, 1998, 169(1–2): 37–53.

[22] TAŞBOZAN O, EMRE Y, GÖKÇE M A, et al. The effects of different cycles of starvation and re–feeding on growth and body composition in rainbow trout(*Oncorhynchus mykiss*, Walbaum, 1792)[J]. Journal of Applied Ichthyology, 2016, 32(3): 40–47.

[23] FAN Z, WU D, LI J, et al. Dietary protein requirement for large–size Songpu mirror carp(*Cyprinus carpio* Songpu)[J]. Aquaculture Nutrition, 2020, 26: 1748–1759.

[24] FERNÁNDEZ–PALACIOS H, IZQUIERDO M, ROBAINA L, et al. The effect of dietary protein and lipid from squid and fish meals on egg quality of broodstock for gilthead seabream(*Sparus aurata*)[J]. Aquaculture, 1997, 148(2): 233–246.

[25] FURUITA H, TANAKA H, YAMAMOTO T, et al. Effects of n–3 HUFA levels in broodstock diet on the reproductive performance and egg and larval quality of the Japanese flounder, *Paralichthys olivaceus*[J]. Aquaculture, 2000, 187: 387–398.

[26] GAN L, LIU J Y, TIAN X L, et al. Effect of dietary protein reduction with lysine and methionine supplementation on growth performance, body composition and total ammonia

nitrogen excretion of juvenile grass carp, *Ctenopharyngodon idella*[J]. Aquaculture Nutrition, 2012, 18(6): 589–598.

[27] GAO Y, LU S, WU M, et al. Effects of dietary protein levels on growth, feed utilization and expression of growth related genes of juvenile giant grouper (*Epinephelus lanceolatus*)[J]. Aquaculture, 2019, 504: 369–374.

[28] GUI J, ZHOU L. Genetic basis and breeding application of clonal diversity and dual reproduction modes in polyploid *Carassius auratus* gibelio[J]. Science China Life Sciences, 2010, 53(4): 409–415.

[29] GUNASEKERA R M, LAM T J. Influence of dietary protein level on ovarian recrudescence in Nile tilapia, *Oreochromis niloticus* (L.)[J]. Aquaculture, 1997, 149(1): 57–69.

[30] GUO X, YAN J, LIU S, et al. Isolation and expression analyses of the Sox9a gene in triploid crucian carp[J]. Fish Physiol Biochem, 2010, 36(2): 125–133.

[31] GUO Y Q, CHENG H H, HUANG X, et al. Gene structure, multiple alternative splicing, and expression in gonads of zebrafish Dmrt1[J]. Biochem Biophys Res Commun, 2005, 330(3): 950–957.

[32] HALE M C, XU P, SCARDINA J, et al. Differential gene expression in male and female rainbow trout embryos prior to the onset of gross morphological differentiation of the gonads[J]. BMC Genomics, 2011, 12(1): 404–410.

[33] HALLIWELL B, GUTTERIDGE J M C. Free radicals in biologyand medicine[J]. Journal of Free Radicals in Biology &Medicine, 1985, 1(4): 331–332.

[34] HAREL M, TANDLER A, KISSIL GW, et al. The kinetics of nutrient incorporation into body tissues of gilthead seabream(*Sparus aurata*)females and the subsequent effects on egg composition and egg quality[J]. British Journal of Nutrition, 1994, 72: 45–58.

[35] HATTORI R S, MURAI Y, OURA M, et al. A Y−linked anti−mullerian hormone duplication takes over a critical role in sex determination[J]. Proceedings of the National Academy of Sciences of the United States of America, 2012, 109: 2955–2959.

[36] HE Z, LI Y, WU Y, et al. Differentiation and morphogenesis of the ovary and expression of gonadal development−related genes in the protogynous hermaphroditic ricefield eel *Monopterus albus*[J]. Journal of Fish Biology, 2014, 85(5): 208–226.

[37] HERSMUS R, KALFA N, DE LEEUW B, et al. FOXL2 and SOX9 as parameters

of female and male gonadal differentiation in patients with various forms of disorders of sex development(DSD)[J]. The Journal of pathology, 2008, 215(1): 31–38.

[38]　HINFRAY N, BAUDIFFIER D, LEAL M C, et al. Characterization of testicular expression of P450 17α–hydroxylase, 17, 20–lyase in zebrafish and its perturbation by the pharmaceutical fungicide clotrimazole [J]. Gen Comp Endocrinol, 2011, 174(3): 309–317.

[39]　HIRAKI T, TAKEUCHI A, TSUMAKI T, et al. Female–specific target sites for both oestrogen and androgen in the teleost brain[J]. Endocrinology, 2012, 153(12): 6003–6011.

[40]　HUANG Q, HUANG K, MA Y, et al. Feeding Frequency and Rate Effects on Growth and Physiology of Juvenile Genetically Improved Farmed Nile Tilapia[J]. North American Journal of Aquaculture, 2015, 77(4): 503–512.

[41]　I F, AMINAH, A M, et al. Effects of Vitamin C and Squid Oil Supplementation on Gonad Maturation of Climbing Perch Broodstock (Bloch)[J]. IOP Conference Series: Earth and Environmental Science, 2022, 1118(1): 012016.

[42]　JENG S R, YUEH W S, LEE Y H, et al. 17, 20β, 21–Trihydroxy–4–pregnen–3–one biosynthesis and 20β–hydroxysteroid dehydrogenase expression during final oocyte maturation in the protandrous yellowfin porgy, *Acanthopagrus latus*[J]. General and Comparative Endocrinology, 2012(176): 192–200.

[43]　LI J M, FANG P, YI X W, et al. Probiotics Bacillus cereus and B. subtilis reshape the intestinal microbiota of Pengze crucian carp (*Carassius auratus* var. Pengze) fed with high plant protein diets[J]. Frontiers in Nutrition, 2022, 9.

[44]　JIANG F F, WANG Z W, ZHOU L, et al. High male incidence and evolutionary implications of triploid form in northeast Asia Carassius auratus complex[J]. Molecular Phylogenetics and Evolution, 2013, 66(1): 350–359.

[45]　JIN Y, TIAN L–X, XIE S–W, et al. Interactions between dietary protein levels, growth performance, feed utilization, gene expression and metabolic products in juvenile grass carp (*Ctenopharyngodon idella*)[J]. Aquaculture, 2015, 437.

[46]　KAMIYA T, KAI W, TASUMI S, et al. A trans–species missense SNP in Amhr2 is associated with sex determination in the tiger pufferfish, *Takifugu rubipes* (Fugu)[J]. Plos Genetics, 2012, 8(7): e1002798.

[47]　KLÜVER N, PFENNIG F, PALA I, et al. Differential expression of anti–müllerian hormone(amh)and anti–müllerian hormone receptor type II(amhrII)in the teleost Medaka[J].

Developmental Dynamics, 2007, 236(1): 271–281.

[48] KOBAYASHI Y, HORIGUCHI R, NOZU R, et al. Expression and localization of forkhead transcriptional factor 2(Foxl2)in the gonads of protogynous wrasse, *Halichoeres trimaculatus*[J]. Biology of Sex Differences, 2010, 1(1): 3.

[49] KOHEN R, NYSKA A. Oxidation of biological systems: ox–idative stress phenomena, antioxidants, redox reactions, and methods for their quantification[J]. Toxicologic Pathology, 2002, 30(6): 620–650.

[50] BAGINSKY M L, STOUT C D, VACQUIER V D. Diffraction quality crystals of lysin from spermatozoa of the red abalone(*Haliotis rufescens*)[J]. The Journal of Biological Chemistry, 1990, 265(9).

[51] LEE C, JEON S H, NA J G, et al. Sensitivities of mRNA expression of vitellogenin, choriogenin and estrogen receptor by estrogenic chemicals in medaka, *Oryzias latipes*[J]. Journal of Health Science, 2002, 48(5): 441–445.

[52] LEE Y H, WU G C, DU J L, et al. Estradiol–17β induced a reversible sex change in the fingerlings of protandrous black porgy, *Acanthopagrus schlegeli* Bleeker: the possible roles of luteinizing hormone in sex change[J]. Biology of Reproduction, 2004, 71(4): 1270–1278.

[53] LEET J K, LESTEBERG K E, SCHOENFUSS H L, et al. Sex–specific gonadal and gene expression changes throughout development in fathead minnow[J]. Sex Development, 2013, 7(6): 303–307.

[54] LI M H, YANG H H, LI M R, et al. Antagonistic roles of Dmrt1 and Foxl2 in sex differentiation via estrogen production in tilapia as demonstrated by TALENs[J]. Endocrinology, 2013, 154(12): 4814–4825.

[55] LI M, WANG L, WANG H, et al. Molecular cloning and characterization of amh, dax1 and cyp19a1a genes in pengze crucian carp and their expression patterns after 17α–methyltestosterone exposure in juveniles[J]. Comparative Biochemistry and Physiology C–Toxicology & Pharmacology, 2013, 157: 372–381.

[56] LI M, YANG H, ZHAO J, et al. Efficient and heritable gene targeting in tilapia by CRISPR/Cas9[J]. Genetics, 2014, 197(2): 591–599.

[57] LI X Y, WANG J T, HAN T, et al. Effects of dietary carbohydrate level on growth and body composition of juvenile giant croaker Nibea japonica[J]. Aquaculture research, 2015, 46(12): 2851–2858.

[58]　LI X Y, ZHANG X J, LI Z, et al. Evolutionary history of two divergent Dmrt1 genes reveals two rounds of polyploidy origins in gibel carp[J]. Molecular Phylogenetic Evolution, 2014, 78: 96-104.

[59]　LIU X, WANG H, GONG Z. Tandem-repeated Zebrafish zp3 genes possess oocyte-specific promoters and are insensitive to estrogen induction[J]. Biology of Reproduction, 2006, 74(6): 1016-1025.

[60]　LIVAK K J, SCHMITTGEN T D. Analysis of relative gene expression data using real-time quantitative PCR and the Ct method[J]. Methods, 2001, 25(4): 402-408.

[61]　LUBZENS E, YOUNG G, BOBE J, et al. Oogenesis in teleosts: how fish eggs are formed[J]. General and comparative endocrinology , 2010, 165: 367-389.

[62]　LUCKENBACH J A, YAMAMOTO Y, GUZMÁN J M, et al. Identification of ovarian genes regulated by follicle-stimulating hormone(Fsh)in vitro during early secondary oocyte growth in coho salmon[J]. Molecular and Cellular Endocrinology, 2010, 366(1): 38-52.

[63]　LUO L, AI L, LI T, et al. The impact of dietary DHA/EPA ratio on spawning performance, egg and offspring quality in Siberian sturgeon(*Acipenser baeri*)[J]. Aquaculture, 2015, 437: 140-145.

[64]　LUO L, AI L C, LIANG X F, et al. n-3 Long-chain polyunsaturated fatty acids improve the sperm, egg, and offspring quality of Siberian sturgeon (*Acipenser baerii*)[J]. Aquaculture, 2017, 473: 266-271.

[65]　LUO L, LI T L, XING W, et al. Effects of feeding rates and feeding frequency on the growth performances of juvenile hybrid sturgeon, *Acipenser schrenckii* Brandt ♀ × A. *baeri-Brandt* ♂ [J]. Aquaculture, 2015, 448: 229-233.

[66]　LUO Z, TAN X Y, LIU C X, et al. Effect of dietary conjugated linoleic acid levels on growth performance, muscle fatty acid profile, hepatic intermediary metabolism and antioxidant responses in genetically improved farmed tilapia strain of Nile tilapia *Oreochromis niloticus*[J]. Aquaculture Research, 2012, 43(9): 1392-1403.

[67]　MA X, WANG L, XIE D, et al. Effect of dietary linolenic/linoleic acid ratios on growth performance, ovarian steroidogenesis, plasma sex steroid hormone, and tissue fatty acid accumulation in juvenile common carp, *Cyprinus carpio*[J]. Aquaculture Reports, 2020, 18.

[68]　MANDIKI S N M, HOUBART M, BABIAK I, et al. Are sex steroids involved in the sexual growth dimorphism in Eurasian perch juveniles?[J]. Physiol Behavior, 2004, 80(5): 603-

609.

[69]　MARTINS TPA, GOMIDES PFV, NAVARRO FKSP, et al. Vitamin C supplementation on growth performance and gonadal development in Nile tilapia[J]. Acta Scientiarum: Technology, 2016, 38(4): 477.

[70]　MASATO H, T CF, AYAKO T, et al. The synthesis and role of taurine in the Japanese eel testis[J]. Amino acids, 2012, 43.

[71]　MATSUDA M, NAGAHAMA Y, SHINOMIYA A, et al. DMY is a Y-specific DM-domain gene required for male development in the medaka fish[J]. Nature, 2002, 417(6888): 559-563.

[72]　MAZORRA C, BRUCE M, BELL J, et al. Dietary lipid enhancement of broodstock reproductive performance and egg and larval quality in Atlantic halibut(*Hippoglossus hippoglossus*)[J]. Aquaculture, 2003, 227(1): 21-33.

[73]　MODIG C, MODESTO T, CANARIO A, et al. Molecular Characterization and Expression Pattern of Zona Pellucida Proteins in Gilthead Seabream(*Sparus aurata*)[J]. Biol Reprod, 2006, 75(5): 717-725.

[74]　MODIG C, RALDÚA D, CERDÀ J, et al. Analysis of vitelline envelope synthesis and composition during early oocyte development in gilthead seabream (*Sparus aurata*)[J]. Molecular Reproduction and Development, 2008, 75(8): 1351-1360.

[75]　MU W J, WEN H S, LI J F, et al. Cloning and expression analysis of Foxl2 during the reproductive cycle in Korean rockfish, *Sebastes schlegeli*[J]. Fish Physiology and Biochemistry, 2013, 39(6): 1419-1430.

[76]　MURATA K, SUGIYAMA H, YASUMASU S, et al. Cloning of cDNA and estrogen-induced hepatic gene expression for choriogenin H, a precursor protein of the fish egg envelope(chorion)[J]. PNAS, 1997, 94(5): 2050-2055.

[77]　MYOSHO T, OTAKE H, MASUYAMA H, et al. Tracing the emergence of a novel sex-determining gene in medaka, *Oryzias luzonensis*[J]. Genetics, 2012, 191(1): 163-170.

[78]　OH S Y, NOH C H, KANG R S, et al. Compensatory growth and body composition of juvenile black rockfish Sebastes schlegeli following feed deprivation[J]. Fisheries science, 2008, 74(4): 846-852.

[79]　POONLAPHDECHA S, PEPEY E, CANONNE M, et al. Temperature induced-masculinisation in the Nile tilapia causes rapid up-regulation of both dmrt1 and amh

expressions[J]. General and Comparative Endocrinology, 2013, 193: 234–242.

[80] QIU H, JIN M, LI Y, et al. Dietary lipid sources influence fatty acid composition in tissue of large yellow croaker (*Larmichthys crocea*) by regulating triacylglycerol synthesis and catabolism at the transcriptional level[J]. Plos One, 2017, 12(1).

[81] R T D, GORDON B J, R D J, et al. Effects of dietary vegetable oil on Atlantic salmon hepatocyte fatty acid desaturation and liver fatty acid compositions[J]. Lipids, 2003, 38(7).

[82] RAGHUVEER K, SENTHILKUMARAN B, SUDHAKUMARI C C, et al. Dimorphic expression of various transcription factor and steroidogenic enzyme genes during gonadal ontogenyin the air–breathing catfish, Clarias gariepinus[J]. Sex Development, 2011, 5(4): 213–223.

[83] ROTCHELL J M, OSTRANDER G K. Molecular markers of endocrine disruption in aquatic organisms[J]. Journal of Toxicology and Environmental Health–part B–Critical Reviews, 2003, 6(5): 453–496.

[84] RUOHONEN K, VIELMA J, GROVE D J. Effects of feeding frequency on growth and food utilisation of rainbow trout (*Oncorhynchusmykiss*) fed low–fat herring or dry pellets[J]. Aquaculture, 1998, 165(1): 111–121.

[85] SEGNER H, CASANOVA–NAKAYAMA A, KASE R, et al. Impact of environmental estrogens on fish considering the diversity of estrogen signaling[J]. Gen Comp Endocrinol, 2013, 191: 190–201.

[86] SHAHKAR E, YUN H, KIM D–J, et al. Effects of dietary vitamin C levels on tissue ascorbic acid concentration, hematology, non–specific immune response and gonad histology in broodstock Japanese eel, *Anguilla japonica*[J]. Aquaculture, 2015, 438: 115–121.

[87] SHIAU S Y, LIN Y H. Carbohydrate utilization and its protein–sparing effect in diets for grouper(*Epinephelus malabaricus*)[J]. Animal Science, 2001, 73(2): 299–304.

[88] SIMONE D A. The effects of the synthetic steroid 17 α –methyltestosterone on the growth and organ morphology of the channel catfish (*Ictaalurus punctatus*)[J]. Aquaculture, 1990, 84: 81–93.

[89] SKINNER S M, MILLS T, KIRCHICK H J, et al. Immunization with zona pellucida proteins results in abnormal ovarian follicular differentiation and inhibition of gonadotropin–induced steroid secretion[J]. Endocrinology, 1984, 115(6): 2418–2432.

[90] SMITH E K, GUZMÁN J M, LUCKENBACH J A. Molecular cloning, characterization,

and sexually dimorphic expression of five major sex differentiation-related genes in a Scorpaeniform fish, sablefish (*Anoplopoma fimbria*)[J]. Comparative Biochemistry and Physiology B-Biochemistry & Molecular Biology, 2013, 165(2): 125-137.

[91] SRIDEVI P, SENTHILKUMARAN B. Cloning and differential expression of FOXL2 during ovarian development and recrudescence of the catfish, *Clarias gariepinus*[J]. General and Comparative Endocrinology, 2011, 174(3): 259-268.

[92] STUART KR, ARMBRUSTER L, JOHNSON R, et al. Egg diameter as a predictor for egg quality of California yellowtail(*Seriola dorsalis*)[J]. Aquaculture, 2020, 522: 735154.

[93] SUN P, YOU F, LIU M, et al. Steroid sex hormone dynamics during estradiol-17 β induced gonadal differentiation in *Paralichthys olivaceus*(Teleostei)[J]. Chinese Journal of Oceanology and Limnology, 2010, 28(2): 254-259.

[94] SUN Y, WANG F, DONG S. A comparative study of the effect of starvation regimes on the foraging behavior of *Portunus trituberculatus* and *Charybdis japonica*[J]. Physiology & behavior, 2015, 151: 168-177.

[95] TEROVA G, SAROGLIA M, PAPP ZG, et al. Ascorbate dynamics in embryos and larvae of sea bass and sea bream, originating from broodstocks fed supplements of ascorbic acid[J]. Aquaculture International, 1998, 6(5): 357-367.

[96] TIAN H Y, ZHANG D D, LI X F, et al. Optimum feeding frequency of juvenile blunt snout bream *Megalobrama amblycephala*[J]. Aquaculture, 2015, 437: 60-66.

[97] TOCHER D R. Fatty acid requirements in ontogeny of marine and freshwater fish[J]. Aquaculture Research, 2010, 41(5): 717-732.

[98] TOCHER D R. Metabolism and functions of lipids and fatty acids in teleost fish[J]. Reviews in Fisheries Science, 2003, 11(2): 107-184.

[99] TOGUYENI A, BAROILLER J F, FOSTIER A, et al. Influence of sexual phenotype and genotype, and sex ration on growth performances in tilapia (*Oreochromis niloticus*)[J]. Aquaculture, 2002, 207: 249-261.

[100] TOKARZ J, MINDNICH R, NORTON W, et al. Discovery of a novel enzyme mediating glucocorticoid catabolism in fish: 20beta-hydroxysteroid dehydrogenase type 2[J]. Molecular and Cellular Endocrinology, 2012, 349(2): 202-213.

[101] TOKARZ J, NORTON W, MÖLLER G, et al. Zebrafish 20 β -hydroxysteroid dehydrogenase type 2 is important for glucocorticoid catabolism in stress response[J]. Plos One,

2013, 8(1): e54851.

[102]　TOMY S, WU G C, HUANG H R, et al. Developmental expression of key steroidogenic enzymes in the brain of protandrous black porgy fish, *Acanthopagrus schlegeli*[J]. Journal of Neuroendocrinology, 2007, 19(8): 643–655.

[103]　UENO T, YASUMASU S, HAYASHI S, et al. Identification of choriogenin cis–regulatory elements and production of estrogen–inducible, liver specific transgenic Medaka[J]. Mechanisms of Development, 2004, 121(7–8): 803–815.

[104]　VANDESOMPELE J, DE PRETER K, PATTYN F, et al. Accurate normalization of real–time quantitative RT–PCR data by geometric averaging of multiple internal control genes[J]. Genome Biology, 2002, 3(7): 1–11.

[105]　VEITH A M, FROSCHAUER A, KÖRTING C, et al. Cloning of the dmrt1 gene of *Xiphophorus maculatus*: dmY/dmrt1Y is not the master sex–determining gene in the platyfish[J]. Gene, 2003, 317(1–2): 59–66.

[106]　VEITIA R A. FOXL2 versus SOX9: a lifelong "battle of the sexes" [J]. Bioessays 32(5): 375–380.

[107]　VOLFF J N, KONDO M, SCHARTL M. Medaka dmY/dmrt1Y is not the universal primary sex–determining gene in fish[J]. Trends in Genetics, 2010, 19: 196–199.

[108]　WANG D S, KOBAYASHI T, ZHOU L Y, et al. Foxl2 up–regulates aromatase gene transcription in a female–specific manner by binding to the promoter as well as interacting with ad4 binding protein/steroidogenic factor 1[J]. Molecular Endocrinology, 2007, 21: 712–725.

[109]　WANG H, WANG J, WU T, et al. Molecular characterization of estrogen receptor genes in Gobiocypris rarus and their expression upon endocrine disrupting chemicals exposure in juveniles[J]. Aquat Toxicol, 2011, 101(1): 276–287.

[110]　WANG H, WU T, QIN F, et al. Molecular cloning of Foxl2 gene and the effects of endocrine–disrupting chemicals on its mRNA level in rare minnow, *Gobiocypris rarus*[J]. Fish Physiology and Biochemistry, 2012, 38(3): 653–664.

[111]　WANG S Y, LUO J, MURPHY R W, et al. Origin of Chinese goldfish and sequential loss of genetic diversity accompanies new breeds[J]. Plos One, 2013, 8(3): e59571.

[112]　WANKE T, BRÄMICK U, MEHNER T. High stock density impairs growth, female condition and fecundity, but not quality of early reproductive stages in vendace (*Coregonus albula*)[J]. Fisheries Research, 2017, 186.

[113]　WILSON R P. Utilization of dietary carbohydrate by fish[J]. Aquaculture, 1994, 124(1–4): 67–80.

[114]　WU G C, TOMY S, LEE M F, et al. 2010. Sex differentiation and sex change in the protandrous black porgy, Acanthopagrus schlegeli[J]. General Comparative and Endocrinology, 1994, 167(3): 417–421.

[115]　WU G C, TOMY S, LEE M F, et al. Sex differentiation and sex change in the protandrous black porgy, Acanthopagrus schlegeli[J]. General Comparative Endocrinology, 2010, 167(3): 417–421.

[116]　WU X, ZHOU B, CHENG Y, et al. Comparison of gender differences in biochemical composition and nutritional value of various edible parts of the blue swimmer crab[J]. Journal of Food Composition and Analysis, 2009, 23(2).

[117]　XIAO J, ZOU T, CHEN Y, et al. Coexistence of diploid, triploid and tetraploid crucian carp (*Carassius auratus*) in natural waters[J]. BMC Genetics, 2011, 12(1): 20.

[118]　XU Y, LI W, DING Z. Polyunsaturated fatty acid supplements could considerably promote the breeding performance of carp[J]. European Journal of Lipid Science and Technology, 2017, 119(5).

[119]　YAN W, CUI L, JIAN G Q, et al. 2010. Cyclical feed deprivation and refeeding fails to enhance compensatory growth in Nile tilapia, *Oreochromis niloticus* L[J]. Aquaculture Research, 2017, 40(2): 204–210.

[120]　YANG R, LI B, FENG H, et al. 2003. Cytogenetic analysis of chromosome number and ploidy of *Carassius auratus* variety Pengze[J]. Acta Zoologica Sinica, 2017, 49: 104–109.

[121]　YANO A, GUYOMARD R, NICOL B, et al. An immune–related gene evolved into the master sex–determining gene in rainbow trout, *Oncorhynchus mykiss*[J]. Current Biology, 2012, 22(15): 1423–1428.

[122]　YE W J, HAN D, ZHU X M, et al. Comparative studies on dietary protein requirements of juvenile and on–growing gibel carp(*Carassius auratus* gibelio)based on fishmeal–free diets[J]. Aquaculture Nutrition, 2015, 21(3): 286–299.

[123]　YUAN Y, LI M, HONG Y. Light and electron microscopic analyses of Vasa expression in adult germ cells of the fish medaka[J]. Gene, 2014, 545(1): 15–22.

[124]　YUEMING H, NANHAI Z, HUI W, et al. Effects of pre–freezing methods and storage temperatures on the qualities of crucian carp(*Carassius auratus* var. pengze)during frozen

storage[J]. Journal of Food Processing and Preservation, 2020, 45(2).

[125] ZENG L Q, LI F J, LI X M, et al. The effects of starvation on digestive tract function and structure in juvenile southern catfish (*Silurus meridionalis* Chen)[J]. Comparative Biochemistry and Physiology Part A: Molecular & Integrative Physiology, 2012, 162(3): 200–211.

[126] ZHANG S, WANG S, LI H, et al. Vitellogenin, a multivalent sensor and an antimicrobial effector[J]. International Journal OF Biochemistry & Cell Biology, 2011, 43(3): 303–305.

[127] ZHANG Y, SUN Z, WANG A, et al. Effects of dietary protein and lipid levels on growth, body and plasma biochemical composition and selective gene expression in liver of hybrid snakehead(*Channa maculata* ♀ × *Channa argus* ♂) fingerlings[J]. Aquaculture, 2017, 468: 1–9.

[128] ZHENG Y, CHEN J, BING X, et al. Gender-specific differences in gene expression profiles in gynogenetic Pengze crucian carp[J]. Animal Biology, 2016, 66(2): 157–171.

[129] ZHENG Y, CHEN J, LIU Y, et al. Molecular mechanism of endocrine system impairment by 17α–methyltestosterone in gynogenic Pengze crucian carp offspring[J]. Ecotoxicology and environmental safety, 2016, 128: 143–152.

[130] ZHENG Y, WANG L, LI M, et al. Molecular characterization of five steroid receptors from pengze crucian carp and their expression profiles of juveniles in response to 17α–ethinylestradiol and 17α–methyltestosterone[J]. Gen Comp Endocrinol, 2013, 191: 113–122.

[131] ZHOU C P, GE X P, NIU J, et al. Effect of dietary carbohydrate levels on growth performance, body composition, intestinal and hepatic enzyme activities, and growth hormone gene expression of juvenile golden pompano, *Trachinotus ovatus*[J]. Aquaculture, 2015, 437: 390–397.

[132] ZHOU L, GUI J F. Molecular mechanisms underlying sex change in hermaphroditic groupers[J]. Fish Physiol Biochem, 2010, 36(2): 181–193.

[133] 艾春香, 陈立侨, 周忠良, 等 . 维生素 C、E 对中华绒螯蟹生殖性能的影响 [J]. 水产学报, 2003: 62–68.

[134] 艾庆辉, 麦康森, 王正丽, 等 . 维生素 C 对鱼类营养生理和免疫作用的研究 进展 [J]. 水产学报, 2005: 857–861.

[135] 蔡春芳,陈立侨,叶元土,等.增加投喂频率改善彭泽鲫对饲料糖的利用[J].华东师范大学学报(自然科学版),2009,(2):88-95.

[136] 陈建明,叶金云,吴文,等.异育银鲫鱼苗和鱼种饲料适口粒径大小初步试验[J].浙江海洋学院学报(自然科学版),2001,(S1):103-105.

[137] 陈团,胡毅,陈云飞,等.膨化与非膨化饲料对草鱼生长及部分生理生化指标影响[J].水生态学杂志,2018,39(02):82-87.

[138] 陈文静,丁立云,邓勇辉,等.饥饿胁迫对彭泽鲫幼鱼形体指标、肌肉脂肪酸组成和肝脏脂蛋白脂酶基因表达的影响[J].动物营养学报,2020,32(06):2782-2790.

[139] 陈彦良,李二超,禹娜,等.大豆油替代鱼油对中华绒螯蟹幼蟹生长、非特异性免疫和抗病力的影响[J].中国水产科学,2014(21):511-521.

[140] 陈志方,李刚,邵禹,等.多鳞白甲鱼人工繁育技术研究[J].科学养鱼,2023(403):18-19.

[141] 程小飞,李传武,邹利,等.饲料蛋白水平对湘华鲮幼鱼生长性能、体成分及血清生化指标的影响[J].水生生物学报,2020,44(02):346-356.

[142] 邓思平,陈松林,田永胜,等.半滑舌鳎的性腺分化和温度对性别决定的影响[J].中国水产科学,2007,24(5):714-719.

[143] 丁立云,陈文静,饶毅,等.饥饿胁迫对彭泽鲫幼鱼生长、体组成、消化酶活性及抗氧化性的影响[J].河南农业科学,2019,48(1):141-145.

[144] 丁立云,陈文静,付辉云,等.饲料粒径对不同规格彭泽鲫幼鱼生长性能的影响[J].饲料研究,2017(02):40-43.

[145] 丁立云,陈文静,贺凤兰,等.不同脂肪源饲料对养成期彭泽鲫生长、体组成和血清生化指标的影响[J].中国饲料,2021(05):62-66.

[146] 丁立云,陈文静,贺凤兰,等.饲料碳水化合物水平对养成期彭泽鲫生长性能、抗氧化及血清生化指标的影响[J].水产学杂志,2022,35(01):16-22.

[147] 丁立云,陈文静,饶毅,等.不同规格彭泽鲫肌肉脂肪酸组成的比较研究[J].饲料研究,2016(04):31-33.

[148] 丁立云,饶毅,陈文静,等.投喂频率对彭泽鲫幼鱼生长性能、形体指标和肌肉品质的影响[J].江苏农业科学,2017,45(19):228-231.

[149] 方桂萍.蛋白水平对蒙古鲌生长、体成分及消化酶活性的影响[D].福建农林大学,2014.

[150] 付义龙,戴银根.彭泽鲫健康养殖技术(上)[J].科学养鱼,2012(05):19-21.

[151] 高露姣，施兆鸿，马春艳，等. 亲鱼的脂类营养与繁殖性能研究进展 [J]. 海洋渔业，2006: 163-166.

[152] 顾海龙，陈彩芳，林志华，等. 水生生物卵黄蛋白原在内分泌干扰物检测中的应用 [J]. 宁波大学学报 (理工版)，2013(2): 12-16.

[153] 桂建芳. 鱼类性别和生殖的遗传基础及其人工控制 [M]. 北京 : 科学出版社，2007: 63-81.

[154] 郭弘艺，魏凯，谢正丽，等. 长江口银色鳗的形态指标体系及其雌雄鉴别 [J]. 水产学报，2011, 35(1): 1-9.

[155] 胡晓齐，王晶晶，王厚鹏，等. 稀有鮈鲫雄激素受体基因的克隆和内分泌干扰物对其表达的影响 [J]. 西北农业学报，2011(20): 8-14.

[156] 黄峰，严安生，陈莉，等. 丁鲅肌肉脂肪酸组成的分析 [J]. 淡水渔业，2005, 35(6): 22-24.

[157] 黄旭雄，施兆鸿，李伟微，等. 银鲳亲鱼不同组织的氨基酸及其随性腺发育的变化 [J]. 水产学报，2009(33): 278-287.

[158] 贾聪慧，杨彩梅，曾新福，等. 丁酸梭菌对肉鸡生长性能、抗氧化能力、免疫功能和血清生化指标的影响 [J]. 动物营养学报，2016, 28(3): 908-915.

[159] 江红霞. 日本沼虾雌性性早熟相关基因的筛选、克隆、表达与功能分析 [D]. 西北农林科技大学，2017.

[160] 姜建湖，沈斌乾，陈建明，等. "太湖鲂鲌"及其亲鱼肌肉营养成分的分析与评价 [J]. 水生生物学报，2019(43): 388-394.

[161] 蒋阳阳，李向飞，刘文斌，等. 不同蛋白质和脂肪水平对 1 龄团头鲂生长性能和体组成的影响 [J]. 水生生物学报，2012, 36(05): 826-836.

[162] 焦莉，孙丽华，王勇，等. 水生动物脂类营养研究进展 [J]. 广东饲料，2020(29): 38-43.

[163] 冷永智，刘正华，高启平. 膨化与非膨化鲤鱼育成料的养殖效果比较 [J]. 淡水渔业，2001(01): 53-56.

[164] 李彬，梁旭方，刘立维，等. 饲料蛋白水平对大规格草鱼生长、饲料利用和氮代谢相关酶活性的影响 [J]. 水生生物学报，2014, 38(02): 233-240.

[165] 李玲丽，武帆，杨振才. 膨化饲料与硬颗粒饲料对泥鳅生长性能的影响 [J]. 饲料工业，2020, 41(22): 44-47.

[166] 李铁梁，邢薇，徐冠玲，等. 维生素 C 对龙睛金鱼亲鱼繁殖性能、免疫及后

代仔鱼质量的影响 [J]. 大连海洋大学学报 , 2022. (37): 732–738.

[167] 李婷婷 , 褚志鹏 , 李创举 , 等 . 饲料中不同脂肪源对杂交鲟幼鱼生长性能、体成分、养分表观消化率、肝脏脂肪代谢酶活性和血清生化指标的影响 [J]. 动物营养学报 , 2021(33): 3447–3460.

[168] 李远友 , 陈伟洲 , 孙泽伟 , 等 . 饲料中 n–3 HUFA 含量对花尾胡椒鲷亲鱼的生殖性能及血浆性类固醇激素水平季节变化的影响 [J]. 动物学研究 , 2004: 249–255.

[169] 梁正其 , 姚俊杰 , 熊铧龙 , 等 . 普安银鲫仔稚鱼的发育及生长研究 [J]. 水产科学 , 2013(32): 380–384.

[170] 林利民 . 5 种海水养殖鱼类肌肉脂肪酸组成分析及营养评价 [J]. 福建农业学报 , 2005, 20(B12): 67–69.

[171] 林仕梅 . 挤压膨化工艺在浮性水产饲料中的应用 [J]. 粮食与饲料工业 , 2001(03): 15–18.

[172] 林淑琴 . 不同生长阶段大黄鱼的蛋白质和蛋 / 能比营养研究 [D]. 中国海洋大学 , 2013.

[173] 刘浩 , 杨俊江 , 董晓慧 , 等 . 饲料碳水化合物水平对斜带石斑鱼生长性能、体成分、血浆生化指标及肠道和肝脏酶活性的影响 [J]. 动物营养学报 , 2020, 32(01): 357–371.

[174] 刘家芳 , 张建勋 , 袁汉文 . 低蛋白水平饲料对黄鳝性腺指数和性腺发育的影响 [J]. 长江大学学报 (自然科学版) 2012(9): 30–33, 35–36.

[175] 刘权迪 , 宁延昶 , 温斌 , 等 . 饲料中脂肪水平对海湾扇贝性腺发育、脂肪酸组成和组织结构的影响 [J]. 上海海洋大学学报 , 2021(30): 981–991.

[176] 刘苏 , 赵会宏 , 张敏 , 等 . 不同养殖模式对虎龙杂交斑生长、消化酶活性及非特异性免疫的影响 [J]. 渔业现代化 , 2019, 46(04): 24–30, 41.

[177] 刘小玲 , 曹俊明 , 邝哲师 , 等 . 嗜酸乳酸菌对吉富罗非鱼生长、非特异性免疫酶活性和肠道菌群的影响 [J]. 广东农业科学 , 2013, 40(1): 123–126.

[178] 刘娅 , 于跃 , 鲁子怡 , 等 . 黄颡鱼 XX 伪雄鱼诱导与全雌种群规模化繁育 [J]. 水生生物学报 , 2022(46): 1939–1948.

[179] 刘洋 , 高坚 , 曹小娟 , 等 . 不同脂肪源对细鳞鲑生长、脂质代谢及抗氧化性能的影响 [J]. 水生生物学报 , 2018, 42(03): 533–541.

[180] 刘永士 , 施永海 , 谢永德 , 等 . 膨化沉性饲料和粉状饲料对菊黄东方鲀生长和氮磷收支的影响 [J]. 水产科技情报 , 2018, 45(05): 253–258.

[181]　刘玉芳 . 中国 5 种淡水鱼脂肪酸组成分析 [J]. 水产学报 , 1991, 15(2): 169–171.

[182]　刘振辉 , 邢泽宇 , 李欣怡 . 脂肪酸在动物性腺形成、配子发生和胚胎发育中的作用研究进展 [J]. 中国海洋大学学报 (自然科学版), 2023(53): 1–9.

[183]　柳旭东 , 王际英 , 张利民 , 等 . 星斑川鲽规格与摄食饲料粒径间关系的研究 [J]. 饲料研究 , 2008, 12: 52–55.

[184]　陆游 , 金敏 , 袁野 , 等 . 不同脂肪源对黄颡鱼幼鱼生长性能、体成分、血清生化指标、体组织脂肪酸组成及抗氧化能力的影响 [J]. 水产学报 , 2018. (42): 1094–1110.

[185]　罗相忠 , 覃维敏 , 梁宏伟 , 等 . 长丰鲢繁殖生物学研究 [J]. 淡水渔业 , 2021(51): 21–27.

[186]　罗永康 . 7 种淡水鱼肌肉和内脏脂肪酸组成的分析 [J]. 中国农业大学学报 , 2001, 6(4): 108–111.

[187]　马飞 , 李小勤 , 冷向军 , 等 . 不同蛋白水平膨化饲料与颗粒饲料对奥尼罗非鱼生长、营养物质沉积率和血清生化指标的影响：第九届世界华人鱼虾营养学术研讨会论文摘要集 [C]. 厦门：2013: 335.

[188]　马飞 , 李小勤 , 李百安 , 等 . 饲料加工工艺及维生素添加量对罗非鱼生长性能、营养物质沉积和血清生化指标的影响 [J]. 动物营养学报 , 2014, 26(09): 2892–2901.

[189]　马恒甲 , 冯晓宇 , 谢楠 , 等 . 养殖密度对三角鲂应激水平、消化酶活力及抗氧化能力的影响研究 [J]. 科学养鱼 , 2021(12): 73–74.

[190]　马红娜 , 王猛强 , 陆游 , 等 . 碳水化合物种类和水平对大黄鱼生长性能、血清生化指标、肝脏糖代谢相关酶活性及肝糖原含量的影响 [J]. 动物营养学报 , 2017, 29(3): 824–835.

[191]　马林 , 李明泽 , 毕相东 , 等 . 摄食不同饵料对翘嘴鳜生长性能、肌肉营养成分及消化酶活性的影响 [J]. 饲料研究 , 2023: 44–49.

[192]　马倩倩 . 中华绒螯蟹饲料适宜脂肪源筛选并提高其利用效率的研究 [D]. 上海：华东师范大学 , 2018.

[193]　聂月美 , 邵庆均 . 维生素 C 对中华鳖体组成及胶原蛋白含量的影响 [J]. 中国饲料 , 2011(19): 34–37.

[194]　彭凯 , 孙育平 , 王国霞 , 等 . 饲料中添加啤酒酵母提取物对花鲈幼鱼生长性能、抗氧化和抗低氧胁迫能力的影响 [J]. 动物营养学报 , 2020, 32(01): 334–345.

[195]　彭士明 , 施兆鸿 , 侯俊利 . 海水鱼脂类营养与饲料的研究进展 [J]. 海洋渔业 , 2010, 32(2): 218–224.

[196] 秦巍仑,潘平平,管振国.饲料蛋白水平对鲫鱼生长性能的影响[J].渔业致富指南,2020(13): 65-68.

[197] 饶毅,陈文静,丁立云,等.不同规格彭泽鲫肌肉营养成分及氨基酸组成分析[J].江西水产科技,2016(03): 15-17, 23.

[198] 任华,蓝泽桥,孙宏懋,等.膨化饲料在鲟鱼养殖生产中的应用效果分析[J].饲料与畜牧,2014(01): 14-17.

[199] 任治安.对虾混养罗非鱼轮捕轮放保收益[J].渔业致富指南,2013(07): 67-68.

[200] 邵康,周杰,吴小雪,等.猪卵巢中脂联素受体与FSHR和CYP19基因表达的发育变化及其相关性研究[J].南京农业大学学报,2013, 36(4): 141-144.

[201] 邵庆均,苏小凤,许梓荣.饲料蛋白水平对宝石鲈增重和胃肠道消化酶活性影响[J].浙江大学学报(农业与生命科学版),2004(5): 85-88.

[202] 石立冬,任同军,韩雨哲.水生动物繁殖性能的营养调控研究进展[J].大连海洋大学学报,2020, 35(04): 620-630.

[203] 孙丽慧,王际英,丁立云,等.投喂频率对星斑川鲽幼鱼生长和体组成影响的初步研究[J].上海海洋大学学报,2010, 19(2): 190-195.

[204] 孙瑞健,张文兵,徐玮,等.饲料蛋白水平与投喂频率对大黄鱼生长、体组成及蛋白质代谢的影响[J].水生生物学报,2013, 37(2): 281-289.

[205] 覃川杰,颉江,王永明,等.植物油替代鱼油影响鱼类脂肪代谢的研究进展[J].海洋湖沼通报,2013(04): 89-100.

[206] 覃川杰,邵婷,杨洁萍,等.饥饿胁迫对瓦氏黄颡鱼脂肪代谢的影响[J].水生生物学报,2015, 39(1): 58-65.

[207] 谭青松,吴凡,杜浩,等.饲料营养对亲鱼生殖性能的影响研究进展[J].水生态学杂志,2016(37): 1-9.

[208] 田照辉,张俊平,陈红军,等.北京地区松浦镜鲤商品鱼主养和轮捕轮放养殖技术[J].科学养鱼,2020(03): 78-79.

[209] 王冰柯,张芹,王延晖.饲料蛋白水平对水生动物生长及抗氧化的影响[J].河南水产,2021(04): 3-5.

[210] 王常安,徐奇友,许红,等.膨化饲料和颗粒饲料对哲罗鲑生长、体成分、消化酶活性和血液生化指标影响的比较[J].水产学杂志,2008, 21(02): 47-54.

[211] 王武,周锡勋,马旭洲,等.投喂频率对瓦氏黄颡鱼幼鱼生长及蛋白酶活力的影响[J].上海水产大学学报,2007, 16(3): 224-229.

[212]　王孝杉，张晨捷，彭士明，等.循环水和网箱两种养殖模式下黄姑鱼生长、免疫及血清生化的差异 [J].海洋渔业，2018,40(02): 207-216.

[213]　温海深，董双林.硬骨鱼类雌激素受体及其在生殖调节中的作用研究 [J].中国海洋大学学报 (自然科学版),2008,38(3): 367-370.

[214]　温茹淑，方展强，陈伟庭.17β - 雌二醇对雄性唐鱼卵黄蛋白原的诱导及性腺发育的影响 [J].动物学研究，2008,29(1): 43-48.

[215]　吴美焕，安文强，董晓慧，等.饲料脂肪源对珍珠龙胆石斑鱼生长性能、血清生化指标及肝脏脂肪酸组成、脂肪代谢相关指标的影响 [J].动物营养学报，2020,32(03): 1315-1326.

[216]　肖登元，梁萌青，郑珂珂，等.维生素 C 对半滑舌鳎亲鱼繁殖性能及后代质量的影响 [J].动物营养学报，2014(26): 2664-2674.

[217]　肖登元，梁萌青.维生素在亲鱼营养中的研究进展 [J].动物营养学报，2012(24): 2319-2325.

[218]　肖俊，丁立云，姚远，等.彭泽鲫"一年两茬"高产高效养殖模式研究 [J].江西水产科技，2023(01): 1-4+9.

[219]　肖俊，姚远，丁立云，等.饲料蛋白水平对不同养殖模式下彭泽鲫生长性能、消化酶活性、血液生化指标和抗氧化能力的影响 [J].饲料工业，2023,44(14): 87-92.

[220]　肖俊，张桂芳，丁立云，等.益生菌对彭泽鲫生长性能、生化指标以及养殖水质的影响 [J].饲料研究，2022,45(22): 63-67.

[221]　徐翱.饲料中添加不同比例冰鲜鱼、纤维素对鲟亲鱼血清生化指标及繁殖性能的影响 [D].上海：上海海洋大学，2014.

[222]　徐冬冬，尤锋，楼宝，等.条石鲷雌雄鱼核型及 C- 带的比较分析 [J].水生生物学报，2012,36(3): 552-557.

[223]　徐红艳，彭金霞，桂建芳，等.银鲫种系细胞标记分子 vasa: cDNA 克隆及其抗体制备 [J].动物学报，2005,51(4): 732-742.

[224]　杨东，余来宁.鱼类性别与性别鉴定 [J].水生生物学报，2006,30(2): 221-226.

[225]　杨帆，张世萍，韩凯佳，等.投喂频率对黄鳝幼鱼摄食，生长及饵料利用效率的影响 [J].淡水渔业，2011,41(3): 50-54.

[226]　叶本祥，廖亚明，丁立云.彭泽鲫养殖现状及制约产业发展的原因分析 [J].江西水产科技，2021(03): 3-4.

[227]　尤锋，许建和，倪静，等.牙鲆同质雌核发育人工诱导研究 [J].高技术通讯，

2008(8): 874–880.

[228]　袁新程，谢永德，刘永士，等. 两种养殖密度对刀鲚当年鱼种生长性能、消化及非特异性免疫能力的影响 [J]. 上海海洋大学学报，2021, 30(02): 222–230.

[229]　原居林，刘梅，倪蒙，等. 不同养殖模式对大口黑鲈生长性能、形体指标和肌肉营养成分影响研究 [J]. 江西农业大学学报，2018, 40(06): 1276–1285.

[230]　张枫，高培国，方斌，等. 罗氏沼虾轮捕轮放结合底部增氧技术获高效 [J]. 科学养鱼，2011(05): 22.

[231]　张海涛，梁萌青，郑珂珂，等. 饲料中维生素 C 对大菱鲆繁殖性能的影响 [J]. 渔业科学进展，2013(34): 73–81.

[232]　张海涛. 饲料中维生素 C、维生素 E 与维生素 C 联用对大菱鲆亲鱼繁殖性能的影响 [D]. 青岛：中国海洋大学，2012.

[233]　张克烽，张子平，陈芸，等. 动物抗氧化系统中主要抗氧化酶基因的研究进展 [J]. 动物学杂志，2007, 42(2): 153–160.

[234]　赵卫红，於叶兵，王资生，等. 不同脂肪源饵料对日本沼虾抗氧化机能及肝胰腺和卵巢中脂肪酸含量的影响 [J]. 江苏农业科学，2014(42): 266–271.

[235]　郑路程，苏娟，房蕊，等. 促性腺激素抑制激素在公猪下丘脑—垂体—睾丸轴的分布定位研究 [J]. 南京农业大学学报，2014, 37(5): 101–105.

[236]　郑尧，陈家长，邴旭文，等. 不同养殖模式下雌核发育彭泽鲫雌雄鱼性别分化相关基因的表达差异 [J]. 中国水产科学，2015, 22(05): 986–993.

[237]　郑尧，瞿建宏，邴旭文，等. 高密度养殖彭泽鲫造成雄鱼较多的分子机制及成因分析 [J]. 上海海洋大学学报，2015, 24(06): 826–833.

[238]　周爱国，茅沈丽，王超，等. 饥饿胁迫对杂交鳢生长及生化组成的影响 [J]. 水生态学杂志，2012, 33(05): 78–82.

[239]　周丽青，杨爱国，柳学周，等. 半滑舌鳎染色体核型分析 [J]. 水产学报，2005, 29(3): 417–419.

[240]　朱瑞云，朱金娟，关沛. 淡水鱼养殖轮捕轮放技术操作要点 [J]. 渔业致富指南，2022(08): 36–38.

[241]　朱晓鸣，解绶启，崔奕波，等. 摄食水平和性别对稀有鮈鲫生长和能量收支的影响 [J]. 海洋与湖沼，2001, 32(3): 240–247.